『十二五』國家重點圖書出版規劃項目

二〇一一—二〇二〇年國家古籍整理出版規劃項目

國家古籍整理出版專項經費資助項目

中國古農書集粹

王思明——主編

鳳凰出版社

ISBN 978-7-5506-4069-6

圖書在版編目（ＣＩＰ）數據

洛陽花木記、桂海花木志、花史左編、花鏡 /（宋）周師厚等撰. -- 南京 : 鳳凰出版社, 2024.5
（中國古農書集粹 / 王思明主編）
ISBN 978-7-5506-4069-6

Ⅰ. ①洛… Ⅱ. ①周… Ⅲ. ①農學－中國－古代 Ⅳ. ①S-092.2

中國國家版本館CIP數據核字(2024)第042343號

書名	洛陽花木記 等
著者	(宋)周師厚 等
主編	王思明
責任編輯	王　劍
裝幀設計	姜　嵩
責任監製	程明嬌
出版發行	鳳凰出版社(原江蘇古籍出版社) 發行部電話 025-83223462
出版社地址	江蘇省南京市中央路165號,郵編:210009
印刷	常州市金壇古籍印刷廠有限公司 江蘇省金壇市晨風路186號,郵編:213200
開本	889毫米×1194毫米　1/16
印張	31
版次	2024年5月第1版
印次	2024年5月第1次印刷
標準書號	ISBN 978-7-5506-4069-6
定價	300.00圓

(本書凡印裝錯誤可向承印廠調換,電話:0519-82338389)

《中國古農書集粹》編委會

序

中國是世界農業的重要起源地之一，農耕文化有着上萬年的歷史，在農業方面的發明創造舉世矚目。中國幾千年的傳統文明本質上就是農業文明。農業是國民經濟中不可替代的重要的物質生產部門，在傳統社會中一直是支柱產業。農業的自然再生産與經濟再生産曾奠定了中華文明的物質基礎。在漫長的歷史進程中，中華農業文明孕育出南方水田農業文化與北方旱作農業文化、漢民族與其他少數民族農業文化等不同的發展模式。無論是哪種模式，都是人與環境協調發展的路徑選擇。中國之所以能够在十九世紀以前的一兩千年中，長期保持着世界領先的地位，就在於中國農民能够根據不斷變化的人口狀況以及自然、經濟環境作出正確的判斷和明智的選擇。

中國農業文化遺産十分豐富，包括思想、技術、生産方式以及農業遺存等。在傳統農業生産過程中，形成了以尊重自然、順應自然，天、地、人『三才』協調發展的農學指導思想；形成了以種植業爲主，種植業和養殖業相互依存、相互促進的多樣化經營格局；凸顯了『寧可少好，不可多惡』的農業經營策略和精耕細作的技術特點；藴含了『地可使肥，又可使棘』『地力常新壯』的辯證土壤耕作理論；總結了輪作復種、間作套種和多熟種植的技術經驗；形成了北方旱地保墒栽培與南方合理管水用水相結合的農業生産模式。與世界其他國家或民族的傳統農業以及現代農學相比，中國傳統農業自身的特色明顯，既有成熟的農學理論，又有獨特的技術體系。

世代相傳的農業生産智慧與技術精華，經過一代又一代農學家的總結提高，涌現了數量龐大、種類繁多的農書。《中國農業古籍目録》收録存目農書十七大類，二千零八十四種。閔宗殿等學者在此基礎上又根據江蘇、浙江、安徽、江西、福建、四川、臺灣、上海等省市的地方志，整理出明清時期二百三十六種『新書目』。[一]隨着時間的推移和學者的進一步深入研究，還將會有不少沉睡在古籍中的農書被不斷地揭示出來。作爲中華農業文明的重要載體，這些古農書總結了不同歷史時期中國農業經營理念和傳統農業科技的精華，是人類寶貴的文化財富。

中國古代農書豐富多彩、源遠流長，反映了中國農業科學技術的起源、發展、演變與轉型的歷史進程與發展規律，折射出中華農業文明發展的曲折而漫長的發展歷程。這些農書中包含了豐富的農業實用技術、農業經濟智慧、農村社會發展思想等，覆蓋了農、林、牧、漁、副等諸多方面，廣泛涉及傳統社會中農業生産、農村社會、農民生活等主要領域，還記述了許許多多關於生物學、土壤學、氣候學、地理學、水利工程等自然科學原理。存世豐富的中國古農書，不僅指導了我國古代農業生産與農村社會的發展，也包含了許多當今經濟社會發展中所迫切需要解决的問題——生態保護、可持續發展、農村建設、鄉村振興等思想和理念。

作爲中國傳統農業智慧的結晶，中國古農書通過各種途徑傳播到世界各地，對世界農業文明産生了深遠影響，例如《齊民要術》在唐代已傳入日本。被譽爲『宋本中之冠』的北宋天聖年間崇文院本《齊民要術》被日本視爲『國寶』，珍藏在京都博物館。而以《齊民要術》爲对象的研究被稱爲日本『賈學』。江户時代的宫崎安貞曾依照《農政全書》的體系、格局，撰寫了適合日本國情的《農業全書》十

[一] 閔宗殿《明清農書待訪録》，《中國科技史料》二〇〇三年第四期。

卷，成爲日本近世時期最有代表性、最系統、水準最高的農書，被稱爲『人世間一日不可或缺之書』。據不完全統計，受《農政全書》或《農業全書》影響的日本農書達四十六部之多。〔一〕中國古農書直接或間接地推動了當時整個日本農業技術的發展，提升了農業生産力。

朝鮮在新羅時期就可能已經引進了《齊民要術》。〔二〕高麗宣宗八年（一〇九一）李資義出使中國，宋哲宗（一〇八六—一一〇〇）要求他在高麗覆刊的書籍目録裏有《氾勝之書》。高麗後期的一三四九年與一三七二年，曾兩次刊印《元朝正本農桑輯要》。朝鮮太宗年間（一三六七—一四二二），學者從《農桑輯要》中抄録養蠶部分，譯成《養蠶經驗撮要》，摘取《農桑輯要》中穀和麻的部分譯成吏讀，並以此爲底本刊印了《農書輯要》。朝鮮的《閒情録》以《陶朱公致富奇書》爲基礎出版，《農政會要》則主要引自《授時通考》。《農家集成》《農事直説》以及姜希孟的《四時纂要》主要根據王禎《農書》等多部中國古農書編成。據不完全統計，目前韓國各文教單位收藏中國農業古籍四十種，〔三〕包括《齊民要術》《農政全書》《授時通考》《御製耕織圖》《江南催耕課稻編》《廣群芳譜》《農桑輯要》等。

中國古農書還通過絲綢之路傳播至歐洲各國。《農政全書》至遲在十八世紀傳入歐洲，一七三五年法國杜赫德（Jean-Baptiste Du Halde）主編的《中華帝國及華屬韃靼全志》卷二摘譯了《農政全書》卷三十一至卷三十九的《蠶桑》部分。至遲在十九世紀末，《齊民要術》已傳到歐洲。達爾文的《物種起源》和《動物和植物在家養下的變異》援引《中國紀要》中的有關事例佐證其進化論，達爾文在談到人

〔一〕韓興勇《〈農政全書〉在近世日本的影響和傳播——中日農書的比較研究》，《農業考古》二〇〇三年第一期。

〔二〕［韓］崔德卿《韓國的農書與農業技術——以朝鮮時代的農書和農法爲中心》，《中國農史》二〇〇一年第四期。

〔三〕王華夫《韓國收藏中國農業古籍概況》，《農業考古》二〇一〇年第一期。

工選擇時説：『如果以爲這種原理是近代的發現，就未免與事實相差太遠。……在一部古代的中國百科全書中，已有關於選擇原理的明確記述。』〔一〕而《中國紀要》中有關家畜人工選擇的內容主要來自《齊民要術》。〔二〕中國古農書間接地爲生物進化論提供了科學依據。英國著名學者李約瑟（Joseph Needham）編著的《中國科學技術史》第六卷『生物學與農學』分册以《齊民要術》爲重要材料，説它『即使在世界範圍內也是卓越的、傑出的、系統完整的農業科學理論與實踐的巨著』。〔三〕

世界上許多國家都收藏有中國古農書，如大英博物館、巴黎國家圖書館、柏林圖書館、聖彼得堡（列寧格勒）圖書館、美國國會圖書館、哈佛大學燕京圖書館、日本內閣文庫、東洋文庫等，大多珍藏有《齊民要術》《茶經》《農桑輯要》《農書》《農政全書》《授時通考》《花鏡》《植物名實圖考》等早期刻本。不少中國著名古農書還被翻譯成外文出版，如《齊民要術》有日文譯本（缺第十章），《天工開物》與《茶經》有英、日譯本，《農政全書》《授時通考》《群芳譜》的個別章節已被譯成英、法、俄等文字，《元亨療馬集》有德、法文節譯本。法蘭西學院的斯坦尼斯拉斯·儒蓮（一七九九—一八七三）翻譯的法文版《蠶桑輯要》廣爲流行，並被譯成英、德、意、俄等多種文字。顯然，中國古農書已經是全世界人民的共同財富，也是世界了解中國的重要媒介之一。

近代以來，有不少學者在古農書的搜求與整理出版方面做了大量工作。晚清務農會於光緒二十三年（一八九七）鉛印《農學叢刻》，但是收書的規模不大，僅刊古農書二十三種。一九二〇年，金陵大學在

〔一〕〔英〕達爾文《物種起源》，謝蘊貞譯，科學出版社，一九七二年，第二十四—二十五頁。

〔二〕《中國紀要》即十八世紀在歐洲廣爲流行的全面介紹中國的法文著作《北京耶穌會士關於中國人歷史、科學、技術、風俗、習慣等紀要》。一七八〇年出版的第五卷介紹了《齊民要術》，一七八六年出版的第十一卷介紹了《齊民要術》中的養羊技術。

〔三〕轉引自繆啓愉《試論傳統農業與農業現代化》，《傳統文化與現代化》一九九三年第一期。

全國率先建立了農業歷史文獻的專門研究機構，在萬國鼎先生的引領下，開始了系統收集和整理中國古代農業歷史文獻的研究工作，着手編纂《先農集成》，從浩如煙海的農業古籍文獻資料中，搜集整理了三千七百多萬字的農史資料，後被分類輯成《中國農史資料》四百五十六册，是巨大的開創性工作。

民國期間，影印興起之初，《齊民要術》、王禎《農書》、《農政全書》等代表性古農學著作均有石印本或影印本。一九四九年以後，爲了保存農書珍籍，曾影印了一批國内孤本或海外回流的古農書珍本，如中華書局上海編輯所分别在《中國古代科技圖録叢編》和《中國古代版畫叢刊》的總名下，影印了《天工開物》（崇禎十年本）、《便民圖纂》（萬曆本）、《救荒本草》（嘉靖四年本）、《授衣廣訓》（嘉慶原刻本）等。上海圖書館影印了元刻大字本《農桑輯要》（孤本）。一九八二年至一九八三年，農業出版社以《中國農學珍本叢書》之名，先後影印了《全芳備祖》（日藏宋刻本），《金薯傳習録、種薯譜合刊》（前者刊本僅存福建圖書館，後者朝鮮徐有榘以漢文編寫，内存徐光啓《甘薯蔬》全文），以及《新刻注釋馬牛駝經大全集》（孤本）等。

古農書的輯佚、校勘、注釋等整理成果顯著。萬國鼎、石聲漢先生都曾對《四民月令》《氾勝之書》等進行了輯佚、整理與深入研究。到二十世紀末，具有代表性的古農書基本得到了整理，如夏緯瑛的《管子地員篇校釋》和《呂氏春秋上農等四篇校釋》，石聲漢的《齊民要術今釋》《農桑輯要校注》《農政全書校注》等，繆啓愉的《齊民要術校釋》和《四時纂要》，王毓瑚的《農桑衣食撮要》，馬宗申的《授時通考校注》等。特别是農業出版社自二十世紀五十年代一直持續到八十年代末的《中國農書叢刊》，先後出版古農書整理著作五十餘部，涉及範圍廣泛，既包括綜合性農書，也收録不少畜牧、蠶桑、水利等專業性農書。此外，中華書局、上海古籍出版社等也有相應的古農書整理著作出版。

一些有識之士還致力於古農書的編目工作。一九二四年，金陵大學毛邕、萬國鼎編著了最早的農書簡目《中國農書目錄彙編》，存佚兼收，薈萃七十餘種古農書。但因受時代和技術手段的限制，規模較小。一九四九年以後，古農書的編目、典藏等得以系統進行。一九五七年，王毓瑚的《中國農學書錄》出版（一九六四年增訂），含英咀華，精心考辨，共收農書五百多種。一九五九年，北京圖書館據全國二十五個圖書館的古農書書目彙編成《中國古農書聯合目錄》，收錄古農書及相關整理研究著作六百餘種。一九九〇年，中國農業歷史學會和中國農業博物館據各農史單位和各大圖書館所藏農書彙編成《農業古籍聯合目錄》，收書較此前更加豐富。二〇〇三年，張芳、王思明的《中國農業古籍目錄》收錄了古農書存目二千零八十四種。經過幾代人的艱辛努力，中國古農書的規模已基本摸清。上述基礎性工作爲古農書的搜求、彙集、出版奠定了堅實的基礎。

目前，以各種形式出版的中國古農書的數量和種類已經不少，具有代表性的重要農書還被反復出版。但是，仍有不少農書尚存於各館藏單位，一些孤本、珍本急待搶救出版。部分大型叢書已經注意到古農書的彙集與影印，《續修四庫全書》『子部農家類』收錄農書六十七部，《中國科學技術典籍通匯》『農學卷』影印農書四十三種。相對於存量巨大的古代農書而言，上述影印規模還十分有限。可喜的是，在鳳凰出版社和中華農業文明研究院的共同努力下，《中國古農書集粹》被列入《二〇一一—二〇二〇年國家古籍整理出版規劃》。本《集粹》是一個涉及目錄、版本、館藏、出版的系統工程，工作於二〇一二年啓動，經過近八年的醞釀與準備，影印出版在即。《集粹》原計劃收錄農書一百七十七部，後根據時代的變化以及各農書的自身價值情況，幾易其稿，最終決定收錄代表性農書一百五十二部。

《中國古農書集粹》填補了目前中國農業文獻集成方面的空白。本《集粹》所收錄的農書，歷史跨度時間長，從先秦早期的《夏小正》一直至清代末期的《撫郡農産考略》，既展現了中國古農書的萌芽、形成、發展、成熟、定型與轉型的完整過程，也反映了中華農業文明的發展進程。明清時期是中國傳統農業發展的巔峰，它繼承了中國傳統農業中許多好的東西並將其發展到極致，而這一階段的農書恰是本《集粹》收録的重點。本《集粹》還具有專業性強的特點。古農書屬大宗科技文獻，而非傳統意義的歷史文獻，本《集粹》更側重於與古代農業密切相關的技術史料的收録。本《集粹》所收農書覆蓋面廣，涵蓋了綜合性農書、時令占候、農田水利、農具、土壤耕作、大田作物、園藝作物、竹木茶、植物保護、畜牧獸醫、蠶桑、水産、食品加工、物産、農政農經、救荒賑災等諸多領域。收書規模也爲目前中國農業古籍集成之最。

《中國古農書集粹》彙集了中國古代農業科技精華，是研究中國古代農業科技的重要資料。同時，中國古農書也廣泛記載了豐富的鄉村社會狀況、多彩的民間習俗、真實的物質與文化生活，反映了中國古代農民的宗教信仰與道德觀念，體現了科技語境下的鄉村景觀。不僅是科學技術史研究不可或缺的第一手資料，還是研究傳統鄉村社會的重要依據，對歷史學、社會學、人類學、哲學、經濟學、政治學及其他社會科學都具有重要參考價值。古農書是傳統文化的重要載體，是繼承和發揚優秀農業文化遺産的主要文獻依憑，對我們認識和理解中國農業、農村、農民的發展歷程，乃至整個社會經濟與文化的歷史脉絡都具有十分重要的意義。本《集粹》不僅可以加深我們對中國農業文化、本質和規律的認識，還可以鑒古知今，把握國情，爲今天的經濟與社會發展政策的制定提供歷史智慧。

本《集粹》的出版，可以加強對中國古農書的利用與研究，加深對農業與農村現代化歷史進程的必然性和艱巨性的認識。祖先們千百年耕種這片土地所積累起來的知識和經驗，對於如今人們利用這片土地仍具有指導和借鑒作用，對今天我國農業與農村存在問題的解決也不無裨益。現代農學雖然提供了一些『普適』的原理，但這些原理要發揮作用，仍要與這個地區特殊的自然環境相適應。而且現代農學原理並不否定傳統知識和經驗的作用，也不能完全代替它們。中國這片土地孕育了有中國特色的傳統農業，積累了有自己特色的知識和經驗，有利於建立有中國特色的現代農業科技體系。人類文明是世界各個民族共同創造的，人類文明未來的發展當然要繼承各個民族已經創造的成果。中國傳統的農業知識必將對人類未來農業乃至社會的發展作出貢獻。

王思明

二〇一九年二月

目錄

洛陽花木記

（宋）周師厚　撰

《洛陽花木記》，（宋）周師厚撰。周師厚，字敦夫，兩浙路明州鄞縣人。依據書中自序，宋元豐四年（一〇八一）周氏到洛陽作官，就本人所見所聞，記載各種名花異卉，對當時所出的新花尤爲留意，又參閱了唐李德裕的《平泉花木記》和歐陽修等人的花譜，撰成此書。鄭樵《通志·藝文略·食貨類》『種藝門』與《宋史·藝文志》『農家類』著録。

周氏認爲，洛陽地方兼有天下各地名花，並不限於牡丹一種，因此列舉了各種花的名色，計有牡丹一百零九種，芍藥四十一處，雜花八十二種，各種果子花共一百四十七種，刺花三十七種，草花八十九種，水花十九種，蔓花六種。花品之後，又載有四時變接法、接花法、栽花法、種祖子法、打剝花法（即修剪整枝法）、分芍藥法等，記述詳盡，也頗得要領。

該書現存有《説郛》本、《古今圖書集成》本和清抄本。今據國家圖書館藏清順治三年（一六四六）宛委山堂刻《説郛》本影印。

（惠富平）

洛陽花木記

鄞江周氏

予少時聞洛陽花卉之盛甲于天下嘗恨未能盡觀其繁盛妍麗竊有憾焉熙寧中長兄倅絳因自東都謁告往省親三月過洛始得遊精藍名圃賞及牡丹然後信謂向之所聞爲不虚矣會迫于官期不得從容遊覽元豐四年予涖官于洛吏事之暇因得博求譜錄得唐李衛公平泉花木記范尚書歐陽叅政二譜按名尋討十始見其七八焉然范公所述五十

一品可致者纔三十八歐之所錄者二篇而已其後錢思公雙桂樓下小屏中所錄九十餘種但槩言其略耳至于花之名品則莫得而見焉因以余耳目之所聞見及近世所出新花叅校三賢所錄者凡百餘品其亦殫于此乎然前賢之所記與天下之所知洛之所植牡丹而已至于芍藥天下以維揚爲稱首然而知洛之所植其名品不減維揚而開頭之種殆不如也又若天下四方所產珍藥佳卉得一于園館是以爲美景異致者洛中靡不兼有之然天下之人徒

附於[illegible]記之後[illegible]栽接之法[illegible]之論[illegible]

之曰[illegible]書又[illegible]論[illegible]花[illegible]者[illegible]華[illegible]攻之

子觀[illegible]是[illegible]而[illegible]其真之[illegible]者[illegible]好事者又

並[illegible]所以[illegible]莫能[illegible]生[illegible]也今[illegible]書譜之

所未[illegible]五[illegible]一[illegible]餘品叙子

弟[illegible]百[illegible]退[illegible]暇[illegible]永[illegible]

可[illegible]者[illegible]之[illegible]元豐五年[illegible]

牡丹　千葉五十[illegible]　多葉五十[illegible]

千葉黃花其別十

洛陽花木記

姚黃　勝姚黃　牛家黃　千心黃

甘草黃　丹州黃　閔黃　女眞黃

綠頭黃　御袍黃

千葉紅花其別三十四

狀元紅　魏花　勝魏　都勝

紫都勝　瑞雲紅　岳山紅　間金紅

金繫腰　一捻紅　九蕚紅　劉師閣

大葉壽安　細葉壽安　洗妝紅　蹙金毬

纓金毬　二色紅　蹙金樓子　[illegible]金[illegible]

彤雲紅　轉枝紅　盞園紅　越山紅樓子

紫絲旋心　富貴紅　不暈紅　壽妝紅

玉盤妝　雙頭紅亦多開葉　遇仙紅　簇四簇五

千葉紫花其別十

雙頭紫　左紫　紫繡毬　安勝紫

大宋紫　順聖紫　陳州紫　袁家紫

婆臺紫　平頭紫

千葉緋花一

潛溪緋

千葉白花其别有四

玉千葉　玉樓春　玉蒸餅　一百五

多葉紅花其别三十二

鞓紅　大紅（深粉紅）　濕紅　承露紅（有十二個子）

添色紅（深似鶴翎）　鶴翎紅　朱砂紅　揉紅

胭脂紅　獻來紅　賀紅　大暈紅

林家紅（色深紅）　兩京强　觀音紅　青州紅

玉樓紅　雙頭紅　汝州紅　獨看紅

鹿胎紅　綴州紅　試妝紅　玲瓏紅

青緑稜　延州紅　蘇家紅　白馬山

夾黄蕊　丹州紅　柹紅　唐家紅

多葉紫花其别十四

潑墨紫　冠子紫　葉底紫　光紫

叚家紫　銀合稜左紫之單葉者　經箴紫

蓮花萼　大紫亦名長壽紫　索家紫　陳州紫

雙頭紫　承露紫　唐家紫

多葉黄花其别三

絲頭黄　呂黄　古姚黄

多葉白花一

玉醆白

芍藥

千葉黃花其別十六

御衣黃　凌雲黃　南黃樓子　尹家黃樓子

銀褐樓子　表黃　延壽黃　硤石黃

新安黃　壽安黃　溫家黃　郭家黃

青心鮑黃　紅心鮑黃　綠頭黃　黃纈子

千葉紅花其別十六

紅樓子　紅冠子　朱砂旋心　硬條旋心

斑榦旋心　深紅小魏花　淡紅小魏花

紅纈子　靈山纈子　馬家紅　楚州冠子

四蜂兒　醉西施　剪平紅　鄭山冠子

柳圃新接紅絲頭

千葉紫花其別六

紫樓子　龍間紫　紫拔子　[illegible]　粉面紫

紫絲頭　紫纈子

千葉白花二

洛陽花木記

玉樓子　白纈子

千葉桃花二

緋樓子

雜花八十二品

瑞香紫色本出廬山宜陰翳延　黃瑞香　川海棠

垂絲海棠名軟條　杜海棠淡者　黃海棠

繡綿海棠一名嬌海棠　南海棠　黃香梅

紅香梅千葉　臘梅黃千葉　紫梅千葉　雪香千葉

海石榴　散水單葉　千葉散水　垂絲散水

玉瓏璁　眞珠花　玉屑花　錦帶花
大錦帶　細葉錦帶　文冠花　紅龍栢
白龍栢　紫龍栢　山茶臘月開　晩山茶寒食開
粉紅山茶　白山茶　棣棠單葉　千葉棣棠
二色郁李　白郁李千葉一名玉帶　單葉郁李
千葉櫻桃　垂絲櫻桃　山桃　山木瓜
軟條木瓜　紅薇　緋薇　紫薇
千葉紅梨　石藍　玉拂子　木犀
木蘭似木筆但木高丈餘開花與牡丹同時發　木筆似木蘭但木極大乃有花花正月初發

辛夷　紫荊　瓊花八仙而香者　玉蝴蝶

八仙花　丁香花　百結花　迎春花

金纏花　黃雀兒　映山紅即紅躑躅　頳桐一名百日花

紅木梨　千葉木梨　芙蓉亦名拒霜　千葉芙蓉

黃芙蓉千葉　千葉朱槿　三春花一名長命　菠蘿花

抹厲花　素馨花　佛桑花　夜合花

黃夜合　檉柳　倒仙花　紅蕉

仙人耳墜一名滿堂花　連翹花　鷺鷥兒花

千葉秋花

菓子花

桃之別三十

小桃　十月桃出西太乙宫　冬桃至冬方熟

蟠桃一名餅子桃千葉　千葉纒桃　二色桃一枝上二色

合歡二色桃一朶上二色　千葉緋桃　千葉碧桃

大御桃　金桃　銀桃　白桃

崑崙桃　憨利核桃　胭脂桃　白御桃

旱桃　油桃　人桃　窖桃

平頂桃　胖桃　紫葉大桃　社桃

方桃　邠州桃　匾田桃　紅穰利核桃

光桃無毛

梅之別六

紅梅　千葉黃香梅　蠟梅

消梅　蘇梅　水梅

杏之別十六

金杏　銀杏　水杏　香白杏

纏金杏　赤朘杏　真大杏　詐赤杏

大湖杏　撮帶金杏　晚紅杏　黃杏

方頭金杏　千葉杏　黑葉杏　梅杏

梨之別二十七

水梨　紅梨　雨梨　濁梨

鵝梨　穰梨　消梨　乳梨

袁家梨　車寶梨　紅鵝梨　敷鵝梨

大浴梨　甘棠梨　紅消梨　秦王搯消梨

早接梨　鳳西梨　客指梨　罨羅梨

細帶罨羅　棒槌梨　清沙爛　棠梨

壓沙梨　梅梨　榲桲梨

李之別二十七

粉紅桃花紅御李　操李　麝香李
北京水李　珍珠李　真桃李　粉香李
小桃李　偏縫李　密縫李　朝天李
黃甘李　麥熟李　揀枝李　牛心李
紫灰李　冬李　晚李　焦紅李
金條李　橫枝李　消帶李　纏枝李
漿水李　憲臺李　嘉慶李

櫻桃之別十一

紫櫻桃　䲹櫻桃　滑臺櫻桃　朱皮櫻桃

䲹嘴櫻桃　早櫻桃一名熱熟子　吳櫻桃

水焰兒櫻桃　甜菓子　急溜子

千葉櫻桃

石榴之別九

千葉石榴　粉紅石榴　黄石榴　青皮石榴

水晶漿榴　朱皮石榴　重臺榴東京奉慈觀出此

水晶甜榴　銀含稜石榴偃師縣出

林檎之別六

蜜林檎　花紅林檎　水林檎　金林檎

轉身林檎　橾林檎

木瓜之別五

山木瓜　軟條木瓜　宣州木瓜　香木瓜　榠樝

柰之別十

蜜柰　大柰　紅柰　兔須柰

寒毬　黃寒毬　頻婆　海紅

大秋子　小秋子

刺花三十七種

倒提黄薔薇　千葉白薔薇

刺紅　密枝月季　千葉月桂 粉紅

黄月季　川四季　深紅月季　長春花

日月花　四季長春　川金沙　黄金沙

水林檎 單葉金沙也　寶相 千葉　盧川寶相

黄寶相　荼蘼　千葉荼蘼　金荼蘼

薔薇 單葉　二色薔薇　千葉薔薇　錦被堆

黄薔薇　馬⿺辶类花　粉團兒　單葉寶相

玫瑰　穿心玫瑰　玉香梅　千葉紅香梅

茶梅　千葉茶梅　黄玫瑰　澱俵

木香花

草花八十九種

蘭出壇州者佳春開紫色　秋蘭　黄蘭出嵩山

水仙花一名金盞銀臺　單葉菊　金鈴菊

毬子菊　雞冠菊　地嵩菊　黄蘗菊

柿黄菊　青心菊　葉紅菊　黄鶯毬子

探白子　五色菊　粉紅菊　千葉太黄菊

碧葉　千葉晚菊　白菊　六月叢菊

鈒頭菊　紫菊一謂之旱蓮　金錢菊一名夏菊　萬鈴菊

川金錢菊深紅色單葉　川剪金　鷄黃萱草

大山萱草　千葉萱草　四季萱草　糙萱草

北極萱草　紅金燈　黃金燈　白金燈

粉紅金燈　碧金燈　紫金燈　紅絲花

石竹花粉紅　鷄毛石竹一名繡竹　御金花

篦春亦名望仙　黃麗春　金鳳花　麗秋

玉簪花　紅蘘荷　水仙花　蔓陀羅花

千葉蔓陀羅花　層臺蔓陀羅花

雞冠花　矮雞冠　黃雞冠　白雞冠

粉紅雞冠　芫花　胡蜀葵　千葉紅葵

剪金　剪稜蜀葵　千葉紫葵　鵝黃蜀葵

九心蜀葵　千葉緋葵　千葉鼓子　水紅

鬢邊嬌　家水紅開百餘日　白山丹　水丹花深紅

金蓮花出嵩山頂　雲夢花　地錦花　照天花出坻州

水牡丹　杜參花出憲州　碧鳳花一名躑躅　碧玉盞一名薺苨

紫金帶　紅百合　紅山薑　碧山薑

黃百合　萱草　紫榦子

水花十九種

單葉蓮　千葉紅蓮　玉骨朶白蓮也　白樓子

紅樓子　碧蓮子出惠泉及超化寺心中湧泉者是也　白蘋

草荇　水紅　穿心蓮　瑞蓮一名朱砅縠

雙頭瑞蓮　佛頭蓮碧千葉　朝日蓮李駙馬園　千葉珠子蓮

釵頭蓮　卄草黃

蔓花六種

凌霄　驕藤　雪茸花　荷葉花

千葉鼓子　牽牛花

四時變接法 此唯洛中氣候可依若變接它處須各隨地氣早處接

立春前後 接諸般鍼刺花 自有刺花一門

雨水後 木瓜上接 石南軟山木瓜大木瓜條木瓜宣木瓜

櫻桃上接 諸般桃半杖紅　木筆上接 木蘭辛夷

玉拂子上接 玉蝴蝶瓊花八仙花　楂子上接 榲桲

野薔薇上接 千葉黃薔薇并諸般刺花　榲桲上接 榠楂

二月節 㮈椑上接 林檎海棠　桃椑上接 諸般桃諸般梅

杏椑上接 諸般杏李子　棠梨上接 諸般梨海棠

春分節 壓檜栢 分玉簪 接玫 栽芙蓉

分碧蘆　分芭蕉　灌百合　剪金石竹

種山丹　分旱蓮　下金錢子　栽紫條玫瑰

石榴上接諸般石榴　棗押上接諸般棗

軟棗上接諸般柿

三月上旬　種諸般花子　栽百般花

穀雨　分諸般菊　栽五色莧　種諸般雞冠

五月節　種諸般竹　十三日竹迷

六月節　種玉筋子　栽望仙子六月已前皆可種須澆灌乃活

七月節　種木瓜　壓軟條檜

處暑　種牡丹子　種諸般芍藥

八月節　分牡丹　接牡丹箟子　分芍藥

栽諸般針刺花　種鹿春望仙

撒石竹并剪金錢等花子合分栽

九月節　種核桃　麗春子　望仙子　石竹

紫條玫瑰

霜降　種諸般菓子樹

十月節　種小桃　諸般雜木

十二月節　揭凍榆木　分擘錦被堆

藏接移圖子

接花法

接花必于秋社後九月餘前皆非其時也接花預于二三年前種下祖子唯根盛者為佳盖家祖子根前而嫩嫩則津脉盛而木實山祖子多老根少而木虛接之多失削接頭願平而闊常令根皮包含接頭勿令作陡刃刃陡則帶皮處厚而根浹刃太陡則接頭多退而皮出不相對津脉不通遂致枯死矣接頭繫縛欲密勿令透風不可令濕瘡口接頭必以細土覆

之不可令人觸動接後月餘須時時看覷勿令根下生妬芽芽生即分減却津脉而接頭枯矣凡選接頭須取木枝肥嫩花芽盛大平圓而實者爲佳虛尖者無花矣

栽花法

凡願栽花須于四五月間先治地如地稍肥美即翻起深二尺以來去石瓦礫皮頻鉏削勿令生草至秋社後九月以前栽之若地多瓦礫或帶鹹鹵則鉏深三尺以上去盡舊土別取新好黃土培填切不可用

糞即生蠐螬而蠹花根矣根蠹則花頭不大而不成千葉也凡栽花不欲深深則根不行而花不發旺也但以瘡口齊土面爲佳此深淺之度也掘土坑須量花根長短爲淺深之堆坑欲闊而平土欲肥而細然于土坑中心堆成小土墩子其墩子欲上銳而下闊將花于土墩上坐定然後整理花根令四向橫垂勿令掘摺爲妙然後用一生黃土覆之以瘡口齊土面爲準

種祖子法

凡欲種花子先于五六月間擇背陰處肥美地治作畦鉏欲深而頻地如不佳翻換而栽花法每歲七月以後取千葉牡丹花子候花瓶欲折其子微變黃時采之破其瓶子取子于已治畦地內一如種菜法種之不得隔日隔日多即花瓶乾而子黑則種之萬無一生矣撒子願密不欲疎疎則不生不厭太密地稍乾則先以水灌之候水脉均潤然後撒子訖把樓一如種菜法每十日一澆有雨即止冬月須用木葉蓋覆有雪即以雪覆木葉尚候月間即生芽葉矣出[illegible]

頻去草久無雨即須日日澆灌切不得用糞候八月社後別爭治畦不分種之如栽菜法如花子已熟曾治地即先取花瓶遷花子掘地坑窖之一面速治地候熟可種即取窖中子依前法撒之其中間或有却成子葉者

打剝花法

凡千葉牡丹須于八月社前打剝一番每株上只留花頭四枝餘者皆可截先接頭于祖上接之候至來年二月間所留花芽間小葉見其中花蕊切須子細

辯認若花芽須平而圓實即留之千葉花也若花芽虛即不成千葉當此須去之每株止留三兩蕊可也花頭多即不成千葉而開頭小矣

分芍藥法

分芍藥處暑爲上時八月爲中時九月爲下時取芍藥須闊鉏勿令損根取出淨洗土看窠株大小花芽多寡須時分之每窠須留四芽以上一用好細黃土和泥揉蘸花根坐于坑中土墩上整理根令四向橫垂然後以細黃土培之根不欲深深則花不發旺令

花根低如土面一指以下爲佳耳不得用糞候春開花芽發如頭圓平而實卽留之虛大者無花矣新栽時毎窠只可留花頭一兩朶候一二年花得地力可四五朶花頭多只不成千葉矣愼之愼之栽芍藥于陰處晾根令微乾然後種則花速起發掘取後可留月餘不妨寄遠尤宜

桂海花木志

（宋）范成大　撰

《桂海花木志》，（宋）范成大撰。范成大（一一二六—一一九三），字至能，一字幼元，早年自號此山居士，晚號石湖居士，兩浙西路平江府吴縣（今江蘇蘇州）人，南宋名臣、文學家，與楊萬里、陸游、尤袤合稱南宋『中興四大詩人』。著有《石湖集》《吴船錄》《吴郡志》《桂海虞衡志》等。

該書爲范氏《桂海虞衡志》局部。《桂海虞衡志》是范成大自廣西桂林離職後追憶所作，將其所到之處方志未記載之風物土宜及邊遠地區的一些傳聞加以合編而成，分爲志岩洞、志金石、志香、志酒、志器、志禽、志獸、志蟲魚、志花、志果、志草木、雜志、志蠻等十三篇，每篇各有小序，詳盡記載了宋代廣南西路地區的風土人情、物産資源以及當地少數民族的社會經濟、生活習俗等情況。該書是其中『志花』『志果』『志草木』三篇的合編。『志花』一篇『著其土産獨宜者』共十五種花木，包括上元紅、白鶴花等；『志果』中記載了包括荔枝、龍眼、金橘等當地特産的五十五種果樹；『志草木』中則記述了沙木、龍骨木等二十六種草木。

該書有清順治三年（一六四六）宛委山堂綫裝刻本等。今據國家圖書館藏《香艷叢書》本影印。

（何彦超　惠富平）

桂海花木志

宋　范成大

上元紅

上元紅。深紅色。絕似紅木瓜花。不結實。以燈夕前後開。故名。

白鶴花

白鶴花如白鶴。立春開。

南山茶

南山茶葩萼大倍中州者。色微淡。葉柔薄有毛。別自有一種。如中州所出者。

紅荳蔻花

紅荳蔻花叢生。葉瘦如碧蘆。春末發。初開花。先抽一榦。有大籜包之。籜解花見。一穗數十蕊。淡紅鮮妍。如桃杏花色。過重則下垂如葡萄。又如火齊纓絡及剪綵鸞鳳之狀。此花無實。不與草荳蔻同種。每蕊心有兩瓣相並。詩人託興曰比目連理云。

泡花

泡花。南人或名柚花。春末開。蕊圓白如大珠。既折則似茶花。氣極清芳。與茉莉素馨相逼。番人采以蒸香。風味超勝。

紅蕉花

紅蕉花。葉瘦類蘆箬。心中抽條。條端發花。葉數層。日折一兩葉。色正紅如榴花荔子。其端各有一點鮮綠。尤可愛。春夏開。正歲寒猶芳。又有一種根出土處特肥飽如膽缾。名膽缾蕉。

枸那花

枸那花。葉瘦長。略似楊柳。夏開淡紅花。一朶數十蕚。至秋深猶有之。

史君子花

史君子花。蔓生。作架植之。夏開一簇一二十葩。輕盈似海棠。

水西花

水西花。葉如萱草。花黃。夏開。

裹梅花

裹梅花。即木槿。有紅白二種。葉似蜀葵。采紅者連葉包裹黃梅。鹽漬暴乾以薦酒。故名玉修花。春夏之交大發花且實。枝頭碩果罅裂。而其旁紅英粲然併花實折飣盤筵。極可玩。

添色芙蓉花。晨開正白。午後微紅。夜深紅。

側金盞花如小黃葵。葉似槿。歲暮開。與梅同時。

花史左編

(明)王　路　撰

《花史左編》，（明）王路撰。王路，字仲遵，號澹雲，又號太原是岸生，浙江嘉興府（今浙江嘉興）人。生平有花癖，入山營造草堂，種花栽竹。王氏原計劃以此書爲左編，擬另寫右編，專收『花之辭翰』，未果，故後世多簡稱此書爲《花史》。

全書二十四卷，成書於明萬曆四十五年（一六一七）。各卷使用的都是三字標題，如『花之名』『花之品』等。其中較有價值的是『花之辨』，辨析『一花數名，一名數色』，以及『異辨、異實、異味、異産、培灌異法』。『花之候』記載花事活動的時間，凡芍藥、菊花、蘭花、木槿等五十種花卉的下種、扦插、移栽、澆灌、收種等時令。『花之宜』備載『栽培、澆灌、護枝、珍惜之事』，尤詳於種菊，記載種菊十二法。『花之味』記載石榴、夜合、牡丹、玉蘭、梔子等數十種花的『餐之、飲之、美之、茗之』的方法，以及利用各種花熏茶、浸酒、調味的方法。『花之忌』列舉各花的病害、蟲害和治療方法。『花之證』考證花草的源流及相似者的異同。『花之毒』叙述凌霄、萱草、茉莉、蠟梅等花『能傷人』。此外，『花之妖』，專記花的神怪傳説；『花之情』多叙述與花有關的風流韻事；『花之事』記載與花有關的典故；『花之似』記載浪花、雪花等。此類内容與花卉技術關係不大，但是對花卉文化的記載與傳播有一定價值。

該書並非全部出於王氏蒔藝經驗之談，也多摘録前人著作，所引之書，有注有不注，體例不嚴。

該書有明萬曆四十六年（一六一八）緑綺軒刻本、明天啓元年（一六二一）刻本等。今據明萬曆刻本影印。

（熊帝兵）

讀花史題詞

吾家田舍在十字水中栽種花於中設土剉作床及三散書除是他人翁時豐益也獨生負花癖安書二卷復日遣年取長縣編花種之

花史 一

殘風霞癡榔休家吸的眉道人多帶桃花余喚白乃花帶鮮下里耳

花史 二

幽居芳子服籍花史竹示子孫而不喜事友王仲遵先生撰取擬花史二十四卷

皆古人韻事，當與農書種樹書並傳。讀此史者，於花中可以長世；拔荊番礫，灌溉培植，皆有法度，可以經世；謝時者灌（園）可以避世，可以玩世也。但飛兆而食肉者，不略諳此味耳。

陳繼儒題

花史　三

花史　中

有醒趣而不去禁
者推收是也有果
竊而不及賞者菜
條牙賤是也有花

未而不能享者違
人香人是也古之
名賢獨謝朋賞與
滯之在業廣林松筵

田醒羅薦之傳東坡
好種植能手接花
果此乃之性生不可
明而强之强之接以

花史將艳能擲而
去之後果性近而
後好為請拆而隱諜
林時譚香花開花

嚴復與千萬手無
三上嘉之賴以愛
雖謂二十一史表在
左編一史中可也眉道
人陳繼儒又識

花史　廿

自識

丁巳年予花史成冬十一月四日夜
夢迅雷從内庭起轟烈滿天既覺而
異之曰此何徵也予將為實乎埕户
恐饑者久矣於世無所求也予將為
賔乎事皆千萬襭陳宿人人耳而目
之非予之所創也然則何所飾而何
所驚耶客哭指曰為此窮年勞頓殊
不解予曰偶因一語自受其累昔人
某愛某花曰他年我若脩花史列作
人間第一香予憐萬花無主遂委身
從之耳然予非花忠臣亦非花良史

花史　識一

逦花説客也欲令萬萬世誦花於無窮花神惡我游説當必震其霆怒率領萬花叩闕奏知
天帝鳴鼓以攻予且措躬無地如其不然當必以我為知已故不覺惟聲如雷耳前者之夢意在斯乎意在斯乎然未可為痴人說也閣筆不覺噴飯满案因私自識焉

萬曆四十六年花朝太原是岸生題

花史目次

花史左編卷之一

檇李　仲遵　王路　纂修

花之品　凡立言無所關切雖充棟盈箱是奄庋於艸艸然紈紀悉寓漸微必杜敢曰花經用懲孟浪

花正品三十條新編　花王　花后
花相　花魁　花妖　花男
花妾　花客　花友　花鶴
花鳳　花鸞　豪傑　隱逸
富貴　風流　夫婦　神仙
君子　美人　狀元　大夫
王者香　晚節香　氷玉姿

花小品十二條新輯　蘭　芍藥
萱　蜀葵　水仙　菖蒲　菊
秋葵　山丹　芙蓉　夜合　石竹

附蘭花品二十六條見燕閒清賞
敘蘭容質　陳夢良　吳蘭　潘花

仙霞　趙十四　何蘭

品外之奇　金稜邊

白蘭甲　濟老　竈山　黃殷講

李通判　葉大施　惠知客　馬大同

鄭少舉・黃八兄　周染花　夕陽紅

觀堂主　名弟　弱脚　魚魫蘭

品蘭高下　一條　其天下爱養堅性封植灌溉得宜三條具花之宜卷

附牡丹品　二十條見山居雜志

金志序　思叟丘璐著　蛛生王路批

姚黃爲王　魏紅爲妃　九嬪

世婦　御妻　花師傅

花形史　花命婦　花嬖倖

花近屬　花疎屬　花戚里

花外屏　花宮[illegible]　花鞶[illegible]

花君子　[illegible]　花亨泰　入花案卷

花屯難　入花厚卷

花正品

花王　撫臨萬國

歐陽公曰人常以牡丹爲花中之王今姚黃眞其王而魏紫在其次

花后　母儀天下

眞宗祀汾陰還過洛陽留燕淑景亭牛氏獻華魏華者千葉肉紅華出於魏相仁溥家始樵者於壽安山中見之斷以賣魏氏池館甚大傳者云此華初出時

人有欲閱者人十數錢乃得登舟渡池至華所魏氏日收十數緡其後破亡鬻其園宅今普明寺後林池乃其地僧耕之以植桑棗華傳民家甚多人有數其華者云至七百葉故人嘗謂牡丹華王今姚黃眞爲王而魏乃后也

花相　揆台衡元輔

花有至千葉者俗呼爲小牡丹今群芳中牡丹品第一芍藥第二故世謂牡丹爲花王芍藥爲花相又或

丹華爲王之副也

花魁　擬新進英賢

王文正公嘗賦梅花詩云雪中未論和羹事且向百花頭上開大魁相業已卜兆於此林和靖詩疎影横斜水清淺暗香浮動月黄昏寫梅之風韻高季廸詩雪滿山中高士卧月明林下美人來狀梅之精神楊廉夫詩萬花敢向雪中出一樹獨先天下春道梅之氣節

花妖　擬佞邪辟小

白樂天詩煇煇復煌煌花中無此芳艷妖宜小院修短稱低廊盃指榴花也

花男　擬男正位外

草木記萱草一名宜男婦人懷妊佩之必生男也

花妾　擬女正位内

樂天詩云君爲女蘿艸妾作兎絲花百尺托遠松纏綿成一家

花客　擬延賓

張景修以十二花爲十二客牡丹賞客梅清客菊壽客瑞香佳客丁香素客蘭幽客蓮淨客桂僊客荼蘼雅客薔薇野客茉莉遠客芍藥近客

花友　擬下士

宋曾端伯以十花爲十友荼蘼韻友茉莉雅友瑞香殊友荷花淨友一作浮巖桂仙友海棠名友菊花佳友芍藥艷友梅花清友梔子禪友

花鶴　擬孤標

坡詩云誰　憐兒女花散火氷雪中堂中謂丹砂染此鶴頂紅盃指山茶也

花鼠　擬瞞昧

好事集王侍中堂前有鼠從地出其穴則生李樹花實俱好此鼠精李也

花鸞　擬文明

雙鸞菊花草本花開多甚每朶頭若尼姑帽然折出

此幅內露雙鸞竝首形似無二外分二翼一尾天巧之妙肖生物至此

豪傑 擬特達

富韓公居洛其家圃中凌霄花無所因附而特起歲久遂成大樹高數尋亭亭可愛朱弁曰是花豈非艸木中豪傑乎所謂不待文王而猶興者也

隱逸 擬恬退

菊花之隱逸者也

富貴 擬貪鄙

牡丹花之富貴者也或云多開富貴家語亦鄙反爲花屈辱矣

風流 擬高雅

蜀漢張翊著花經以瑞香爲紫風流居

夫婦 擬昵媟

或以水仙蘭二花爲夫婦花水仙爲婦蘭爲夫謊之

妖巻

神仙 擬度世

唐相賈䏌一作王禹偁著花譜以海棠爲花中神仙

君子 擬正直忠厚

周濂溪愛蓮說以蓮爲花中之君子亭亭物表出於泥而不滓

美人 擬佳冶窈窕

王介甫詩水邊無數木芙蓉露滴胭脂色未濃正似美人初醉着强擡青鏡照粧慵

花狀元 擬文華

古辭桂花紅是狀元黃爲榜眼白爲探花郎謂之三種

花大夫 擬脩褻

或以蘭爲君子蕙爲大夫

王者香 擬芳名

孔子自衛反魯見谷中蘭獨茂歎曰蘭爲王者香今與衆草伍乃援琴而作猗蘭操

晚節香 張厚德

韓魏公在北門九日燕諸僚佐有詩云不羞老圃秋容淡且看黄花晚節香識者知其晚節之高也

氷玉姿 援出世

桂林記袁豐之宅復有梅花六株開時曾為隣姻所煢乃園泥塞阜張幕蔽風久而曰氷姿玉骨世外佳人但恨無傾城笑耳即使妓秋蟾出比之乃云可與並驅爭先然脂粉之徒正當在後

花小品

花主人曰今春秘挾二三酒人聽雨湖上雲林為啟烟水輕舠極一時之快客有以不及花時為惜者予張具招名姝先後得十有二人謂客曰此解語花也豈必桃李然後成蹊哉客欣然為各品次以行酒盞專以娛二三酒人云 武林帝㞐山房品次

蘭 王餘清瓊哥

出於谷遷於盈秀可飡清可沐展如之人落落穆穆與同心者合飲一巵

芍藥 陳麗臣行二

映日煇然臨風嫣然何以宴之綺席繁絃 出席奉具留賞相者大杯

萱 郭步搖行一

維彼秀色可餐可憶宴曰忘憂以鄰不惑 有戚容者飲

蜀葵 汪於沚行大

濃艷亭亭郁郁青青伊何人兮之子之姪兮 六骰典

昌蒲對擲數五多者勝

水仙 張似郎行六

風翩翩月娟娟一莖當筵衆芳失鮮吾折之以問天天名之曰水仙 有冷趣者飲

菖蒲 陳夜光行六

不摧折而藏不敷榮而芳其根香其葉長 六骰連根數飲主人擊節

菊 馬弱蘭行七

熒明蒨粲菴藹猗那華堂對酒高會當歌衆妙以雅

任席中衣白者送飲

秋葵　張文如觀哥

有時還俛首無日不傾心　飲相向者

山丹　陳金南行七

孰如爾花之珍孰如爾葉之蓁孰如爾莖蕕之皆可

親　主禁宣諱行動犯者任意罰

芙蓉　朱華玉行大

搴之兮木末采之兮江汀絢爛兮朝霞之色涵蕩兮

秋水之清　飲美人矚目者

夜合　呂蓮因行二

帶笑朝雲含羞暮雨空谷之英爲問其主　值此先發

於坐中見花主人失一八一杯

石竹　張小雅行二

風徐徐日于于與木石居　免飲

附蘭花品

敘蘭容質　陳夢良

色紫每幹十二萼花頭極大爲衆花之冠至若朝暉微照曉露暗濕則灼然騰秀亭然露奇斂膚傍幹團圓四向婉媚嬌綽竚立凝思如不勝情花三片尾如帶微青葉三尺頗覺弱黯然而綠背雖似劍脊至尾稜則軟薄斜撇粒許帶緇最爲難種故人希得其真

吳蘭

色深紫有十五萼幹紫荚紅得所養則岐而生至有

二十萼花頭差大色映人目如翔鸞翥鳳千態萬狀葉則高大剛毅勁節蒼然可愛

潘花

色深紫有十五萼幹紫圓匝齊整疎密得宜疎不露幹密不簇枝綽約作態窈窕逞姿真所謂艷中之艷花中之花也視之愈久愈見精神使人不能捨去花中近心所色如吳紫艷麗過於衆花葉則差小於吳峭直雄健衆莫能及其色特深

仙霞

乃潘氏西山於仙霞嶺得之故更以為名

趙十四

色紫有十五蕚初萌甚紅開時若晚霞燦日色更晶明葉深紅者合於沙上則勁直肥聳超出群品亦云趙師博蓋其名也

何蘭

紫色中紅有十四蕚花頭倒壓亦不甚綠

品外之奇 金稜邊

色深紫有十二蕚出於長泰陳家色如吳花片則差小榦亦如之葉亦勁健所可貴者葉自尖處分二邊各一線許直下至葉中處色映日如金線其家寶之猶未廣也

白蘭甲 濟老

色白有十二蕚標致不凡如淡粧西子素裳縞衣不染一塵葉似施花更能高一二寸得所養則岐而生

三

亦號一線紅

竈山

有十五蕚色碧玉花枝開體膚鬆美顒顒昂昂雅特閑麗眞蘭中之魁品也每生並蒂花榦最碧葉綠而瘦薄開生子蒂如苦蕒菜葉相似俗呼為綠衣郎

黄殿講

號為碧玉幹西施花色微黄有十五蕚合并榦而生計二十五蕚或迸於根美則美矣每根有萎葉朶朶

不起細葉最綠肥厚花頭似開不開榦雖高而實瘦葉雖勁而實柔亦花中之上品也

李通判

色白十五蕚峭特雅淡追風浥露如泣如訴人愛之或類鄭花則減一頭地位

葉大施

花劔脊最長眞花中之上品惜乎不甚勁直

惠知客

色白有十五蕚賦質清癯團簇齊整或向背嬌柔瘦潤花英淡紫片尾凝黄葉雖綠茂細而觀之但亦柔弱

馬大同

色碧而綠有十二蕚花頭微大間有向上者中多紅暈葉則高聳蒼然肥厚花幹勁直及其葉之半亦名五暈絲上品之下

鄭少舉

色白有十四蕚瑩然孤潔極爲可愛葉則修長而瘦散亂所謂蓬頭少舉也亦有數種只是花有多少葉有軟硬之別白花中能生者無出於此其花之資質可愛爲百花之翹楚者

黄八兄

色白有十二蕚善於抽幹頗似鄭花惜乎幹弱不能支持葉綠而直

周染花

色白十二蕚與鄭花無異但幹短弱耳

夕陽紅

花八蕚花片凝尖色則凝紅如夕陽返照

觀堂主

花白有七蕚花聚如簇葉不甚高可供婦女時粧

名弟

色白有五六蕚花似鄭葉最柔軟如新長葉則舊葉隨換人多不種

弱脚

只是獨頭蘭色綠花大如鷹爪一幹一花高二三過葉瘦長二三尺入臘方花薫馥可愛而香有餘

魚魫蘭

十二蕚花片澄澈宛如魚魫采而沉之水中無影可指葉頗勁綠此白蘭之奇品也

品蘭高下　余嘗謂天下凡幾山川而支派源委於人迹所不至之地其間山坳石潭斜谷幽賓又不知其

幾何多邁古之修竹矗之危木雲煙覆護溪澗縈旋萬蘿蔽道陽暉不燭泠然泉聲磊乎萬狀隄圯之異則所產之多人賤之箴如也倏然輕釆於樵牧之手而見駭然識者從而得之則必攜持登高岡涉長途欣然不憚其勞中心之所好者不能以集錄而置之也其地近城百里淺小去處亦有數品可取何必求諸深山窮谷每論及此往往啟識者雖有不遊之誚毋乃地迥而氣殊葉萎而花蠹或不能得培植之三

昧者耶是故花有深紫有淺紫有深紅有淺紅與夫黃白綠碧魚鮀金稜邊等品是必各因其地氣之所種而然意亦隨其本質而產之耶抑其皇穹儲精景星慶雲隨光遇物而流形者也意萬物之殊亦天地造化施生之功豈乎可得而輕議哉切嘗私合品第而數之以謂花有多寡葉有強弱此固其因所賦而然也苟惟人力不到則多者從而寡之弱者又從而弱之使夫人何以知蘭之高下其不誤人者幾希嗚呼蘭不能自異而人異之耳故必執一定之見物品藻之則有淡然之性在況人均一心心均一見眼力所至非可誣也故紫花以陳夢良爲甲吳潘爲上品中品則趙十四何蘭大張青蒲統領陳八斜淳監糧下品則許景初石門紅小張青蕭仲和何首座林仲孔莊觀成外則金稜邊爲紫花奇品之冠也白花則濟老竈山施花李通判惠知客馬大同爲上品所謂鄭少舉黃八兄周染爲次下品夕陽紅雲嶠朱花觀堂主青蒲名弟翁玉小娘者也趙花又爲品外之

奇

附　牡丹志

花卉蕃廡於天地間莫踰牡丹其貌正心荏莖節葉葉聳抑檢曠有剛克柔克態遠而視之疑美丈夫女子儼衣冠當其前也苟非鍾純淑清粹氣何以傑全德於三月內迂愚叟顧造化意以榮辱志其事欲妣之黃爲王魏之紅爲妃無所忝胄何哉位既尊矣必

非精[illegible]理者那能一貫

如此文非淺學能道

見今丁

後世已有子[illegible]

以求無二[illegible]

一花[illegible]出無[illegible]

援之以九嬪九嬪佐矣必隸之以世婦世婦庶[illegible]之定之以保傅保傅任矣則形管位矣則命婦立命婦立則嬖倖愿嬖倖愿則近屬睦近屬睦則疎族親疎族親則外屏嚴外屏嚴則宮闈壯宮闈壯則襛胜華義胜華則君子小人之分達君子小人之分達則亨泰屯難之兆繼繼之者莫大乎善也成之者莫大乎性稟乎中根本茂矣善歸已色香厚矣如是則施之以天道順之以地利節之以人欲其栽其接無竭無

滅其生其成不縮不盈非獨為洛陽一時歎賞之盛將以天下嗜好之勸也 思叟丘璿著

、姚黃為王 雖先具卷中此繫全志不敢妄芟

名姚花以其名者非可以中色斥萬乘之尊故以王以妃示上下等夷也

魏紅為妃

天子立后以正內治故關雎為風化之治妃嬪世婦所以輔佐淑德符家人之封焉然後鵲巢采蘋采蘩列夫人職以助諸侯之政今以魏花為妃配乎王爵視崇高富貴一之於內外也

九嬪

牛黃 細葉壽安 九葉真珠 鶴翎紅 粹紅

潛溪緋 朱砂紅 添色紅 蓮葉九蘂

世婦

麁葉壽安 甘香黃 一捻紅 倒暈檀心

丹州紅 一百五 鹿胎 鞍子紅 多葉紅

獻來紅 今得其十刹來具種補之

御妻

玉版白 多葉紫 葉底紫 左紫 添色紫

紅蓮萼 延州紅 駱駝紅 紫蓮萼 蘇州花

常州花 潤州花 金陵花 錢塘花 越州花

青州花 和州花 自蘇臺會稽至歷陽郡好事者來栽植乃賸八十一之數必可備矣

花師傳

萱莢　指佞艸　蒲蓮　燕胎芝　螢火芝
五色靈芝　九莖芝　碧蓮　瑶花　碧桃

花形史

同穎禾　兩岐麥　三脊茅　朝日蓮　連理木
薝蔔花　長樂花

花命婦

上品芍藥　黃樓子等　粉口　柳浦　醉美人
茆山冠子　紅纈子　白纈子　黃絲頭　蟬花
紅絲頭　重葉海棠出蜀中　千葉瑞蓮

花嬖倖

中品芍藥　長命女花出蜀中　素馨　茉莉
荳蔻　虞美人出蜀中　丁香　含笑　易真
鴛鴦艸出蜀中　女真　七寶花　不蟬花出蜀中
玉蟬花出蜀中

花近屬

瓊花　紅蘭　桂花　娑羅花　棣棠　迎春

黃拒霜　黃雞冠　忘憂艸　金鈴菊　酴醾
山茶　千葉石榴　玉蝴蝶　黃酴醾出蜀中
玉屑

花疏屬

麗春　七寶花出蜀中　石瓜花出蜀中　石巖
千葉菊　紫菊　添色拒霜出蜀中　羞天花
金錢　金鳳　山丹　吉貝　木蓮花　石竹
單葉菊　滴滴金　紅雞冠　矮雞冠　黃蜀葵
千葉郁李

花戚里

旌節　玉盤金盞　鵝毛玉鳳出蜀中　瑞聖
瑞香　御米　都勝　玉簪

花外屏

金沙　紅薔薇　黃薔薇　玫瑰　稀有　刺紅
紅薇　紫薇　朱槿　白槿　海木瓜　錦帶
杜鵑　梔子　紫荊　史君子　凌霄　木蘭

百合

花宫閫

諸類桃　諸類李　諸類梨　諸類杏　紅梅

早梅　櫻桃　山櫻　蒲桃　木瓜　桐花

粟花　棗花　木錦　紅蕉

花叢脞

紅蓼　牽牛　鼓子　芫花　曼陀羅　金燈

射干　水葓　地錦　地釘　黄蜀葵　野薔薇

薺菜花　夜合　蘆花　楊花　金雀兒　菜花

花君子

溫風　細雨　清露　暖日　微雲　沃壤

永晝　油幕　朱門　甘泉　醇酒　珍饌

新樂　名倡

花小人

狂風　猛雨　赤日　苦寒　蜜蜂　蝴蝶

螻蟻　蚯蚓　白晝青蠅　黄昏蝙蝠　飛塵

茹芽　蠹　麝香　桑螵蛸

花亨泰入花之榮卷

花屯難入花之厄卷

花史左編卷之二

檇李　仲遵　王路　纂修

花之寄通計一百餘目

京　省　司　府　州　縣　夷　山
海　園　嶺　湖　堂　亭　樓　臺
池　墩　塢　川　苑　殿　閣　壇
舍　洞　鎮　岡　關　驛　波　洲
涇　圃　墅　天　溪　宮　沼　機

業　源　館　港　谿　潭　村　所
處　谷　水　澗　堤　津　曲　院
舫　齋　城　澤　宅　渚　峰　梁
橋　觀　寺　剎　塔　峽　巷　軒
居　屋　江　庵　廬　徑　路　窩
陂　坡　寨　出　欄　檻　階　庭
浦　塘　國　架　里　墟　街　圻
石　巖　林　島　嶼　莊

竹林堂

梁元帝竹林堂中多種薔薇並以長格校其上使花葉相連其下有十間花屋仰而望之則枝葉交映迫而察之則芬芳襲人

埜春亭

武陵儒生苗彤事園池以接賓客有埜春亭者雜植山花五色錯列

梅花屋

王冕隱九里山樹梅花千株桃柳居其半結茅廬三

間自題爲梅花屋

大舫

孫德璉鎮郢州合十餘船爲大舫於中立亭池植荷芰良辰美景賓僚並集泛長江而置酒一時稱爲勝賞

保安僧舍

山谷居保安僧舍開西牖以養蕙東牖以養蘭

四香閣

楊國忠爲四香閣每於春時木芍藥盛開之際聚賓於閣上賞翫此花

玉照堂

宋張功甫得曹氏廢圃種梅三百餘本築堂數間前爲軒檻花時居宿其中環潔輝映夜如對月因名曰玉照堂作梅品

紅梅亭

南唐苑中有紅梅亭四面專植紅梅

舍前

晉稽康嘗種夜合於舍前曰合歡蠲忿萱草忘憂

長嘯堂

范蜀公居許下造大堂以長嘯名之前有酴醿架高廣可容數十客每春季花繁盛時燕客其下約曰有飛花墮酒中者罰一大白或笑語喧嘩之際微風過之則滿座無遺者當時號爲飛英會

梅花莊

宋趙必漣字仲漣崇安人刻苦讀書開慶間以父蔭嘗補官辭不就晚植梅數百株名其居曰梅花莊與弟若槐日吟咏其中

前數則散輯不暇詮次

北京

西苑

京師苑囿第一在皇城內

南海子

京城南放牧禽獸種植蔬果之所其水汪洋一望若海

順天府 南山

薊州喬松修竹周十數里內有亭臺爲一郡之勝

孔水洞

大房山東北下有石竇闊二丈許深不可測嘗有人秉火浮舟探之隱隱聞作樂懼而返金泰和中忽見

桃花流出

西湖

玉泉山下湖環十餘里荷蒲菱芡與沙禽水鳥隱映

雲霞中眞佳境也

黃花鎭　昌平地

保定府　清苑　漢樊輿隋清苑

紫荊嶺　易州嶺上有關路通山西大同

百花嶼　府城西北

蓮花池

府治南元守師張柔鑿舊有亭榭爲治游之所

紫荊關　易州城高池深歷代守禦之所

臨漪亭

府城内臨鷄水上志稱漣漪鳥翔頗得瀟湘之勝

河澗府　桂巖　任丘巖多蓼桂

眞定府　紫微山　冀州

蓮花池　趙州

桃水驛　柏鄉

百花樓　冀州宋時建

順德府　百花山　府城西南

廣平府　紫荊山　廣平

大名府　百花塢　府城内宋王振辰留守日置

晚香亭

府城西舊府治韓琦留守時重九日燕諸監司於後

圃詩有且看黃花晚節香之句遂以名亭

永平府　桃林關　盧龍

盧峰驛　盧龍

五花城　撫寧山海衛唐太宗征遼時築

延慶府　香川橋　州城東宋建

香水園　州治東元仁宗產此

保安府　上花園　州城西相傳遼蕭后種花之所

南京

應天府　獻花巖　祖堂法融禪定於此百鳥獻花

含章殿

臺城内劉宋孝武建卽壽陽公主人日梅花點額處

芳樂苑

臺城内齊東昏侯日與潘妃游此大設店肆使宮人與閹豎共相貿販以妃爲市令將鬬者就妃罰之帝有小失妃卽杖

華林園

臺城内晉簡文帝曰會心處不必遠翳然林水便有濠濮間趣兔鳥自來親人

臨春閣

臺城内陳後主建張麗華居此

樂游苑

覆舟山南劉宋時禊飲賦詩於此

昇元閣

府治西梁朝故物高二百四十尺今名瓦棺寺西晉時地產青蓮兩朵開之所司掘得瓦棺開見一老僧花從舌根頂顱出詢及父老曰昔有僧誦法華經皆餘卷臨卒遺言曰以瓦棺葬之此地

雨花臺

長千里南梁武帝時雲光法師講經於此感天雨花

鳳陽府 芙蓉岡 天長

西湖 潁州 歐陽修蘇軾觴詠於此

蘇州府 虎丘山

府城西北一名海湧峰上有劍池千人石生公說法臺吳王闔閭葬此世傳秦始皇將發吳冢有白虎踞其上故名晉司徒王珣及弟司空王珉之別墅

靈巖山

府城西南吳王館娃宮故地上有西施洞浣花池採香徑及琴臺諸勝下瞰太湖望洞庭兩山滴翠浮碧在白銀世界中

華山

府城西老子枕中記云此地可度難山半有池曰天池產千葉蓮昔人嘗服之羽化

洞庭山

府城西太湖中一名包山道書第九洞天蘇子美記有峯七十二惟洞庭稱雄其間民俗淳樸以橘柚為常產每秋高霜餘卅苞朱實與長松茂竹相映巖壑望之若圖畫

百花洲 胥盤二門之間

樂圃

府城內清嘉坊之北朱長文故居高岡清池喬松古檜即錢氏時廣陵王元璙金谷園也

石湖別墅

石湖上范成大因越來溪故城建此中有千巖觀天鏡閣玉雪坡說虎軒盟鷗亭北山堂諸勝

松江府 佘山

府城北舊有佘姓者修道於此產茶近日陳眉公結廬於此亭林花木最盛

雲間洞天

府治東南朱參政錢良臣別業奇花異卉古松怪石儼然洞天也今呼錢家巷

折桂閣

華亭尉廳舊有折桂閣宋李爽以右文殿修撰蒞華生子綱於此為中興賢相因呼相公閣

常州府 張公洞

宜興三面皆飛崖峭壁惟北有一徑可入石上多唐人題詠即張道陵修煉處

芙蓉湖 府城東

卷畫溪

宜興夾岸花竹照映水中故名一名五雲溪

曲水亭

慧山前其水九曲中有方池一名浣沼梁建宋邑令蘇舜欽流觴於此

東坡別業 宜興滆湖上

鎮江府 藏春城

府城內南唐節度使林仁肇故宅
芙蓉樓 府城上西北隅與萬歲樓相對
研山園
府治東南米芾以研山從薛紹彭易此地為別業
九曲池 府城西北上有木蘭亭煬帝建
隋苑 府治西北一名大林
瓊花臺
府城東蕃釐觀內花自唐人植天下獨一株元時朽
以八僊花補之

平山堂
府治西北歐陽文忠建上攄蜀岡下臨江壯麗為淮
南第一夏月公每攜客堂中遣人走邵伯折荷花百
朶揷四座命妓以花傳客行酒往往載月而歸堂左
右竹樹參天坐者忘暑
芙蓉閣 泰州治
淮安府 桃源 府鎮米淮資、元桃園

安花樓 府治南唐建
廬州府 紫芝山 無為州宋時產芝三百餘本
明遠臺
府城東北廻環皆水中有一洲鮑明遠讀書處
安慶府 潛峰閣 府治王安石判郡時讀書處
西溪館
潛山唐刺史呂渭建帶山夾沼為一邑之勝
太平府 荻港驛 繁昌

絳雪亭 府治圃中舊名杏花村
寧國府 梅谿 旌德
桃花潭 涇縣即李白贈詩汪倫處
池州府 杏山
銅陵昔傳葛仙翁嘗留此種杏下有溪落英飛堰上
名花堰
杏花村
府城秀山門外杜牧詩牧童遙指杏花村即此

桃源
建德山源深邃人跡罕至五季末衣冠士族多避兵
於此
菊所
東流縣治後陶彭澤種菊於此故縣名菊邑
徽州府 樵貴谷
黟縣昔樵者入山行數里至一穴豁然清曠中有十
餘家云是秦人避地於此或謂之小桃源李白詩地

多靈草木人尚古衣冠指此
歲寒亭 歙縣治宋建舊名松風亭
廣德州 竹山
州城南疊嶂層巒有松竹泉石之勝絕頂二亭曰巢
雲曰流玉
和州 梅山
合山上多梅樹曹操行軍至此軍士皆渴因指山上
梅林渴遂止

桃花塢 州治西張籍讀書處
滁州 龍蟠山
州城南山有虎跑泉飛花洞偃月洞洞側皆峭壁名
人題咏多刻其上
醉翁亭 釀泉之上
山西
太原府 柳溪
府城西太守陳堯佐築堤植柳數萬有亭有閣率郡

僚上巳泛舟於此
平陽府 湖園
聞昔李文叔云園圃之勝不能兼者六務宏大者鮮
幽邃人力勝者少蒼古多泉水者難眺望惟裴晉公
湖園兼之矣
大同府 恒山
渾源即北嶽也水經謂之玄嶽山多奇花靈草映帶
左右虎豹不敢入上有飛石窟兩崖壁立豁然中虛

潞安府五龍山 府城東南松檜蓊鬱嘗有五色雲

桃花山 黎城

汾州府白彪山

府城西北昔有騶虞見此上多林泉洞壑之勝

臨汾宮 府治東隋煬帝建此避暑

山東

濟南府百花橋 大明湖百花洲上

芙蓉橋 大明湖上

桃源驛 平原

蒲臺 隋蒲臺漢厭沃地

苑城 長山相傳爲齊桓公苑

黌山

章丘一名黌堂嶺接淄川鄒平界鄭玄注書於此上

有古井生草似薤人謂之鄭公書帶草

長春嶺 萊蕪林木蓊茂四時如春

兗州府杏山 寧陽上多杏

鳳山 東平林木蓊蔚衆若雲氣

桃花澗 沂州

東昌府三槐堂 莘縣郎王祐所居蘇軾記

陳臺

濮州曹子建封鄄城侯於此築臺著書後改封陳王

萊州府芙蓉池 昌邑舊有堂

遼東

桃花島 望遠衛道海每歲運舟泊此

河南

開封府靈源山 滎陽產靈芝石髓往往間長瑞草

柳湖 一在陳州一在新鄭

玉津園 府城南宋都人游賞地

西園

陳州張詠守郡時建中有閣曰冷風堂曰清思亭曰

流杯香陰環翠臺曰望湖

梅花堂 許州治北蘇軾建

曲水園

許州有修竹二十餘畝渠水貫其中文彥博爲守置

歸德府 隋堤

永城煬帝慕揚州瓊花之勝自汴濬河通舟夾堤種柳

梁園

府城東一名梁苑或曰即菟園梁孝王築

河南府 嵩山

登封即中嶽漢有道士從外國將貝多子來種之西麓成四株一年三花白色香異常

桃林驛 靈寶

岳宅

府城南岳奉母十居洛水名曰西宇有園池花竹之勝

上林苑 府城外詳司馬相如賦

華林園 府城東北魏明帝建

金谷園

府城西石崇別業崇嘗宴客名賦詩或不成者罰酒三斗內有清凉臺即綠珠墜樓處

獨樂園 府城南司馬光自記

綠野堂 府城東集賢里裴度別業

西苑 洛陽隋元帝築周三百里

富鄭公園

洛陽鄭公自謝政歸杜門避客燕息此中幾二十年亭榭花木皆出其目營心匠故閎奧深審爲諸名園之冠

南陽府 杏花山 鎮平名杏

百花洲

鄧州范仲淹所營仲淹嘗共張士遜飲此作漁家傲詞五章

菊潭 內鄉岸旁產甘菊飲此水多壽

甘菊里

内鄉風俗通云山磵有大菊澗水從山流下得其花味甚甘美

杏山 光山即抱樸子種杏處

汝州 香遠亭 州治後圃

娑娑園 郟縣宋崔鶠居此

陝西

西安府 花萼樓

府治西玄宗與寧薛諸王友愛常登此樓共榻而飲

沉香亭

府治東南興慶宮內玄宗召李白賦詩於此

曲江亭 曲江池上唐宴進士於此

韋曲 樊川韋安石別業

杜曲

韋曲之東杜岐公別墅當時語云城南韋杜去天尺五岐公孫牧嘗曰吾得老爲樊川翁有文章數百號樊川集顧艸木禽魚亦無恨矣

三田村

臨潼田真兄弟分而復合荆花再生即此

梨園

驪山繡嶺下唐梨園弟子按曲處

逍遙別業

驪山鸚鵡谷韋嗣立建中宗嘗幸此封爲逍遙公上賦詩勒石令從臣應制張說序云丘壑夔龍衣冠巢許

輞川別業

藍田宋之問莊後爲王維莊輞水逼竹洲花塢日與裴秀才迪浮舟賦詩齋中惟茶鐺酒臼經案繩床爾

上林苑

渭南始皇建苑內名果奇樹凡三百餘種

漢中府 紫荆山 洵陽洞壑幽深一塵不到

露香亭 洋縣舊郡圃

平涼府 避暑閣

府城北柳湖上宋守蔡挺建柳蔭平隄湖光可挹

蓮花城 華源

桃花山 會寧土石赤似桃花

麥積山 秦州狀如麥積志稱秦地林泉之冠

慶陽府 一川風月亭

寧州治後圃宋建蓮池柳巷花嶼蘭皐一郡勝地也

延安府 櫻桃山 鄜州上多櫻桃樹

桃花洞 府谷產硃砂四季洞門芳桃花色

飛蓋園 府城南麗藉冶游處

百花塢

府谷石晉後折氏子孫創此爲一方之勝

浙江

杭州府 孤山

西湖上趙子固嘗放棹山陽以酒晞髮箕踞歌離騷指林麓最幽處瞪目叫絕曰此是洪谷子董北苑得意筆也鄰舟數十皆驚歎以爲異人

西山 臨安許邁嘗採芝於此

千頃山

昌化上有龍潭廣數百畝產金銀魚禱雨多應山側婆羅一株每初夏花開香聞十里相傳爲許由故居

萬松嶺 府城南

西湖

周三十里漢時金牛見湖中人言明聖之瑞蘇軾守郡上言西湖有不可廢者五乃築長堤自紹興建都君相競嬉游於此金主亮聞而羨焉卒起投鞭渡江之志論者以爲尤物破國比之西子亦稍過矣

六橋 西湖上

玉津園 府城南龍山側宋孝宗嘗臨此講射禮

放鶴亭

孤山林逋隱此畜二鶴每泛舟湖中客至童子縱鶴飛報即歸後人題句云種梅花處伴林逋

九里松

虎林山靈隱寺外唐刺史袁仁敬守杭時植

嘉興府 檇李城

府城西南地産佳李因名越絕書作就李又云吳王曽醉西施於此號醉李

陳山

平湖上有龍湫山花爛熳不可枚舉遍來馮墓植紫荆數本妖艷特異近寺茅簷艸舍皆遶植桃柳春遊士女輻輳杯盤狼藉無不手撚花枝醉呼潦倒者寺後有臺萬松擁護予花史左右編實成於此時見萬翠飛來元名萬松臺予補作萬松臺記

烟雨樓

南湖中五代時建樓前玉蘭花瑩潔倩麗與翠栢相掩映挺出樓外是亦奇觀

湖州府 苕溪 治西出自天目

箬溪 長興有上箬下箬取下箬水釀酒極醇

顧渚 長興有二山號明月峽唐置貢茶院

白蘋洲 霅溪東南

松雪齋 府城内趙孟頫別業

菰城 府城南春申君黄歇所建

烟霞塢 武康劉穎士別業谷口梅花十餘里

子昂別業 德清城内

嚴州府 橘山

府城南其山險峻不易登上有羅浮橘一株熟時風飄墮地得者訛傳仙橘云

萬松山 壽昌環翠如畫

梅花峰 淳安望之森如玉樹

梅嶺

壽昌接龍游界宋都臨安時此嶺爲要道

金華府 香山

蘭谿産玉蘭下有杏溪即蘭谿支流也

蘭陰山 蘭谿多蘭蕙

菊妃山 武義山多蘭菊旁有妃水溪

紫薇巖
金華洞之西巖有石室劉峻棄官舍其下
繡川湖 義烏花木掩映如繡
衢州府 西山
江山縣峰巒秀拔林木蓊鬱邑人多選勝結亭其上
山半有梅花泉
蟠桃山 開化縣桃花時望之如霞
處州府 萬松山 縉雲縣松巒深秀

都山
縉雲道書謂玄都洞天上有鼎湖產異蓮湖之東爲
步虛山奇峰千仞西爲忘歸洞即李陽冰隱居也
小蓬萊山
縉雲上多怪石奇樹有峭壁高可數仞澗水泚然游
者泛舟而入逈出塵外
鳳凰山
龍泉山之陽有白雲巖桃花洞五代時鶴衣道人

醉山下爲里婦所辱唾紙成鶴跨之去
蓮花峰 遂昌
烟雨樓 府治宋范成大修
紹興府 蘭渚山 府城西南越王種蘭於此
苧羅山
諸暨下有浣紗江西施鄭旦居此
東山
上虞謝安隱此舊有石壁精舍即靈運讀書處也

薔薇洞 東山之半謝安常攜妓游此
湘湖 蕭山產蓴絲最美
若耶溪 府城南西施采蓮於此
蘭渚
府城南有亭王右軍建上巳日與謝安孫綽許詢輩
四十一人會此修禊事
寧波府 武陵山
府城東舊傳劉阮采藥於此春月桃花萬樹燦然

源。

蘆山悲翠峰嵐蒼翠在鶴洲島渚之上

桃花山

定海舊志安期生以醉墨洒石上遂成桃花

三薹山

象山海中其上有三峰又名三仙島至春百花盛開綺麗奪目

台州府　天台山

天台道書謂上應台星高一萬八千丈周八百里從曇華亭右麓視石梁若在天半廣不盈尺深數十丈下臨絕㵎惟攀蘿梯巖乃可登上有瓊樓玉闕碧林醴泉瑤草神奇莫可名狀舊稱金庭洞天

華頂峰

天台山第八重最高處絕頂可望海草木薰郁殊異人世石鉢有木瓜花時一雙至實落供六十乃去號爲護聖瓜

桃花洞天台山即劉阮采藥處

三瑞堂

洪公弼爲寧海主簿時建適荷花桃實竹幹有連理之瑞而生子适故名

溫州府　梅溪平陽

衆樂園

府城內池環里許亭榭花竹周布宋時每歲二月開園縱游人盡春而罷

撫州府　瀛州亭

府治金柅園西其景爲一郡之冠

瑞州府　流花亭上高蜀江上

瑞芝亭

新昌宋令邵叶下車三月靈芝五色生於燕坐之所

米山

府城北四面流泉地力膏沃生禾香茂其米精美

袁州府　浮香樓府治

宜春臺 府治後

紅陰亭 府治倅廳宋建

贛州府 香山 信豐上有九十九峰產異藥

大龍山

信豐層巒疊嶂遇夜或紅光燭天產異花如白蓮狀

盤古山

會昌四面皆石壁池廣一畝產瑞蓮

桃江

信豐源出龍南桃山有灘十五

南安府 大庾嶺

府城南即五嶺之一漢武帝擊南粵楊僕遣部將庾勝屯兵於此因名大庾其初險峻行者苦之自張九齡開鑿始可車馬其上多植梅又名梅嶺

綠陰亭

府治內宋郡守李夷庚建亭之側有池池左右竹樹森森亦勝境也

梅花園

庾嶺下舊有驛宋郡守趙孟適書扁壁間一女子題云幼妾從父任英州司馬及歸聞大庾有梅嶺而乃無梅遂植三十株於道旁荊州記陸凱與范曄善嘗自嶺折梅花一枝寄長安贈范

江西

南昌府 清水巖

寧州內有石室北多蘭蕙黃魯直云清水巖為天下勝處巖前巨室可坐千人

百花洲

府城東宋張澄建亭其上扁曰講武以習水軍

饒州府 芝山

府城北嘗產瑞芝絕頂可望匡廬五老

梅巖

餘千藏山上趙汝愚嘗讀書於此理宗為題梅巖二

桃花洞

萬年深十五里兩山並峙林木蓊蔚上田肥饒

蜀錦亭

府治内慶朔堂之右范仲淹植海棠二株於此鄒訶築亭

秋香亭 府治内魏兼作亭栽菊於此

廣信府 靈山

府城西北上有七十二峰郡之鎮山也道書第三十三福地多珍木奇卉產水晶

鬼谷洞

鬼谷山入必以燭周四里可容數千人旁一洞洞口狹小昔有人迤邐而入見林木室廬儼然如村洛

南康府 五柳館 府城西栗里即淵明故宅

杏林 府城西董奉種杏成林即此

三石梁

廬山上長數丈廣不盈尺杳然無底晉吳猛躡石梁

西□見金闕玉房一老人坐其樹下杯盤□□

白鶴觀

府城西北宋爲承天觀記云廬山峰巒之奇秀巖壑之怪邃林泉之茂美爲江南第一而此觀復爲廬山第一蘇子瞻云司空表聖自論其詩得味外味棊聲花院閉幡影石壇高此句最善吾嘗過白鶴院松陰滿地惟聞棊聲然後知表聖非浪語也

壽樟

建昌邑人李公懋入朝高宗問樟公安否奏以枝葉扶踈歲寒獨秀黃庭堅有記

壽松

建昌冷水觀盤屈奇古又名挂劒松相傳許遜事

九江府 百花亭 府城東梁刺史王綸建

太乙宮 德化宋名祥符觀即董奉杏林也

建昌府 章山 府城東北喬松修篁森秀

麻姑山

府城西三十有瀑布龍巖丹霞洞碧蓮池皆奇境也周
四百餘里中多平田可畊道書三十六洞天之一昔
麻姑修煉於此

熙春園　府城北宋郡僚游宴之所

武昌府　武昌山

武昌晉時宣城人秦精嘗入山採茗遇一毛人長丈
餘引精至山曲示以蘩茗臨别復探懷中橘遺精精
怖負茗而歸

芙蓉山　叢峙峰巒秀麗如花

鍾臺山　巖室上有桃花洞李邕讀書處石室尚存

西塞山

大冶孫策擊黃祖於此張志和漁父辭西塞山前白
鷺飛桃花流水鱖魚肥

蘋花溪

咸寧相傳洪崖先生煉丹之地嘗有老姥采蘋於此
問之曰吾鮑姑也忽不見

蘆洲

武昌子胥逃江上求渡漁父歌曰與子期兮蘆之漪

散花洲

大冶周瑜破曹操兵釃酒散花勞軍於此

偃棗亭

府治南舊傳亭前棗樹未嘗實一歲忽有實如瓜太
守命小吏采而進小吏私啖之遂仙去又傳太守與
倅奕有一異人吹笛來忽不見隨笛聲至楼上惟見

石鏡題詩未書呂字而去故今名呂仙亭

滄浪亭

興國放生池上蓮花彌望夾堤皆垂柳群山環列有浮
屠突兀在雲烟紫翠間記稱江山之勝頗似西湖

漢陽府　桃花洞　府城北上有桃花夫人祠

石榴花塔

府城西北昔有婦事姑至孝一日殺鷄為饌姑食而
死姑女訴之官不能辨臨刑折石榴花一枝祝曰妾

若毒姑、花即火、若坐誣枉、花可復生、已而花果復生、
時人哀之立塔表其事、
襄陽府　木香村
宜城唐段成式別業、
德安城　桃花巖　白兆山卽李白讀書處。
黄州府　五祖山
黄梅一名馮茂山卽五祖大满禪師道場山頂有池
生白蓮又名蓮峯

春風嶺　麻城嶺多梅花。
梅川　廣濟
蘭溪　蘄州其側多蘭。
雪堂
府治東郡守馬正卿爲蘇軾營地數十畝是日東坡
築室其上以雪中落成故名去黄之日付潘大臨兄
弟
荆州府　絳雪堂
東陵堂下紅梨盛開歐陽修造飲有絳雪尊前舞句
岳州府　天岳山
平江一名幕阜山周五百里石崖壁立有篆文云夏
禹治水嘗至此產藥百餘種多怪草異木道書第二
十五洞天
蘭江　澧州又名佩浦地多蘭蕙。
岳陽樓
府城西門滕子京建樓范希文記蘇子美書邵竦篆
稱四絕

細腰宮　華容楚靈王貯美人於此
八桂堂　澧州胡寅記
長沙府　五鳳山　醴陵山形類五鳳上有天花臺。
芙蓉山
安化奇峯疊秀狀若芙蓉中有芙蓉洞
桃花江　益陽
橘洲　善化產橘

常德府 綠蘿山 桃源道書第四十二福地
桃源山 旁有秦人洞桃花溪即漁人問津處
橘州
龍陽長二十里即李衡種橘處史記江陵千株橘其
人與千戶侯等謂此
采菱城 桃源楚平王築府中產菱味甘美
蟠桃巷
桃源宋群符間邑人開地見玉龕光動得大果九枚

識者謂之蟠桃
辰州府 桃花山
溆浦一名華蓋山昔人嘗種桃千樹至今呼桃花圃
永州府 青澗
王韶之神境記九疑山半其路皆青松翠竹下夾青
澗澗中多黃色蓮花夏秋時香氣盈谷
芙蓉館
府城東湖上唐刺史李衡建范純仁嘗游此旁有思

范堂張栻書額
承天府 花山
府城東舊傳靈濟祖師過此百卉皆花
鴻軒
景陵張耒謫居日建其側植薔薇臨別題詩云他年
若問鴻軒人堂下薔薇應解語
鄖陽府 天心山
府城西北一名錫義山方圓百里形如城山高谷深

多異草相傳列仙所居
熙春樓 房縣治後圃
靖州 青蘿山 州城南烟蘿蒼翠如畫
芙蓉江 通道
郴州 香山 州城南有香木香泉泉味甘且冽
桂水 州城西南
萬王城
桂東萬王未詳世傳王曾寓此階砌尚存旁有修竹

新年旦夕自作掃其地而復立因多桃李實時採食之味甚甘但不可取去或摘而私藏必迷歸路

四川

成都府　華萼山

內江唐范崇覲兄弟讀書於此明皇時獻華萼賦詔稱天下第一

太華山

彰明　僊錄載黃奉先移家入此山上有牡丹開時望之如錦幛

西湖　崇慶回環亭館乃一州之勝

房湖

漢州唐刺史房琯鑿湖爲凡數百畝高適杜甫皆嘗觴咏於此

浣花溪

府城西南一名百花潭任夫人微時見一僧墜污渠爲濯其衲百花滿潭因名曰浣花唐伎薛濤家其旁以潭水造十色箋

芙蓉溪　羅江

蘭溪　仁壽唐末張鴻隱此

小桃源

簡州天水一碧放目無際春月桃花甚繁

海棠樓　府治西唐李回建乃條生燕游之所

瀛洲亭

資縣後圃鮮于巽記千巖萬壑願接不暇

東閣　崇慶舊杜甫寄裴迪登東亭詩處

海棠溪　府治南春月海棠盛

紫薇亭

府城南南巖上堯叟兄弟讀書處御筆題額

順慶府　海棠川　西充縣縣治多海棠

敘州府　石門山

府符石門江上產蘭凡數種又名蘭山

芙蓉山　珙縣

海棠洞

長寧里人王氏環植海棠開時郡守拉僚佐晏其下

小桃源

長寧舊傳耕者得一銅牌曰小桃源其上有詩緯約去朝眞偎源萬木春要知竊桃客定是會稽人

重慶府巴嶽山 銅梁上有崑崙洞宗產異花

海棠溪 巴縣滄人泊游之地

桃花溪 長壽上有桃花洞

香艸樓

江津舊有仙池一具人居其側建樓多植香艸

香霏亭

大足昔有調昌守者求易便地彭淵才聞而止之曰昌佳郡也守問故曰海棠患無香獨昌地產者香故號海棠香國非佳郡乎

東坡

忠州治白居易種花於此　有西坡亦居易故蹟

夔州府西山

萬縣上有絕塵龕宋郡守馬元頴脅有開於山麓修池種蓮栽荔枝雜果凡數百本景物清勝爲夔第一

岑公巖

萬縣大江之南石巖盤結若華蓋左右方池有泉噴薄巖下如簾松篁藤蘿翁蔚蒼翠記稱神僊宿也

桃花洞 太平

萬頃池

達州相傳春申君故居也其旁平田可百頃多花果園林之勝

潼川州桃花水 射洪

方池 安岳陳希夷植蓮於此

眉州芙蓉溪 青神夾岸多芙蓉

環湖

州治西舊有沼魏了翁修濬之西爲洞又西爲傳館之東爲松菊亭又東北爲雪橋橋東爲起文堂

芙蓉城 邛州城也宋時植芙蓉甚盛

嘉定府 小桃源 州城南小橋流水花竹夾岸

海棠山 州治西山多海棠爲郡僚宴賞之地

鶴州

夾江虞允文子方簡卜居洲旁多花竹之勝

雅州 尾屋山 產荼蘼花

寒芳樓 州治黃庭堅題

福建

福州府 黃蘗山

古田其山多桃樹下有桃塢桃湖桃洲春月不減武陵

鐘南山

閩清上有巖曰盤谷下有橋曰渡僊產奇花異果嘗有二人入山適一叟後至袖中出苹數枚相啖忽不見但見木葉盈尺題詩其[illegible]雲水會不與雲水通雲散水流後杳然天地公

芙蓉洞

府城東北洞口縈紆可十餘里游人秉炬以入

榴花洞

府城外東山唐樵者藍超逐一鹿入石門內有雞犬人烟見一翁謂曰此避秦地也留卿可乎超曰歸別妻子乃來與榴花一枝而出後再訪之則迷矣

桃溪

黃蘗山下有春風微和天桃夾岸一勝境也

梅溪 閩清

蟠桃塢 福清自香城北沿嶺西入有此塢

泉州府 梅花山 南安上多梅樹

文圃山 同安上有花圃唐文士謝修讀書處

建寧府 雲谷

建陽廬峰之顛內寬外窄自成一區朱熹搆艸堂於此即晦菴也有桃蹊竹塢漆園藥圃茶坂泉瀑洞壑之勝

梅亭

崇安趙抃作令時手植梅於後圃因名

延平府 百花巖 府治東北石壁峭立春時百花如錦

汀洲府 梁山

武平峰勢險峻頂有白蓮池昔士人採茗嘗捫蘿而入見佛像經幢儼然具在後往則迷失故路矣

興化府 陳嶺山

府城北一名蓮花峰上有琉璃院桃花塢燕子洞仙家石皆勝境也

穀城山

府城東南與壺公山對峙舊有梅隱松隱竹隱三精舍今惟松隱存焉宋林光朝嘗講道於此

靈雲巖

壺公山之陽上有桃花洞蘸月池泉石奇勝

荻蘆溪 府城東南

木蘭陂

府城南木蘭山下其水自泉之德化永春及僊遊三邑下合澗谷以溉田

邵平府 七臺

府城東南跨汀延邵三邦境上有七臺可登覽山半百花洞乃太師蚁化處也

蓮花峰 府城北峰巒叠秀狀似青蓮

瑞榴亭

邵武縣學宋時有石榴一株士人觀其結實之數以卜登第多寡屢驗

福寧州 蓮花峰 寧德嵩朵青翠揷天一包之勝概也

桃花洲 寧德旁有鶴林宮唐初建

廣東

廣州府 桂陽山 連州漢桂陽縣以山名

菖蒲澗

府城北澗中產菖蒲一寸九節安期生餌之僊去

蓮花寨 增城

花田

府城西平田彌望皆種素馨花爲劉時美人塋此至今花香甚於他處

韶州府　滃聹谷

英德鳴絃峰下谷有蟠陽島飛霞領淩烟嶂夢簃巖桃花洞皆勝覽也元結有谷銘刻石上

桂水　府城西北

桃溪　英德上多植桃

南雄府　桂山　始興慶谷深邃藂桂清香襲人

梅花村

羅浮飛雲峰側趙師雄遇淡粧素服美人即此

潮州府　桑浦山　揭陽突起海濱上多奇花異鳥

百花山

惠來四時產奇花有同株而紅紫異色者

南田石洞

程鄉幽遠深邃人跡罕至奇花異果多不知名樵人間者間遇之甘美可食懷歸則往往迷道

東湖

府治東韓山後夏月荷花柳陰爲一郡之勝

百花洲　程鄉

熙春園　梁山北宋知州守蘇君建

肇慶府　郎官山

陽江上有龍潭深不可測產桃梅諸果甚盛

香山　德慶山有三色石石上多香草

浣花亭　封川郭外百園宋守沈清三建

雷州府　鹿洲

府城東南海中夏月藕花盛開香聞十里

黎州安撫司　清水池　儋州四季荷花不絕臘月尤勝

廣西

桂林府　桂山　府治東北三峰鼎峙皆名越王山名社

碧蓮峰　陽朔唐有沈彬詩刻石

揭帝塘

府治北桂非滁國惟此與西湖可泚獨秀峰伏波
對峙其側荷花盛開時香聞數里
八桂堂 府治東北宋守張彥大建
柳州府 聖塘山
象州高峻不易登昔有從人攀藤而上見一池清碧
可愛游翫落花宛似僊境
扶疎堂 象州治人謝氏建竹樹交深多異卉
翠中樓 賓州
平樂府 仙巖 宮北洞口多桃花旁有碧潭游翫可嘉
梅花園 府城東鄒浩記
梧州府 南山
藤縣頂平如砥上有勝地曰杏壇曰松崖曰竹塢
南寧府 五花洲
府城東宋有聶安撫者築亭其上扁曰繁陰
雲南
雲南府 玉案山

滇池西北佛刹居多以篩竹爲勝禪房花木幽絕
僧皆持戒清苦其得道者終身未嘗下山游客罕至
靈芝山 富民一名赤城山產芝五色奇秀
滇池
府城南一名昆明池周五百餘里產千葉蓮史記滇
水源廣末狹有似倒流故曰滇
曲靖軍民府 木容山 雲氣陰鬱林木蒼翠如畫
臨漪樓 府城北下瞰蓮花池水天一碧
永昌軍民府 青華海 府城東夏秋藕花盛開
貴州
都勻府 梅花洞 合江司白石齒齒遠望若梅花
外夷
朝鮮國 楊花渡 漢江濱本國餉道
女眞 松花江
源出長白山經金故南京城合混同江東流入海
安南 艾山

上有仙艾毎春仲開花雨後落水面群魚吐之化爲
龍者十九

附錄

占城國薔薇水 灑衣經歲香不歇

吉貝樹 其花如鵞毳抽其緒紡之可作布

爪哇國薔薇露

眞臘國金顔香 香乃樹脂雪白者佳

婆田羅樹 花葉實似棗

歇畢佗樹 花似林禽葉似楡而大實似李

三佛齊國薔薇水

上人多取其花浸水以代露故多僞者以琉璃瓶試
之翻搖數回其泡周上下者爲眞

花史左編卷之三

檇李 仲遵 王路 纂修

花之名 目詳卷中可無再置

牡丹花

黃類二種

御衣黃 淡鵞黃

大紅類十八種

大紅舞青霓 石榴紅 金花狀元紅

錦袍紅 曹縣狀元紅 硃砂紅

九蕊珍珠紅 映日紅 大紅西瓜瓤

醉胭脂 大紅錦綉毬 羊血紅

大紅碎翦絨 金絲紅 大紅七寶冠

石家紅 小葉大紅 王家大紅

桃紅類二十九種

桃紅舞青霓 壽安紅 桃紅西番頭

壽春紅 大葉桃紅 蓮蕊紅

桃紅西瓜穰　美人紅　皺葉桃紅
西子　梅紅平頭　輕羅紅
桃紅鳳頭　陳州紅　嬌紅樓臺
殿春芳　花紅綉毬　海天霞
出莖紅桃　四面鏡　海雲紅
醉桃僊　醉嬌紅　桃紅線
翠紅粧　淺嬌紅　紫玉
嬌紅　魏紅

粉紅類二十一種

回回粉西施　素鸞嬌　倒暈檀心
醉楊妃　玉兎天香、　粉西施
觀音面　玉樓春　粉霞紅
粉嬌娥　醉春容　醉玉樓
合歡花　水紅毬　三學士
赤玉盤　玉芙蓉　西天香
醉西施　肉西施　鶴翎紅

紫類十七種

舞青霓　腰金紫　平頭紫
丁香紫　淡藕絲　徐家紫
紫姑僊　烟籠紫　即墨紫
葉底紫　紫重樓　瑞香紫
紫綉毬　茄花紫　紫雲芳
駝褐毬　紫羅袍

白類十九種

舞青猊　羊脂玉　無瑕玉
玉重樓　綠邊白　白剪絨
萬卷書　慶天香　水晶毬
玉天仙　蓮香白　青心白
玉綉毬　遲來白　鳳尾白
玉盤盂　金絲白　伏家白
平頭白

青類三種

佛頭青　綠蝴蝶　鴨蛋青

芍藥花

宋劉攽揚州芍藥譜三十一種

冠群芳　賽群芳　寶粧成

盡天工　曉粧新　點粧紅

疊香英　積嬌紅已上皆上品

醉西施　道粧成　菊香瓊

素妝殘　試梅妝　淺妝勻

醉嬌紅　擬香英　石嬌紅

縷金囊　怨春紅　妬鵞黃

蘸金香　試濃妝已上皆中品

宿妝殷　取次妝　聚香絲

簇紅絲　效殷妝　會三英

合歡芳　擬繡鞾　銀含稜

已上皆下品

孔武仲揚州芍藥譜三十九種

御衣黃　青苗黃　二色黃

樓子尹黃　樓子絳　州子苗

峽石黃　樓子圓黃　鮑家黃

石壕黃　揚家黃　袁黃冠子

龜地紅　黃樓子　黃絲頭

壽州青苗　道士黃　白纈子

金繫腰　金線樓子　洒池紅

紅纈子　玉逍遙　青苗旋心

紅樓子　緋子紅　胡家纈

楊花冠子　二色紅　髻子紅

蓬頭緋　茅山冠子　湖纈子

柳浦冠子　軟條冠子　當州冠子

多葉鞍子　多葉紹熙　茅山紫樓子

廣陵志芍藥三十二種

御愛黃　御衣黃　玉盤盂

玉逍遙　紅都勝　紫都勝

黄鄒勝　觀音紅　包金紫
黄樓子　白樓子　尹家黄
黄壽春　出群芳　蓮花紅
瑞蓮紅　霓裳紅　柳浦紅
芳山紅　延州紅　綴蕋紅
玉板纈　玉冠子　紅冠子
紫餘盤　小紫毬　鎮淮南
倚欄嬌　粉線子　紅旋心

單緋　玉樓子
蘭花
建蘭　興蘭　杭蘭
風蘭　箬蘭　金蘭
菊花
御袍黄　合蟬菊　粉雀舌
黄薔薇　大師紅　賽楊妃
蜜雀舌　荔枝紅　綠芙蓉

太眞紅　紫蘇桃　勝緋桃
赤金盤　太眞黄　黄疊羅
勝瓊花　瓊芍藥
白疊羅　琥珀盤　金芍藥
狀元黄　一弁雪　黄鶴翎
蜜芍藥　玉寶相　青心白
白鶴翎　紫牡丹　金寶相
鶯羽黄　瑪瑙盤　白牡丹

鶴頂紅　金絡索　一捻紅
黄牡丹　紫金蓮　玉玲瓏
金鳳儛　紅牡丹　佛座蓮
紫霞觴　玉蝴蝶　病西施
勝金蓮　瑞香紫　錦雲紅
黄西施　金佛蓮　醮金盤
白粉團　賽西施　西番蓮
相袍紅　紫粉團　醉西施

太液蓮　僧衣褐　粉鶴翎
白西施　錦芙蓉　火煉金
銀鎖口　金鎖口　剪霞綃
黃茉莉　白茉莉　醉楊妃
金芙蓉　玉芙蓉　殿龜芳
綿絲桃　紅萬卷　鄧州黃
桃花菊　紫絨毬　粉萬卷
福州紫　芙蓉菊　檀香毬

錦牡丹　賓州紅　石榴紅
白絨毬　紫褒姒　黃鄱勝
海棠春　黃綉毬　錦褒姒
順勝紫　紫羅袍　剪金毬
白褒姒　錦丁香　觀音面
象牙毬　紅剪絨　金紐絲
玉堂僊　木紅毬　紫剪絨
呂公袍　頭陀白　錦綉毬

黃剪絨　麝香黃　玉蓮環
水晶毬　白剪絨　波斯菊
倚闌嬌　晚黃毬　縷金妝
試梅妝　金帶圍　十采毬
攢金白　粉幙瓣　四面鏡
紛綉毬　酒金紅　白幙瓣
玉帶圍　大金毬　劈破玉
黃羅傘　五月白　小金毬

海雲紅　紫羅繖　七月菊
銀紐絲　錦雀舌　紅羅繖
六月菊　纏枝菊　白佛頂
九煉金　二色楊妃　紅荔枝
紫金錠　紅傅粉　蠟瓣西施
金荔枝　紅粉團　雙飛燕
出爐金銀　銀荔枝　紫粉團
黃粉團　五九菊　錦心綉口

繡荔枝　紫萬卷　大小金錠
墨菊　甘菊　藍菊
紫袍金帶　金章紫綬　金盞銀臺
番絲粉紅　鳳友鸞交　樓子佛頭
五月翠菊　無心對有心
梅花
紅梅　白梅　綠萼
照水　玉蝶　單瓣紅梅

悉海穠樹梅花
附腊梅
磬口　狗英
桃花
粉紅　粉白　深粉紅
單瓣大紅　單瓣白桃　緋桃
瑞仙桃　絳桃　金桃
銀桃　碧桃　美人桃又名人面桃

九

鴛鴦桃　壽星桃一名矮桃
李桃一名柰桃一名光桃
十月桃一名古冬桃又一名雪桃
杏花
梅杏　沙杏
石榴
海榴　富陽榴　餅子榴
翻花榴、白榴　千瓣白

千瓣粉紅　千瓣黄　千瓣大紅
火石榴
大紅石榴　粉紅石榴　白石榴
蓮花
紅蓮　白蓮　四面蓮
品字蓮　臺蓮　黄蓮
青蓮　並頭蓮
玉蘭花

海棠花
垂絲　貼梗　木瓜
西府
龜海棠花
茉莉花
朱茉莉　千葉　單葉
粉團花
麻葉　白粉團即綉毬花

木香花
白花紫心　青心白木香　黃木香
薔薇花
朱千薔薇　荷花薔薇　刺縻堆
五色薔薇　黃薔薇　淡黃
鵞黃　白薔薇
野薔薇
雪白　粉紅

寶相花
大紅　粉紅
十姊妹花
七姊妹花
金沙羅花
月月紅花又名月季又名長春又名勝春又名闘雪
深紅　淺紅
金鉢盂花

間間紅花
真珠蘭花
錦帶花
芭蕉花
美人蕉　芭蕉
夜合花
百合　夜合
杜鵑花

川鵑　四明　杜鵑
罌粟花
大紅　桃紅　純紫紅
純白　虞美人　滿園春
剪絨　剪裘
桂花
金黃　白黃　四季
結子

附桂子
芙蓉花
大紅千瓣　白千瓣、半白半桃千瓣
醉芙蓉　朝白　午桃紅
晚紅
鷄冠花俗名波羅奢花
掃帚　扇面　二喬
纓絡　壽星一種五色

剪春羅又名碎剪羅
剪秋羅又云漢宮秋
鳳僊花宋時謂之金鳳花
紅鳳僊　白鳳僊　紫鳳僊
灑金或紅或紫五色簇於一枝
水僊花
單瓣本色又名金盞銀臺　玉玲瓏千瓣
瑞香花

紫瑞香　白瑞香　粉紅瑞香
山茶花
磬口　粉紅又名西施　瑪瑙山茶
寶珠　蕉萼白寶珠
迎春花
蝴蝶花
黃蝴蝶　白蝴蝶　紫蝴蝶
山礬花

笑靨花
金莖花
玫瑰花
紫荊花
鹿葱花
映山紅花
史君子花
吉祥艸花

夾竹桃花
梔子花
萵苣花
金雀花
羊躑躅
梨花 有香臭二種
郁李花
麗春花

棣棠花
辛夷花 即木筆
紫丁香
荼蘼花
繅絲花
結香花
枳殼花
海桐花

橙花
金錢花
凌霄花
朱蘭花
蕙蘭花
桂蘭花
練樹花
淡竹花

金燈花
四季花
地湧金蓮
紫羅襴花
孩兒菊花
醒頭香花
番山丹花
含笑花

紫薇花
紫色　白薇色近微紅　大紅
佛桑花
大紅花　粉紅花　黄花
白花
玉簪花
指甲花
慈菰花

鼓子花
紫花
夏菊花
丈菊花
石竹花
紅豆花
蜀葵又名戎葵
紅　紫　白

墨紫　深　淺
桃紅　茄紫　千瓣
五心　重臺　剪絨
細瓣　鋸口　圓瓣
五瓣　重瓣
錢葵花
萱花又名宜男草
山丹花

水紅花
西番菊
雙鸞菊花
飛來鳳
海石榴
金銀蓮花
纓枝牡丹

水木樨花
秋牡丹花
金鳳花
槿花
秋葵花
白菱花
名花
茶梅花

金絲桃
松花
枸杞子花甘州佳
蒲花
蓼花
十様錦花
楊花
菜花

附 愚齋諸菊品目

九華菊名見陶淵明集今以此品居首者尊古也
佛頂菊亦名 黃佛頂 大佛頂
小佛頂 棣子佛頂 夏月佛頂
御愛黃 御袍黃深色 淺色
御衣黃 勝金黃大金黃 小金黃
側金盞 金絲菊 金錢菊
大金錢 小金錢 千葉小金錢

單葉小金錢　賽金錢　金鈴菊
亦名茄子菊　大金鈴　小金鈴
夏金鈴　秋金鈴　金萬鈴
夏萬鈴　秋萬鈴　金墪菊
金盞銀臺亦名水仙菊　金盞金臺
金盃玉盤　金井銀欄　金井玉欄
滴滴金夏菊也　滿堂金　銷金菊
銷金北紫　銷銀黃菊　玉盤盃
玉鈴菊　玉碗菊　玉盆菊
銀盤菊　輪盤菊　銀臺菊
銀盆菊　珠子菊　水晶菊
玉毬菊　繡毬菊　毬子黃
錦菊　繡菊　疊金黃亦名明州黃
疊羅黃　白疊羅　垂絲菊黃色
垂絲粉紅　鋪茸菊　蹙線菊
荔枝菊白荔枝　銀杏菊　橙黃菊

柑子菊　枇杷菊　密友菊
酴醾菊黃色白色　木香菊黃色白色　丁香菊
桃花菊　牡丹菊　素馨菊黃色白色
棣棠菊　茉利菊　薔薇菊
蓮花菊附荷菊　芙蓉菊　鷄冠菊
蠟梅菊　松菊　柿葉菊
柳條菊　楂子菊　茱萸菊
艾菊　龍腦菊　新羅菊黃色白色
鄧州黃　鄧州白　明州黃
泰州黃　淮南菊　襄陽紅
大笑菊大笑亦一花名　笑靨菊黃色白色　喜容菊黃色白色
添色喜容喜容千葉　都勝菊　纓枝菊黃色白色
徘徊菊　甘菊　野菊黃色白色
藤菊亦名一丈黃　寒菊黃色白色　春菊
五月菊　九日菊　十月白
十樣菊　黃二色　紅二色

樓子菊　鞍子菊　腦子菊

麝香黃 白麝香　燕脂菊　粉團菊

淩風菊　朝天菊　月下白

楊妃菊 粉紅色　楊妃裙 黃色　太真黃

孩兒菊 黃色白色粉紅色　波斯菊

鴛鴦菊　鷺鷥菊　鵝兒菊

鵝毛菊　蜂兒菊　蜂鈴菊

碧蟬菊　合蟬菊　五色菊

紫菊　順聖淺紫　石菊 其色有三故附于此

丹菊 九月開　紅菊 五月開附乾紅菊　碧菊

青心菊　單心菊　黃簇菊

鐵腳黃鈴菊　黑葉兒菊　鈸兒菊

釵頭菊

右一百三十一名間於其下又有附注者三十二是總計一百六十三名也然世謂此花有七十二品若以此數求其一州之所有則不足若求於四方則違出此數之外蓋菊之為態栽植年深苟得其宜則其間形色或有變易者故種類滋多命名非一殆不可以數計也況遐方異俗所呼不同或一品至於有三四名者以是考之則知此品目猶未免有重複也覽者當知之

一種而五名

滕菊　一丈黃　枝亭菊

棚菊　朝天菊

一種而四名

九華菊 兩層者　一笑菊 層者　枇杷菊

栗葉菊

花史左編卷之四

檇李 仲遵 王路 纂修

花之辨 如一花數名一名數色諸凡異瓣異實異味異産培灌異法種種不一不妨剖晰其微

梅花

趙彥林註江邊曰江梅在嶺曰嶺梅在野曰野梅官中所種曰官梅插膽瓶曰瓶梅

又

先發曰蚤梅飽風霜老水涯曰枯梅色紅者爲紅梅紅白之外有五種如綠萼蒂純綠而花香亦不多得有照水梅花開朶朶向下有千瓣白梅名玉蝶有單瓣紅梅有練樹接成墨梅皆奇品也

海棠

李贊皇集花木以海爲名者悉從海上來海棠是也沈立海棠記江浙間又有一種柔枝長蒂顏色淺紅垂英向下謂之垂絲海棠

又

譜云有垂絲有貼梗貼梗者花如胭脂綴枝作花垂絲前已詳又有生子如木瓜可食者曰木瓜又有梗枝略堅單葉粉紅者曰西府貼梗與木瓜相以木瓜葉粗花先開貼梗葉細花後開其種有七

山茶

如盤口外有粉紅者有鶴頂茶如碗大紅如羊血中心塞滿如鶴頂來自雲南名曰滇茶有黃紅白粉四色爲心而大紅爲盤名曰瑪瑙山茶產自浙之溫州有千葉而攢簇曰寶珠有似寶珠而蕋白色蕉者蕉萼白寶珠九月發花其香清可愛若杭之所爲寶珠者花心叢簇甚少且有白絲吐出不佳

又

南方艸木記山茶花有數種有寶珠茶石榴茶海榴茶中有碎花躑躅茶茉莉茶宮粉茶串珠茶皆粉紅色一捻紅照殿紅葉各有不同

石榴

其本名安石榴亦名海榴一種富陽榴結實大者如碗餅子榴則花大而不結實山東有番花榴其花尤大於餅子榴又有一種身不過二尺栽盆中結子亦

榴樹壓大石亦多生取嫩條插肥陰地無不活者沉子肥土中次年亦可開花大抵榴性喜肥濃糞澆之無忌二月初取嫩枝如指大者斬長尺許以指脚刮去一二寸皮深插於背陰處若以白榴枝插於紅石榴枝上其花粉紅然粉紅亦自有種燕中有千瓣白千瓣粉紅千瓣黃千瓣大紅有四色单瓣者比他處不同中心花瓣如起樓臺謂之重臺石榴花頭頗大而色更深紅

火石榴

上盆小株花多大紅粉紅白三色外有細葉一種亦佳

桃花

平常者有粉紅粉白深粉紅三色其外有单瓣大紅千葉桃紅之變也單葉白桃千葉白桃之變也有緋桃俗名燕州桃花如剪絨者比諸桃開遲而色可愛有瑞仙桃色深紅花最密有絳桃千瓣有二色桃粉紅花開稍遲千瓣極佳有金桃形長色黃如金肉粘核多蛀熟遲銀桃形圓色青白肉不粘核六月中熟一種千葉花色淡結實少美人桃花粉紅千葉又名人面桃不實是鴛鴦桃千葉深紅開最後結實必雙壽星桃一名矮桃高一二尺實如金桃而圓秋熟李桃花深紅形圓色青肉不粘核其實光澤如李一名李桃一名光桃十月桃花紅形圓色青肉粘核味甘酸十月中熟一名古冬桃又一名雪桃

李花

李之品多有外青內白者有黃者紅者嘉慶者外青內紅建寧者甚甘今之李蔬皆從此來李性耐久又喜開爽連陰則子細而味不佳臘月中取根上發起小條移種別地待長又栽成行栽宜稀不宜肥地

杏花

花先赤後白此果多花多實本有梅杏沙杏之分根生最淺以大石壓根則花盛子牢杏仁極熱帶肉埋

其核於糞中至春即換地移栽杏以核出者拔栽
年即生今陜西出入丹杏杏肉多查不可食惟取其
仁

蓮花

紅白之外有四面蓮千瓣四花兩花者多並蒂總在
一蒂發出三蒂者名品字蓮有一種臺蓮開花謝後
蓮房中復吐花英最奇種也有黃蓮復有青蓮以蓮
子磨去頂上些少浸靛缸中明年清明取出種之花
開青色花白者香而結藕紅者艷而結蓮

桂花

金黃白黃四季惟金桂爲最葉邊如鋸齒而紋麄者
香灌以豬糞蚕沙壅之茂臘雪高壅於根則來年不
灌自發桂樹接石榴開花必紅

桂子

桂子之説起自唐時後宋慈雲式公月桂詩序云天
聖丁卯秋八月十五夜月有濃華雲無纖迹天降靈
寔其繁如雨其大如豆其圓如珠其色白者黃
者殼如芡實味辛識者曰此月中桂子好事者播種
林下一種即活

芙蓉

有數種惟大紅千瓣白千瓣半白半桃千瓣有醉芙
蓉朝白午桃紅晚改大紅者佳甚今人多種池蕩邊
取其映水俗傳葉能爛獺毛隔夜以靛水調紙包花
蕊上來日開花青色黃色者種貴難得

牡丹

黃類 御衣黃 千葉色似黃葵 淡鵝黃 初開微黃色如
新鵝黃後漸白平頭聞有太真黃未見
大紅類 大紅舞青猊 千葉樓子胎短花小中出五青
瓣宜向陽 石榴紅 千葉樓子胎類王家紅 曹縣狀元
紅 千葉樓子宜成樹背陰 金花狀元紅 大瓣平頭微
紫每瓣上有黃鬚故名宜陽 王家大紅 千葉樓子胎
紅而長尖微曲宜陽 紅剪絨 千葉平頭其瓣如剪

大紅繡毬 花類王家紅葉微小 大紅西瓜樓 千葉樓子宜陰 小葉大紅 千葉頭小難開 金絲大紅 平頭不甚大每瓣上有金絲毫謂之金線紅 硃砂紅 千葉樓子宜陰 映日紅 千葉樓子細瓣宜陽 錦袍紅 千葉平頭 千血紅 千葉平頭易開 九蕊珍珠紅 千葉花中有九蕊 石家紅 千葉平頭不甚緊 七寶冠 千葉樓子難開又名七寶旋心 醉胭脂 千葉樓子莖長每開頭垂下宜陽

桃紅類 殷紅 千葉 大葉桃紅 千葉樓子宜陰 桃紅舞青猊 千葉樓子中出五青瓣河南名睡綠蟬宜陽 壽安紅 平頭黃心有粗細葉二種粗者香 壽春紅 千葉平頭胎瘦小宜陽 殿春芳 千葉樓子開遲 醉桃仙 千葉花外白內紅難開宜陰 美人紅 千葉樓子 皺葉桃紅 千葉樓子葉圓而皺難開宜陰 梅紅平頭 千葉深桃紅 蓮蕊紅 千葉樓子瓣似蓮 海天霞 千葉平頭闊花大如盤宜陽 桃紅西瓜樓 千葉樓子胎紅而長宜陽 翠紅妝 千葉樓子難開宜陰 陳州紅 千葉樓子 [illegible]紅西番頭 難開宜陰 桃紅線 千葉 四面鏡 有旋瓣 桃紅鳳頭 千葉花高大 嬌紅樓臺 千葉淺紅桃紅宜陰 輕羅紅 千葉 嬌紅 色如魏紅不甚千葉 醉嬌紅 千葉微紅 淺嬌紅 千葉樓子 花紅繡毬 千葉細瓣開圓如毬 出莖紅桃 千葉大尺餘其莖長二尺許 西子紅 千葉開圓如毬宜陰 紫玉 千葉葉白瓣中有紅絲紋大尺許 海雲紅 千葉色紅如朝霞

粉紅類 玉芙蓉 千葉樓子成樹則開宜陰 素鸞嬌 千葉樓子宜陰 水紅毬 千葉叢生宜陰 玉兔天香 二種一早開頭微小一晚開頭極大中出二瓣如兔耳 醉楊妃 二種一千葉樓子宜陽一平頭極大不耐日色 赤玉盤 千葉平頭外白內紅宜陰 回回粉西施 細瓣樓子外紅內粉紅 粉西施 千葉甚大宜陰 醉西施 千葉開久露頂 觀音面 千葉開緊不甚大叢生宜陽 粉嬌娥 千葉白色帶淺紅即膩粉妝 西天香 開早初[illegible]

始三四月則白矣 彩霞紅 千葉平頭 玉樓春 千葉多
雨盛開 醉胭紅 千葉 醉春容 色似玉芙蓉開頭差小
醉玉樓 千葉色白起樓 一百五 千葉過清明即開又
名滿園春 合歡花 千葉粉莖兩朵 倒暈檀心 千葉外
深紅近蔓反淺白 醉西施 千葉樓子
紫類 紫舞青猊 千葉中出五青瓣 腰金紫 千葉有黃
鬚一圈 葉底[illegible] 千葉莖短葉覆其花 鄆黑紫 千葉樓
子色類黑葵 丁香紫 千葉樓子 瑞香紫 千葉大瓣 平

頭紫 千葉大徑尺 徐家紫 千葉花大 茄花紫 千葉樓
子又名藕絲合 紫姑仙 千葉樓子大瓣 紫繡毬 千葉
花圓 紫羅袍 千葉又名茄色樓 紫重樓 千葉難開 紫
雲芳 千葉多叢 駝褐裘 千葉樓子大瓣色類褐衣宜
陰 淡藕絲 千葉樓子淡紫色宜陰 烟籠紫 千葉淺淡
交暎
白類 白舞青猊 千葉樓子中出五青瓣 萬卷書 千葉
花瓣皆卷筒又名波斯頭又名玉玲瓏一種千葉桃

紅亦同名 玉重樓 千葉樓子宜陰 無瑕玉 千葉 水晶
毬 千葉粉白 白剪絨 千葉平頭瓣上如鋸齒又名白
纓絡難開 綠邊白 千葉瓣有綠色 羊脂玉 千葉樓子
大瓣 慶天香 千葉粉白 玉天仙 千葉粉白 玉繡毬 千
葉 玉盤盂 千葉平頭大瓣 蓮香白 千葉平頭瓣如蓮
花香亦如之 倩光白 千葉心青 伏家白 千葉 鳳尾白
千葉 遲來白 千葉 平頭白 千葉盛者大尺許難開宜
陰 金絲白 千葉白色 佛頭青 千葉樓子大瓣群花謝

後始開瓣有綠色亦名綠蝴蝶西名鴨蛋青

水僊

單瓣者名水仙千瓣者名玉玲瓏又以單瓣者名金
盞銀臺因花性好水故名水仙單者葉短而香可愛
用精盆種可供雅玩

瑞香

紫白二色紫者厚葉金邊香甚有白者綠葉黃邊者
有粉紅色者

紫薇

紫色之外有白薇色近微紅此種亦可又有大紅凡三種

宜男

形似萱花而小蜜色婦人帶之可移女爲男晩罢齊頭香幽可愛然須加意培植入盆種之多〻益善

梨花

有香臭二種其梨之妙者花不作氣醉月歌風含烟帶雨瀟洒真莫可與並種肥陰地則花茂

山丹

花如朱紅外有黃色有白色者二種稀奇

蘭花

紫梗青花者爲上青梗青花者次之紫梗紫花者又次之餘不入品種時須將山土和勻團成茶甌大以猛火煆之取出搥碎鋪以皮屑納盆缶中二八月分種溉之以土煆者爲其根宂其恐蚯蚓傷耳

莖葉柔細生幽谷竹林中宿根移植膩土多不活即活亦不多開花其莖葉肥大而翠勁可愛者率自閩廣移來也非草蘭比

挂蘭

浙之温台山中巖壑深處懸根而生故人取之以竹爲絡挂之樹底不土而生花微黃肖蘭而細不可缺水或云宜以冷茶沃之

建蘭

建蘭莖葉肥大翠勁可愛其葉獨潤若非原盆必用山土栽取脚缸盛水中間安頓恐蟻傷根水須一日一換若起水皮則蟻可度忽然葉生白點謂之蘭虱魚腥水或煮蚌湯頻洒之即滅夏月用醬豆汁洗之則花茂

興蘭

即蕙草也又名九節蘭其葉長杭蘭大半種之得宜來年愈盛買擴大窠得氣者將根洗淨根剪去一

盆下用細沙上用鬆土無不花者

杭蘭 或云蕙蘭

此種有紫花黄心有白花黄心紫若胭脂白若羊脂花香可愛正月開杭人取堆混堂促開故花不香須買大本根内無竹釘者取横山黄土揀去石塊種之見天不見日羊鹿糞澆之來年花盛一說用水浮炭種之上舖青苔茂花且頻洒水花香一說用雞鵝毛水澆之亦可

風蘭

種小似蘭枝幹短而勁類瓦花不用砂土取竹篋盛貯其大窠懸於有露無日之處朝夕洒水三四月中開小白花將萎轉黄色黄白相間如老翁鬚或云宜以冷茶沃之或云用婦人髻鉄絲盛之而以頭髮襯之則花茂又云此蘭能催生將分娩掛房爲妙

箬蘭

其葉如箬四月中開紫花形似蘭不香與石榴紅同時以閩大都産海島陰谷中羊山馬迹諸山亦有

蜀葵

又名戎葵出自西蜀其種類似不可曉總要地肥善澆花有五六十種奇態而色有紅紫白墨紫深淺桃紅茄紫雜色相間花形有千瓣有五心有重臺有剪絨有細瓣有鋸口有圓瓣有五瓣有重瓣種種莫可名狀

棣棠花

花若金黄一葉一蕊生甚延蔓有色白者又有單葉者名金碗喜水

麗春花

罌粟類也其花單瓣態色飛舞儼若蝶翅扇動亦草花中之妙品也

又

根苗一類而具數種之色紅者紫者白者傅粉之紅者丹青之黄者有微紅者半紅者白膚而絳絡者丹

衣而素純者又有殷者而染茜

郁李花

有粉紅雪白二色俱千葉花如紙剪簇成

梔子花

有花小而重臺者園圃中之品卉又一種徽州梔子小葉小枝小花高不過尺許可作盆景

紫荆花

花碎而繁色淡紫每花一蒂若柔絲相繫故枝動朵朵嬌顫不勝

鳳僊花

有紅白紫數種擣其葉可以染指甲爲紅色古有紅指甲詩云一點愁凝鸚鵡喙十分春上牡丹芽嬌弹粉淚抛紅豆戲掐花枝鏤絳霞一名金鳳花有重瓣单瓣紅白粉紅紫色淺紫如藍有白瓣上生紅點凝血俗名洒金六色花開一落卽去其蒂則花茂

鷄冠花

俗名波羅奢花有掃帚鷄冠有扇面鷄冠有紫白同蒂名二喬鷄冠有纓絡鷄冠用扇子或婦人裙子扇面者以矮爲佳帚樣者以高爲趣二色鷄冠一朵同蒂色分紫白各半亦奇種也更有一種五色者最短名曰壽星

罌粟花

色有大紅桃紅純紫紅紫純白一種而具數色絕類麗春虞美人瓣短而嬌滿園春夾瓣剪絨花並狹長剪裘花並闊大俱以子種

杜鵑花

出自蜀中者佳謂之川鵑花內十數層色紅出四明者花可二三層色淡總名杜鵑有一種石巖映山紅接者不佳

夜合花

一幹特起葉皆環列攢幹上至開花時皆傾側外向立夏日看蕊紅紋香淡者名百合蜜色而香濃日開

夜合者名夜合臨平出産多以紅色根作百合賣宜
愼辨之

芭蕉花

自東粤來者名美人蕉其花開若蓮而色紅若丹

錦帶花

又名髻邊嬌形如小鈴白者内而粉紅者外亦有深紅者一樹而有二色類海棠而枝長花密無子既開繁麗裊娜如曳錦帶𢗅之屏籬可供雅玩

寶相花

大紅粉紅二種花似薔薇朶大而千瓣塞心肥陰處則茂

薔薇花

有朱千薔薇多葉赤色花大葉粗最先開有荷花薔薇千葉花紅狀似荷花有刺蘼堆亦千葉花大紅如刺繡所成開最後有五色薔薇花亦多葉而小一枝五六朶而有深紅淺紅之别有黄者花如棣棠金色有淡黄者有鵝黄色者易盛而難久有白者類玫瑰而無香

玉蘭花

種似木筆以木筆並植其側秋後選枝接生其花九瓣色白微碧狀類芙蕖心叢生淺綠一蒂一花皆着木末花落更從蒂中抽葉特異他花冬間結蕋至三月盛開澆以糞水則花大而香古名木蘭

臘梅花

臘梅叢生葉如桃而闊大堅硬開當臘月如臘故名凡三種以子種出不經接上等磬口最先開色深黄圓瓣如白梅者佳若瓶一枝香可盈室楚中荆襄者最佳次荷花瓣者瓣有微尖又次花小香淡俗呼狗英臘梅開時無葉葉盛則花已無

槿花

籬槿花之最惡者也其外有千瓣白槿大如勸杯有大紅粉紅千瓣遠望可觀即南海朱槿那提槿也插

種甚易

蝴蝶花

草花儼似蝴蝶狀色黄上有赤色細點濶葉有一種大者青花可愛

笑靨

花細如豆一條千花望之若堆雪

金莖

金莖花如蛺蝶風過花態飛舞摇蕩婦人採之爲飾

玫瑰

出燕中色黄花稍小於紫玫瑰

鹿葱花

花儼蜨蝶三大圓瓣而三小尖瓣色葱藕色中心白地紅黄點點摇風弄影丰韻可人根枝叢發肥種之花茂

辛夷花

花如蓮外紫内白蕋若筆尖故名木筆一名望春俗名猪心本可插江南者西湖志餘云花鮮紅似杜鵑躑躅俗稱紅石薔是也白樂天紅辛夷詩云紫粉筆含尖火焰紅胭脂染小蓮花

荼蘼

大朶色白又有蜜色一種千瓣而香枝梗多刺

結香

花色鵞黄較瑞香稍長花開無葉花謝葉生枝極柔軟多以蟠結

枳殻花

花細而香聞之可破鬱結

海桐花

葉似楊梅而稍濶長青不凋花細白如丁香而臭味不甚美遠覩可也人家園内多植之

橙花

花細而白香清可人

朱蘭花

花開肖蘭色如渥丹葉潤而柔毋種也

楝樹花

苦楝發花一蓓數朶滿樹可觀

淡竹花

花開二瓣色最青翠鄉人用綿收之貨作畫燈青色并破綠等用

金燈花

花開一簇五朶金燈色紅銀燈色白皆蒲生分種開時無葉花完發葉如水仙

四季

花小葉細色白

含笑

產廣東其花如蘭形色俱肖花開不滿若含笑然隨即凋落性最耐寒

夏菊

花瓣雖細凡一二層色黃肖菊俗說遍地生苗者由花蒂滴露而出也故名滴滴金又名金錢菊

丈菊

其莖丈餘幹亦堅粗每多直生雖有傍枝只生一花大如盤盂單瓣色黃心皆作窠如蜂房狀至秋漸紫黑而堅劈而秧之其葉類麻而尖又名迎陽花

石竹

石竹有二種單瓣者名石竹千瓣者名洛陽花二種俱有雅趣

紅豆

花開一穗十蕊纍纍下垂色妍桃杏葉瘦如蘆頗可玩也

錢葵

即錦葵花葉如葵稍矮而叢生花大如錢止有粉間深紅一色開亦耐久

茗花

即食茶之花色月白而黃心清香隱然瓶之秋頭可

爲清供佳品且益在枝條。無不開遍非凡花比也

香楠

馬湖府土產年深向陽者結成花紋

羊桃

福州產其實五瓣色青黄

茉莉

有朱茉莉其色粉紅有千葉者初開時花心如珠出自四川有單葉者

秋牡丹

草本遍地延蔓葉肖牡丹花開淺紫黄心根生分種易活

十樣錦

十樣錦枝頭亂葉有青紅紫黄綠雜色故名其鴈來紅以鴈來而色嬌故名非一種二名也

十姊妹

花小而一蓓十花故名十姊妹其色自一蓓中分紅紫白淡紫四色或云色因開久而變然試之含蕊便有各色真天姿也

七姊妹

花似薔薇而七朶連綴花甚可觀開于春盡

娑羅花

雅州瓦屋山出五色爛然移他處則槁

月月紅

俗名月月紅又名月季花又名長春花又名勝春花又名鬬雪花一本叢生枝榦多刺而不甚長花有深

紅淺紅之異

金鉢盂

形似沙羅而花小夾瓣如臙紅鮮可觀

間間紅

又名佛見笑花似薔薇色紅瓣短葉差小于薇有粉色花最小而簇密

真珠蘭

真臘國色紫蓓蕾如珠花開成簇其香甚濃蒸之製
髮香闘十步以之蒸牙香捧香名曰蘭香者非此不
可廣中極盛至南方則不甚多

剪春羅

春羅又名剪羅葉似冬青而小每莖開一花花瓣上
茸茸如剪刀痕

剪秋羅

秋羅又云漢宮秋與春羅相似而葉且尖深紅色瓣
分數岐爲剪刀狀其色勝春羅根俱可分子俱可下

史君子花

花如海棠柔條可愛

夾竹桃花

花如桃葉如竹故名

紫丁香花

木本花如細小丁香而瓣柔色紫蓓蕾而生接種俱
可自是一種非瑞香之別名也

番山丹花

有二種一名番山丹花大如碗瓣俱捲轉高可五六
尺一種花如硃砂本止盈尺茂者一榦兩三花

水紅花

花開蓓蕾而細長二寸枝枝下垂色粉紅可觀惟水
邊更多故俗名水紅花也

金銀蓮

湖中甚多園林以泥盆水種之但取二色重臺者可
愛

水木樨

花色如蜜香與木樨同味但草本耳

金絲桃

花如桃而心有黃鬚鋪散花外若金絲然以根下劈
開分種易活

鐵樹花

黎州安撫司產樹止一二尺葉密而花紅

搽枝花

高四五丈類山茶般紅如錦一名木棉

山礬花

花繁如雪香氣極濃卬州出産

美人蕉

産福建福州府其花四時皆開深紅照眼經月不謝

金沙羅

似薔薇而花單辦色紅艷奪目

粉團花

葉麻花開小而色邊紫者爲最其白粉團即繡毬花也

纏枝牡丹

柔枝倚附而生花有牡丹態度甚小纏縛小屏花開爛然亦有雅趣

地湧金蓮

葉如芊芳花開如蓮花瓣內一小黃心幽香可愛色狀甚奇最難開花

附 百菊集譜類凡七

洛陽品類劉江周師厚 公因倅洛陽作洛陽花木記愚今于記中惟摭取菊名列于此若乃諸形狀據花本皆不該

菊單葉　金鈴菊　紫絲子

萬鈴菊　毬子菊　鷄冠菊

地棠菊　千葉大黃菊　五色菊

粉紅菊　碧菊　千葉晚紅菊

黃簇菊　柿葉菊　青心菊

葉紅菊　黃窠廷子　探白子

白菊　六月紫菊　紅香菊

叙頭菊　紫菊亦謂之單蓮　金錢菊

川金菊深色單葉　川剪金

號地品類彭城劉蒙撰譜寓見菊作此　公因至伊水旅

叙曰艸木之有花浮冶而易壞凡天下輕脆難久之

物者皆以花比之宜非正人達士堅操篤行之所好
也然余嘗觀屈原之爲文香艸龍鳳以比忠正而菊
與菌桂荃蕙蘭芷江籬同爲所取又松者天下歲寒
堅正之木也而陶淵明乃以松名配菊連語而稱之
夫屈原淵明寔皆正人達士堅操篤行之流至于菊
猶貴重之如此是菊雖以花爲名固與浮冶易壞之
物不可同年而語也且菊有異于物者凡花皆以春
盛而寔者以秋成其根枝抵葉無物不然而菊獨以

花譜　菊譜　卅一　四卷

秋花悦茂于風霜搖落之時此其得時者異也有花
葉者花未必可食而康風子乃以食菊仙又本草云
以九月取花久服輕身耐老此其花異也花可食者
根葉未必可食而陸龜蒙云春苗恣肥得以採擷供左
右 私按 又本艸云以正月取根此其根葉異也夫以
一艸之微自本至末無非可食有功于人者加以
色香態纖妙閑雅可爲丘壑燕静之娛然則古人取
其以此得而配之以歲寒之操夫豈獨然而已哉洛

陽風俗大抵好花菊品之數比他州爲盛劉原孫伯
紹者隱居伊之瀍上率諸菊而植之朝夕嘯咏介乎其
則蓋已有意譜之而未暇也崇寧甲申九月余爲龍
門之游得至君居坐于舒嘯堂上顧玩而樂之是枝
香笋茶竹硯墨之類有名數者前人皆譜録 荃 苟 相
與討論訪其居之未嘗有因而次第焉夫牡丹花品
極盛至于三十餘種可以類聚而記之故隨其名品
論叙于左以列諸譜之次

花譜　菊譜　卅二　四卷

說疑

或謂菊與苦薏有兩種而陶隱居日華子所記皆無
千葉花疑今譜中或有非菊者也然余嘗讀陶隱居
之說以謂莖紫色青作蒿艾氣爲苦薏今余所記菊
中雖有莖青者然而爲氣香味甘枝葉纖少或有味
苦者而紫色細莖亦無蒿艾氣今人間相傳爲菊其
已久矣故未能輕取舊說而棄之也凡植物之見取
于人者栽培灌溉不失其宜則枝葉華實無不猥大

至其氣之所聚乃有連理合穎雙葉並蒂之瑞而况于花有变而爲千葉者乎白華子曰花大者爲甘菊花小而苦者爲野菊若種園蔬肥沃之處復同一體是小可變爲甘也如是則单葉变而爲千葉亦有之矣牡丹芍藥皆爲藥中所用隱居等但記花之紅白亦不云有千葉者今二花生於山野類皆单葉小花至于園圃肥沃之地栽鉏糞養皆爲千葉然後大花千葉变態百出然則奚獨至于菊而疑之注云草者謂菊

一名日精按說文從鞠而爾雅菊治蘠月令云鞠黃華疑皆傳寫之誤歟若夫馬蘭爲紫菊瞿麥爲大菊烏喙苗爲鴛鴦菊旋覆花爲艾菊與其他妄濫而竊菊名者皆所不取云鴛鴦菊乃豆蔻花也其花類有合而小比牽牛花差大紅紫色中心有蝶頁上之端爲蝶鴛鴦之形其葉如菊葉而極大淮南二二月開花

定品

或問菊奚先曰先色與香而後態然則色奚先曰黃者中之色上黃季月而菊以九月花金土之應相生而相得者也其次莫若白西方金氣之應菊以秋開則于氣爲鍾焉陳藏器云白菊生平澤花紫者白之變紅者紫之變也此紫所以爲白之次而紅所以爲紫之次云有色矣而又有香有香矣而復有態是其爲花之尤者也或又曰花以艷媚爲悦而予以態爲後歟曰吾嘗聞于古人矣妍卉繁花爲小人而松竹蘭菊爲君子安有君子而以態爲悦乎至於具香與

色而又有態是猶君子而有威儀也菊有名龍腦者具香與色而態不足者也菊有名都勝者具色與態而香不足者也菊之黃者未必皆勝而置于前者正其色也菊之白者未必皆劣而列于中者次其色也新羅香毬玉鈴之類則以瓌異而升焉至子順聖楊妃之類轉紅受色不正故雖有芬香態度不得與諸花爭也然余獨以龍腦爲諸花之冠是故君子貴其質焉後之視此譜者觸類而求之則意可見矣花[illegible]

數三十有五品以品視之可以見花之高下以花視之可以知品之得失其列之如左云

龍腦第一

龍腦一名小銀臺出京師開以九月末類金萬鈴而葉尖謂花上葉色類人間紫鬱金而外葉純白夫黃菊有深淺色兩種而是花獨得深淺之中又其香氣芬烈甚似龍腦是花與香色俱可貴也諸菊或以態度爭先者然標致高遠譬如大人君子雍容雅淡識與不識固將見而悅之誠未易以妖冶艷媚爲勝也

新羅第二

新羅一名玉梅一名倭菊出海外國中開以九月末千葉純白長短相次而花葉尖薄鮮明瑩徹若瓊瑤然花始開時中有青黃細葉如花蕊之狀盛開之後細葉舒展廼始見其蕊焉枝正紫色葉青支股甚小凡菊類多尖闕而此花之蕊分爲五出如人之有支股也與花相映標韻高雅似非尋常比之然也余觀諸菊開頭枝葉有多少繁簡之失如桃花菊則根葉多如毬子菊則根花繁此菊一枝多開一花雖有旁枝亦少雙頭並開者正行素獨立之意故詳紀焉

都勝第三

都勝出陳州開以九月末鵝黃千葉葉形圓厚有雙紋花葉大者每葉上皆有雙回直紋如人手紋狀而內外大小重疊相次蓬蓬然疑造物者着意爲之凡花形千葉如金鈴則太厚單葉如大金鈴則太薄惟都勝新羅御愛棣棠頗得厚薄之中而都勝又其最美者也余嘗謂菊之爲花皆以香色態度爲尚而枝常溫麄葉常根大凡菊無態度者枝葉累之也此菊細枝小葉嫋嫋有態而俗以都勝目之其有取于此乎花有淺深兩色蓋初開時色深爾

御愛第四

御愛出京師開以九月末一名笑靨一名喜容淡黃千葉葉有雙紋齊短而闊葉端皆有兩闕內外鱗次

亦有瓌異之形但恨葉差麄不得與都勝爭先爾葉比諸菊最小而青每葉不過如指面大或云出禁中因此得名

玉毬第五

玉毬出陳州開以九月末多葉白花近蘂微有紅色花外大葉有雙紋瑩白齊長而蘂中小葉如剪茸初開時有殼青久乃退去盛開後小葉舒展皆與花外長葉相次倒垂以玉毬目之者以其有圓聚之形也枝幹不甚麄葉尖長無殘闕枝葉皆有浮毛頗與諸菊異然顏色標致固自不凡近年以來方有此本好事者競求致一二本之直比于常菊十倍焉

玉鈴第六

玉鈴未詳所出開以九月中純白千葉中有細鈴甚類大金鈴菊凡中花中如末毬新羅形態高雅出于其上而此菊與之爭勝故余明次二菊覯名求實以無媿焉

金萬鈴第七

金萬鈴未詳所出開以九月末深黃千葉菊以黃為正而鈴以金為質是菊正黃色而葉有鐸形則于名實兩無愧也菊有花密枝偏者人間謂之鞍子菊寔與此花一種特以地脉肥盛使之然爾又有大黃鈴大金鈴蜂鈴之類或形色不正比之此花特為竊有

缺

大金鈴第八

大金鈴未詳所出開以九月末深黃有鈴者皆如鐸之形而此花之中寔皆五出細花下有大葉開之每葉之有雙紋枝與常菊相似葉大而疎一枝不過十數葉俗名大金鈴盖以花形似秋萬鈴爾

銀臺第九

銀臺深黃萬銀鈴葉有五出而下有雙紋白葉開之初疑與龍腦菊一種但花形差大且不甚香耳俗謂龍腦菊為小銀臺盖以相似故也枝幹纖柔葉青黃

[illegible]麗疎近出洛陽水北小民家未多見也

棣棠第十

棣棠出西京開以九月末雙紋多葉自中至外長短相次如千葉棣棠狀凡黃菊類多小花如都勝御愛雖稍大而色皆淺黃其最大者若大金鈴菊則又單葉淺薄無甚佳處惟此花深黃多葉大于諸菊而又枝葉甚青一枝叢生至十餘朶花葉相映顏色鮮好甚可愛也

蜂鈴第十一

蜂鈴開以九月中千葉深黃花形圓小而中有鈴葉擁聚蜂起細視若有蜂窠之狀大抵此花似金萬鈴獨以花形差小而尖又有細蕊出鈴葉中以此別爾

鵞毛第十二

鵞毛未詳所出開以九月水淡黃纖如細毛生于花萼上凡菊大率花心皆細葉如下有大葉承之間謂之托葉今鵞毛花自內自外葉皆一等但長短上下有次爾花形小于萬鈴亦近年花也

毬子第十三

毬子未詳所出開以九月中深黃千葉尖細重疊皆有倫理一枝之杪叢生百餘花若小毬諸菊花最小無過此者然枝青葉碧花色鮮明相映尤好也

夏金鈴第十四

夏金鈴出西京開以六月深黃千葉甚與金萬鈴相類而花頭瘦小不甚鮮茂蓋以生非其時故也或曰非時而花失其正也而可置于上乎曰其香是也其色是也若生非其時則係于天者也特失時以生非其時而置之諸菊之上香色不足論矣奚以貴質哉

秋金鈴第十五

秋金鈴出西京開以九月中深黃雙紋重葉花中細蕊皆出小鈴萼中亦如鈴葉但比花葉短廣而青故譜中謂鈴葉鈴萼者以此有如蜂鈴狀如頃年至京師始見此菊戚里相傳以爲愛詫其後品菊漸盛香

色形態往往出此花上而人之貴愛寥落矣。然花色正黃，未應便置菊之下也。

金錢第十六

金錢出西京，開以九月末，深黃雙紋重葉，似大金菊而花形圓齊，頗類滴漏花（稱盤庭七有不名滴滴金亦名金錢子）人未有識者，或以為棠棣菊，或以為大金鈴，但以花葉辨之乃可見爾。

鄧州黃第十七

鄧州黃開以九月末，單葉雙紋，深于鵝黃而淺于鬱金，中有細葉出鈴萼上，形樣甚似鄧州白，但差小爾。按陶隱居云：南陽酈縣有黃菊而白，以五月採。今人間相傳多以白菊為貴，又採以九月，頗與古說相異。然黃菊味甘氣香，枝榦葉形全類白菊，疑乃弘景所說爾。

薔薇第十八

薔薇未詳所出，九月末開，深黃，雙紋單葉，有黃細蕊出小鈴萼中，枝榦差細，葉有枝股而圓。又薔薇有紅黃千葉單葉兩種，而單葉者差尖，人間謂之野薔薇，蓋以單葉爾。

黃二色第十九

黃二色九月末開，鵝黃雙紋多葉，一花之間自有深淡兩色。然此花甚類薔薇菊，惟形差小，又近蕊多有亂葉，不然亦不辨其異種也。

甘菊第二十

甘菊生雍州川澤，開以九月，深黃單葉，閭巷小人且能識之，固不待記而後見也。然余竊謂古菊未有瓌異如今者，而陶淵明、張景陽、謝希逸、潘安仁等或愛其香，或詠其色，或採之于東籬，或泛之于酒斝，疑皆今之甘菊花也。夫以古人賦詠賞愛至於如此，西京但以金菊之盛，遂將棄而不取，是豈仁人君子之于物哉！故余特以甘菊置于白紫紅菊三品之上，其大意如此。

酴醾第二十一

酴醾出相州，開以九月末，純白千葉，自中至外長短相次，花之大小正如酴醾，而枝榦纖柔，頗有態度，若花葉稍圓，加以檀蕊，真酴醾也。

玉盆第二十二

玉盆出滑州，開以九月末，多葉黃心，內深外淡，而下有潤白大葉連綴承之，有如盆盂中盛花狀，然人間相傳以爲玉盆菊者，大率皆黃心碎葉，初不知其得名之由，後請疑于識者，始以真菊相示，乃知物之見名於人者，必有形似之實，非講尋無倦，或有所遺爾。

鄧州白第二十三

鄧州白，九月末開，單葉雙紋，白葉中有細蕊出鈴萼中。凡菊單葉如薔薇菊之類，大率花葉圓密相次（花葉謂頭上白葉，非瓣葉之葉，他稱花葉倣此），而此花葉皆尖細，相去稀疎，然香比諸菊甚烈，又爲藥中所用，益鄧州菊潭所出爾。枝榦甚纖柔，葉端有支股而長，亦不甚青。

白菊第二十四

白菊單葉白花，蕊與鄧州白相類，但花葉差潤，相次圓密，而枝葉麤繁，人未識者多謂此爲鄧州白，余亦信以爲然，後劉伯紹訪得其真菊，較而見其異，故譜中別開鄧州白，而正其名曰白菊。

銀盆第二十五

銀盆出西京，開以九月中，花皆細鈴，比夏秋萬鈴差踈，而形色似之，鈴葉之下別有雙紋白葉，故人間謂之銀盆者，以其下葉正白故也。此菊近出，未多見，至其茂肥，得二花之大，有若盆者焉。

順聖淺紫第二十六

順聖淺紫出陳州、鄧州，九月中方開，多葉，葉比諸菊最大，一花不過六七葉，而每葉盤疊凡三四重，花葉空處閒有筒葉輔之，大率花枝榦類垂絲棣棠，但色紫花大爾。余所記菊中，惟此最大，而風流態度又爲可貴，獨恨此花非黃白，不得與諸菊爭先也。

夏萬鈴第二十七

夏萬鈴出鄜州開以五月紫色細鈴生於雙紋大葉之上以時別之者以有秋時紫花故也或以菊皆秋生花而疑此菊獨以夏盛按靈寶方曰菊花紫白又陶隱居云五月採今此花紫色而開于夏時是其得時之正也夫何疑哉

秋萬鈴第二十八

秋萬鈴出鄜州開以九月中千葉淺紫其中細葉盡爲五出鐸形而下有雙紋大葉承之諸菊如棣棠是其最大獨此菊與順聖過焉或云與下花一種但秋夏再開爾今人間通艸爲花多作此菊盍以其瓌美可愛故也

繡毬第二十九

繡毬出西京開以九月中千葉紫花葉尖闊相次叢生如金鈴菊中鈴葉之狀大率此花似荔枝菊花中無筒葉而萼邊正平爾花形之大有若大金鈴菊者

荔枝第三十

荔枝枝紫出西京九月中開千葉紫花葉卷爲筒大小相間凡菊鈴并蕊皆生托葉之上葉背乃有花萼與枝相連而此菊上下左右攢聚而生故俗以爲荔枝者以其花形正圓故也花有紅者與此同名而純紫者蓋不多爾

垂絲粉紅第三十一

垂絲粉紅出西京九月中開千葉葉細如茸攢聚相次而花下亦無托葉人以垂絲目之者蓋以枝榦纖弱故也

楊妃第三十二

楊妃未詳所出九月中開粉紅千葉散如亂茸而枝葉細小嫋嫋有態此寔菊之柔媚爲悅者也

合蟬第三十三

合蟬未詳所出九月末開粉紅筒葉花形細者與蕊

教此方盛開時筒之大者裂爲兩翅如飛舞狀一枝之杪凡三四花然大率皆筒葉如荔枝菊有蝉形者益不多爾

紅二色三十四

紅二色出西京開以九月末千葉深淡紅叢有兩色而花葉之中間生筒葉大小相應方盛開時筒之大者裂爲二三與花葉相雜比茸茸然花心與筒葉中有青黃色頗與諸菊相異然余植桃花石榴花川木

瓜之類或有一株異色者果以物之付受有不平歟抑將見其巧與金菊之變其黃白而爲粉紅深紫歟花之形度無甚佳處特記其異耳

桃花第三十五

桃花粉紅單葉中有黃蕊其色正類桃花俗以此名固可怪而又下株亦有異色並生者也是亦深可怪益以言其色爾花之形度雖不甚佳而開于諸菊未有之前故人比是菊如木中之梅焉枝葉最繁密或

有無花者則一葉之大踰數寸也

叙遺曰余聞有麝香菊黃花千葉以香得名有錦菊者粉紅碎花以色得名有孩兒菊者粉紅青萼以形得名有金絲菊者紫花黃心以蕊得名嘗訪于好事求于園圃既未之見故特論其名色列于記花之後焉

補意曰余疑古之菊品未若今日之富也嘗聞于蒔花者去花之形色變易如牡丹之類歲取其變者以

爲新今此菊亦疑所變也

吳中品類 吳門老圃史正志撰譜 公退留績休治圃栽菊作此

叙曰菊艸屬也以黃爲正是以槩稱黃花所宜貴者苗可以菜花可以藥囊可以枕釀可以飲所以高人隱士籬落畦圃之間不可無此花也陶淵明植於三徑采於東籬裛露掇英泛以忘憂鍾會賦以五美謂圓華高懸準天極也純黃不雜后土色也早植晚登君子德也冒霜吐穎象勁直也杯中體輕神仙食也

其爲所重如此然品類有數十種而白菊一二年多有變黄者余在二水植夫白菊百餘株次年盡變爲黄花云云 杯中一作流中

黄

大金黄 心密花瓣大如大錢

小金黄 心微紅花瓣鵝黄葉翠大如衆花

佛頭菊 無心中邊亦同

小佛頭 同上微小又云叠羅黄

金整菊 比佛頭頗瘦花心微窪

金鈴菊 心微青紅花瓣鵝黄色葉小又云明州黄

深色御袍黄 心起突色如深鵝黄

淺色御袍黄 中深

金錢菊 心小花瓣佛

毬子黄 中邊一色突起如毬子

棣棠菊 色深黄如棣棠狀比甘菊差大

甘菊 色深黄比棣棠頗小

野菊 細瘦枝柯凋衰多野生亦有白者

白

金盞銀臺 心突起深黄四邊白

樓子佛頂 心大突起似佛頂四邊單葉

添色喜容 心微紅花瓣密且大

纏枝菊 花瓣薄開過轉紅色

玉盤菊 黄心突起淡白緣邊

單心菊 細花心瓣大

樓子菊 層層狀如樓子

萬鈴菊 心茸茸突起花多半開者如鈴

腦子菊 花瓣微鄒縮如腦子狀

荼蘼菊 心青黄微起如鵝黄淺色

雜色紅紫

十様錦 黄白雜樣亦有微紫花頭小

桃花菊 花瓣全如桃花秋初先開色有淺深深秋亦有白者

芙蓉菊 狀如芙蓉亦紅色

孩兒菊 紫萼白心茸茸然葉上有光與他菊異

夏月佛頂菊 五六月開色微紅

後叙曰花有落者有不落者盖花瓣結密者不落盛開之後淺黄者轉白而白色者漸轉紅枯于枝上花瓣扶踈者多落盛開之後漸覺離披遇風雨撼之則飄散滿地矣云云

石湖品類 石湖范成大撰譜并序

山林好事者或以菊比君子其説以爲歳華晼晩艸木變衰乃獨曄然秀發傲睨風露此幽人逸士之操雖寂寥荒寒而味道之腴不改其樂者也神農書以菊爲養性上藥能輕身延年南陽人飲其潭水皆壽百歳使夫人者有爲於當年醫國庇民亦猶是而已菊於君子之道誠有臭味哉云云

黄花

勝金黄 一名大金黄菊以黄爲正此品最爲豊縟而加輕盈花葉微尖但條梗纖弱難得團簇作大本須留意扶植乃成

疊金黄 一名明州黄又名小金黄花心極小疊葉穠密狀如笑靨花有富貴氣開早

棣棠菊 一名金鎚子花纖穠酷似棣棠色深如赤金它花色皆不及盖奇品也窠株不甚高金陵最多

疊羅黄 狀如小金黄花葉尖瘦如剪羅縠三兩花自作一高枝出叢上意度瀟灑

麝香黄 花心豊腴旁短葉密承之格極高勝亦有白者大略似白佛頂而勝之遠甚吳中比年始有

千葉小金錢 略似明州疊葉整齊

太真黄 花如小金錢加鮮明

單葉小金錢 花心尤大開最早重陽前已爛熳

垂絲菊 花蕊深黄莖極柔細隨風動搖如垂絲海棠

鴛鴦菊 花常相偶葉深碧

金鈴菊 一名茘枝菊舉體千葉細瓣簇成小毬如小茘枝枝條長茂可以攬結江東人喜種之有結爲浮圖樓閣高丈餘者予頃北使過栾城其地多菊家家以盆盎遮門悉爲鸞鳳亭臺之狀即此一種

毬子菊 如金鈴而差小二種相去不遠其大小名字出于栽培肥瘠之别

小金鈴 一名夏菊花如金鈴而極小無大本夏中開

藤菊 花密條柔以長如藤蔓可編作屏障亦名棚菊種之坡上則垂下裊數尺如纓絡尤宜潭之瀕

十樣菊 一本開花形模各異或多葉或單葉或大或小或如金鈴往往有六之色以成數通名之曰十樣衢嚴間花處信之屬邑有白者

甘菊 一名家菊人家種以供蔬茹凡菊葉皆深綠而厚味極苦或有毛惟此葉淡綠柔瑩味微甘咀嚼香味俱勝擷以作羹及泛茶極有風致天隨子所賦即此種花差勝野菊甚美本不繁花

野菊 旅生田野及水濱花單葉極瑣細

白花

五月菊 花心極大每一鬚皆中空攢成一匾毬子紅白單葉繞承之每枝只一花徑二寸葉似同蒿夏中開近年院體畫草蟲喜以此菊寫生

金杯玉盤 中心黃四旁淺白大葉三數層花頭徑三寸菊之大者不過此本出江東比年稍移栽吳下此與五月菊二品以其花徑寸特大故列之于前

喜容千葉 花初開微黃花心極小花中色深外微暈淡欣然丰艷有喜色甚稱其名久則變白尤耐封殖可以引長七八尺至一丈亦可攬結白花中高品也

御衣黃 千葉花初開深鵝黃大略似喜容而差疎瘦久則變白

萬鈴菊 中心淡黃鎚子傍白花葉繞之花端極尖香尤清烈

蓮花菊 如小白蓮花多葉而無心花頭疎極蕭散清絕一枝只一葩綠葉亦甚纖巧

芙蓉菊 開就者如小木芙蓉尤穠盛者如樓子芍藥但難培植多不能繁缽

茉莉菊 花葉繁縟全似茉莉綠葉亦似之長大而圓淨

木香菊 多葉略似御衣黃初開淺鵝黃久則淡白花葉尖薄盛開則微卷芳氣最烈一名腦子菊

酴醾菊 細葉稠疊全似酴醾比茉莉差小而圓

艾葉菊 心小葉單綠葉尖長似蓬艾

白麝香 似麝香黃花差小亦豐腴韻勝

白荔枝 與金鈴同但花白耳

銀杏菊 淡白時有微紅花葉尖綠葉全似銀杏葉

波斯菊 花頭極大一枝只一葩喜倒垂下久則微捲如髮之鬈

佛頂菊 亦名佛頭菊中黃心極大四傍白花一層繞之初秋先開白色漸沁微紅

桃花菊 多葉至四五重粉紅色濃淡在桃杏紅梅之間未霜即開最爲妍麗中秋後便可賞以其質如白之受采故附白花

燕脂菊 類桃花菊深紅淺紫比燕脂色尤重比年始有之此品既出桃花菊遂無顏色蓋奇品也姑附白花之後

紫菊一名孩兒菊花如紫茸叢茁細碎微有菊香或云即澤蘭也以其與菊同時又常及重九故附於菊

諸州及禁苑品類　吳人沈兢撰譜

潛山朱新仲有菊坡所種各分品目玉盤盂與金鈴菊其花相次又有春菊花小而微紅者有佛頭菊花不作瓣而為小筩様者有枇杷菊葉似枇杷花似金盞銀盤而極大都不甚香有丁香菊花小而外紫內白者

至今舒州菊多品如晬兒菊者鵞黃色水晶菊者花面甚大色白而透明又有一種名末利菊者初開花小四瓣如末利既開花大如錢

潛江品類甚多有鍬茸菊色綠其花甚大光如茸二月間開

今臨安有大笑菊其花白心黃葉如大笑或云即枇杷菊

賢狂長沙見菊亦多品如黃色曰御愛笑靨孩兒黃蒲堂金小千葉丁香壽安真珠白色曰登羅大毬白餅十月白孩兒白銀　大而色紫者曰荔枝菊又有五月開者

聞他處有所謂十様菊者一叢之上開花凡十種如大金錢小金錢金盞銀盤則在在有之

如婺女則有銷金北紫菊紫瓣黃沿銷銀黃菊黃瓣白沿有乾紅菊花瓣乾紅四沿黃色即是銷金菊三菊乃佛頭菊種也

浙間多有荷菊日開一瓣開足成荷花之形衆菊未開則不開衆菊已謝則不謝又有腦子菊其香如腦子花色黃如小黃菊之類又有茱萸菊麝香菊水仙菊水仙者即金盞銀臺也

金陵有松菊枝葉勁細如松其花如碎金層出於密葉之上予在豫章嘗見之

臨安西馬城園子每歲至重陽謂之鬪花各出奇異有八十餘種余不暇悉求其名有爲余于禁中大

園子得菊品近六十種多與外間同名者姑次第
之
御袍黃菊大花頭　御衣黃小花頭
白佛頭花早　黃佛頭花晚
黃新羅　白新羅
戴笑菊即大笑菊　橙子菊
普薇菊　末利菊
樝子菊花小色黃香如樝子　大金錢

小金錢　金盞銀臺
金盞金臺　明州黃
泰州黃　黃素馨
白素馨　黃木香
白木香　牡丹菊
黃酴醾　白酴醾
大金黃　小金黃
夏菊花與佛頭一同五月開　桃花菊八月開

銷金菊　金鈴菊
蹙線菊　燕脂菊
白喜容　黃喜容
黃笑靨　白笑靨
金井銀欄　金井玉欄
鶯兒菊　棣棠菊
丁香菊　萬鈴菊蘇州出高枝兒
玉盆菊　鐵腳黃鈴

黑葉兒　輕黃菊
黃纓枝　白纓枝
勝金黃　賽金錢
早紫菊四月　早蓮菊
團圓菊　柳條菊
枝亭菊枝梗甚長用杖子撐即酴醾菊一丈黃　鞍子菊双心兒牽長
碧蟬菊青色　鈸兒菊一槍紫梗開早一梗青梗開晚
越中品類山陰菊隱史翁撰譜以下諸菊之次第所排近似失序此蓋粗以

五

形色之高下而爲列非徒𥨸名而已比之前後二月不同凡菊之開其形色有三節不同謂始中末也今譜中所紀多紀其盛開之時

黃色

勝金黃 花頭大過折二錢明黃瓣青黃心排有五六層花片比大金黃差小上有細脉枝杪一凡三四花一枝之中有少從蘂顏色鮮明玩之能快人心目

大金錢 開遲大當及折二心瓣明黃一色其瓣五層此花不獨生于枝頭乃與葉層層相間而生香色與態度皆勝

金絲菊 花頭大過折二深黃細瓣凡五層一簇黃心甚小與瓣一色顏色可愛名爲金絲者

以其花瓣頭然起紋絡也十月方開此花根荄極弱

小金黃 花頭大如折二心瓣黃皆一色開未多日其瓣鱗鱗六層而細態度秀雅經多日則面上短瓣亦長至于整整而齊不止六層益爲狀先後不同也如此

容友菊 花頭大過折三明黃闊片花瓣形色不在諸品之下初開時長短不齊開及其盛乃齊至于六層其中如抽丼數條短短小心與瓣爲一色狀如春間黃容友花棄株低矮綠葉最繁容見霜則周圍葉綠變紫色

橙菊 亦名金毬菊　此品花瓣與諸菊絕異含莛之時狀如粉團菊黃色不甚深其瓣成筒排竪生于萼上後乃開作小片如妾至于成團衆瓣之下又有數瓣一層承之亦猶橙皮之升色也其

于無心　愚齋云據愚視之橙黃菊與此匾菊必是一種但橙小粉大及色異耳

大金黃 花頭大如折三錢心瓣黃皆一色其瓣五六層花片亦大一枝之杪多得生一花枝上更無從蘂綠葉亦大其梗濃紫色

側金盞 此品類大金黃其大過之有及一寸八分者瓣有四層皆整齊花片亦闊大明黃色深黃心一枝之杪獨生一花枝中更無從蘂名以側金盞者以其花大而重欹側而生也　綠葉亦大其梗淡紫

小金錢 開早　大于小錢明黃瓣深黃心　其瓣齊齊三層花瓣展其心則舒而爲筒

御愛黃 花頭大如小錢淡黃色其狀與御袍黃相類但此花瓣頗細凡五六層向上二三層

黃色鮮明向下層淺色帶微白層層鱗次不齊心乃明黃色其細小料十餘縷耳

御袍黃 花頭大如小錢淡黃色其狀略觀之與御愛黃相類但此花瓣頗闊凡五層上下層稍齊心乃深黃色比之御愛黃細視則不同況此心又有大小之別

黃佛頭 花頭不及小錢明黃色狀如金鈴菊中外不辨心瓣但見混同純是碎蘂突起甚高又如白佛頭菊之黃心也

九日黃 大如小錢黃瓣黃心心帶微青瓣有三層狀類小金錢但此花開在金錢之前也開時或有不甚盛者惟地土得宜方盛綠葉甚小枝梗細瘦

黃寒菊 花頭大如小錢心瓣皆深黃色瓣有五層甚細開至多日心與瓣并而爲一不止五

層疊數甚多鮮突而高其香與態度皆可愛狀如
金鈴菊差大耳

荔枝菊 花頭大于小錢明黃細瓣層層鱗次不亦
中央無心鬚乃簇簇未展小葉至開遍凡
十餘層其形頗圓故名荔枝菊此香
清甚姚江士友云其花黃狀似楊梅

茱萸菊

末利菊 花頭巧小淡淡黃色一蕊只十五六瓣或
至二十片一點綠心其狀似末利花不類
諸菊葉即菊也每枝條之上抽
出十餘層小枝枝皆簇簇有蕊

艾菊

金鈴菊 花頭甚小如鈴之圓深黃一色其榦之長
與人等或言有高近一丈者可以上架亦

可蟠結爲塔故又名塔子菊一枝之上花與葉層
層相間有之不獨生于枝頭綠葉尖長七出凡菊
葉多五出
側皆不該

甘菊 陶隱居云菊有兩種一種莖紫氣香而味甘
一種青莖作蒿艾氣而味苦曰華子亦云菊
有兩種花大氣香莖紫者爲甘菊花小氣烈莖青
者爲野菊楊損之云甘者入藥苦者不任史氏譜
云甘菊色深黃野菊枝柯細瘦劉氏譜云甘菊深
黃單葉閭巷人能識之固不待記而知竊謂古菊
陶淵明等採于東籬泛于酒斝疑皆今之甘菊也
今據本艸諸書所載二者較然可見矣

滴滴金 夏菊也 花頭巧小或有如折二大者蕊
所產之地不同也花瓣最細凡二三層明
黃色心乃深黃中有一點微綠自六月開至八月
俗說遍地生苗者由花梢頭露水滴而出也故名
滴滴金予嘗與好事者斸地驗其根其根
層方知此說不妄

野菊 亦有三兩種 花頭甚小單層心與瓣皆明
黃色枝莖極細多依倚他草木而長別有一
種其花初開心如旱蓮草開至淡日則旋吐出蜂
鬚周圍蒙茸然如蓮花鬚之狀枝莖頗大綠葉五
出吾鄉能仁寺側
府城牆上最多

白色

九華菊 此品乃淵明所賞之菊也今越俗多呼爲
大笑其瓣兩層者本曰九華白瓣黃心花
頭極大有闊及二寸四五分者其態與常爲白色
之冠香亦清勝枝葉疏散九月半方開皆淵明嘗
言秋菊盈園其詩集中
僅存九華之一名

今以重瓣大笑爲九華此得於諸士友之說凡陸丁
率皆不知若姚江士夫又稱九華爲大佛頂 或謂
九華綠葉與諸菊葉不相類疑非菊之正品然愚嘗
觀本草圖經所画鄧州菊衛州菊此二名品亦皆是
混淨之葉未見其有出稜角者且古人別菊惟在於
臭味豈拘拘論其葉哉

大笑菊 白瓣黃心本與九華同種其單層者爲大
笑花頭差小不及兩層者之大其葉類栗
木葉亦名
栗葉菊

佛頂菊 大過折二或如折三單層白瓣宍起 心初如楊梅之肉蕾後皆舒放備于狀如
蜂窠天後宍起甚高又且最大枝幹堅粗葉亦粗
厚又名佛頭菊一種每枝多直生上只一花少
有旁出枝一種每一枝頭
乃分旁三四小枝各一花

淮南菊 先得一種白瓣黃心瓣有四層上層抱心 微帶黃色下層纇淡純白大不及折二枝
頭一簇六七花後又得一種淡白瓣淡黃心頗色
不相染惹瓣有四層一枝攢聚六七花共枝抄六
花如六面仗鼓相抵然惟中央一花大于折三餘
者稍小予視之疑非一種圖了乃言所產之地力
有不同也大率此花自有三節小同初開花面微
帶黃色中節變白至十月開過見霜則變淡紫色
且初開之瓣只見四層開至多
日乃至六七層花頭亦加大焉

酴醿菊

木香菊 大過小錢白瓣淡黃心瓣有三四層頗細 狀如春架中木香花又如初開纏枝白但
此花頭舒展稍平坦
耳亦有黃色者

粉團菊 亦名玉毬菊 此品與諸菊絕異含蕊之 時淡黃色又帶微青花瓣成簇排壓生于
萼上其中央初看一似無心狀如僧菊盛開則變
作一團純白色其形甚圓其香頗烈至白瓣凋謝
方見瓣下有如心者甚大其白瓣皆匝匝出于上
也經宿則變紫色尤佳綠葉甚粗其梗亦弱

玉甌菊 或云甌子菊即纏枝白菊也其開層數或 及多者以其花瓣環拱如甌盞之狀也至
十月經霜
則變紫色

金盞銀臺 大如折二此以形色而爲名也惟 初開似之爛開則其狀輒變

寒菊 大過小錢短白瓣開多日其瓣方增長明黃 心匕乃攢聚碎蕊尖起頗高枝條柔細十月
方
開

徘徊菊 淡白瓣黃心色帶微綠瓣有四層初開時 先吐瓣三四片只開就一邊未及其餘開
至旬日方及周徧花頭乃見圓圖按字書徘徊爲
不進此花之開亦若是矣其名不妄十月初方開
或有一枝花頭多者至攢
聚五六顆近似淮南菊

銀盤菊 白瓣二層黃心突起頗高花頭或大或小 不同想因其地有肥瘠之故也

輪盤菊

紅色

桃花菊 又名[illegible]紅菊花瓣如桃花粉紅色一藍凡 十三[illegible]開時長短不齊經多日乃齊其
心黃色內帶微[illegible]此花齅之無香惟撚破聞之方
知有香至中秋便開七至十餘日漸變爲白色或
生青蟲食其花片則衰
矣其綠葉甚細小

繡菊

石菊 即古之大菊也花瓣五出有紫色者有深紅 色者有深紅粉綠者各有種也其萼長而小
其莖有節其葉亦頗類竹故又名石竹諸色皆自
五月而開惟紫色者開至八九月方衰或云石菊
結實爲蘧麥愚按爾雅云大菊蘧麥也本草云瞿
麥一名大菊陶隱居士一莖生細葉花紅紫赤可

叒子頗似麥曰華子云又名石竹本草……泰山及淮甸今處處有之苗高一尺以來……二月至五月開七月結實頗似麥故名之

予以本土所産石菊參照爾雅本草所言大菊之形色圓相似矣然本土所産者初未審有實無實爲疑遂問諸老圃皆云未嘗有結實者至甲辰八月予于僧舍見紫色一種就摘花瓣脫盡一殘蕚撚破驗其子之有無其中果有一粒如細麥者存焉粒中仍有如掐之一痕易爲辨認次以摘花瓣未脫者一蕚亦撚破驗之其中所存者與前一同陶隱居又云立秋採實實中子至細故予今撚破其蕚以視實復撚破其實以視中有何物果見有如鰕子者細不可數也予初爲老圃所惑故詳記之按劉蒙說疑曰瞿麥爲大菊此乃妄濫竊名者皆所不取愚齋亦云此品石菊初以其花與蕊比之諸品不同且顏色夭冶兼乏芬馥清致當以格外菊處之亦列此名于濫號品中後考結寔有據乃知卽古之大菊也竊以爾雅本草既載其名其來也遠以是論之非所宜輕於是陞于正品紅色之後云

濫號

孩兒菊 白瓣黃心其狀與諸菊迥然不同自七月開至九月其葉甚纖按劉氏譜其後叙遺乃言孩兒菊粉紅色如此則此菊中所有者不同也按史氏譜入此于紅紫品中愚今以本土所出者品格最下兼之無香可取故降于是也或言此花與葉既不類菊而世俗皆呼爲孩兒菊者何也予意其名以孩兒者爲品卑微之謂也呼以爲菊者數柰能久之謂也或謂此花本名孬兒菊

假名

春菊 蒿萊花是也三月末開花頭大及二寸金彩鮮明不減于菊東嶽社會石人取以妝花擔花籃卽此物也

紫菊 馬蘭花是也八九月開大觀本草云生澤衛北人見其花呼爲紫菊以其花似菊而紫也王峯先生汪擇善詩集又以旱蓮亦名紫菊有詩一篇愚竊謂此二花其物性不同以馬蘭花爲菊而馬蘭亦有療疾之功使其名益若可也以旱蓮爲菊胡不知有害人之壽熟其名可也

觀音菊 天竺花是也此非南天竺或呼爲落帚花亦非也落帚別是一種自五月開至七月花頭細小其色純紫枝葉如嫩柳其榦之長與人等或呼爲觀音菊蓋取錢塘有天竺觀音之義也

繡線菊 厭草花是也花頭碎紫成簇而生心中吐出素縷如線之大自夏至秋有之俗呼爲

厭艸花或云若人帶此花賭博則
獲其勝故名之古有厭勝法

列諸譜外之菊一十名 悉皆記其所得之自今盡類入卷首之品

九華菊 見靖節先生集此一品今新入越譜

淩風菊 黃色見山谷詩

柑子菊 黃色見陳後山詩

楊妃裙 黃色見徐仲車詩

瓏梅菊 見間人善言菊卿公暇集

朝天菊 見洪氏瓊野錄

珠子菊 白色見本草註云南京有一種開小花々瓣下如小珠子

丹菊 見初學記孫含菊銘云煌々丹菊暮秋彌榮

鷺鷥菊 士友云嚴州多菊此品嚴州有之花如苹々純白色中心有一叢簇起如鷺鷥頭

襄陽紅 士友云並蒂雙頭亦一種菊也九江彭澤有之

今 榮王府

皇弟大王居邸之側有園曰憂圃池曰滸沼皆賜
御書爲扁如圃內異菊尤爲不少但未得其名今姑
門其左當俟他日列之

芍藥譜

江都王觀著

天地之功至大而神非人力之所能竊勝惟聖人推
能體法其神以成天下之化其功蓋出其下而曾不
少加以力不然天地固亦有間而可窮其用矣予嘗

論天下之物悉受天地之氣以生其小大短長辛酸
甘苦與夫顏色之異計非人力之可容致巧於其間
也今洛陽之牡丹維陽之芍藥受天地之氣以生而
小大淺深一隨人力之工拙而移其天地所生之性
故奇容異色間出于人間以人而盜天地之功而成
之良可怪也然而天地之間事之紛紜出于其前不
得而曉者此其一也洛陽土風之詳已見于今歐陽
公之記而此不復論維揚大抵土壤肥膩於草木爲

宜禹貢曰厥草惟夭是也居人以治花相尚方九月十月時悉出其根滌以甘泉然後剥削老硬病腐之處揉調沙糞以培之易其故土凡花大約三年或二年一分不分則舊根老硬而侵蝕新芽故花不成就分之數則小而不舒不分與分之太數皆花之病也花之顏色之深浅與葉蕊之繁盛皆出于培壅剝削之力花既萎落亟翦去其子屈盤枝條使不離散故脉理不上行而皆歸于根明年新花繁而色潤澤花

根窠多不能致遠惟芍藥及時取根盡取本土貯以竹席之器雖數千里之遠一人可負数百本而不勞至于他州則壅以沙糞雖不及維揚之盛而顏色亦非他州所有者比也亦有踰年即變而不成者此亦係夫土地之宜不宜而人力之至不至也花品舊時龍興寺山子羅漢觀音彌陀之四院冠於此州其後民間稍稍厚賂以匄其本壅培治事遂過於龍興之四院今則有朱氏之園最為冠絶南北二圃所種幾

於五六萬株意其自古種花之盛未之有也朱氏當其花之盛開飾亭宇以待來游者逾月不絶而朱氏未嘗厭也揚之人與西洛不異無貴賤皆喜戴花故開明橋之間方春之月拂旦有花市焉州宅舊有芍藥廳在都廳之後聚一州絶品於其中不下龍興朱氏之盛往歲州將召移新守未至監護不密悉為人盗去易以凡品自是芍藥廳徒有其名爾今芍藥有三十四品舊譜只取三十一種如緋單葉白單葉紅

單葉不入名品之内其花皆六出維揚之人甚賤之余自熙寧八年季冬守官江都所見與夫所聞莫不詳熟又得八品焉非平日三十一品之比皆世之所難得今悉列于左舊譜三十一品分上中下七等此前人所定今更下易

上之上

冠群芳

大旋心冠子也深紅堆葉頂分四五葉其英密簇

可及半尺高可及六寸艷色絶妙可[illegible]
之枝條硬葉踈大
賽群芳
十六
小旋心冠子也漸添紅而聚小枝條及緑葉並與大
旋心一同凡品中言大葉小葉堆葉者皆花葉也言
緑葉者謂枝葉也
寳粧成
冠子也色微紫于上十二大葉中密生曲葉回環裹

抱團圓其高八九寸廣半尺餘每小小葉上絡以金
線綴以玉珠香欺蘭麝奇不可紀枝條硬而葉平
盡天工
柳浦青心紅冠子也於大葉中小葉密直妖媚出衆
儻非造化無能爲也枝硬而緑葉青薄
曉粧新
白纈子也如小旋心狀頂上四向葉端點小殷紅色
每一朶上或三點或四點或五點象衣中之點纈也

緑葉甚柔而厚條硬而絶低
點粧紅
紅纈子也色紅而小並與白纈子同緑葉微似瘦長
上之下
疊香英
紫樓子也廣五寸高盈尺於大葉中細葉二三十重
上又聳大葉如樓閣狀枝條硬而高緑葉踈大而尖
柔

積嬌紅
紅樓子也色淡紅與紫樓子不相異
中之上
醉西施
大軟條冠子也色淡紅惟大葉有類大旋心狀枝條
軟細漸以物扶助之緑葉色深厚踈而長以柔
道粧成
黄樓子也大葉中深黄小葉數重又土展淡黄大葉

枝條碩而絕黃綠葉疎長而柔與紅紫稍異此品非
今日小黃樓子也乃黃絲頭中盛則或出四五大葉
蓋本非黃樓子也

菊香瓊

青心玉板冠子也本自茅山來白英團掬堅密平頭
枝條硬而綠葉短且光

素粧殘

退粧茅山冠子也初開粉紅即漸退白青心而素淡

稍若大軟條冠子綠葉短厚而硬

試梅粧

白冠子也白纈中無點纈者是也

淺粧勻

粉紅冠子也是紅纈中無點纈者也

中之下

醉嬌紅

深紅楚州冠子也亦若小旋心狀中心則堆大葉葉
下亦有一重金線枝條高綠葉疎而柔

擬香英

紫寶相冠子也紫樓子心中細葉上不堆大葉者

妒嬌紅

紅寶相冠子也紅樓子心中細葉上不堆大葉者

縷金囊

金線冠子也稍似細條深紅者於大葉中細葉下抽
金線細細相雜條葉並同深紅冠子者

下之上

怨春紅

硬條冠子也色絕淡甚類金線冠子而堆葉條硬而
綠葉疎平稍若柔

妒鵞黃

黃絲頭也於大葉中一簇細葉雜以金線條高綠葉
疎柔

蘸金香

蘸金蕋紫單葉也是髻子開不成者於大葉中生小
葉小葉尖蘸一線金色是也

試濃粧

緋多葉也緋葉五七重皆平頭條赤而緑葉硬皆紫
色

下之中

宿粧殷

紫高多葉也條葉花並類緋多葉而枝葉絶高平頭

凡檻中雖多無先後開並齊整也

取次粧

淡紅多葉也色絶淡條葉正類緋多葉亦平頭也

聚香絲

紫絲頭也大葉中一叢紫絲細細是也枝條高緑葉
疎而柔

簇紅絲

紅絲頭也大葉中一簇紅絲細細是也枝葉並同紫

絲

下之下

效殷粧

小矮多葉也與紫高多葉一同而枝條低隨燥濕而
出有三頭者雙頭者鞍子者銀絲者俱同根而土地
肥瘠之異者也

會三英

三頭聚一萼而開

合歡芳

雙頭並蔕而開二朶相背也

擬繡鞾

鞍子也兩邊垂下如所乘鞍狀地絶肥而生

銀含稜

銀緣也葉端一稜白色

新妝八品

御衣黄

黃色茂而葉疏蕊差深散出于葉間其葉端色又鬧
碧高廣類黃楼子也此種宜升絶品
黃楼子
盛者五七層間以金線其香尤甚
袁黃冠子
宛如髻子間以金線色比鮑黃
峽石黃冠子
如金線冠子其色深如鮑黃

鮑黃冠子
大抵與大旋心同而葉差不旋色類鵞黃
楊花冠子
多葉白心色黃漸拂茂紅至葉端則色深紅間以金
線
湖纈
紅色深浅相雜類湖纈
黽池紅

開須並葩或三頭者大抵花類軟條也
後論
維揚東南一都會也自古號爲繁盛自唐末亂離群
雄據有數經戰焚故遺基廢迹往往蕪沒而不可見
今天下一統井邑田野雖不及古之繁盛而人皆安
生樂業不知有兵革之患民間及春之月惟以治花
木飾亭榭以往來遊樂爲事其幸矣哉揚之芍藥甲
天下其盛不知起于何代觀其今日之盛古想亦不

減於此矣或者以謂自有唐若張祜杜牧盧仝崔涯
章孝標李嶸王播皆一時名士而工于詩者也或觀
于此或遊于此不爲不久而略無一言一句以及芍
藥意其古未有之始盛於今未爲通論也海棠之盛
莫甚于西蜀而杜子美詩名又重於張祜諸公在蜀
日久其詩僅數千篇而未嘗一言及海棠之盛張祜
輩詩之不及芍藥不足疑也芍藥三十一品乃前人
之所次余不敢輒易後八品乃得于民間而尤佳者

然花之名品時或變易又安知止此八品而已哉後
將有出茲八品之外者余不得而知當俟來者以補
之也

洛陽牡丹記

宋廬陵歐陽脩述

花品叙第一

牡丹出丹州延州東出青州南亦出越州而出洛陽
者今爲天下第一洛陽所謂丹州花延州紅青州紅
者皆彼土之尤傑者然來洛陽纔得備衆花之一種
列第不出三已下不能獨立與洛花敵而越之花以
遠罕識不見齒然雖越人亦不敢自譽以與洛陽爭
高下是洛陽者是天下之第一也洛陽亦有黃芍藥
緋桃瑞蓮千葉李紅郁李之類皆不減他出者而洛
陽人不甚惜謂之果子花曰某花云云　至牡丹則不
名直曰花其意謂天下真花獨牡丹其名之著不假
曰牡丹而可知也其愛重之如此說者多言洛陽於

三河間古善地昔周公以尺寸考日出没測知寒暑
風雨乎與順於此此蓋天地之中艸木之華得中氣
之和者多故獨與他方異予甚以爲不然夫洛陽於
周所有之土四方入貢道里均乃九州之中在天地
崑崙旁礴之間未必中也又况天地之和氣宜遍四
方上下不宜限其中以自私夫中與和者有常之氣
其推於物也亦宜爲有常之形物之常者不甚美亦
不甚惡及元氣之病也美惡隔并而不相和入故物
有極美與極惡者皆得於氣之偏也花之鍾其美與
夫癭木擁腫之鍾其惡醜好雖異而得一氣之偏病
則均洛陽城圍數十里而諸縣之花莫及城中者出
其境則不可植焉豈又偏氣之美者獨聚此數十里
之地乎此又天地之大不可考也已凡物不常有而
爲害乎人者曰災不常有而徒可怪駭不爲害者曰
妖語曰天反時爲災地反物爲妖此亦草木之妖而
萬物之一怪也然比夫癭木擁腫者竊獨鍾其美而

見幸於人焉余在洛陽四見春天聖九年三月始至洛其至也晚見其晚者明年會與友人梅聖俞游嵩山少室緱氏嶺石唐山紫雲洞既還不及見又明年有悼亡之戚不暇見又明年以留守推官歲滿解去只見其早者是未嘗見其極盛時然目之所矚已不勝其麗焉余居府中時嘗謁錢思公於雙桂樓下見一小屏立坐後細書字滿其上思公指之曰欲作花品此是牡丹名凡九十餘種余時不暇讀之然余所

經見而今人多稱者纔三十餘種不知思公何從而得之多也計其餘雖有名而不著未必佳也故今所錄但取其特著者而次第之

姚黃　魏花

鞓紅亦曰青州紅　牛家黃

潜溪緋　左花

獻來紅　葉底紫

鶴翎紅　添色紅

細葉壽安　倒暈檀心

朱砂紅　九蕊真珠

延州紅　多葉紫

麤葉壽安　丹州紅

蓮花萼　一百五

鹿胎花　甘草黃

一擫紅　玉板白

花釋名第二

牡丹之名或以氏或以州或以地或以色或旌其所異者而志之姚黃左花魏花以姓著青州丹州延州紅以州著細葉麤葉壽安潜溪緋以地著一擫紅鶴翎紅朱砂紅玉板白多葉紫甘草黃以色著獻來紅添色紅九蕊真珠鹿胎花倒暈檀心蓮花萼一百五葉底紫皆志其異者

姚黃者千葉黃花出於民姚氏家此花之出於今未十年姚氏居白司馬坡其地屬河陽然花不傳河陽

檀洛陽洛陽亦不甚多一歲不過數朵
牛黃亦千葉出於民牛氏家比姚黃差小
真宗祀汾陰還過洛陽留宴淑景亭牛氏獻此花名
遂著
甘草黃單葉色如甘草洛人善別花見其樹知為其
花云獨姚黃易識其葉嚼之不腥
鞓紅者單葉深紅花出青州亦曰青州紅故張僕射
齊賢有第西京賢相坊自青州以馲駝馱其種遂傳

洛中其色類腰帶鞓謂之鞓紅
獻來紅者大多葉淺紅花張僕射罷相居洛陽人有
獻此花者因曰獻來紅
添色紅者多葉花始開而白經日漸紅至其落乃類
深紅此造化之尤巧者
鶴翎紅者多葉花其末白而本肉紅如鴻鵠羽色
細葉粗葉壽安者皆千葉肉紅花出壽安縣錦屏山
中細葉者尤佳

倒暈檀心者多葉紅花凡花近萼色深至其末漸
此花自外深色近萼反淺白而深檀點其心此尤可
愛
一擫紅者多葉淺紅花葉杪深紅一點如人以二指
擫之
九蕊真珠紅者千葉紅花葉上有一白點如珠而葉
密蹙其蕊為
一百五者多葉白花洛花以穀雨為開候而此花常

至一百五日開最先
丹州延州花者皆千葉紅花不知其至洛之因
蓮花萼者多葉紅花青跌三重如蓮花萼
左花者千葉紫花葉密而齊如截亦謂之平頭紫
朱砂紅者多葉紅花不知其所出有民門氏子善接
花以為生買地於崇德寺前治花圃有此花洛陽豪
家尚未有故其名未甚著花葉甚鮮向日視之如猩
血

葉底紫者千葉紫花其色如墨亦謂之墨紫花在
叢中旁必生一大枝引葉覆其上其開也比他花可延
十日之久噫造物者亦惜之耶此花之出比他花最
遠傳云唐末有中官為觀軍容使者花出其家亦謂
之軍容紫歲久失其姓氏矣
玉板白者單葉白花葉細長如拍板其色如玉而深
檀心洛陽人家亦少有余嘗從思公至福嚴院見之
問寺僧而得其名其後未嘗見也

潛溪緋者千葉緋花出於潛溪寺寺在龍門山後本
唐相李藩別墅今寺中已無此花而人家或有之本
是紫花忽於叢中特出緋者不過一二朵明年移在
他枝洛人謂之轉（音篆）枝花故其接頭尤難得
鹿胎花者多葉紫花有白點如鹿胎之紋故蘇相（禹珪）
宅今有之
多葉紫不知其所出初姚黃未出時牛黃為第一牛
黃未出時魏花為第一魏花未出時左花為第一左

花之前惟有蘇家紅賀家紅林家紅之類皆單葉花
當時為第一自多葉千葉花出後此花黜矣今人不
復種也牡丹初不載文字惟以藥載本草然於花中
不為高第大抵丹延已西及褒斜道中尤多與荊棘
無異土人皆取以為薪自唐則天已後洛陽牡丹始
盛然未聞有以名著者如沈宋元白之流皆善詠花
艸計有若今之異者彼必形於篇詠而寂無傳焉唯
劉夢得有詠魚朝恩宅牡丹詩云但云一蘤千萬朵

而已亦不云其美且異也謝靈運言永嘉竹間水際多
牡丹今越花不及洛陽甚遠是洛花自古未有若今
之盛也

風俗記第三

洛陽之俗大抵好花春時城中無貴賤皆插花雖負
擔者亦然花開時士庶競為遊遨往往於古寺廢宅
有池臺處為市井張幄帟笙歌之聲相聞最盛於月
陂堤張家園棠棣坊長壽寺東街與郭令宅至花落

乃罷洛陽至東京六驛舊不進花自今徐州李相迪爲留守時始進　御歲遣牙校一員乘驛馬一日一夕至京師所進不過姚黃魏花三數朶以菜葉實竹籠子藉覆之使馬上不動搖以蠟封花蒂乃數日不落大抵洛人家家有花而少大樹者蓋其不接則不佳春初時洛人以壽安山中斵小栽子賣城中謂之山篦子人家治地爲畦塍種之至秋乃接接花工尤著者一人謂之門園子豪家無不邀之姚黃一接頭直錢五千秋時立券買之至春見花乃歸其直洛人甚惜此花不欲傳有權貴求其接頭者或以湯中蘸殺與之魏花初出時接頭亦直錢五千今尚直一千接時須用社後重陽前過此不堪矣花之木去地五七寸許截之乃接以泥封裹用軟土擁之以蒻葉作庵子罩之不令見風日惟南向留一小戶以達氣至春乃去其覆此接花之法也用瓦亦可種花必擇善地盡去舊土以細土用白斂末一斤和之蓋牡丹根甜多

引蟲食白斂能殺蟲此種花之法也澆花亦自有時或用日未出或日西時九月旬日一澆十月十一月三日二日一澆正月隔日一澆二月一日一澆此澆花之法也一本發數朶者擇其小者去之只留一二朶謂之打剝懼分其脉也花纔落便翦其枝勿令結子懼其易老也春初既去蒻庵便以棘數枝置花叢上棘氣暖可以辟霜不損花芽他大樹亦然此養花之法也花開漸小於舊者蓋有蠹蟲損之必尋其穴以硫黃簪之其旁又有小穴如鍼孔乃蟲所藏處花工謂之氣窓以大鍼點硫黃末鍼之蟲乃死花復盛此醫花之法也烏賊魚骨用以鍼花樹入其膚花輒死此花之忌也

花史左編卷之五

檇李 仲遵 王路 纂修

花之候寒暑朝暮春秋年月日時各有紀律

花詔晨夕　花信二十四番　又不同

花訣按月　治菊月令　芍藥　又三則

菊花　蔠冬　蘭花　木堇

紅花　巵花　桐花　梅花

杏花　木蘭　桂花　木筆

凌霄　又　合歡　山礬

茶梅　白菱　秋葵　槿花

錦帶　杜鵑、　芙蓉　鷄冠

鳳仙　水仙　山茶　迎春

蝴蝶　萵苣　金雀　棣棠

荼蘼　纏絲　金錢　四季

紫薇　佛桑　玉簪　夏菊

蜀葵　山丹　牡丹　麗春

剪春羅　剪秋羅　史君子　紫羅襴

醒頭香　番山丹　雙鸞菊　水木樨

纏枝牡丹

花詔

武后天授二年臘將遊上苑遣詔曰明朝遊上苑火急報春知花須連夜發莫待曉風吹凌晨名花布苑

按武后冬月遊後苑花俱開而牡丹獨遲遂貶於洛陽故牡丹稱洛陽第一

花信

梁元帝纂要二十四番花信一月兩番花信陰陽寒暖各隨其時但先期一日有風雨微寒者即是其花則鵞兒木蘭李花瑒花槿花桐花金櫻黃芳楝花荷花檳根蔓羅菱花木槿桂花蘆花蘭花蓼花桃花枇杷梅花水仙山茶瑞香其名具存然難以配四時十二月姑存其舊蓋通一歲言也

又

荊楚歲時記小寒三信梅花山茶水仙大寒三信……香蘭花山礬立春三信迎春櫻桃望春雨水三信菜花杏花李花驚蟄三信桃花棣棠薔薇春分三信海棠梨花木蘭清明三信桐花麥花柳花穀雨三信牡丹荼蘼楝花此後立夏矣此小寒至立夏之候也

花訣十二月

正月

扦插　地棠　梔子　錦帶　香　紫薇

白薇　石榴　玫瑰　銀杏　金雀
櫻桃　西河柳

移植　木蘭

接換　海棠　臘梅　梨花　梅花　桃花
杏花　李花　黄薔薇　宜雨水後

壓條　杜鵑　白茶　木樨　凡可扦者皆可壓

下種　杏　茄

澆灌　牡丹　瑞香　芍藥　桃　杏　李

培壅　石榴　海棠　梨

整頓　元旦鷄鳴將火遍燒一切花木則無蟲蝕之患是日將斧斑樹皮則結子不落月內修去一切果木繁枝枯枿

過貼　月內接換者皆可過但取葉相似意相似者尤佳　凡裝果木一旬南風火日不可栽種

二月

分栽　萱花　紫荊　杜鵑　芭蕉　百合
菊花　淩霄　迎春　甘菊　映山紅

甘露子

扦插　芙蓉　瑞香　梔子　柳枝

接換　木樨　海棠　桃　梅　杏
李　梨　紫丁香　宜在春分前後

下種　秋葵　鳳仙　金錢　枸杞　秋海棠
十樣錦　老少年　剪春羅　剪秋羅

澆灌　牡丹　芍藥　瑞香　可培壅皆可澆

培壅　木樨　用猪糞和土壅

整頓　社日杵舂百菓樹根則結子不落

過貼　月内凡可扦可接者皆宜過貼

三月

分栽　芙蓉　芭蕉　石榴　紫荊

移植　木樨　秋海棠

下種　鷄冠　紫草　綿花

整頓　菖蒲出沓剔去垢無風處深水養之盆士

置房屋不可缺水虎刺見天

過貼　玉蘭　石榴　夾竹桃　用大竹管定缺內肥泥灌之二三年根滿八月剪下種盆

四月　此月伐木不蛀

分栽　石菖蒲　秋牡丹　翠長草

移植　秋海棠　梔子　剪上盆　茉莉換盆

扦插　梔子　木香　錦葵　荼蘼　宜雨中

壓條　木樨　玉蝴蝶　玉梯毬

收種　罌粟子　芫荽子　蒲萄子

整頓　素馨立夏日出窨菖蒲十四日剪淨或分栽換盆

五月

分栽　水仙　素馨　紫蘭

扦插　石榴　錦帶　月季　棣棠　西河柳

收種　萱花　紅花　金銀花　罌粟子

水仙根

六月

接換　櫻桃　桃　梨

下種　桃　梅　李　杏　向陽處掘坑流糞于内將核尖頭向上排定再用糞土覆之來春發可移

七月

接換　海棠　林檎　小春桃

下種　罌粟　蜀葵　臘梅子　水仙猪泥糞流

澆灌 桂樹陰處可澆輕糞和水三分之二洵添

減糞添水

八月

分栽 芍藥　百合　山丹　水仙　木筆

石菊　海棠　玫瑰　並宜在秋分後

移植 牡丹　早梅　丁香　枸杞　枇杷

大抵帶雨栽活已上宜秋分後

扦插 諸色薔薇皆可扦插雨中更妙

接換 牡丹　海棠　小春桃　綠萼梅

澆灌 牡丹　瑞香　芍藥　並宜豬糞

整頓 牡丹每枝有三四根修去餘者菊加土芍藥去舊梗蘭換盆分栽茉莉入窖水仙避

護風霜諸果木待春移植

九月

分栽 水仙　桃樹　櫻桃　俱霜降後

芍藥　牡丹　宜上旬

移植 臘梅　山茶　枇杷　可分栽者皆可移

整頓 芭蕉用稻草包梗明春長盛有花

十月

分栽 荼蘼　棣棠　寶相　錦帶　木香

海棠　牡丹　薔薇　芍藥　萱花　俱

宜上旬

移植 蜀葵　橘子　可分栽者皆可移植

壓條 海棠　桑皮

收種 枸杞　藏芙蓉條斫長尺許用稻草包裹

於向陽處上蓋細泥來年二月取扦如前

澆灌 牡丹　水仙　山茶　石榴　芍藥

培壅 櫻桃　肥土培之　宁　牛馬糞培

整頓 蘭花菖蒲入窨夾竹桃入煖室虎刺入窨

菊入室

十一月

分栽 臘梅　蒿苣

移植 松 榆 冬至後春社前移之易活

果皆可移

培壅 牡丹 石榴 芍藥 梨 俱培厚土

整頓 荼蘼 薔薇芟去嫩條 木香芟去細條

瑞香見日不可見霜

十二月

移植 山茶 玉簪 海棠

扦插 不拘竹瓦日妙 薔薇 月季 十姊妹

木香扎欄扦六月亦可非兩月內則薔薇

木香皆生嫩條不成花矣

整頓 伐竹木不到嶮夜用斧斑駁痕則子繁

不落或以大石壓生果樹丫中亦繁不落

治菊月令

正月

立春數日將隔年醇過肥鬆淨土用濃糞再醇二次

令深二尺以伺分種之需若舊種在盆或舊地切不

可移動仍用草護老本新秧早發而壯大矣

二月

二月初旬水雪半消此時除去護草春分後將前醇

之地倒鬆再用大糞醇之擇新長可分菊苗逐莖分

開相去五六寸一根每早汲河水澆活凡奇花必發

苗必務用心看種一法用杉木一塊鑽孔用梗插入

孔中木上薄加肥土木下透根少許漂浮水缸中待

其根生移種盆上編理長成亦不斷種可望花矣

三月

穀雨前三日擇前秧長壯正直者搬種築醇熟所擗

之地北平地高尺許相去尺餘掘之一枝每穴加糞

一杓搪掘如法方可搬秧植之四圍餘土鋤爬壅根

高如饅頭樣令易瀉水周圍必留深溝泄水但雨過

不拘何月務要積溝之水疏通流別處不分在地在

盆即以醇熟乾土壅根如久雨盆種可移置簷下或

用篾箍瓦作盆埋地令一半入土內使地氣相接水

不停積先將肥土倒鬆塡二三分於盆加濃糞一杓後搬菊秧植之再將前土塡滿亦壅如饅頭樣又一法以肥鬆土用細篩篩入甑用水澆蒸二三沸取起倒出晒乾入盆植菊能殺虫無侵蝕之患其秧搬時每株根邊必帶故土周方寸使其不知遷動或用葉或用碎瓦蓋其根土以防雨濺泥汙青葉上有泥須將水洗淨各月皆然種後必隔一日早用河水和糞澆之又要搭棚遮蔽日色以度其生遇雨露揭去

四月

小滿節後菊嫩頭上多生小蜘蛛每早起尋殺之又有一種名曰菊牛日未出時慣咬菊頭其頭日照即垂視其咬處去寸許必掐去無害遲則生蛀虫外雖不見其蠹遇風雨必折又有一等細蟻侵蛀菊本須用洗過鮮魚水洒葉上或澆土上則除菊長寸四寸五每株用堅直小籬竹近插菊根以軟草寬縛定使菊本正直菊有大小不齊高大者先掐去毋頭令其分長子頭瘦短者隔幾日去之每本止留四五頭多止六七頭以防損折接菊在此月也

五月

夏至用濃糞七分河水三分澆之夏至過照前法再去頭止留六七枝爲止若枝繁者多留一二以防損折每早澆灑此用鷄鵝毛湯并繅絲湯盛缸中作腐内投韭菜一把或枇杷核則其毛爛盡取其清水澆之或洗鮮肉或菜餅屑水取其冷者灌之不可犯酒醋油鹽物觸之菊最畏梅雨此尤宜顧忌者

六月

六月大暑中每早止用河水澆以鷄鵝毛冷湯輪灌若盆中生蚯蚓地蠶等看去根遠近掘出殺之近根難滅者用糞灌之尤欲促死虫斷仍用河水連澆數日大抵此月天熱糞燥不可用糞多則頭瘦青葉皆損矣

七月

七月有一等蚕様青虫與葉一色善食葉宜早起殺之此虫五六月間亦多有之立秋後三五日不論其枝長短並不可損若枝有参差者將長枝以大鍼戳眼拔去其根針即以細篾絲一段挿入眼內拴住待短者長齊然後抽去篾絲並長可玩菊之本原有参商大者不用糞澆瘦者和糞澆之促長以成行列

八月

八月間有狂風驟雨毎本再揀堅直籬竹綁定用莎

艸從根縛定二三節勿令搖動傷殘白露後發生蓓蕾蕋頭將上大者一枚留之餘皆摘去遇時必須在左手雙指撚梗後以右手指甲掐蕋勿令放手則落既結蕋隔二三日用濃糞灌之則花大色濃

九月

九月蕋定將開之際必用搭棚遮風霜花乃悠久色亦不衰如未開亦不可將本移動則漏泄其氣花開間有不足磨碗黄水澆根經夜即發

十月

十月下旬菊花已殘將綁縛腐竹撒去好者留備來年用本上枯花小枝並折去止留花榦少許勿使折遲傷殘苗蘖此時悉用亂穰艸蓋護氷霜毎本置小木牌記名色來春分種庶不搭亂

十一月

十一月中旬未凍之時擇高阜地倒鬆深二尺許揀去瓦石等用糞三四十次酵肥緣菊最喜新土陳宿

土必須一年一換盆中亦然否則春間雖活經梅雨必死酵完用舊蘆蓆蓋之勿令洩氣減力

十二月

十二月初旬看菊本蓋少處再加厚護以防霜雪及天日和暖用糞搪壅菊本四邊莫令着根春到發揚則苗群然長茂夫月中若交立春糞即少用

芍藥

芍藥榮於仲春華於孟夏驚蟄之節後二十有五日

芍藥榮是也素問王氷註雷乃發聲之下有芍藥榮

又

種法以八月起根去土以竹刀剖開勿傷細根先壤猪糞和韲糠黒泥入盆分根栽種勿容更以人糞灌之來春花發極盛然須三年一分俱以八月爲候

分法處暑爲上八月爲上中九月爲下諺云春分分芍藥到老不成花必處暑與八月則津液在根可分𣆶不可犯鐵器自立春至秋分前其津液散溢在外

不宜搖動須種向陽處分種時根不欲深深則花發不旺不可遠遠則夏日炙土太乾花根受熱不可近近則枝苗相倚不透風日其下短枝不沾雨露春間看花蕋圓而實則留之虚大者必無花去之新栽者止留一二蕋俟一二年花得地氣可留四五蕋多則不成千葉矣

培法種後以十二月用鷄糞和土培之仍澆以黄酒爲度則花能改色開時須竹竿扶之不令傾側有雨則以棚遮蔽免速零落

修法毎至花謝用剪剪去殘枝敗葉勿令討力使元氣歸根九十月時洗出老梗腐黒之根易以新壤肥土栽之冬日宜護不宜澆

欵冬花

莬溪類涷郭氏曰欵涷也紫赤華生水中蓋欵涷葉似葵而大叢生花出根下十一十二月雪中出花述征記曰洛水至歲凝厲則欵冬茂悦曾氷之中蓋至

陰之物能又至陽故王札畏欵冬也楚辭曰欵冬而生兮凋彼葉柯萬物麗於土而欵冬獨生於涷下百艸榮於春而欵冬獨榮於雪中以况附陰背陽爲小人之類至傅咸作欵冬賦稱其華艶春暉既麗且殊以堅氷爲膏壤吸霜雪以自濡則又賞其稟精淳粹不變於寒暑爲可貴所取義各異也

蘭花

劉次莊說樂府又引離騷秋蘭兮青青緑葉兮紫莖

以務洗濃所生花在春則黃在秋則紫春
紫之芳馥　葉如莎首春則茁其芽長五六寸其
作一花花甚芳香　江南蘭只在春芳荊楚及閩中
者秋復再芳故有春蘭秋蘭至其綠葉紫莖則如今
所見大抵林愈深而莖愈紫爾

又

春三二月無霜雪時放盆在露天四面皆得澆水日
晒不妨逢寸分大雨恐墜其葉用小繩束起如連雨

三五日須移避雨通風處四月至八月須用疎密得
所竹籃遮護容見日色通風
梅天忽逢大雨須移盆向背日處若雨過即晒盆內
水熱則蕩葉傷根
花開若枝上蕊多去其瘦小留開盡則奪來年花信
矣
九月花乾處用水澆灌濕則不必十月至正月不澆
不妨最怕霜雪更怕春雪一點着葉一葉就

籃遮護安頓朝陽日照處南窗簷下須兩三日一番
旋轉取其日晒均勻則四面皆花
栽蘭用泥不管四時用山上有火燒處取水流下火
燒浮泥尋蕨菜待枯以前泥薄覆草上後再鋪草
於泥上如此相間三四層則發火煨之用糞澆入乾
則再加數次待乾栽時取用
蘭之壯者有二三十花頭瘦弱者止五六皆綠種時
無肥土故也蘭須及時栽種如法

木槿花

木槿今人植爲籬易生之物也仲夏應陰而榮月令
取之以爲候其花朝開暮落一名爲舜或呼爲日及
陸機賦云如日及之在條常雖及而不悟潘尼云朝
菌者詩人以爲舜華莊生以爲朝菌其物向晨而結
終日而殞則又以爲朝菌矣

紅花

或謂之紅藍大抵三月初種花出時日日乘露摘取

之頃一日須百人摘五月種晚花七月中摘明耐久不黦勝于春種者花生時但作黃色茸茸夕故又一名黃藍杵搥水淘絞去黃汁更擣以清酸粟漿淘之絞如初即收取染紅然更擣而暴之以染紅色極鮮明博物志曰黃藍張騫所得

危花

危可染黃其花實皆可觀花白而甚香五月間極繁茂或云此即西域之簷蔔花簷蔔全色花小而香西方甚多非危也

桐花

榮桐木物之榮者多矣獨桐名榮者桐以三月華蓋自春首東風解凍蟄蟲魚獺鴻鴈皆應陽而作惟桃桐之作華乃在衆木之先其榮可紀故名桐爲榮也周書時訓曰清明之日桐始華桐不華歲有大寒蓋不華則陽氣微陽氣微則寒可知已

梅花

梅先春而華其實亦早故標有梅爲昏嫁之候古人以梅實爲饋食之籩所謂乾橑是也　江南梅熟之時輙有細雨連日不絕衣物皆裛謂之梅雨

杏花

五果爲五穀之祥而杏華又候農時四民月令曰三月杏花盛可菑白沙輕土之田又曰三月昏参夕杏花盛桑椹赤可種大豆謂之上時按五果之義春之果莫先于梅夏之果莫先于杏季夏之果莫先于李秋之果莫先于桃冬之果莫先于栗五時之首寢廟必有薦而此五果適丁其時故特取之杏之枝葉皆赤故古者鑽燧夏取棗杏之火也夏小正四月囿有見杏

木蘭

木蘭葉似長生冬便榮常以冬華其實如小柿甘美一名林蘭一名杜蘭皮似桂而香生零陵山谷及泰山狀如楠樹高數仞

桂花

四月間將枝攀着地以土壓之至五月自生根一年後截斷八月含蕊時移種來年尤茂

木筆花

正二月開花落不結子夏秋再着花紫苞紅艷一名侯桃一名木筆花

凌霄花

夏月中乃盛即藤蔓花赭黃色

合權花

五月花開紅白

山礬花

生杭之西山三月開花細小而繁香馥甚遠即俗名七里香也種之易活

茶梅花

開十一月中至諸花凋謝之候花如鵝眼錢而色粉紅心黃開宜耐久望之雅素無此則子月虛度矣

白菱花

七八月開木本花如千瓣菱花葉同梔子一枝葉抱花朶色白如玉可愛亦接種也

秋葵

秋盡收子春下種色蜜心紫秋花朝暮傾陽此葵是也

槿花

二三月初發芽時剪作尺餘插地以河泥壅之無不活者

錦帶花

正月開花秋分後剪五寸長插糞土中白澆清糞水二十日則發芽正月黃梅與可插

杜鵑花

端陽時花茂

芙蓉花

不必分根十月間將嫩條剪下砍作一尺一條向陽

地上掘坑埋之仍以土掩二月初或清明日先以杙椿打穴入糞河泥満然後挿入上露寸餘遮以爛艸無不活當年即花如不先打穴竟以枝條挿下恐傷其皮不活

鷄冠花

清明下子則花開成片

鳳僊花

其種易生春間下子以五色種子數粒和泥埋之則

花五色亦奇種也

水僊

俗傳云五月不在土六月不在房栽向東籬下花開朶朶香五月取起以人溺浸一月六月近竈處置之七月種則有花甚不然也試之無驗杭人近江水處菜戶成林種者無枝不花未嘗用此法也想土近鹹滷則花茂一說五月取起八月用猪糞和土植之以後不可缺水

山茶

十月開二月方已春間臘月皆可移

迎春花

春前開花故名迎春並月中旬分種

蝴蝶花

有二種俱在秋時分種

萵苣花

俗名金雀花也色金黃細瓣攢簇肖盞當春初即開

獨先衆花

金雀花

另一種春初開黃花甚可愛儼狀飛雀

棣棠花

春深與薔薇同開可助一色

荼蘼花

詩云開到荼蘼花事了爲春盡時開耳

繅絲花

花葉儀似玫瑰而色淺紫無香枝生刺針時至煮蘭

花盡開放故名種從根分

金錢花

此花午開子落又名子午花又一種銀錢七月花俱

以子種出寸餘長用小竹扶之

四季花

午開子落自三月開至九月剖根分種

紫薇花

五月開至八月故俗名百日紅

佛桑花

産閩中有大紅粉紅有黄有白四色自四月開至十

月方上花之可愛妙莫與並但無法可令過冬是大

恨也

玉簪花

春初移種肥土中則茂白者七月開花取其含蕊入

粉少許過夜女子傅面則幽香可愛紫者花小於白

葉上黄緑間初發葉時可觀至開花時則葉一色[illegible]

水分種盆石栽之又有一種小紫者五月中花匕小

千日葉石緑色

夏菊花

自六月開至八月殊無香味亦妄濫而竊菊名者

蜀葵

收子以多爲貴八九月間鋤地下之至春初删其細

小茸雜者另種餘留本地不可缺肥五月繁華莫過

於此叢生滿庭花開最久至七月中尚蕃

山丹

春時分種花色可愛更夕而謝相繼只數日

牡丹

傳種法六月時候看花上結子微黑將綻開口者取

置向風處京一日以瓦盆拌濕土盛起至八月取出

以水浸試沉者開畦種之約三寸一子來春自發可

望開花

植種法栽宜八月社前或秋分後三兩日將根下宿土掘開勿傷細根移種大花臺壅土不可太高亦不可築實或以雨水或以河水澆之滿臺方止次日低凹處又澆水一次又鋪泥一層如此花無不茂

分法擇茂盛花本八九月時全墩掘起視可分處剖開兩邊俱要有根用小麥一把拌土栽之花茂

灌法灌花須旱地亦不損根枝八九月五日一澆積久雨水爲妙立冬後澆糞水十一月披鬆根土以宿

糞潑澆二次或三次春分後不可澆水待穀雨前又澆肥水一次立夏後澆不宜驟六月中不可澆水旱則以河水黑早澆之畢不可濕了枝葉

培法四時用好土根上培壅一次比根高二寸時設棚遮蔽日色雨水勿令傷花花落即剪去花枝嫩處六月亦須設蓋勿令晒損花芽冬則以艸薦遮雪

麗春花

立夏時開種細淨地易活

剪春羅

五月中開花紅黃有色無香

剪秋羅

八月開花春時待芽已透出土寸許方可分種

史君子花

夏開一簇花艷輕盈作架植之蔓延若錦

紫羅襴花

槐本色紫翠如鹿葱花秋深分本栽種四月發花可

愛

醒頭香花

八月下子即出遮護至來年春發細葉梅雨中開花細黃色

番山丹花

須每年八九月分種方盛

雙鸞菊花

分根種

水木樨花

二月分種一名指田用葉搗加礬泥染指紅于鳳仙花

纓枝牡丹

芒種時開芽萌長出方可分種

花史左編卷之六

檇李 仲遵 王路 纂修

花之瑞 凡祥之事彙爲美想

芍藥　又

荷花　杏花

瑞香　又

蘭菊　蓮花

又　紅梔

瓊花　異

菖蒲　又

旌節　桃李

附 橅梁

芍藥花

廣陵有芍藥紅瓣而黃腰號金帶圍者無種有時而出則城中當有宰相宋韓琦守廣陵一出四枝選客具宴時王珪爲郡倅王安石爲幕官皆在選而缺一

私念有客至召使當之及暮報陳太傅升之來明日遂開宴後四公皆入相

又

文淵閣芍藥三本天順二年盛開八花李賢遂設燕邀呂原劉定之等八學士共賞惟黃諫以足疾不赴明日復開一花衆謂諫足當之賢賦詩官僚咸和以爲盛事

荷花

格物叢話荷花有重臺者有雙頭者世人指以爲瑞又有晚起朝日夜入水者名爲睡蓮

杏花

漢東海都尉獻杏一株花雜五色六出云是仙人所食者

瑞香

蜀孟知祥僭位召百官宴芳林園賞紅桃花其葉六出

又

廬山一比丘晝寢盤石上夢中聞花香酷烈及既覺尋求得之因名睡香四方奇之謂花中祥瑞遂以瑞易睡

蘭菊

晉羅含字君章耒陽人致仕還家階庭忽蘭菊叢生人以爲德行之感

蓮花

關令尹喜生時其家陸地自生蓮花光發滿室

又

平安王子懋武帝子也年七歲時母阮淑媛病篤請僧行道有獻蓮花供佛者子懋誓曰若使阿姨獲祐願花竟齋如故七日齋畢花更鮮紅視甖中微有根鬚母病尋愈世稱孝感

紅梔

孟昶十月宴芳林園賞紅梔花其花六出而紅清香

如梅

瓊花

揚州后土祠瓊花天下無二本絕類八仙色微黃而有香宋仁宗孝宗皆嘗分植禁苑輒枯載還祠中復榮如故 按宋如在揚州構亭花側扁曰無雙

異木

畢氏祖有一異木四時開百種花畢氏子孫歌舞其下花迺自落取而簪之他姓人往歌花不復落

菖蒲花

梁太祖后張氏嘗於室內忽見庭前菖蒲花光彩照灼非世中所有后驚視謂侍者曰汝見否曰不見后曰嘗聞見者當富貴因取吞之是月產武帝

文

越隱之毋蔣氏於上澗中見菖蒲花大如車輪傍有神人守護勿泄享其富貴年九十四向子孫言之言訖得疾而終

旌節花

唐王處回家居有道士以花種貽之曰此仙家旌節花也後處回歷二鎮

桃李

正德戊寅冬

武宗駕幸揚州立春日滿城桃李盛開從臣奏瑞者不一

附 梅梁

晉孝武太元三年僕射謝安作新宮太極殿欠一梁有梅木流至石頭城下取用之画梅花于梁上表瑞因名梅梁殿

花史左編卷之七

檇李 仲遵 王路 纂修

花之妖是卷大抵皆妖豔怪異事蹟讀之亦可袪

睡魔爾雖曰傳訛情固有據

梅花

隋開皇中趙師雄遷羅浮一日天寒日暮於酒肆旁舍見美人淡粧素服出迎時殘雪未消月色微明師雄與語言極清麗芳香襲人因與叩酒家共飲一綠衣童子歌舞於側師雄醉寢久之東方已白起視乃在大梅樹下上有翠羽啾嘈相顧月落參橫但惆悵而已

桃花

博異記紅衣人送酒歌曰絳衣披拂露盈盈淡染胭脂一朶輕自恨紅顏留不住莫怨東風道薄情紅衣人桃花精也

紅梅

蜀州郡有紅梅數株郡侯建閣扃鑰花方盛開忽有麗人高髻大袖凭闌笑語郡侯啟視惟東壁有詩云南枝向煖北枝寒一種春風有兩般憑仗高樓莫吹笛大家留取倚闌干

芍藥

明皇時沉香亭前木芍藥盛開一枝兩頭朝則深碧暮則深黃夜則粉白晝夜之間香豔各異帝曰此花

木之妖也。賜楊國忠，忠意芍藥以百寶爲欄

蘆蓼二花

青浦周士亨、江有年相友善。一日九月中，偕往泖塘舟次塘東，繫泊一樓下。其樓不甚高，樓上二女，一白面，一紅顏，倚窗笑語。兩生仰視，漫賦一詩曰：夙有烟霞癖，翛然興不群。秋聲飛過雁，水面洞行雲。逸思乘時發，詩名到處聞。爲舟涉方社，更喜挹清芬。蓋其詩直寫心懷，初不謂二女也。樓上乃大聲曰：舟中有詩

樓上豈無詩乎？遂朗吟一韻，兩生側耳聽之。一女吟曰：湖天秋色物凋殘，花吐黃芽葉未乾。夜月一灘霜皎皎，西風兩岸雪漫漫。爲毡却羨漁翁樂，充絮誰憐孝子單。忘在孤舟叢裏宿，曉來誤作玉濤看。一女吟曰：金風稜稜澤國秋，馬蘭花發滿汀洲。富春山下漣漁屋，采石江頭映酒樓。夜月光蒙銀露浴，夕陽陰暗錦鱗浮。王孫醉起應聲怪，鋪着黃絲毯不收。吟畢，共笑。乃以蓮房藕梢俯擲兩生舟。兩生共起上岸，大呼欲登樓，瞬之恍惚間，不聞女聲，樓亦不見。兩生大以返舟四顧，但見蘆花白、蓼花紅耳。士亨遂更號蘆汀漁叟，有年更號蓼花居士，以識其異云。

牡丹

青瑣高議：明皇時民間貢牡丹，未及賞，爲鹿銜去。有佞人奏云：舜氏有鹿銜花以獻金仙帝，私曰野鹿遊宮中，非佳兆也。不知巳兆鹿山之亂。

又

穆宗禁中牡丹花開，夜有黃白蛺蝶數萬飛遶花間。宮人羅撲不獲。上令網空中，得數百。遲明視之，皆庫中金玉狀工巧，宮人爭用絲縷絡其足以爲首飾。

又

田弘正宅中有紫牡丹，每歲花開，有小人五六，長尺餘，遊於花上。人將掩之，輒失所在。

又芍藥

昔有隱於中條山，見白犬入地中，掘得一草根，持歸

植之明年花開乃芍藥也故謂芍藥爲自犬

李花

洗陵伍貫卿家李花一夜奴婢遥見花作數團如飛仙狀上天去花上露條作雨千點花則亡矣

梨花

武后嘗於九月出梨花一枝羣臣皆賀杜景全獨不然后曰眞宰相也

杜鵑

外國僧自天台得杜鵑花乃以鉢盂藥養其根植於鶴林寺嘗有紅裳女子遊其中曰此花非久即歸閬苑人謂之花神後寺果爲兵火所焚

又

潤州鶴林寺杜鵑花春時爛熳或見女子紅裳艷粧遊花下周寶鎮浙西謂道士殷七七曰鶴林寺花可開副重九乎曰可乃前二日往鶴林女子謂殷曰妾爲上帝司此花今爲道者開之至九日盛放

薔薇

東平城南許司馬後圃薔薇花太繁欲分於別地栽揷忽花根下掘得一石如雞狀五色粲然郡人遂呼薔薇爲玉雞苗

白蓮

元和中蘇昌遠居吳中有女郎素衣紅臉相與狎贈以玉環一日見檻前白蓮花開花蕊中有物乃玉環也折之乃絶

石蓮

國初金箔張嘗於臘月索乾石蓮子亂撒池中頃刻花開滿池香艷可愛剪紙爲舫置水中跡而登焉鼓棹放歌往來花叢俄失所在

萊花

熙寧中李及之知潤州園中萊花盛開悉成蓮花各有一佛坐於花中形如雕刻莫計其數曝乾其像依然

蓮花

唐冀國夫人任氏女少奉釋教一日有僧持衣求浣女欣然濯之溪邊每一漂衣蓮花應手而出驚異求僧不知所在因識其處爲百花潭

又

王敦在武昌鈴下儀仗生蓮花五六日而落

紅蓮

漢武時海中有人長角面如玉色美髭髯而腰蔽槲

葉乘一葉紅蓮約長丈餘偃臥其中手持一書自東海浮來俄爲雲霧所迷不知所之東方朔曰此太一星也

青蓮

法華山樵夫得青蓮一枝掘地有石匣藏一童子舌根不壞花自舌出

又

佛圖澄嘗於鉢中生青蓮花

又

陳豐嘗以青蓮子十枚寄葛勃勃啗未竟墜一子於盆水中明晨有並蒂花開於水面大如梅花勃取置几間數日方謝剖其房各得實五枚如豐來數

蓮莖

後主武平中特進侍中崔季舒宅中池內蓮花一作莖皆作胡人面仍着鮮卑帽俄而季舒見殺

瓊花

景定間滁州曾主簿入廣西宿某驛傍民舍主人邀坐手儀甚雅庭有奇花數盆曾曰曾見廣陵瓊花否主人曰有即入折一枝以授曾持入驛回顧民舍無有矣視瓊花茅也

玉蕋

唐昌觀有玉蕋花花每發若瑤林瓊樹元和中忽有女子年可十七八衣繡綠衣乘馬峩髻雙鬟容色婉約迴出於衆從以二女官三女僕旣下馬以白角

扇障面直造花所異香芬馥開數十步佇立良久令小僕取花數枝而出將乘馬廻顧黃冠者曰㬎玉埊之約自此可以行矣舉輿百步有飄風擁塵隨之而去　按宋僧子容賞花詩云比玚如帶緫未嘉要須博物似張華因看異代前賢帖知是唐昌玉蕋花則瓊花玉蕋疑是一種

百合

兖州徂徠山寺有客夏日閱畫壁忽逢白衣美女年十五六姿貌絶俗因誘致客室情欵甚密及去以白玉指環遺之因即上寺樓隱身目送白衣行可百步許奄然不見乃識其處尋見百合苗一枝白花絶偉劚之根本如拱既盡得白玉指環驚嘆悔恨得疾而斃

青桂

武帝使董謁乘琅霞之輦以昇壽靈壇上至三更西王母駕玄鸞之輿至壇之四面列種軟條青桂風至

枝自拂階上遊塵

桂花

仁和狄明善至瞰浦天色已暝野無人居遥見前村酒肆疾趨赴見一女甚美叩其姓云姓桂名淑芳遂設席與狄對酌明善半醉乃咏桂一律以挑之女咲曰君之詩其御溝之紅葉乎乃相與就寢極其繾綣越明日歛歔而別明年秋復往訪之第見豐草喬林杳無酒肆惟一老桂夾道而花耳

菊子

曹吳字太虛武林人性愛種菊一日早起見菊心生一紅子大如櫻桃人皆不識有隣女周少夫月下同女伴來摘食之忽乘風飛去

蘭水仙

薛嵡河東人幼時於牕櫺內閑窺見一女子素服珠履獨步中庭歎曰良人游學頻於會面對此風景能無悵然於袖中出畫蘭卷子對之微笑復淚下吟詩

其音細亮聞有人聲遂隱於水仙花下忽一男子從叢蘭中出曰娘子久離必應相念阻於跬步不啻萬里亦歌詩二篇歌巳仍入叢蘭中蘇若心强記驚訝久之自此文藻異常一時傳誦謂二花爲夫婦花

菊花

和州之含山別墅四望寥廓艸木蕃盛春花秋鳥自慶歲華人亦罕到之者洪熙間有士人戴君恩者適他所路迷偶過其地叠叠朱門重重綺閣煙雲縹緲

望之若畫圖然君恩爲驚訝謂不當有此華屋也佇立久之忽見門内出二美人一衣黃一衣素笑迎於君恩前曰郎君才人也請垂一顧可乎君恩悅其人從之於是美人前導君恩後隨歷重門登崇階乃至中堂叙禮延坐羅以佳果飲以醇醪情意頗濃而君恩時半酣乃散步於中堂四壁間挂黃白菊二幅花蘂清麗筆端秋色盈盈君恩大悅即顧謂美人曰壁間画菊甚工不可不贈以句當各吟短律何如於是

黃衣美人先吟黃菊曰芳叢爗爗殿秋光嬌倚西風學道粧一自義熙人采後冷煙疎雨幾重湯君恩吟曰平生霜露最能禁彭澤陶潛舊賞音蝴蝶不知秋巳暮尚穿籬落戀殘金白衣美人吟白菊曰嫩寒籬落數枝開露粉吹香入酒盃却笑陶家狂老子艮花錯認白衣來君恩吟曰冷香庭院曉霜濃粉蝶飛來不見踪寂寞有誰知晚節秋風江上玉芙蓉三人吟畢撫掌大笑彼此俱忘情矣君恩乃從容言曰娘子

獨守孤幃寧無覩物傷情之感乎美人笑曰萬物之中惟人最靈吾豈匏瓜也哉焉能繫而不食既見君子我心則降永借琴瑟復奚疑哉是夕二美人與君恩共薦枕蓆情愛尤加翌日君恩辭歸美人泣曰君未足衾枕未温安忍棄妾而去乎君恩曰果不忍舍其如家人之屬目懸切耳去而復來庶幾兩全於是黃衣美人出金掩鬢以贈別白衣美人出釵鳳叙二股以贈別僉曰好賞二物聊見此衷伏乞覩物思

人不忘妾於旦暮可也黃衣美人泣吟曰山自青青水自流臨期別話不勝愁含陽門外千條柳難繫檀郎欲去舟白衣美人亦泣吟曰爲道君郎赴遠行匆匆不盡別離情眼前落葉紅如許總是愁人淚染成君恩欲歐不及成韻慰答二人各含淚而別君恩歸第時切眷注或成夢寐或形詠歎私心喜不自禁矣迨明年復有故宅往道經別墅君恩謂可再見美人訪之則不知所在君恩驚以爲神急取掩髮鳳釵視

之皆菊之黃白瓣也

花蓋

郜大才雲間之逸士也聰慧能文尤長於詩麟德二年春因駕舟訪友抵中途天已薄暮時聞大魚跳擲於波間宿鳥飛鳴於岸際雲散月明花香柳舞忽蘭麝風透環珮鏗鏘大才異之艤舟諦視一美人姿容妍麗偕二婢嬉遊於林下生乃登岸揖曰娘子居何處夜行至此美人笑曰樊居僻陋離此咫尺君如不鄙枉駕一顧大才情動於中心不得已遂與美人先後而行不半里許遙見竹戶荆扉花木掩映則窓爭几亦甚整潔美人遜生上坐命侍婢獻茶繼以酒饌盃盤精緻非世所有壁間挂四時廻文詩四絕美人自製也其一曰花艷吐枝紅傍雨柳煙垂綠拏迎風霞生遠漢東升日月落閑窓北近松其二曰凉生水閣虛簷冷齒嚼冰絲雪藕寒香散襯花紅灼爍露傾荷葉翠團團其三曰蘆覆岸深秋水碧木凋霜凛晩

天蒼孤眠夜永愁空館獨立朝長望遠鄉其四曰天墮雪花冰滿戶雨飛風冽凍凝城鮮鮮蕊綻梅容瘦滴滴香傾酒味清美人遽曰效顰鄙句愧無好詞君無哂焉大才稱贊不容口詢以姓名居址美人曰妾姓花成都人蕊真小字也大才與之狎美人變色曰男女配合人之大倫縱欲私通謂之悖禮與君萍水遽起穿窬可乎大才曰律設大法禮順人情趯趯之螽斯傳聲喓喓之艸蟲即應可以人而不如微物乎

美人始改容曰君能療此四時辟是乃中雀之目牽幕之絲也大才乃援筆而和之其一曰花吐嫩紅新着雨絮飄輕白細惟風霞舒錦綵光凝傾月上圓盤影挂松其二曰涼風扇透朝肌冷驟雨盆傾夜帳寒香楝出飛新燕小翠池盈貼嫩荷開其三曰蘆岸宿鴻秋寂寂桂庭飛蝶曉蒼蒼孤燈剪盡捱長夜獨枕愁思夢遠鄉其四曰天冷夜清霜滿野月寒風凜雪迷城鮮紅燭影深閨靜淡白梅香暗閣清大才和訖

美人贊曰兩韻並賡真難得也是夜就寢極盡幽歡天明起視乃一古祠中塑一美人身左右列侍二婢案上朱書木牌題曰花楚夫人大才驚訝失色舉身流汗促舟還家遂得疑疾夢中常見美人與之同居聯詩數篇不及備述

花房

術士王璵常取花房點藥封容器中一夕花開

白花

齊成帝時三吳女子相與簪白花望之如素柰傳言天公織女死爲之著服未幾杜皇后崩

花苞

許漢陽舟行迷入一溪夾岸皆花苞一鸚鵡喚花開一聲花苞皆拆中有美女長尺許能笑言至暮花落女亦隨落水中

千葉蓮

唐乾符中天台教寺僧見沉香觀音像泛太湖而來

迎得之有艸繞像足投之小湖遂生千葉蓮花

碧芙蓉

唐元載芸輝堂前有池中有碧芙蓉香潔倍常載因暇日憑闌以觀忽聞歌聲清響若十四五女子唱焉其曲則玉樹後庭花也載驚駭既甚遂剖其花更無所見 按蓮爲水芙蓉

芙蓉玦

錢俶以弟信鎮湖州後圃芙蓉枝上穿一黃玉玦枝

稍相襟不知何從而穿也信截幹取玦以獻人謂與仙來遊留此以驚世耳。

青磁碗

東巴下巖洸主僧水際得青磁碗携歸折花置佛像前明日花滿其中

護花鳥

太華山中有護花鳥每奇花放人欲攀折則盤旋其上鳴曰莫損花莫損花。

花舍利

宋元嘉六年賈道子行荆上明見芙蓉方發聊取還家聞花有聲尋得舍利白如珍珠焰照梁棟

月中桂

吳剛西河人學仙有過謫伐月中桂創處隨合。

五采蒲

永元中御刀黃文濟家齋前種菖蒲忽生花光影照壁成五采其兒見之餘人不見也少時文濟被殺

月宮桂

天寶遺事唐明皇遊月宮見天府榜曰廣寒清虛之府素娥十餘人皓衣乘白鸞舞於桂樹下

桃花女

紹興上舍葛棠狂士也博學能文下筆千餘言未嘗就稿恒慕陶潛李白之爲人事輒效之其泰辛未築一亭於圃扁其亭曰風月平分旦夕浩歌縱酒以自適焉亭壁張一桃花仕女古畫棠對之戲曰誠得是

女捧觴豈吝千金夜飲半酣見一美姬進曰久識上舍詞章之工日間重辱垂念茲歌以侑觴棠略不計其僞曰吾欲一杯一詠姬乃連詠百絕如云梳成鬆髻出簾遲折得桃花三兩枝欲插上頭還住手遍從人問可相宜懨懨欹枕捲紗衾玉腕斜籠一串金夢裏自家搔鬢髮索郎抽落鳳頭簪家住東吳白石磯門前流水浣羅衣朝來繫着木蘭棹閑看鴛鴦作隊飛石頭城外是江灘灘上行舟多少難潮信有時還

又至即舟七去幾時還潯陽南上不通潮却算遊程
歲日遙明月斷魂清霄霄玉人何處教吹簫山桃花
開紅更紅朝朝愁雨又愁風花開花謝難相見懊恨
無邊總是空西湖荷葉綠盈盈露重風多蕩漾輕倒
折荷枝絲不斷露䊸易散似即情芙蓉肌肉綠雲鬟
幾許幽情欲話難閒說春來倍惆悵莫教長袖倚欄
杆餘皆忘之矣棠沉醉而卧曉起視画上忽不見往
女少焉復在棠大異即碎裂之

牡丹花

錫山安氏構一圃于城南郊外倩老圃徐奎掌之圃
中花卉不一如牡丹尤盛天順庚辰春夕奎聞圃中
歎聲呢呢諦聽之聲出牡丹花中云我等主翁灌溉
有年但經歲不獲善已來日亢亦至如奈何群花咸
若哽咽奎大聲叱之乃止翼日主翁果携酒請圃奎
語以是故客皆異之一惡少獨嗔其妄竟閲妓且大
者折以擲去其人遂患下血之疾逾月而愈

繁花女

天順中睢陽巨室廣昌祚有圃方五六里花卉極繁
人亦罕至圃中人往往見群女遊戲於中笑語自若
遇人則散不識何怪也昌祚異之築室數百間賃人
止之後不復見

桂芳華

景泰間總兵石亨西征振旅而旋舟次綏德河中天
光邑暝亨獨處舟中扣舷而歌忽聞一女子泝流啼
哭連呼救人者再亨命軍士亟拯之視其容貌妍靚
女泣曰妾姓桂芳華其名也初許同里尹氏逼年伊
家衰替父母過妄欲醮妾苦不從故捐生赴水亨詰
之曰汝欲歸寧乎欲爲吾之副室乎女曰歸寧非所
願也爲公相箕帚妾耳亨納之裁剪補綴烹飪燔羹
妙絕無議亨甚嬖幸且相親愛者輒令出見芳華亦
無難色是年冬兵部尚書于公謙至其第亨欲誇寵
於公令芳華出見之芳華竟不出亨命侍婢督行者

相遇于道芳華竟不出于公辭歸寧大怒拔劍欲斬之芳華走入壁中語曰邪不勝正理固然也妾本非世人寔一古桂竊日月光華故成人類耳今于公棟梁之材社稷之器安敢輕詣獨不聞武三思愛妾不見狄梁公之事乎妾于此永别矣言罷杳然

半葉蕉

西樵野記云余友馮天章徙居閶門石牌巷其室頗僻庭下半蕉葉一種乃新菴所移者其來久矣正德初秋夕天章卧庭中時聞庭外其声颸颸諦視之一芳卿雲髻翠掩手釆特異天章疾起黙坐少頃其婦施施而前天章極力掺其衣祗持綠羅裳半幅天章猶意爲怪寘之薦底據坐俟旦視之乃半葉芭蕉也試合之庭外蕉葉毫紋不爽天章悉斷以利刃其餘出血淋漓怪遂泯

菊花仙

洪貴盧爽堅辛志威都府學有神曰菊花仙相傳爲

漢宮女諸生求名者往祈影響神必明告　漢宮女詞花漢宮欲菊花酒者或云成都府漢文翁石室壁間畫一婦人手持菊花前對一猴號菊花娘子大比之歲士人多乞夢頗有靈異

夭桃狐

大和中有處士姚坤不求聞達常以魚釣自適居于東洛萬安山南以琹樽自怡居側有獵人常以網取狐兎爲業坤性仁恒收贖而放之如此活者數百坤舊有莊賣于嵩嶺菩提寺坤持其價而贖之其知莊僧惠沼行兇率常于閒處鑿井深數丈投以黄精數百斤求人試服觀其變化乃飲坤大醉投于井中以磑石咽其井坤及醒無計躍出但飢茹黄精而已如此數日夜忽有人于井口召坤姓名謂曰我狐也感君活我子孫不少故來救君我狐之通天者初穴于冢因上竅乃窥天漢星辰有所慕焉恨身不能奮飛遂凝盼注神忽然不覺飛出躡虛駕雲登天漢見仙

官而禮之君但能潛神泯慮注照玄虛如此精神不三旬而自飛出離竅之至微無所礙矣坤曰汝何據耶狐曰君不聞西昇經云神能飛形亦能移山君其努力言訖而去坤信其說依而行之約一月忽能跳出于礎孔中遂見僧大駭視其井依然僧禮坤詰其妙坤告曰某無為但于中有黃精飯之漸覺身輕游颺其中如處寥廓雖欲安居不能□□偶爾升騰竅所不礙特黃精之妙如此他無所□□然之諸弟子

以索墜下約以一月後來窺□□如其言月餘往窺師已斃于中矣坤歸旬日有女子自稱夭桃詣坤云是富家女誤爲少年誘出失蹤不可復返願持箕箒坤納之妖麗冶容至于篇什等札但能精至坤亦愛之後坤應制挈夭桃入京至盤頭館夭桃不樂取筆題竹簡爲詩曰鉛華久御向人間欲捨鉛華更慘顏縱有青丘今夜月無因重照舊雲鬟吟諷久之坤亦瞿然忽有曹牧遣人執良犬將獻裴度入館犬見夭桃慭目掣額蹲步上階夭桃即化爲狐跳上犬首抉其視驚騰號出館望荆山而竄坤大駭逐之行數里犬已斃狐即不知所之坤惆悵悲惜盡日不能前進及夜有老人挈美醞詣坤云是舊相識既飲坤終莫能達相識之由老人飲罷長揖而去云報君亦足矣吾孫亦無恙遂倏不見坤方悟狐也後寂無聞

醉名花

陳郡謝翔者嘗舉進士好爲七字詩其先寓居長安

昇道里所居庭中多牡丹一日晚霽出其居南行百步遠眺終南峯佇立久之見一騎自西馳來繡繢彷佛近乃雙鬟高髻靚粧色甚姝麗至翔所因駐謂翔曰郎非見待耶翔曰徒步此望山耳雙鬟笑降拜曰願郎歸所居翔不測即回望其居見青衣三四人偕立其門外翔益駭異入門青衣俱前拜既入見堂中設茵毯張帷帟錦綉煇映異香徧室翔愕然且懼不敢問一人前曰郎何懼固不爲損須之有金車至門

見一美人年十六七手貌豔麗代所未識降車入門
與翱相見坐于西軒謂翱曰聞此地有名花故來與
君一醉耳翱俱稱解美人即命設饌同翱而食其器
用食物莫不珍異出玉杯命酒對酌翱因問曰女郎
何為者得不為他怪乎美人笑不答固請之曰君但
知非人則已安用問耶夜闌謂翱曰某家甚遠今將
歸不可久留矣聞君善為七言詩願見貺翱悵然因
命筆賦詩曰陽臺後會已無期碧樹烟深玉漏遲半

夜香風滿庭月花前竟發楚王悲美人覽之泣下數
行曰某亦嘗學為詩欲答來贈幸不見誚翱喜而請
美人求絳箋翱視笥中惟碧箋一幅因進之美人題
曰相思無路莫相思風裏花開只片時惆悵金閨却
歸處曉鶯啼斷綠楊枝其筆札甚工翱嗟賞良久美
人遂顧左右撤帳命駕登車翱送至門揮淚而別
未數十步車輿人物盡亡見矣

牡丹燈

方氏之據浙東也每歲元夕于明州張燈五夜傾城
仕女皆得縱觀至正庚子之歲有喬生者居鎮明嶺
下初喪其偶鰥居無聊不復出遊但倚門佇立而已
十五夜三更盡遊人漸稀見一丫鬟挑雙頭牡丹燈
前導一美人隨後約年十七八紅裙翠袖妍妍媚媚
迤邐投西而去生于月下視之韶顏稚齒真國色也
神魂飄蕩不能自持乃尾之而去或先之或後之行
數十步忽回顧而微哂曰初無桑中之期乃有月下

之遇事非偶然也生即趨前揖之曰敝居咫尺佳人
可能回顧否女無難意即呼丫鬟曰金蓮可挑燈同
往也于是金蓮復回生與女携手至家極其歡昵自
以為巫山洛浦之遇不是過也生問其姓名居址女
曰姓符麗卿其字淑芳其名故奉化州判女也先人
既沒家事零替既無兄弟仍鮮族黨止妾一身遂與
金蓮僑居湖西爾生留之宿態度精妍詞氣婉媚低
幃暱枕甚極歡愛天明辭別而去及暮則又至如是

者將半月鄰翁疑焉穴壁視之則見一粉粧髑髏與生並坐于燈下大駭明旦詰之秘不肯言鄰翁曰嘻子禍矣人乃至盛之純陽鬼乃幽陰之邪穢今子與幽陰之魅同處而不知邪穢之物共宿而不悟一旦真元耗盡災青來臨惜乎以青春之年而遽爲黃壤之客也可不悲夫生始驚懼備述厥由隣翁曰彼言僑居湖西當往訪問之則可知矣生如其教逕投月湖之西往來于長隄之上高橋之下訪于居人詢乎過客並言無有日將夕矣乃入湖心寺少憩行徧東廊復轉西廊廊盡處得一暗室則有旅櫬白紙題其上曰故奉化符州判女麗卿之柩柩前懸一雙頭牡丹燈燈下立一盟器女子背上有二字曰金蓮生見之毛髮盡竪寒粟遍身奔走出寺不敢回顧是夜借宿隣翁之家憂怖之色可掬隣翁曰玄妙觀魏法師故開府王真人弟子符籙爲當今第一汝宜急往求焉明日生詣觀内法師見其至曰妖氣甚濃以朱書符二道授之令其一置于門一懸于榻仍戒不得再往湖心寺生受符而歸如法安頓自此果絶來矣

花史左編卷之八

檇李 仲遵 王路 纂修

花之宜 栽培澆灌護持珍惜之事已備

花牌 花鈴 花籬 夾種

接種 移春檻 占景盤 火石榴

種海棠 種茉莉 併藏法一條 秋海棠

粉團 木香 真珠蘭 芭蕉

杜鵑 罌粟 剪秋羅 瑞香

玫瑰 紫荊 吉祥草 映山紅

梔子 郁李 孩兒菊 醒頭香

指甲花 蜀葵 接牡丹 藝菊 事宜

菊譜 種桃法 種蓮法 蘭花 栽法 分法 澆法二 又天下愛養一條 一堅性封法一條 一灌溉得宜一條 又紫花白花二條

夾竹桃 梅花 事宜一條 收楊花 石竹花

笑靨花 歌欽 碧筩杯 幽人枕

青紗枕 楊花枕 龍香臍 染指甲

附 瓶花三説 一之宜 二之忌 入花忌卷 三之法

附 瓶史 一花目 二品第 三器具

四擇水 五宜稱 六屏俗 七花祟 入花[illegible]卷

八洗沐 九使令 十好事 十一清賞

十二監戒 附 孫真人種菊花法 十一條

花牌

錢塘田藝衡嘗於花開日大書粉牌懸花間曰名花猶美人也可翫而不可褻可愛而不可折擷葉一瓣

者是裂美人之裳也掐花一痕者是撓美人之膚也拗花一枝者是折美人之体也以酒噴花者是唾美人之面也以香觸花者是熏美人之目也解衣對花狼藉可厭者是與美人裸相逐也近而觀者謂之盲屈而嗅者謂之齆語曰寧逢惡獸莫殺風景諭而不省誓不再請

花鈴

天寶初寧王日侍好聲樂風流蘊藉諸王弗如也至

春時於後園中紉紅絲爲繩密綴金鈴繫於花梢之
上每有鳥鵲翔集令園吏掣鈴索以驚之蓋惜花之
故也諸宮皆效之

花鑑

齊威王令於國中有能善巧分別者賜千金一人應
募曰臣之術能分別諸名花果齊王乃導入園令觀
桃李諸花觀畢死令摘花試之彼葉柯亞皆記其處
十問而十不失齊王大喜立賜千金

夾種

秋葵宜夾種芙蓉以同時開花可觀

接種

牡丹有千葉者罰人號爲京花此洛陽種也有單葉
者不接則不佳然須於山丹上接種萊園最盛大抵
花宜寒惡熱宜燥惡濕根窠喜得新土厚土臭旺擺
烈風炎日宜高厰向陽

移春檻

楊國忠子弟春時移名花植木檻中下設輪脚挽以
綵組所至自隨號移春檻

占景盤

郭江州有巧思作占景盤銅爲之花唇平底深四寸
許上出細筒殆數十每用時滿添清水擇繁花插筒
中可留十餘日不衰

火石榴

火石榴其嫩頭長出即摘去烈日當午以水澆之則

花茂肯蕃

種海棠法

貼梗海棠春間攀枝着地以肥土壅之自能生根來
年十月截斷二月移栽櫻桃接貼梗則成垂絲梨樹
接貼梗則成西府或云以西河柳接亦可海棠欲鮮
而茂至冬日早以糟水澆之根下或云糖水或云酒
脚

種茉莉

此花出自煖地故性畏寒喜肥以米泔水澆之花開不絕或以皮屑浸水澆之亦可或云以鷄糞壅之六月六日以活魚腥水澆之尤妙梅雨中從節摘斷插肥地陰濕處即活

又藏法

霜降後移置南窓下十分乾燥以水微濕其根朝南屋下內掘一淺坑將盆放下以箆籠罩花口傍以泥築實無隙通風或用綿花子覆根五寸許亦以箆罩

罩之用紙封罩五六日一次將花核取開用冷茶澆之仍以花核壅之立夏前方可去罩盆中週圍去土一層以肥土填上用水澆之大約清明後三日方可移出露天畏怕春風清明後三日尤怕風芽發方可灌以糞次年和根取起換土栽過無不活者如此收藏多年可延

秋海棠

嬌冶柔軟真同美人倦妝此品喜陰一見日色即瘁

九月收枝上黑子撒於盆內地上明春發枝當年有花老根過冬者花發更茂

粉團花

宜種牡丹莖處同時開花用爲襯色甚佳以八僊花種盆中次年連根移就粉團花畔將八僊離根七八寸刮去半邊用麻縷縛須用水澆至十月候皮生截斷次年開花盛不可言

木香花

花有三種開於四月惟白花紫心者爲最香馥清潤高架萬條坐若香雪其青心白木香黃木香都不及也剪條插多不活以條扳入土中一段壅泥月餘枝長自本生枝外剪斷移種易活

真珠蘭

此花畏寒喜肥宜水忌糞宜大坑上以盆覆之又用泥封使葉不落則來年有花

芭蕉

久開蔡艷勿去其梗以草厚護之來春葉盛而花開

杜鵑

喜陰惡肥早以河水澆之樹陰下放置則繁茂色青
有黃白二色者畏熱不畏冷種法用山泥揀去粗石
羊屎浸水澆之

罌粟花

八月中秋夜或重陽月下子下畢以竹掃帚掃勻花
乃千葉兩手交换撒子則花重臺或云以墨汁拌撒

免蟻食須先糞地極肥縣中秋夜用冷飲湯并鍋底
灰和細乾泥拌勻下乾仍以泥蓋出後澆清糞刪其
繁以稀為賓長即以竹籬扶之若土瘦種遲則亦為
單葉單葉者粟必滿千葉者粟多空

剪秋羅

喜陰怕糞肥土種清水澆

瑞香

梅雨時開就老枝節上剪初嫩枝插於背陰處自生

根下花更易活花落葉生後插之必死若種中折其
枝枝上破開用大麥一粒置於中用乱髮纏之插土
勿令見日以水澆之亦活

玫瑰花

花類薔薇紫艷馥郁宋時宮院多採之雜腦麝以為
香囊芬氤裊裊不絕故又名徘徊花

紫荊花

喜肥畏水根傍發條俟長大分種易活

吉祥草花

吉祥草易生不拘水土中石上俱可種惟得水為佳
用以伴孤石靈芝清雅之甚花紫蓓生然不易開如
家居種之有花似于吉祥耳或云吉祥草蒼翠若建
蘭不藉土而自活涉冬不枯杭人多植瓷盆置几案
間

映山紅

連山土移種園中始活

梔子花

梔子帶花移種易活梅雨時插嫩枝於肥濕處亦易活千葉者用土壓其傍小枝逾年自生根。其子可染黃

郁李花

性喜向暖日和風澆用清水不用肥糞以性潔故也

孩兒菊花

花小而紫不甚美觀但其嫩頭朶軟置之髮中衣帶

香可辟汗夏月一種佳草也有一種紫梗者香甚

醒頭香花

又名辟汗草出自白下汗氣取置髮中次日香爆且夜間幽香可愛

指甲花

生杭之諸山中花小如蜜色而香甚用山土移上盆中亦可供玩

蜀葵花

其花可收乾入香炭墼內引火耐燒葉可收染紙色取爲蘂箋是也

接牡丹

芍藥根幹肥大者擇好牡丹枝芽取三四寸長削尖區如鑿子形將芍藥根上開口插下以肥泥築緊培過一二寸即活又以單瓣牡丹種活根上去土二寸許用利刀斜去一半擇千葉好花嫩枝頭有三五眼者亦去一半兩合如一用麻縛定以泥水調塗麻外

以瓦二塊合圍填泥來春花發去瓦以草薦護之即開花且茂

藝菊　事宜

凡菊於夏間澆灌得法秋後根傍便有嫩苗叢生俟開花過摘去枝葉止留根本尺許掘地作小潭澆糞一杓摻干土以根本帶土置潭中四面填摻新土仍受護嫩苗至春自茂若原在地者不消只在臘月澆糞可也

培根

花菊開後宜置向陽遮護氷雪以養其元至穀雨時將根掘起剖碎揀壯嫩有根者單種有禿白亦可種活但要去其根上浮起白鬚一層以乾潤土種之須實不可雨中分種令濕泥着根則花不茂分早不宜或云正月後即可分矣 之二分苗

穀雨後選亢爽處無樹根草菜之地上欲高溝欲深安瓦盆在上相去尺許埋一箇盆以三分爲率一分埋苗二分摻乾土將前所分菊本擇幹態端妍者帶

土起植盆内就以先澆灌泥培壅低盆口三寸庶便澆灌蓋菊性畏水暑浸則瘁取用瓦者雨過便於上盆謝瓦移盆又不傷根且不泄氣既種每株用紅油小竹入土扶枝令不搖動竹用油者可辟菊虎其縛者綜分細用之可禁風日 之三擇本

分苗之後高七八寸摘去頭令生岐枝其矜起一枝去頭之後必長三四枝長尺許又摘去每枝又分長三四枝欲要枝多再摘不妨其枝繁雜未可删去多

存以防菊牛所傷至白露酌量本根肥瘦可留幾枝餘者去之有宜花多者有宜花少者不可槩論大抵多不過三十少者十數花足矣古法遇九則摘亦不必拘 四摘頭

每枝逐葉上近榦處生出小眼一一掐去此眼不掐便生成附枝掐眼之時切須輕手蓋菊葉甚脆畧一觸即墮矣 五掐眼

菊至結蘂時每株頂心止留一蘂餘則剔去如蘂

用針挑之其逐節間或先掐眼不盡至此時又後結蘂亦盡去之庶一枝之力盡歸一蘂開花尤大可徑四寸小亦不下三寸也 六删冗

梅雨時取河泥搓成大彈丸將折下小附枝三四寸者插入泥丸内插訖埋土中日逐用水澆灌五七日則鮮活蓋根已生矣用泥丸者氣不洩而易活易長也亦依前法摘掐或摘去止留一花或不摘頭任其亂生枝柯臨時悉皆删之止留一瓣一花其花甚大

而豨甚低也 七折頭

花雖傲霜其實畏之一爲風雨所侵便非向者丰致風雨猶然況於霜乎花蘂半開便可上盆移置軒窓通風日處每澆水在清晨宜少不宜多多則傷葉以小盞盛水放根边用紙撚一根半縛根上半置盞內水乾再添如此則根潤花蒲多有幾日玩再於菊上結縛凉棚上用竹篾蘆箔之類亦可以爲菊延壽齡也 八惜花

養花易養葉難凡根有枯葉不可摘去去則氣洩其葉自下而上逐漸黄矣澆糞時愼勿令糞著葉一着葉隨即黄落矣欲葉青茂時以韭汁澆根乃妙 九護葉

梅天但遇大雨一歇便澆些少冷糞以扶植之否則無故自瘁若厭澆糞用糞泥於根边周圍堆起半寸再雨濕泥功倍于糞且不壞葉六七月內不可用糞用則枝葉皆虵每晨用河水澆灌若有掃鷄鵝毛水停積作冷清或浸爛沙清水時常澆之尤妙 十灌溉

十一去蠹 一條具花忌卷

菊之本性有易高者醉西施之類是也有低者紫芍藥之類是也抑之法頻摘頭比他本多一二次揚之法遲摘頭視他本少一二次庶無過不及之差 十二抑揚

菊譜

冬至後擇肥地一方以純糞澆潑候凍乾取土之浮者再糞之乾則收之室中春分後出而曬之日數次擲之其蟲蟻及草梗蒸之日土淨矣乃藏之以待登

盆之需餘以待加盆之用登盆後三四日或雨土實而根露則以此土覆加之則蔽日之晒不枯其根一則收雨之澤不爛其根 貯土

冬初菊殘之際去其上節下留五七寸許或連盆或去盆埋之入陽和鬆土內臘月用糞澆數次一壯菊本一禦天寒大抵菊不耐冷故也 留種

春分後宜分秧根多鬚而土中之莖黄白色者謂之老鬚少而純白者謂之嫩老可分嫩不可分須擇土

切戒不可甚肥肥則籠菊頭而不發俟天陰雨分之須八分平去宿土恐有虫子之害秧則以蓆覆之勿經日色每早用河水灌之天雨不必多澆天雨秧即活去蓋始用肥水 分秧

立夏時菊苗長盛將上盆先數日不可澆灌令其堅老上盆則耐日色每起根上多帶土上盆後值晴雨澆灌照盆後漸用肥水久雨則以臘土培之 上盆

欲長也則去其傍枝欲短也則去其正枝花之朵視

種之大小而存之大者四五蕊焉次者七八焉又次則十餘焉二十餘則多矣惟茸菊寒菊獨梗而有千花不可去也 理緝

臘月內掘地埋缸積濃糞上蓋板填土密固至春澄澤融化止存清水名曰金汁五六月菊病黄萎黄採用此澆之足以回生且開花肥潤 積糞

用糞之法各有次序一次糞二水八越半旬第二次糞三水七再越半月第三次糞水相半又越半旬第四次糞七水三第五次金糞可也瘦者多澆肥者可減太過則令葉籠閉青葉空盛 澆灌

遇有種宜於秋雨梅雨二時修下肥梗揷在肥陰之地加意培養亦可傳種 傳種

種桃法

宜於暖處寬深爲坑先納濕牛糞其內核不拘多少小頭向下厚蓋鬆土尺許春深芽生帶土移植實地君仍置糞中則實小而苦桃性早實三年便結子桃

性皮急四年以上宜以刀豎劚其皮否則皮急而死一法取核刷淨繞中肉令女子艷粧下種則他日花艷而子多一說過春月以刀跡斫之則穰出而不蛀桃實太繁則多墜以刀橫斫其幹數下乃止社日令持石壓樹枝則結實牢桃子蛀者以煮猪頭汁冷澆則不蛀桃上生小虫如蚊俗云蚜虫雖桐油灑之亦不盡除以多年竹燈檠掛之樹稍間則紛紛墮下此物理不可曉然試之即驗

廿四

種蓮法

驚蟄將大缸底用地泥一層築實上用河泥一淺缸築平有日晒之有雨蓋之晒令開裂至春分日買壯大荷秧開泥種之枝頭向南泥壅好勿露出再晒雨仍蓋之至清明日加河水平口不可加井水春分前種一日花在葉上春分後種一日葉在花上春分日種則花與葉平

又

一說用稻幹泥實其半壅牛糞寸許隔以蘆蓆置藕上以河泥覆之晒極乾再壅之如此一二次方可下水遇雨則遮或云用臘糟少許置藕上不宜着藕或云用瓶泥種則花盛

蘭花

盆内先以麄碗碟覆之於底次用浮炭鋪一層然後用泥薄鋪炭上栽之糁泥壅根如法不可以手捺實否則根不舒暢葉不發長花亦不繁茂矣乾濕依時用水澆灌盆下有竅不可着泥地恐蚯蚓螻蟻入孔傷花根故盆須架起令風從孔進透氣爲佳 栽法

須九月節氣方可分栽分時用手劈不開將竹片挑剔泥鬆不可擦傷根本十月時候花已胎孕不可分種若見霜雪大寒尤不可分否則必至損花矣 分法

或河水池塘水或積留雨水或皮屑魚腥水都佳獨不可用井水以性冷故也澆時須四畔勻灌不可從上澆下以致壞葉四月有梅雨不必澆五月至八月須早五更或日未出澆一番黃昏澆一番又須看花乾濕上則不必澆恐過滲根要爛也葉黃用茗茶澆之 澆法

天下愛養 此見燕閒清賞供論種蘭

天不言而四時行百物生者何蓋歲分四時生六氣合四時而言之則二十四氣以成其歲功故凡穹壤者皆物也不以草木之微昆蟲之細而必欲各遂其性者則在乎人因以氣候而生全之者也被動植者

非其恩乎及草木者非其人乎斧斤以時入出林數罟不入汙池又非其能全之者乎夫春爲青帝回馭陽氣風和日暖蟄雷一震而土脉融暢萬彙叢生其氣則有不可得而掩者是以聖人之仁則順天地以養萬物必欲使萬物得遂其本性而已故爲臺太高則衝陽太低則隱風前宜南面後宜背北蓋欲通南薰而障北吹也地不必曠曠則有日亦不可狹狹則蔽氣右宜近林左宜近野欲引東日而被西陽夏遇炎烈則蔭之冬逢沍寒則曝之下沙欲疏疏則連雨不能淹上沙欲濡濡則酷日不能燥至於插引葉之架平護根之沙防蚯蚓之傷禁螻蟻之穴去其莠草除其絲網助其新篦剪其敗葉此則愛養之法也其餘一切窠虫族類皆能蠹害並可除之所以封植灌漑之法詳載於後

堅性封植

草木之生長亦猶人焉何則人亦天地之物耳閑居緻有優游逸豫飲膳得宜以蕩而育之且一盆盈滿自排六七載莫能至此皆由夫愛養之念不替灌漑之功愈久故根與壤合然後森鬱雄健敷暢繁麗其葉蓋有所自然而然者合焉欲分而拆之是裂其根並易其沙土況或灌漑之失時愛養之乖宜又何異於人之饑飽則燥濕干之邪氣乘間入其榮衛則不免使損所謂向之寒暑適宜肥瘦得時者此豈一朝一夕之所能仍舊者也故必於寒露之後立冬以前而分之蓋取萬物得歸根之時而其葉則蒼根則老故也或者于此時分一盆吳蘭各其盆之端正則不恐擊碎因剔出而根已傷暨三年培植尤至困培于今深以爲戒欲分其蘭而須用碎其盆務在輕手擊之亦須緩緩解拆其交互之根勿使有拔斷之失然後逐篦蔟取出積年腐蘆頭只存三季者每三篦作一盆盆底先用沙填之即以三篦蔟之互相枕藉使新篦在外作三方向却隨其花之好肥瘦沙土從

須之盆面則以少許瘦沙覆之以新汲水一勺以定
其根更有收沙晒之法此乃又分蘭之至要者尚預
于未分前半月取土篩去尾礫之類曝令乾燥或欲
適肥則宜于淤泥沙可用使糞夾和晒之俟乾或復
濕如此十度視其極燥更須篩過隨意用蓋沙乃久
年流聚雜居陰濕之地而蘭之驟爾分折失诠假以
陽物助之則來年叢苑自長爾與舊葉比肩此其效
也夫苟不知收晒之宜用彼積拚之沙或揮拔曝必

至羸弱而黄葉者有之籠之不發者有之稍有日月
不知体察其失愈甚俟其已覺方始滌根易沙加意
調護冀其能復不亦後乎揶又知其果能復焉如其
稍可全活有幾何時後而復遂本質耶故爲深奈惜
之因并爲之言曰與其于既損之後而欲復全生意
寧若于未分之前而必欲全其生意豈不省力令逐
品所宜沙土開列于後
陳夢良 用黄淨無泥瘦沙種而忌用肥恐有腐爛之失

吳蘭　潘蘭 用赤沙泥 何蘭　蒲統領　大張青
金稜邊 妙 各用黄色粗沙和泥更添些少赤沙泥種爲
陳八斜　淳監糧　蕭仲弘　許景初　何首座
林仲　孔莊觀成 乃下品任意用沙 濟老　施花
惠知客　馬大同　鄭少舉　黄八兄　周染 宜溝
壑中黑沙泥和糞壤種之 李通判　竈山　鄭伯善
魚魫 用山下流聚沙泥種之 夕陽紅 以下諸品則
任意栽種此封植之概論也

灌溉得宜
夫蘭自沙土出者各有品類然亦因其土地之宜而
生長之故地有肥瘦或沙黄土赤而舂有居之嶺山
之岡或近水或附石各依而産之要在度其性何如
耳不可不謂其無肥瘦也苟性不能別曰何者當肥
何者當瘦強出已見混而肥之則好膏腴者因得所
養之法花則轉而繁葉則雄而健所謂好瘦者不因
肥而腐敗吾未之信也一陽生于子荄甲浩萌我則

注而灌溉之使蘊諸中者稍獲強壯迨夫萌英迸沙
高未及寸許從便灌之則戢然而卓聳暨南薰之時
長養萬物又從而潰潤之則修然而高鬱然而蒼若
精於感遇者也秋八月之交驕陽方熾根葉失水欲
老而黃此時當以濯魚肉水或穢腐水澆之過時之
外合用之物隨宜澆注使之暢茂亦以防秋風肅殺
之患故其葉弱拳拳然抽至出冬至而極夫人分蘭
之次年不發花者蓋恐洩其氣則葉不長爾凡善于

養花切須愛其葉葉聳則不慮其花不發也

紫花

陳夢良　極難愛養稍肥隨即腐爛貴用清水澆灌則
佳也　潘蘭　雖未能受肥須以清茶沃之冀得其本生
地土之性　吳花　看來亦好肥種當灌溉以一月一度
趙花　何蘭　大張青　蒲統領　金稜邊　半月一
用其肥則可　淳監糧　蕭仲和　許景初　何首座
林仲孔　莊觀成　縱有太過不及之失亦無大害

以肥之時當時沙土乾燥遇晚方始灌溉候芫以
清水碗許澆之使肥膩之物得以下積其根底　求
未發七莖自無勾蔓逆上散亂盤盆之患更能預以
瓮鋼之屬儲蓄雨水積久色綠者間或灌之而其葉
則浡然挺秀濯然而爭茂盈臺簇檻列翠羅青縱無
花開亦見雅潔

白花

濟老　施花　惠知客　馬大同　鄭少舉　黃八

兄　受肥一任灌溉　竈山　鄭伯善
肥在六之中四之下又朱蘭亦如之　魚魫蘭質瑩潔
不須以穢膩之物澆之　夕陽紅　雲嶠　觀
堂主　名第　肥瘦任意亦當觀其沙土之燥
晛則灌注曉則清水澆之諸前用水沃之令其色綠
馬妙　惠知客　等蘭用河沙嵌去泥上摩夾糞壅泥種
底用粗沙和糞方妙　鄭少舉　用糞壅泥和便曬乾種
之上面用紅泥覆之　用糞壤泥及河沙內用草

鞋屑鋪四圍種之累試甚佳大凡月季薔薇皆可準

老

施花 用糞及小便澆泥攤曬用草鞋屑圍種

夾竹桃

惡濕而畏寒十月初宜置向陽處放之喜肥不可缺壅不可見霜雪冬天亦不宜太燥和暖微以水潤之但不可多恐凍耳五六月天以紅桃配白茉莉婦人戴之嬌㒵可挹

梅花

宋張功甫為列花宜稱凡二十六條為澹雲為曉日為薄寒為細雨為輕烟為佳月為夕陽為微雪為晚霞為珍禽為孤鶴為清溪為小橋為竹邊為松下為明窗為踈籬為蒼厓為綠苔為銅瓶為紙帳為林間吹笛為膝上橫琴為石枰下棋為掃雪為煎茶為美人澹粧簪戴

收楊花

憲聖時收楊花為冬日鞍韉氊褥之用

石竹花

須年另起根分種則茂但枝蔓柔弱易至散漫須用小竹扶之

笑靨花

無子可種根窠叢生茂者數十條以原根劈作數墩分種易活

歌飲

劉公幹居鄭下一日桃李爛熳值諸公子延賞久之

方去公幹問僕曰損花乎僕曰無但愛賞而已公幹曰珍重輕薄子不損折使老夫酒興不空也遂飲花下作放歌行

碧筩杯

鷄跖集魏鄭公三伏之際率賓僚避暑取蓮葉盛酒以簪刺葉令與柄通屈莖如象鼻焉傳吸之名碧筩杯故東坡云碧盌猶作象鼻彎白酒猶帶荷心苦

幽人林

孫英嘗種菊數畝秋日採花爲枕曰幽人枕

青紗枕

舒雅作青紗連二枕滿貯酴醾木犀瑞香散蘂甚益鼻根

楊花枕

盧文紀作楊花枕縫青繒充以柳絮一年一易

龍香劑

唐玄宗以芙蓉花汁調香粉作御墨曰龍香劑

染指甲

李玉英秋日採鳳仙花染指甲後于月中調絃或比之落花流水

瓶花三說

瓶花之宜　瓶花之具有二用如堂中插花乃以銅之漢壺大古尊罍或官歌大瓶如弓耳壺直口廠瓶或龍泉蓍草大方瓶高架兩傍或置几上與堂相宜折花須擇大枝或上葺下瘦或左高右低右高左低或兩蟠臺接偃亞偏曲或挺露一幹中出上簇下蕃鋪蓋瓶口令俯仰高下疎密斜正各具意態得畫家寫生折枝之妙方有天趣若直枝鬔頭花朶不入清供花取或一種兩種薔薇時即多種亦不爲俗冬時插梅必須龍泉大瓶象窑廠瓶厚銅漢壺高三四尺已上投以硫黃五六錢砍大枝梅花插供方快人意近有饒窑白磁花尊高三二尺者有細花大瓶俱可供堂上插花之具製亦不惡若書齋插花瓶宜短小以

官歌膽瓶紙槌瓶鵝頸瓶花觚高低二種八卦方瓶茄袋瓶各製小瓶定窑花尊花囊四耳小定壺細口匾肚壺青東磁小蓍草瓶方漢壺圓瓶古龍泉蒲槌瓶各窑壁瓶次則古銅花觚銅觶小尊罍方壺素溫壺匾壺俱可插花又如饒窑宣德年燒製花觚花尊蜜食罐成窑嬌青蒜蒲小瓶膽瓶細花一枝瓶方漢壺式者亦可文房充玩但小瓶插花折宜瘦巧不宜繁雜宜一種多則二種須分高下合插儼若一枝天

廿五

生二色方美或先凑簇像生即以麻絲根下縛定插
之若彼此各向則不佳矣大率插花須要花與瓶稱
花高於瓶四五寸則可假如瓶高二尺肚大下實者
花出瓶口二尺六七寸須折斜冗花枝鋪撒左右覆
瓶兩傍之半則雅若瓶高瘦却宜一高一低雙枝或
屈曲斜裊較瓶身少短數寸似佳最忌花瘦于瓶又
忌繁雜如縛成把殊無雅趣若小瓶插花令花出瓶
須較瓶身短少二寸如八寸長瓶花止六七寸方妙

若瓶矮者花高於瓶二三寸亦可插花有態可供清
賞故插花挂画二事是誠好事者本身執役豈可託
之僮僕爲哉客曰汝論僻矣人無古瓶必如所論則
花不可插耶不然余所論者收藏鑒賞家積集既廣
須用合宜使器得雅稱云耳若以無所有者則手執
一枝或採滿把即插之水盆壁縫謂非愛花人歟何
俟論瓶美惡又何分於堂室二用乎哉吾懼客嘲熟
矣具此以解

瓶花之忌具花忌卷

瓶花之法　牡丹花　貯滾湯於小口瓶中插花一二
枝緊緊塞口則花葉俱榮三四日可玩芍藥同法一
云以蜜作水插牡丹不悴蜜亦不壞
戎葵　鳳僊花　芙蓉花　凡柔枝花　已上皆滾湯貯
瓶插下塞口則不憔悴可觀數日
梔子花　將折枝根搥碎擦鹽入水插之則花不黃
其結成梔子初冬折枝插瓶其子赤色儼若花蕊

荷花　採將亂髮纏縛折處仍以泥封其竅先入瓶
中至底後灌以水不令入竅竅中進水則易敗
海棠花　以薄荷包枝根水養多有數日不謝
竹枝　瓶底加泥一撮　松枝　靈芝同吉祥草俱可插
瓶　四昔花俱堪入瓶但以意巧取裁花性宜水宜
湯俱照前法幽人雅趣雖野草閑花無不採插几案
以供清玩但取自家生意原無一定成規不必拘泥
也

靈芝係品也山中採歸以籮盛置飯甑上蒸熟曬乾藏之不壞用錫作管套根插水瓶中伴以竹葉吉祥草則根不朽上盆亦用此法

冬間插花須用錫管不惟不壞磁瓶卽銅瓶亦畏冰凍瓶質厚者尚可否則破裂如膽香梅花水僊粉紅山茶臘梅皆冬月妙品插瓶之法雖曰硫黄投之不凍恐亦難敵惟近日色南窗下置之夜近臥榻庶可多玩數日一法用肉汁去浮油入瓶插梅花則萼盡開而更結實

附 瓶史 袁中郎宏道著

夫幽人韻士屏絕聲色其嗜好不得不鍾於山水花竹夫山水花竹者名之所不在奔竞之所不至也天下之人棲止於囂崖利藪目眯塵沙心疲計算欲有之而有所不暇故幽人韻士得以乘間而踞爲一日之有夫幽人韻士者處於不爭之地而以一切讓天下之人者也惟夫山水花竹欲以讓人而人未必樂受故居之也安而踞之也無禍嗟夫此隱者之事決烈丈夫之所爲余生平企羨而不可必得者也幸而身居隱見之間世間可趨可爭者既不到余遂欲欹笠高岩濯纓流水又爲卑官所絆僅有栽花種竹一事可以自樂而邸居湫隘遷徙無常不得已乃以膽瓶貯花隨時插換京師人家所有名卉一旦遂爲余案頭物無扞剔澆頓之苦而有味賞之樂取者不貪遇者不爭是可述也噫此暫時快心事也無狃以爲常而忘山水之大樂石公記之凡瓶中所有品目條列於後與諸好事而貧者共焉

一花目

燕京天氣嚴寒南中名花多不至卽有至者率爲巨璫大畹所有儒生寒士無因得發其幕不得不取其近而易致者夫取花如取友山林奇逸之士族迷於鹿豕身蔽於豐草吾雖欲友之而不可得是故通邑大都之間時流所共標共目而指爲雋士者吾亦欲

友之取其近而易致也余於諸花取其近而易致者入春爲梅爲海棠夏爲牡丹爲芍藥爲安石榴秋爲木樨爲蓮菊冬爲蠟梅一室之内荀香何粉迭爲賓客取之雖近終不敢濫及凡卉就使乏花寧貯竹柏數枝以充之雖無老成人尚有典刑豈可使市井庸兒溷入賢社貽皇甫氏充隱之誚哉

二品第

漢宫三千趙姊第一邢伊同幸望而泣下故知色之絶者蛾眉未免俛首物之尤者出乎其類將使傾城與衆姬同輩吉士與凡才竝駕誰之罪哉梅以重葉綠萼玉蝶百葉緗梅爲上海棠以西府紫綿爲上牡丹以黄樓子綠蝴蝶西瓜瓤大紅舞青猊爲上芍藥以冠群芳御衣黄寶粧成爲上榴花深紅重臺爲上蓮花碧臺錦边爲上木樨毬子早黄爲上菊以諸色鶴翎西施剪絨爲上蠟梅磬口香爲上諸花皆名品寒士齋中理不得悉致而予獨叙此四種者要以判

斷群菲不得使常閑艶質雜諸奇卉之間耳夫一室之襃榮於華衮今以蕊宫之董狐定華林之春秋安得不嚴且愼哉孔子曰其義則丘竊取之矣

三器具

養花瓶亦須精良譬如玉環飛燕不可置之茅茨又如嵇阮賀李不可請之酒食店中嘗見江南人家所藏舊觚青翠入骨砂斑垤起可謂花之金屋其次官哥象定等窑細媚滋潤皆花神之精舍也大抵齋瓶宜矮而小銅器如花觚銅觶尊罍方漢壺素温壺匾壺窑器如紙槌鵝頸茄袋花尊花囊著草蒲槌皆須形制短小者方入清供不然與家堂香火何異雖舊亦俗也然花形自有大小如牡丹芍藥蓮花形質既大不在此限嘗聞古銅器入土年久受土氣深用以養花花色鮮明如枝頭開速而謝遲就瓶結實陶器亦然故知瓶之寶古者非獨以玩然寒酸之士無從致此但得宣成等窑磁瓶各一二枚亦可謂乞兒暴

冨也冬花宜用錫管北地天寒凍水能裂銅不獨磁
也水中投硫黃數錢亦得

四擇水

京師西山碧雲寺水裂帛湖水龍王堂水皆可用一
入高梁橋便爲濁品凡甁水須經風日者其他如桑
園水滿井水沙窩水王媽媽井水味雖甘養花多不
茂苦水尤忌以味特鹹未若多貯梅水爲佳貯水之
法初入甕時以燒熱煤土一塊投之經年不壞不獨
養花亦可烹茶

五宜稱

揷花不可太繁亦不可太瘦多不過二種三種高低
踈密如畫苑布置方妙置甁忌兩對忌一律忌成行
列忌以繩束縛夫花之所謂整齊者正以參差不倫
意態天然如子瞻之文隨意斷續青蓮之詩不拘对
偶此眞整齊也若夫枝葉相當紅白相配此省曹墀
下樹墓門華表也惡得爲整齊哉

六屏俗

室中天然几一藤牀一几宜濶厚宜細滑凡本地边
欄漆卓描金螺鈿牀及彩花甁架之類皆置不用

七花祟 入花之忌卷

八洗沐

京師風霾時作空牕淨几之上每一吹號飛埃寸餘
甁君之困辱此爲最劇故花須經日一沐夫南威青
琴不膏粉不櫛澤不可以爲姣今以殘芳垢面穢膚

無刺飾之工而任塵土之質枯萎立至吾何以觀之
哉夫花有喜怒寤寐曉夕浴花者得其候乃爲膏雨
澹雲薄日夕陽佳月花之曉也狂號連雨烈燄濃寒
花之夕也脣檀烘日媚体藏風花之喜也暈酣神斂
烟色迷離花之愁也欹枝困檻如不勝風花之夢也
嫣然流盼光華溢目花之醒也曉則空庭大廈昏則
曲房奥室愁則屏氣危坐喜則讙呼調笑夢則垂簾
下帷醒則分膏理澤所以悦其性情時其起居也浴

曉者上也浴寐者次也浴喜者下也若夫浴夜浴愁直花刑耳又何取焉浴之之法用泉甘而清者細微澆注如微雨解酲清露潤甲不可以手觸花及指尖折剔亦不可付之庸奴猥婢浴梅宜隱士浴海棠宜韻致客浴牡丹芍藥宜靚粧妙女浴榴宜艶色婢浴木樨宜清慧兒浴蓮宜道流浴菊宜好古而奇者浴蠟梅宜清瘦僧然寒花性不耐浴當以輕綃護之標格既稱神彩自發花之性命可延寧獨滋其光潤也哉

九使令

花之有使令猶中宮之有嬪御閨房之有妾媵也夫山花草卉妖艶寔多矣烟惹雨亦是便嬖惡可少哉梅花以迎春瑞香山茶爲婢海棠以蘋婆林檎丁香爲婢牡丹以玫瑰薔薇木香爲婢芍藥以罌粟蜀葵爲婢石榴以紫薇大紅千葉木槿爲婢蓮花以山礬玉簪爲婢木樨以芙蓉爲婢菊以黄白山茶秋海棠爲婢蠟梅以水仙爲婢諸婢姿態名品一時濃淡維俗亦有品評水仙神骨清絶織女之梁玉清也山茶鮮妍瑞香芬烈玫瑰旖旎芙蓉明艶石氏之翾風羊家之淨琬也林檎蘋婆姿媚可人潘生之解愁也罌粟蜀葵妍于籬落司空圖之鸞臺也山礬潔而逸有林下氣魚玄机之綠翹也黄白茶韻勝其姿郭冠軍之春風也丁香瘦玉簪寒海棠嬌然有酸態鄭康成崔秀才之侍兒也其他不能一一比像要之皆有名于世柔佞織巧順氣有餘何至出子瞻榴花樂天秋草下哉

十好事

嵇康之鍛也武子之馬也陸羽之茶也米顛之石也倪雲林之潔也皆癖而寄其磊塊儁逸之氣者也

余觀世上語言無味面目可憎之人皆無癖之人耳若真有所癖將沉湎酣溺性命死生以之何暇及錢奴宦賈之事古之負花癖者聞人談一異花雖深谷

峻嶺不憚蹶躄而從之至於濃寒盛暑皮膚皴鱗汗垢如泥皆所不知一花將萼則移枕攜襆睡臥其下以觀花之由微至盛至落至於萎地而後去或千株萬本以窮其變或單枝數房以極其趣或臭葉而知花之大小或見根而辨色之紅白是之謂真愛花是之謂真好事也若夫石公之養花聊以破閒居孤寂之苦非真能好之也夫使其真好之已爲桃花洞口人矣尚復爲人間塵土之官哉

十一清賞

茗賞者上也譚賞者次也酒賞者下也若夫內酒越茶及一切庸穢凡俗之語此花神之深惡痛斥者寧閉口枯坐勿遭花惱可也夫賞花有地有時不得其時而漫然命客皆爲唐突寒花宜初雪宜雪霽宜新月宜暖房溫花宜晴日宜輕寒宜華堂暑月宜雨後宜快風宜佳木蔭宜竹下宜水閣涼花宜爽月宜夕陽宜空階宜苔徑宜古藤巉石邊若不論風日不擇佳地神氣散緩了不相屬此與妓舍酒館中花何異哉

十二監戒

宋張功甫梅品語極有致余讀而賞之擬作數條揭于瓶花齋中花快意凡十四條明窗淨室古鼎宋研松濤溪聲主人好事能詩門僧解烹茶薊州人送酒座客工畫花卉盛開快心友臨門手抄藝花書夜深鑪鳴妻妾校花故實花折辱凡二十三條主人頻拜

容俗子闌入蟠枝庸僧談禪窗下狗鬭蓮子衚衕歌童弋陽腔醜女折戴論升遷強作憐愛應酬詩債未了盛開家人催算帳檢韻府押字破書狼籍福建牙人吳中贗畫鼠矢蝸涎童僕偃蹇令初行酒盡與酒館爲鄰案上有黃金白雪中原紫氣等詩燕俗尤競玩賞每一花開緋幙雲集以余觀之辱花者多悅花者少虛心檢點吾輩亦時有犯者特書一通座右以自監戒焉

花寄缾中與吾曹相對既不見摧于老雨甚風又不受侮于鈍漢麄婢可以駐顏色保令終豈古之瓶隱者歟郁伯承曰如此則羅虬花九錫亦覺非禮之禮不如石公之愛花以德也請梓之

揷花頭陀陳繼儒識

孫眞人種菊花法　三門穀雨後種

紅葉菊　千葉甘菊　金鈴菊

紫艅菊　千葉白菊　紫菊

揷葉菊　黄簇菊　青心柹菊

五色菊　蓮子菊　大黄金菊

范石湖云吳下老圃伺春苗尺許時掇去其顛數日則岐出兩枝又掇之每掇益岐至秋則一幹所出數百千朶婆娑團欒如車蓋熏籠矣人力勤土又膏沃花亦爲之屢變

沈莊可譜云吳門菊自有七十二種春分前以根中發出苗裔用手逐枝柯劈開每一柯種一株後長及一尺則以一尺高籃盖覆每月過九日有出籃外者則去其腦至秋分則不去矣夏間每日清水澆灌遇夜去其籃承露至早復盖不可使乾枯如此之後結蘂則平齊矣

沈譜云寺在豫章見菊多有佳者嘗問之園丁則云菊每歲以上巳前後數日分種失時則花少而葉多如不分置他處非惟叢不繁茂往往一根數榦一榦之花各自別樣所以命名不同菊開過以茆

草裹之得春氣則其舊年柯葉復青漸長成其樹但次年不着花第二年則接續着花仍不畏霜矣

梅雨時收菊叢边小株分種俟其茂則摘去心苟欲其成小叢也秋到則不摘

黄半白

黄白二菊各披去一邊皮用麻皮札合其開花則半

菊花大蕋未開逐蕋以龍眼殼罩之至欲開時隔夜以硫黄水灌之次早去其罩則大開

大笑菊及佛頂菊御愛黄至穀雨時以其枝揷於肥地亦能活恩常試之至秋亦着花
種菊所宜向陽貴在高原其根惡水不宜久雨久用可於根傍加泥令高以泄水
分種小株冝以糞水酵土而壅之則易盛按劉君蒙亦有栽鉏糞養之説
菊宜種園蔬内肥沃之地如欲其淨則澆壅捨肥糞而用河渠之泥
種菊之地常要除去蜒蚰則苗葉免害

花史左編卷之九

檇李 仲遵 王路 纂修

花之情男女尊卑長幼凡與花事相關者悉萃焉

人面桃花 情在再生
秋期菊蘂 情在私約
無瑕玉花 情在化物
滄州金蓮 情在搖舞
壽陽梅花 情在點粧
指印紅痕 情在弄脂
紫荆花 情在兄弟
並蔕花 情在男女
點衣花 情在會心
斷腸花 情在懷人
助嬌花 情在眷折
看忙花 情在縈繫
醒蘇絮 情在笑語

解語花 情在此美

人面桃花 弄生

唐崔護清明遊城南見莊居桃花遶宅扣門求漿有女子[illegible]取水飲護目注良久如不勝情而入明年復往則門戶扃鎖因題詩於左扉曰去年今日此門中人面桃花相映紅人面祗今何處去桃花依舊笑春風後數日復往聞哭聲問之有老父出曰君非崔護耶君殺吾女吾女笄年未嫁自去年以來常恍惚

如有所失比日與之出歸見左扉詩入門遂病絕食數日而死崔爲感動詣靈前舉女尸而祝曰某在斯須臾女復活遂諧伉儷

秋期菊蕋 私約

古有女子與人約曰秋以爲期至冬猶未相從其人謂曰菊花枯矣秋期若何女戲曰是花雖枯明當更發未幾菊更生蕋

無瑕玉花 化物

無瑕嘗看素桂裳折桂明年開花潔白如玉女伴折取簪髻號無瑕玉花

滄州金蓮 插舞

滄州金蓮花其形如蝶每微風則搖蕩如飛婦人競採之爲首飾語曰不戴金蓮花不得到仙家

壽陽梅花 點粧

宋武帝女壽陽宫主人日臥於含章殿簷下梅花落于額上成五出之花拂之不去號爲梅花粧後之宫

人皆效之

指印紅痕 弄脂

明皇時有獻牡丹者名楊家紅時貴妃勻面口脂在手印於花上來歲花開瓣上有指印紅痕帝名爲一捻紅

紫荊花 兄弟

田真兄弟三人欲分財產堂前有紫荊一株花茂盛夜議分爲三曉即憔悴數日物尚如此何况人乎遂

不復分辨花復殘

並帶花 男女

大名民家有男女私情不遂赴水死後三日二屍相携而出是歲此陂荷花無不並帶

黑衣花 會記

玄宗幸蓮昌見楊花點妃子衣曰似解人意

斷腸花 悼人

昔有女子懷人不至涕泪灑地後其處生草花色如婦面名斷腸花即今秋海棠也

人情 四

助嬌花 簪折

遺事明皇御苑千葉桃花開折一枝簪貴妃冠曰此花亦能助嬌

着忙花 禁繁

遯齋閒覽云槐花黃舉子忙夫花能令人着忙花為人忙耶人為花忙耶不可不察

輕薄絮 笑語

陳後主與麗華遊後園有柳絮點衣麗華謂後主曰何能點人衣曰輕薄物誠卿意也麗華笑而不答

解語花 比美

天寶遺事太液池開千葉蓮花帝與妃子賞指花謂左右曰何似我解語花耶

花史左編卷之十

檇李 仲遵 王路 纂修

花之味 夫花以供人清翫，欲飡之，飲之，羨之，茗之，不幾花几乎？然食與色，性也，味之深正故之至，則謂花事中百尺竿頭亦可。

寒香沁肺	穠豔烹酥
吞花臥酒	服竹餌桂
楊花粥	蓮花餅
分枝荷	碧芳酒
桃李花	橘花酒
夜合酒	菊花
菊花酒	落梅菜
百花食	百花糕
花浸酒	吸花露
玉蘭瓣	牡丹花
郫筒酒	五隹皮
絲瓜花	桃花飯
換骨膏	甘菊飲
梔子	金雀
橙花	玉簪
慈菰	酴醾
紫花	萱花
鳳僊	桂酒
芭蕉	夜合花
桂菊點茶	

緒殘附補後

寒香沁肺

鐵脚道人嘗愛赤脚走雪中，興發則朗誦南華秋水篇，嚼梅花滿口，和雪嚥之，曰：吾欲寒香沁入肺腑。

穠豔烹酥

孟蜀時李昊每將牡丹花數枝分遺朋友，以興平酥同贈，曰：俟花雕謝，即以酥煎食之，無棄穠艷。其風流貴重如此。

花史 十 味 十

吞花臥酒

庾松方春謂握月擔風且留後日吞花臥酒不可過時

服竹餌桂

離婁公服竹汁及餌桂得仙

楊花粥

洛陽人家寒食煮楊花粥

蓮花飲

雍熙中君房寓廬山開光寺望黃石巖瀑水中一大紅葉泛泛而下僧取之乃蓮一葉長三尺闊一尺三寸君房因分花葉煎湯飲之其蓮香經宿不散

分枝荷

昭帝穿琳池植分枝荷花葉雖萎一作褒萎食之口氣常香宮人爭相含嚼

碧芳酒

房壽六月召客擣蓮花製碧芳酒

桃李花

崔元徽遇數美人楊氏李氏陶氏又緋衣少女石醋醋又有封家十八姨來石醋醋曰諸女皆居苑中每被惡風所撓嘗求十八姨相庇處士但於每歲旦作一朱幡圖以日月五星之文立之苑東則免難矣崔果立幡是日東風甚惡而苑中花皆不動方悟姓楊李陶皆衆花之精醋醋即石榴封姨乃風神也後數夜楊氏輩復來各裹桃李花數斗以謝云服之可以

却老

榴花酒

崖州婦人以安石榴花着釜中經旬即成酒其味香美仍醉人

夜合酒

杜羔妻趙氏每歲端午時取夜合花置枕中羔稍不樂輒取少許入酒令婢送飲便覺歡然

菊花

朱孺子入玉笥山食菊花而乘雲上天

菊花酒

漢宮人采菊花并莖釀之以黍米至來年九月九日熟而就飲謂之菊花酒

落梅菜

憲聖時每治生菜必於梅下取落花以襍之

百花食

偓佺嘗採百花以爲食生毛數寸能飛不畏風雨

百花糕

唐武則天花朝日遊園令宮女採百花和米搗碎蒸糕以賜從臣

花浸酒

楊恂遇花時就花下取藥粘綴於婦人衣上微用蜜蠟兼挼花浸酒以快一時之意

吸花露

太真宿酒初消多苦肺熱嘗淩晨獨遊後苑傍花樹以手攀枝口吸花露藉以潤肺

玉蘭瓣

玉蘭花瓣擇洗精潔拖麵麻油煎食至妙至美

牡丹花

牡丹花煎法與玉蘭同可食可蜜浸玉蘭亦可蜜浸

郫筒酒

山濤治郫時刳大竹釀酴醾作酒兼旬方開香聞百步外故蜀人傳其法

五佳皮

取其皮陰乾囊之入酒能使人延年去疾葉有五尖者佳

絲瓜花

梅鹵浸可點茶新摘烹食味鮮與瓜味竝美

桃花飲

太清諸卉木方曰酒漬桃花而飲之除百病好容色

換骨膏

唐憲宗以李花釀換骨膏賜裴度

甘菊飲

康風子飲甘菊而仙甘菊原可點茶又能清目

梔子

有大朵重臺者梅醬蜜糖製之可作美菜

金雀

可采以滚湯着鹽焯過作茶供一品

橙花

以之蒸茶向為龍虎山進御絶品園林宜多種多收

玉簪

其花瓣拖麵入少糖霜並食香清味淡可入清供

慈菰

水中種之每窠花挺一枝上開數十朵香色俱無准

根秋冬取食甚佳

酴醾

蜀人取之造酒

紫花

遍地叢生花紫可愛柔枝嫩葉摘可作蔬春時子種

萱花

惟容色者可作蔬不可不多種也春可食苗夏可食

花比他花更多一事

鳳仙

其枝肥大者可食法詳尊生八箋

桂酒

惠州傳羅出蘇軾有頌

芭蕉

中心一朵曉生甘露其甜如蜜即常芭蕉亦開黄花

至曉瓣中甘露如飴食之止渴延齡

夜合花

根可食一年一起去其最大者供食小者用肥土作

之如種蒜法六七月買大種上以鷄糞壅之明春盛

成一幹五六花一種如萱花紅斑黑點瓣俱反捲一

漸漸生一子名回頭見子花茂者簇兩三花無香亦
苦雞糞其性與百合同最賤取其色好看根亦與百
合同亦可食味少苦取種者辨之

桂菊點茶

桂花鹵浸或梅鹵尤佳點茶香先一室菊英風之入
茶爲清供之最有甘菊種更宜茶品二花相爲後先
然可備四時之用

續花味月

松子　紫菊
蘆菔鮓　石崖菊
佳蔬　白菊酒
菊花末　菊花醞
菊茶　菊苗茶
助茶香　小甘菊
香木露　黃花

松子

列仙傳文賓取嫗數十年輒棄之後嫗老年九十餘
續見賓年更壯拜泣至正月朝會鄉亭西社中賓教
令服菊花地膚桑上寄生松子以益氣嫗亦更壯復
百餘歲

紫菊

賣積杞云宣帝異國貢紫菊一莖蔓延數畝味甘食
者至死不飢渴

蘆菔鮓

唐馮贄雲仙散錄引蠻甌志云白樂天入關劉禹錫
正病酒禹錫乃饋菊苗齏蘆菔鮓換取樂天六班茶
二囊以醒酒

石崖菊

沈譜云舊日東平府有溪堂爲郡人游賞之地溪流
石崖間至秋州人泛舟溪中採石崖之菊以飲每歲
必得一二種新異之花

佳蔬

與致堯九疑考古云春陵舊無菊次山始植沈
譜云次山作菊圃記云在藥品是爲良藥爲蔬菜是
佳蔬也

白菊酒

白菊酒法春末夏初收軟苗陰乾搗末空　取一方
寸七和無灰酒服之若不飲酒者但和羹粥汁服之
亦得秋八月合花收暴乾切取三大斤以生絹囊盛
貯浸三大斗酒中經七日服之今諸州亦有作菊花

酒者其法得于此

菊花末

千金方九月九日菊花末臨飲服方寸七主飲酒令
人不醉

菊花醞

聖惠方云治頭風用九月九日菊花暴乾取家糯米
一斗蒸熟用五兩菊花末如常醞法多用細麵麯酒
熟即壓之去滓每暖一小盞服之郭元振秋歌云辟

惡茱萸囊延年菊花酒與子結綢繆丹心此何有

菊茶

鄭景龍續宋百家詩云本朝孫志舉有訪王主簿同
泛菊茶詩云妍暖春風蕩物華初回午夢頗思茶難
尋北苑浮香雪且就東籬擷嫩芽

菊苗茶

洪景嚴遵和弟景盧遊月臺詩云築臺結閣兩爭華
便覺流涎過麴車戶小難禁竹葉酒睡多須藉菊苗

茶

助茶香

唐釋皎然有九日與陸處士羽飲茶詩云九日山僧
院東籬菊也黃俗人多泛酒誰解助茶香陸放翁冬
夜與溥庵主說川食詩何時一飽與子同更煎土茗
浮甘菊人或有以菊花磨細入于茶中啜之者

小甘菊

採雍菊譜中有小甘菊詩墊細花黃葉又纖清香

濃烈味還甘袪風偏重山泉漬自古南陽有菊潭此詩得於陳元靚歲時廣記然所謂保雍之譜恨未之識也

香木露

屈原離騷經朝飲木蘭之墜露兮夕餐秋菊之落英王逸註云言但飲香木之墜露吸正陽之津液暮食芳菊之落蘂吞正陰之精蕊洪興祖補註曰秋花無自落者當讀如我落其寔而取其華之落又據一詩云詩之訪落以落訓始也意落英之落為始開之花芳馨可愛若至于衰謝豈復有可餐之味

黃花

晉成公綏菊花銘数在二九時惟斯生又有菊頌曰先民有作詠茲秋菊綠葉黃花菲菲或或芳踰蘭蕙茂過松竹其莖可玩其葩可服

花史左編卷之十一　檇李　仲遵　王路　纂修

花之榮 大約出於古蹟而花有榮施者靡不叅錄

盛賞 張功甫　圓象 李泰伯

新賞 唐明皇　勝賞 李進賢

美呪 盧士深妻　美贊 張茂卿

榮名之賜 後主　錦袍之賜 徐知誥

囊佩 宋時宮院　愛賞 元夏氏

點綴 霍光　吹噓 宋孝宗

静詠 僧清順　珍愛 唐玄宗

遊賞 長安俠少　護賞 陳云叟

崇奉 羅虬　勅賞 唐懿宗

臥賞 吳孺子　祈酬清嘉 陸賈

鬬勝賞 長安士女　欣賞 牛僧孺

美人拔拂 漢武帝　標美 張功甫

御苑繁華 宋孝宗　九標 蕭禹 陳叔達

新野集 梁文帝

三殿看花 德壽宮

附 花亭泰 牡丹志

盛賞

王簡卿嘗赴張功甫牡丹會云衆賓既集一堂寂無所有俄問左右云香發未荅曰已發命捲簾則異香自內出郁然滿座羣伎以酒殽絲竹次第而至別有名姬十輩皆衣白凡首飾衣領皆牡丹首帶照殿紅一伎執板奏歌侑觴歌罷樂作乃退復垂簾談論自如良久香起捲簾如前別十姬易服與花而出大抵簪白花則衣紫紫花則衣鵝黃黃花則衣紅如是十杯衣與花凡十易所謳者皆前輩牡丹名詞酒竟歌樂無慮百數十人列行送客燭光香霧歌吹雜作客皆恍然如仙遊

圖像

李泰伯攜酒賞牡丹乘醉取筆蘸酒圖之明晨嗅枝上花皆作酒氣

新賞

明皇植牡丹數本於沉香亭前會花方繁開上乘照夜白妃子以步輦從詔梨園子弟李龜年手捧檀板押衆樂前將欲歌上曰賞名花對妃子焉用舊樂詞爲遽命龜年持金花箋宣賜翰林李白立進清平樂詞三章承旨猶苦宿酲因援筆賦之云云

勝賞

唐李進賢好賓客屬牡丹盛開以賞花爲名引賓歸內室楹柱皆列錦繡器用悉是黃金堦前有花數叢覆以錦幄妓妾俱服絺綺執絲簧善歌舞者至多客之左右皆有女僕雙鬟者二人所須無不畢至承接之意常日指使者不如芳酒綺殽窮極水陸至於僕乘供給靡不豐盈自午迄於明晨不覩杯盤狼籍

美呪

北齊盧士深妻崔林義之女有才學春日以桃花靧兒面呪曰取桃花取白雪與兒洗面作光悅取白雪

取桃花與兒洗面作姸華取花紅取雪白與兒洗面
作光澤取雪白取花紅與兒洗面作華容

美贊

張茂卿家居頗事聲伎一日園中櫻桃花開携酒其
下曰紅粉風流無踰此君悉屛姣妾

榮名之賜

廬山僧舍有麝囊花一叢江南後主詔取十根植于
移風殿賜蓬萊紫

錦袍之賜

徐知誥會客令賦薔薇詩先成者賜以錦袍陳濬先
得之

囊佩

宋時宮院多採玫瑰花雜腦麝以爲香囊芬氣裊裊
不絕

愛賞

元陶宗儀飲夏氏清樾堂上酒半折正開荷花置小
盃卮於其中命歌姬捧以行酒客就姬取花左手執
枝右手分開花瓣以口就飲名爲觧語杯

點綴

霍光園中鑿大池植五色睡蓮養鴛鴦三十六對望
之爛若披錦

吹噓

宋孝宗禁中納凉多置茉莉建蘭等花鼓以風輪清
芬滿殿

靜咏

錢塘西湖有詩僧清順居其下自名藏吾（一作春塢）
門前有二古松各有凌霄花絡其上順常晝臥蘇子
瞻爲郡一日屏騎過之松風騷然順指落花覓句
子瞻爲作木蘭花詞

珍愛

唐玄宗賜虢國夫人紅水仙十二盆盆皆金玉七寶
所造

遊賞

長安俠少每至春時結朋聯黨各置矮馬飾以錦韉金絡並轡於花樹下往來使僕從執酒皿而隨之遇好圃則駐馬而飲

護賞

陳芸叟嘗襍種異花圍繞亭榭散歩花間霞雪掩映曰此我家錦歩障也

崇奉

羅虬作花九錫一日重頂幄障風二日金錯刀剪折三日甘泉浸四日玉缸貯五日雕文臺座安置六日畫圖寫七日艶曲翻八日美醑賞九日新詩詠

敕賞

唐懿宗開新第晏於同疑作曲江乃命折花一金合令中官馳至宴所宣口敕曰便令戴花飲酒無不為榮

臥賞

吳孺子每瓶中花枝狼籍則以散余稠間臥之

祈酬清嘉

陸賈使南越尉佗與之泛舟錦石山下賈默禱曰我若説越王肯稱臣當以錦裹石為山靈報使還遂出橐中裝募人植花卉以當錦

鬬勝賞

長安士女春時鬬花以奇花多者為勝皆以千金市名花植于庭中以備春時之鬬

欣賞

牛僧儒治第洛陽多致嘉石美花與賓客相娛樂

美人拔拂

漢武帝嘗以吸花絲所織錦賜麗娟命作舞衣春暮宴於花下舞時故以袖拂落花滿身都着舞態愈媚謂之百花舞按麗娟善歌瞻態妬不勝衣吾唱迴風曲庭花盡落

標美

張功甫列梅花榮寵六則爲煙塵不染爲鈴索護持爲除地鏡净落瓣不淄爲王公旦夕留盼爲詩人閣筆評量爲妙妓澹粧雅歌

御花繁華

宋孝宗禁中賞花非一先期後苑及修内司分任排辦凡諸苑亭榭花木粧點一新錦簾銷幕飛梭繡毬以至茵褥設放器玩盆窠珍禽異物各務奇麗又命小璫内司列肆關撲珠翠冠朶篦環繡段畫領花扇官窰定器孫兒戲具鬧竿龍船等物及有賣買果木酒食餅餌蔬茹之類莫不備具悉效西湖景物越自梅堂賞梅芳春堂賞杏桃花源觀桃粲錦堂金林檎照妝亭海棠蘭亭修禊至於鍾美堂大花爲極盛堂前三面皆以花石爲臺三層各植名品標以象牌覆以碧幕臺後分植玉繡毬數百株儼如鏤玉屏堂内左右各列三層彫花彩檻護以彩色牡丹畫衣間列碾玉水晶金壺及大食玻璃官窰等瓶各簪奇品如姚魏御衣黃照殿紅之類幾千朶別以銀箔間貼大斛分種數千百窠分列四面至于梁棟窓戶間亦以湘筒貯花鱗次簇插何翅萬朶堂中設牡丹紅錦地茵自中殿妃嬪以至内官各賜翠葉牡丹分枝鋪翠牡丹御書畫扇龍涎金合之類有差下至伶官樂部等人亦霑恩賜謂之隨花賞或天顏悅懌謝恩賜予多至數次至春暮則稽古堂會瀛堂賞瓊花靜侶亭紫笑净香亭采蘭挑笋則春事已在綠陰芳艸間矣大抵内宴賞初坐再坐插金盤架者謂之排當否則謂之進酒

九標

承平舊纂萧禹陳叔達於龍昌寺看李花相與論李有九標謂香雅細淡絜密宜夜月宜綠鬟宜泛酒

新野樂

梁文帝南巡至新野臨渾水兩見菖蒲花乃歌曰兩菖蒲新野樂遂以兩菖蒲寺以美之

三殿看花

乾道三年三月初十日南内遣閤長至德壽宫奏知漣日天氣甚好欲一二日間恭邀車駕幸聚景園看花取自聖意選定一日太上云傳語官家備見聖孝但頻頻出去不惟費用又且劳人本宫後園亦有幾株好花不若來日請官家過來閒看遂遣提舉官同到南内奏過遵依次日進早膳後車駕與皇后太子過宫起居二殿訖先至燦錦亭進茶宣召吳郡王會

兩府已下六員侍宴同至後苑看花兩廊並是小内侍及幕士效學西湖鋪設珠翠花朵玩具疋帛及花籃鬧竿市食等許從内人關撲次至毬塲看小内侍抛綵毬蹴鞦韆又至射廳看百戯依例宣賜回至清妍亭看茶蘼就登御舟繞堤閒遊亦有小舟數十隻供應雜藝嘌唱鼓板蔬果無異湖中太上倚闌閒看適有雙燕掠水飛過得旨令曾覿進詞賦遂進阮郎歸云柳雲庭院占風光呢喃春晝長碧波新漲小池塘雙雙蹴水忙萍散漫絮飛揚輕盈體態狂爲憐流水落花香銜將歸畫梁既登舟知閤張掄進柳梢青云柳色初濃餘寒似水纖雨如塵一陣東風縠紋微皺碧沼鱗鱗仙娥花月精神奏鳳管鸞絃鬭新萬歲聲中九霞盃内長醉芳春曾覿和進云桃靨紅勻梨腮粉薄鴛徑無塵鳳閣淩虛龍池澄碧芳意鱗鱗清時酒聖花神看内苑風光又新一部仙韶九重鸞仗天上長春各有宣賜次至静樂堂看牡丹進酒三杯

太后邀太皇官家同到劉婉容奉華堂聽摘阮奏曲罷婉容進茶訖遂奏太后云近教得二女童瓊華綠華並能琹阮下棊寫字畫竹背誦古文欲得就納與官家雜劇遂令各呈伎藝併進自製阮譜三十曲太后遂宣賜婉容宜和殿玉軸沉香槽三峽流泉正阮一面白玉九芝道冠北珠綠領道氅銀絹三百疋兩會三千百萬貫是日三殿並醉酉牌還内

府花史春見牡丹志

閏三月　五風十雨　主人多喜事　婢能歌樂
妻孥不倦排當　僮僕勤幹　子弟韞藉　正開值
生日　欲謝時待辦醒　門僧解裁接　借園亭張
筵　從貧處移入富家未條似未妥畱有濁惜貧亦有清賞

花史左編卷十二

檇李　仲遵　王路　纂修

花之辱穢濁棄捐凡爲花厲辱者皆是

黑牡丹　賣笑花
油花卜　裸遊館
倉獺　賣客
肉身水仙　裙幄
鬭花禁　隔筒

綠拗兒　花幕
頭帶花　髩角戴花
插花　花輿
花見羞　蝶幸
花街　粉花
射覆　花獅
鋪坐　插香
杏幸　柳葉

荻穗　竊蘭
蓮親　附梅花屈辱十二則
又諸花二則

黑牡丹

唐末劉訓者京師富人京師春遊以牡丹爲勝賞訓邀客賞花廼繫水牛累百於門人指曰此劉氏黑牡丹也

賣笑花

武帝與麗娟看花時薔薇始開態若含笑帝曰此花絕勝佳人笑也麗娟戲曰笑可買乎帝曰可麗娟遂奉黃金百斤爲買笑錢薔薇名賣笑花自麗娟始

油花卜

池陽上巳日婦人以薺花點油祝而灑之水中若成龍鳳花卉之狀則吉謂之油花卜

裸遊館

靈帝起裸遊館千間渠水遶砌蓮大如蓋長一丈夜舒晝捲名夜舒荷宮人靚妝解上衣着內服或共裸浴

卄九

倉獺

悪

無錫湖陂雨初止陂吏見一婦人着青衣戴傘呼之不得自投陂中乃是一大倉獺衣傘皆是荷花

賣客

単

宋杭州每處有私名妓數十輩皆時妝袪服巧笑爭妍夏月茉莉盈頭香滿綺陌凭欄招邀謂之賣客

肉身水仙

奸

寶兒每夜採水仙花一斛複裙襦其上謂朝服以見帝帝謂之肉身水仙

裙幄

俗

長安士女春遊野步遇名花則藉草而坐乃以紅裙遞相插挂以爲宴幄

鬬花禁

剗

劉鋹在國春深令宮人鬬花凌晨開後苑各任採擇

以頭勸遂官鎖花門膺許普集角勝負於殿中宫士
抱捐宫人出入皆搜懷袖置樓羅曆以驗姓名法制
甚嚴時號花禁負者獻耍金耍銀買燕
隔筒
（頂）李後主每春盛時梁棟牕壁柱栱堦砌並作阿何插
雜花榜曰錦洞天
綠㧞兒
（志）王彥章葺園亭疊壇種花急欲苔蘚少助野意而經
年不生顧弟子曰叵耐這綠㧞兒
花史　四　卷
花㨾
（匯）李後主嘗小周后嘗於羣花間作亭森以紅羅押以
玳牙雕繪華侈而制極迫小僅容二人每與后酣飲
其中他寵嬖莫與也
頭帶花
（記）孫周翰自幼精敏其父穆之携以見郡侯詩客人作
會侯與坐客簪花因命周翰曰口吹楊柳成新曲翰
曰頭帶花枝學後生侯咲曰何遽便戲老夫
髽角戴花
（瑞）丐者王江居宛丘游於市中嘗髽角戴花小兒群聚
捽爲之江嘻咲自若
插花
（諾）撈伽貧女插花謳歌夜宿古墓
花輿
（友）洛陽人家寒食粧萬花輿
花史　五　十卷
花見羞
（抑）明宗同王淑妃游一花無風搖動蕊葉翩然毅之
明宗咲曰此淑妃明秀花見亦爲之羞也自後宮中
呼爲花見羞
蝶幸
（弁）明皇春晏宮中妃嬪各插艷花帝捉粉蝶放之隨蝶
所止幸焉楊妃入宮不復此戲
花衙

長安市平康巷多種花柳爲妓女所居謂之花街柳
陌

粉花

楊用修在瀘州嘗醉胡粉傅面作雙丫髻插花門生
舁之諸妓捧觴遊行城市了不爲怍

射覆

陳造家畜數姬每日晚藏花一枝使諸姬射覆中者
留宿時號花媒

花獅子

曲江貴家遊賞則剪百花妝成獅子相遺獅子有
小連環欲遊則以蜀錦流蘇牽之唱曰春光且莫去
留與醉人看

鋪坐

唐許愼選放曠不拘小節多與親友結宴花圃中未
嘗張幄設坐只使僮僕聚落花鋪坐下曰吾自有花
茵

括香

唐穆宗每宮中花開則以重頂帳蒙蔽欄檻置惜春
御史掌之號曰括香

杏幸

趙清獻公帥蜀有妓戴杏花清獻喜之戲曰頭上杏
花真可幸妓應聲曰枝間梅子豈無梅公益喜

柳葉

唐張籍性耽花卉聞貴侯家有山茶一株花大如盌
度不可得遂以愛姬柳葉換之人謂花淫

荻毬

政黄牛冬不擁爐以荻花作毬納足其中客至與共
之

竊蘭

霍定與友人遊曲江以千金求人竊貴侯亭榭中蘭
花插帽兼自持往羅綺叢中賣之士女爭買擲以金
錢

蓮貌

蓮本出於泥而不滓故為淨友唐張昌宗通以姿貌幸楊再思曰人言六郎似蓮花非也正謂蓮花似六郎耳反令花有厚顔妄遭玷辱

附 梅花屈辱 十二則

張功甫品梅為列花屈辱凡十二條為主人不好事為主人慳鄙為種富家園内為與粗婢命名為蟠結作屏為賞花命猥妓為庸僧牕下種為酒肉店内插瓶為樹下有狗矢為枝上晒衣為青紙屏粉畫為生猥巷穢溝邊

諸花 二則

為賞花動鼓板為花徑陽道

花史左編卷十三

檇李 仲遵 王路 纂修

花之忌 大畧於花非所宜而有妨礙者悉羅之

牡丹

又 療牡丹法

水仙

瑞香

玫瑰

又 紫玫瑰花

梔子

蘭花 四戒又去除蟻虱一條

菊花 抑蠹

又 去蠹一條畧異

玉蘭

薔薇

桂花

挂蘭

附 瓶花之忌 一條

附 花祟 瓶史第七條

牡丹

北方地厚忌灌肥糞油𥻆肥𡐤忌觸麝香桐油漆器忌用熱手搓磨搖動忌艸長藤纏以奪土氣傷花四傍忌踏實便地氣不升忌初開時即便採折令花不茂忌人以烏賊魚骨針刺花根則花㷱凋落此牡丹

之所忌也

又 療牡丹法

或有蛀蟲蟒螬土蚕食髓以硫黄末入孔杉木削針針之則蟲自死若折斷捉蟲則可惜枝幹矣

水仙

𢓂種犯鐵器永不開花

瑞香

惡濕畏日宜用小便可殺蚯蚓或云宜用梳頭垢膩又云浣洗衣灰汁澆之則花肥盖瑞香根甜得水澆則蚯蚓不食居家必用云漆渣及鵝鴨毛汁或燖猪毛湯澆俱茂最忌麝觸之即萎有日色即盖之不可露根露之則不榮若澆小便以河水多灌解小便之鹹大抵香花怕糞惟瑞香尤甚

玫瑰

其根傍新發嫩枝條勿令久存即宜植別地則種茂不零落

又 紫玫瑰花

種紫玫瑰多不久者緣人溺澆之即斃種以分根則茂本肥多悴黄亦如之

梔子

此花喜肥宜以糞澆然澆多太肥又生白虱

蘭花 培蘭四戒

春不出 宜避春之風雪 夏不日 避炎日之銷爍 秋不乾 宜乾則就澆水 冬不濕 不令見水成水

又去除蟣虱一條　肥水澆花必有蟣虱在葉底壞葉則損花如生此虫即研大蒜和水以白筆拂洗葉上乾淨虫自無矣

菊花　捕蟲

夏至前後有蟲黒色硬殼正名菊虎晴暖出見只在巳午未三時甚熱之際宜候除之如被傷即于傷處摘去免秋後生蟲虎所傷必擇壯土盛菊四傍多種易壯盛賤種以聽菊虎之患牙蟲籠頭因菊有香蟣

上而糞之則生蟲𧏡長蟣又食之則菊籠頭而不長見有如白虱者生即以棕箒刷去秋後覓蟲先認糞跡有象幹蟲其色與幹無異生於葉底上半月在葉根之上幹下半月在葉根之下幹破幹取之以紙撚縛之常以水而潤其紙條花亦無恙或用鐵線磨爲邪鋒之小刄上半月扦蛀眼向上而捜蟲下半月在蛀眼向下而捜蟲菊蟣多則以鱉甲置于旁蟣必集焉移之遠所菊枝生蝂虫用桐油圖梗上虫自然潰

須牛毎朝活蝂搗碎洒葉上自不至治蚯蚓用石灰水灌河水解之

又去蟲一條

害菊之物有六一曰菊牛二曰蚱蜢三曰青虫四曰黒蚰五曰喜蛛六曰麻雀蚱蜢青虫食其葉黒蚰瘠其枝喜蛛侵其腦麻雀四月間作窠啄枝啣葉菊牛又名菊虎有鉗狀若螢火菊之大蠹也露未晞時停葉間此際可尋殺之但飛極快遲則不及也五六月

內遶皮咬咋產子在內變爲青虫在此一葉則一葉垂凡折去之時必須于損處更下一二寸庶免毒氣攻及一樹以其損處劈開必有一小黒頭青虫當撚殺之黒蚰用線纒緊頭逐漸粘下手撚殺之喜蛛則逐葉捲去其絲又妨節眼內生蛀虫用細鉄線透眼殺虫又蚯蚓亦能傷根用純糞澆之殺即以河水解之

玉蘭花

此花忌水浸

薔薇

薔薇性喜結屏不可多肥腦生莠虫以煎銀店中爐灰撒之則虫斃

桂花

桂花喜陰不宜人糞

挂蘭

此花最怕煙燼

附　瓶花之忌　高濂甫著

瓶忌有環忌放成對忌用小口甕肚瘦足藥罈忌用葫蘆瓶凡瓶忌雕花粧彩花架忌置當空几上致有顛覆之患故官哥古瓶下有二方眼者爲穿皮條縛於几足不令失損忌香烟燈煤燻觸忌猫鼠傷殘忌油手拈弄忌藏密室夜則須見天日忌用井水貯瓶味鹹花多不茂用河水幷天落水始佳

附　花祟　瓶史第七條

花下不宜焚香猶茶中不宜置果也夫茶有真味非甘苦也花有真香非烟燎也味奪香損俗子之過且香氣燥烈一被其毒旋即枯萎故香爲花之劍刃棒香合香尤不可用以中有麝臍故也昔韓熙載謂木樨宜龍腦酴醾宜沉水蘭宜四絕含笑宜麝薝蔔宜檀此無異箭中夾肉官庖排當所爲非雅士事也至若燭氣煤烟皆能殺花速宜屏去謂之花祟不亦宜哉

花史左編卷十四

檇李　仲遵　王路　纂

花之運　乆暫盛衰興亡之故

瓶花宋南渡端午事

蜀葵明成化甲午年事

鳳僊宋慈懿李后事

金錢梁時外國進花事

牡丹唐時長慶間

映山紅古年豊稔

菊花飲酒禳災

爭春館杏花數十畷

紅梨花知已難逢

香海棠褒崇特異

芍藥東武舊俗

萬花會一時最勝

薔薇花五代時籓使入貢事

水仙花宋人致自蕭山作賦事

芙蓉花成都記孟後主事

罽文帳王子懐許智老事

木蘭花一抹償酬王子王勃事

瓶花

宋南渡後端午日以大金瓶遍插葵花石榴梔子環繞殿閣　備安之景豈能長久

蜀葵

明成化甲午倭人入貢見蜀葵花不識因問國人給之日此一丈紅也其人以紙狀其花題詩曰花于木槿花相似葉與芙蓉葉一般五尺闌干遮不住特留一半與人看　胡越一家之景但非倭人口角

鳳僊

宋時謂之金鳳花又曰鳳兒花慈懿李后之生也有鸑鷟下儀之瑞小名鳳娘迨正位坤極六宮避諱稱日好女兒花　母儀天下花與有榮

金錢

俗名夜落金錢出自外國梁時外國進花朵如錢亭亭可愛昔魚弘以此賭賽謂得花勝得錢可謂好之極矣　用夏変夷是花連轉處　人有夢織者應得錢錢木織物今以得花勝之似除織而名猶在是夷可変而織終不変可惜

牡丹花

[?]詩此種獨少長慶間開元寺僧惠澄自都下偶得一本謂之洛花白樂天携酒賞之唐張處士有牡丹詩宋蘇子瞻有牡丹記自古各家逸士無不首愛此花者　花以人為盛衰

映山紅

本名山躑花類杜鵑稍大单瓣色淺若生滿山頂其年豊稔　山花應是田禾好友否則何以豊歉同之

菊花

崔實月令以九月九日採菊而費長房亦教人以是日飲菊酒以禳災然則自漢以來尤盛也　不若陶彭澤東籬擢獨擅千古千晉爲尤盛

爭春館

揚州太守圃中有杏花數十畷每至爛開張大宴一株命一娼倚其傍立館曰爭春開元中宴罷夜闌人或云花有嘆聲　宴賞時人花相映至開元中花何以獨就冷落

紅梨花

峽州署中有千葉紅梨花無人賞者知郡朱郎中始加欄檻命坐客賦之　花亦有待豈終寂寞

香海棠

昌州海棠獨香其木合抱號海棠香國太守於郡前建香霏閣每至花時延客賦賞　香名不衰于[illegible]遺恨

芍藥

東武舊俗每歲于四月大會于南禪資福兩寺芍藥

供佛最盛凡七十餘朶皆重附累萼中有白花正圓如覆盂其下十餘葉承之如盤蘇軾易其名曰玉盤盂　名下無虛克副其稱

萬花會

蔡繁卿守揚州作萬花會用芍藥十萬餘枝　取數太多目擊者應發狂矣

薔薇花

香譜大食國薔薇花露五代時藩使蒲何散以十五

瓶來貢　露如此之多花應幾許

水仙花

宋楊仲因自蕭山致水仙一二百本極盛乃以兩古銅洗藝之學洛神賦體作水仙花賦　水仙丰骨原侔遇楊而益昌其族

芙蓉花

成都記孟後主于成都城上種芙蓉每至秋四十里如錦繡高下相照因名錦城以其花染繒爲帳幔名芙蓉帳　錦城至今如在勝金谷錦帳七十里

鼎文帔

許智老爲長沙有木芙蓉二株可庇畝餘一日盛開賓客盈溢坐中有王子懷者言花朶不踰萬數若過之願受罰智老許之子懷因指所携妓賈三英胡錦鼎文帔以酬直智老乃命厮僕群採凡一萬三千餘朶子懷褫帔納主人而遁　二株花萬餘數已盈極一時受尤何大恐也

木蘭花

長安百姓家有木蘭一株王勃以五千買之經年花紫　青松笑人無長色木蘭經年花紫高價不虛

花史左編卷十五

檇李 仲遵 王路 纂修

花之夢 花屬空相幻矣叙之以夢是謂以幻益幻

夢溪 宋沈括

蘭花 鄭文公妾

海棠 蜀潘炕嬖妾趙氏

潤筆花 鄭棨作詩事

水仙花 謝公女謝夫人

又 姚姥

櫻桃青衣 范陽盧子

畫梅枝 念齋程楷

五色筆花 文通江淹蓋物似花見夢中

附 夢花 花名也說奇併入

夢溪

鎮江有夢溪在丹陽經山之東宋沈括嘗夢至一小山花如覆錦喬木鬱鬱溪水遶其下後謫官徐得此

蘭花

鄭文公妾燕姞夢天與之蘭以是爲子後文公見之賜蘭而御焉生穆公名蘭

海棠花

蜀潘炕有嬖妾解愁姓趙氏其母夢吞海棠花蕊而生頗有國色善爲新聲

潤筆花

鄭棨嘗作金錢花詩未就夢一紅裳女子擲錢以遺之曰爲君潤筆及覺探懷中得花數朶遂戲呼爲潤筆花

水仙花

謝公夢一仙女畀水仙花一束明日生謝夫人長而聰慧能吟咏

又

姚姥住長離橋夜夢觀星墜地化水仙一叢摘食之覺而生女長而令淑有文

櫻桃青衣

天寶初有范陽盧子在都應舉頻年不第漸窘迫嘗暮乘驢遊行見一精舍中有僧開講聽徒甚衆盧子方詣講筵倦寢夢至精舍門見一青衣携一籃櫻桃在下坐盧子訪其誰家因與青衣同餐櫻桃青衣云娘子姓盧嫁崔家今孀居在城因訪近屬即盧子再從姑也青衣曰豈有阿姑同在一都郎君不往起居盧子便隨之過天津橋入水南一坊有一宅門甚高

大盧子立於門下青衣先入少頃有四人出門與盧子相見皆姑之子也一任戶部郎中一前任鄭州司馬一任河南功曹一任太常博士二人衣緋二人着綠形貌甚美相見言叙頗極歡暢斯須引入北堂拜姑姑衣紫衣年可六十許言詞高朗威儀甚肅盧子畏懼莫敢仰視令坐悉訪内外備諳氏族遂訪兒婚姻未盧子曰未姑曰吾有一外甥女姓鄭早孤遺吾妹鞠養甚有容質頗又令淑當爲兒婦平章計必允

盧子遽即拜謝乃遣迎鄭氏妹有頃一家並到車馬甚盛遂檢擇曆日云後日大吉因與盧子定謝姑云聘財函信禮物兒並莫憂吾悉與處置兒在城有何親故並抄名姓并其家第凡三十餘家並在臺省及府縣官明日下函其夕成結事事華盛殆非人間明日設席大會都城親表拜禮畢遂入一院院中屏帷牀席皆珍異其妻年可十四五容色美麗宛若神仙

盧生心不勝喜遂忘家屬俄又及秋試之時姑曰禮部侍郎與姑有親必合極力更勿憂也明春遂擢第又應宏詞姑曰吏部侍郎與兒子弟當家連官情分偏洽令渠爲兒必取高第及榜出又登甲科受秘書郎姑云河南尹是姑堂外甥令渠奏畿縣尉數月勅授王屋尉遷監察轉殿中拜吏部員外郎判南曹銓畢除郎中餘如故知制誥數月即眞遷禮部侍郎兩載知舉賞鑒平允朝廷稱之改河南尹旋屬車駕還京遷兵部侍郎扈從到京除京兆尹改吏部侍郎三

年掌銓甚有美譽遂拜黄門侍郎平章事恩遇綢繆賞賜甚厚作相五年因直諫忤旨改左僕射罷知政事數月爲東都留守河南尹兼御史大夫自婚媾後至是經三十年有七男三女婚宦俱畢内外諸孫十人後因出郡到昔年携櫻桃青衣精舍復見其中共中有講遂下馬禮謁以故相之尊處端揆居守之重前後導從頗極貴盛高自簡貴輝映左右升殿禮佛忽然昏醉良久不起既而夢覺乃見著白衫服飾如

故前後官吏一人亦無徬徨迷惑徐徐出門乃見小豎捉驢執帽在門外立謂盧曰人飢驢飢郎君何久不出盧訪其時奴曰日向午矣乘驢歸見僧舍墻内櫻花數枝花甚繁郁尚未有結子者盧子悯然歎曰人世榮華窮達富貴貧賤亦當然也而今而後不更求官達矣遂尋仙訪道絶跡人世焉

畫梅枝

樂平念齋程内翰楷初發棘北上赴會試是夕夢人有携扇面畫梅枝一念齋題云誰把枯枝紙上栽頃花錯落帶晴開天公預報春消息占斷江南第一魁覺而喜明年果中禮部第一官編修無嗣而卒人以枯根之語竟爲先讖云

五色筆花

江淹嘗夢筆生花文思日警後宿一驛中復夢一美丈夫自稱郭璞曰吾有筆在公處可還淹探懷中五色筆授之自是作詩絶無佳句故世傳江淹才盡

夢花 附

靖州土産緩寧山其莖如藤其花黄白其蕊條甚細俗云有夢失記者嗅之即寤

花史左編卷十六

檇李　仲遵　王路　纂修

花之事凡經古人歷涉議論點綴者悉録焉

桃花類

滿山花　花悟道　芳美亭

潘縣花　花五里　緑耳梯

銷恨　紅霞

牡丹類

各花國色　木芍藥　殷紅一窠

瓊島飛來　紫金盞　叅軍數

杏花類

碎錦坊　杏花村　杏壇

探春晏　春光好

梅花類

揚州廨　逢驛使　柳樹梅

羅幙　緑英

梨花類

洗粧　香來玉[illegible]　[illegible]

海棠類

五恨　睡未足　飲海棠

花首題　金屋貯　載酒飲

泛湖賞　剪去子　登木飲

如杜梨

蓮花類

白蓮社　雙蓮　東林植

破鐵舟　萬荷蔽水　尾盆分

桂花類

五枝芳

附春桂　桂柱

菊花類

花洞戶　消禍　麗艸

菊道人　土貢　[illegible]滑頭

獻壽　候時草

蘭花類

秉蘭　握蘭

茉莉類　暗麝着

木槿類　舜由香

鷄冠類　洗手花　臙脂染

榴花類　房多子　一點紅

合歡類　蠲忿

菖蒲類　九花

金錢類　雙陸賭

桃花類　滿山花

談圃石曼卿通判海州以山嶺高峻人路不通又無花卉點綴照映遂以泥裹桃核拋擲于山嶺上一二年間滿山花開爛如錦綉

花悟道

志勤禪師在潙山因桃花悟道偈曰自從一見桃花後三十年來更不疑

芳美亭

錢伸仲於錫山所居作芳美亭種桃数百千株蔡載作詩曰商人不惜地自種無邊春莫隨流水去恐汙世間塵

滿縣花

潘岳爲河陽令滿縣栽桃李號河陽滿縣花

花五里

茅山乾元觀姜麻子圖蓬頭弟子也里夜紡衲從楊州乞爛桃核數石空山月明中種之不避豺虎自茶庵至觀中有桃花五里餘

緑耳梯

江南後主同氣宜春王從謙常春日與妃侍遊宮中後圃妃侍覩桃花爛開意欲折而條高小黄門取綵梯獻時從謙正乘駿馬擊毬乃引鞚至花底痛採芳菲顧謂嬪妾曰吾之緑耳梯何如

消恨

明皇憩桃下曰不特萱艸忘憂此花亦能消恨

紅霞

唐劉禹錫貶朗州司馬居十年召至京師時玄都觀有道士種桃滿觀如紅霞遂有詩云玄都觀裏桃千樹盡是劉郎去後栽已而復左出牧十四年得爲主客郎中復遊是觀無復一存因有種桃道士歸何處前度劉郎今又來之句

牡丹類　名花國色

唐開元禁中初種牡丹得四本植於興慶池東沉香亭前會花方開明王召太真賞玩命李白爲詩三章其三曰名花國色兩相歡長得君王帶笑看解釋春光無限恨沉香亭北倚欄干

木芍藥

花譜唐人謂牡丹爲木芍藥

殷紅一窠

會昌中有朝士數人尋芳至慈恩寺遍詣僧室時浴堂院有白花可愛相與傾酒而坐因云牡丹未識紅深者院主老僧微笑曰安得無之但諸賢未見耳朝士求之不已僧曰衆君子欲看此花能不泄於人否朝士誓云終身不復言僧乃引至一院有殷紅牡丹一窠婆娑幾及千朵濃姿半開炫耀心目朝士驚賞留戀及暮而去信宿有權要子弟至院引僧曲江閒步將出門令小僕寄安茶笈裹以黃帕於曲江岸藉

艸而坐忽有弟子奔走而來云有數十人入院掘花禁之不止僧俛首無言惟自吁嘆坐中但相盼而笑既而却歸至寺門見以大畚盛花舁而去徐謂僧曰竊知貴院舊有名花宅中咸欲一看不敢預告恐難見捨適所寄籠子中有金三十兩蜀茶二斤以爲酧贈

瓊島飛來

宋淳熙間如皐桑子河紫牡丹無種自生有貴人欲

後之掘見石如劍題曰此花環島飛來種只許人間老眼看以是鄉老誕日值花時必往其家爲壽惟李嵩以三月初八日初度自八十壽花至百九歲終

紫金盞

唐玄宗內殿賞花問程正己京師有傳唱牡丹者誰稱首對曰李正封詩云國色朝酣酒天香夜染衣時貴妃方寵因謂妃曰妝鏡臺前飲一紫金盞則正封之詩可見矣

忝軍數

諸葛穎精於數晉王廣引爲忝軍甚見親重一日共坐王曰吾卧內牡丹盛開君試爲一筮穎時越策度一二子曰牡丹開七十九朵王入掩戶去左右數之政合其數但有二蕋將開故倚闌看傳記何之不數十行二蕋大發乃出謂穎曰君筭得無左乎穎再挑一二子曰吾過矣乃九九八十一朵也王告以實盡歡而退

杏[illegible]碎錦坊

唐[illegible]裴晉公牛橋庄有杏[illegible]文杏一百株名其處日碎錦坊

杏花村

詩話徐州古豐縣朱陳村有杏花百二十里坡詩云我是朱陳舊使君勸農曾入杏花村如今風物那堪話縣吏催錢夜打門

杏壇

莊子漁父篇孔子遊乎緇緯之林坐乎杏壇之上弟子讀書孔子絃歌鼓琴云

探春宴

摭言神龍以來唐進士初會杏花園謂之探春宴以少俊二人爲探花使徧遊名園若他人先折得花則二人皆有罰

春光好

明王遊別殿柳杏將吐嘆曰對此景物不可不與判

術命高力士取[一作助]羯鼓臨軒縱擊奏一曲名春光好回顧[一作四顧]柳杏皆發笑曰此一事不喚我作天公可乎

梅花類　楊州廨

梁何遜爲楊州法曹廨宇有梅花一枝盛開遜吟其下後居洛思梅花再請其任從之抵楊州花方盛何遜對花彷徨者終日

逢驛使

南北朝范曄與陸凱相善凱在江南寄梅花一枝詣長安與曄并贈詩曰折梅逢驛使寄與隴頭人江南無所有聊贈一枝春

榔樹梅

太和山有榔梅相傳真武折梅寄榔樹上誓曰吾道成花開果結後竟如其言

羅幙

僞吳徐壽皆於宮中以銷金羅幙種梅花於外花開立淨百絡三座與愛姬花氏對酌其中

綠英

李白遊慈恩寺僧獻綠英梅

梨花類　洗妝

洛陽梨花時人多携酒樹下曰爲梨花洗妝或至買樹

香來玉樹

侯穆有詩名因寒食郊行見數少年共飲於梨花下

穆長揖就坐衆皆哂之或曰能詩者飲乃以梨花爲題穆吟云共飲梨花下梨花插滿頭清香來玉樹白蟻泛金甌粧靚青娥妒光凝粉蝶羞年年寒食夜吟遶不勝愁衆客閣筆

壓帽

梁緒梨花時折花簪之壓損帽簷至頭不能舉

海棠類　五恨

冷齋夜話彭淵材曰吾平生無所恨但所恨者五事

耳一恨鰣魚多骨二恨金橘多酸三恨蓴菜其性多
冷四恨海棠無香五恨曾子固能作文不能作詩

睡未足

楊妃傳明王嘗召太真太真被酒新起帝曰此乃海
棠花睡未足耳

飲海橋

冷齋夜話少游在黃州飲於海橋橋南北多海棠有
香者

花首題

真宗御製後苑雜花十題以海棠爲首近臣唱和

金屋貯

石崇見海棠嘆曰汝若能香當以金屋貯汝

載酒飲

韓持國雖剛果特立風節凜然而情致風流絕出時
輩許昌崔象之侍郎舊第今爲杜君章所有厩後小
亭僅丈餘有海棠兩株持國每花開輒載酒日飲其
下竟謝而去歲以爲常至今故吏尚能言之

泛湖賞

范石湖每歲移家泛湖賞海棠

剪去子

瑣碎錄海棠候花謝結子剪去來年花盛而無葉

登木飲

徐俭樂道隱于藥肆中家植海棠結巢其上引客登
木而飲

如杜梨

花木錄載南海海棠木性無異惟枝多屈曲數數有刺
如杜梨花亦繁盛開稍早

蓮花類 白蓮社

僧惠遠居廬山與劉遺民結白蓮社以書招陶淵明
淵明曰若許飲卽往

雙蓮

宋文帝元嘉間樂遊苑天泉池池蓮同幹泰始中嘉

一雙並實合附同莖生豫州鯉湖

東林植

謝靈運即東林寺翻涅槃經且鑿池植白蓮其中

破鐵舟

韓愈登華山蓮花峯歸謂僧曰峰頂有池菡萏盛開可愛其中又有破鐵舟焉

萬荷蔽水

神廟特中貴釆用臣鑿後苑瑶津池成明日請上賞

蓮花忽見萬荷蔽水乃一夜買滿京盆池沉其下上嘉其能

瓦盎分

宋孝宗於池中種紅白荷花萬柄以瓦盎別種分列水底時易新者以爲美觀

桂花類　五枝芳

燕山竇諫議五子俱登第馮道贈詩曰燕山竇侍郎教子有義方靈椿一株老丹桂五枝芳

附　春桂

王績問春桂曰桃李正芳華年光隨處滿何事獨無花春桂答曰春華詎能久風霜搖落時獨秀君知否

桂柱

漢武帝昆明池中有夌波殿七間皆以桂爲柱風來自香

菊花類　花洞户

孟元老東京夢華録重九都下賞菊菊有數種有黄白色蘂若蓮房曰萬鈴菊粉紅色曰桃紅菊白而檀心曰木香菊黄色而圓曰金鈴菊純白而大曰喜容菊無處無之酒家皆以菊花縛成洞户

消禍

續齊諧記汝南桓景隨費長房遊學數年長房忽謂之曰九月九日汝家有災厄可速去令家人各作絳囊盛茱萸係臂登高飲菊花酒禍乃可消景如其言

舉家登山夕還見牛羊雞犬皆暴死焉

麗艸

晉傅統妻菊花頌英英麗艸禀氣靈和春茂翠葉秋曜金華布濩高原蔓衍陵阿揚芳吐馥載芳載葩爰拾爰採投之醇酒御于王公以介眉壽

菊道人

亳社吉祥僧刹有僧誦華嚴大典忽一紫兔自至馴伏不去隨僧坐起聽經坐禪惟飡菊花飲清泉僧呼菊道人

土貢

九域志鄧州南陽郡土貢白菊三十斤

插滿頭

唐輦下歲時記九日宮掖間爭插菊花民俗尤甚杜牧詩云塵世難逢開口笑菊花須插滿頭歸又云九日黃花插滿頭

獻壽

唐書李適爲學士凡天子饗會游豫唯宰相及學士得從秋登慈恩浮圖獻菊花酒稱壽

候時艸

風土記日精治蘠皆菊之花莖別名也生依水邊其花煌煌霜降之節唯此艸盛茂九月律中無射俗尚九日而用候時之艸也

蘭花類　秉蘭

鄭國之俗上巳于溱洧之上招魂續魄秉蘭艸祓除不祥

握蘭

漢尚書郎每進朝時懷香握蘭口含鷄舌香

茉莉類　暗麝着人

東坡謫儋耳見黎女競簪茉莉含檳榔戲書几間曰暗麝着人簪茉莉紅潮登頰醉檳榔

木槿類　舞山香

汝陽王璡嘗戴研絹帽打曲上自摘紅槿花一朶置

於帽上笡（笡字當作簷）處二物皆極滑久之方安遂奏舞山香一曲而花不墜上大喜賜金器一厨

鷄冠類　洗手花

宋時汴中謂鷄冠花爲洗手花中元節前兒童唱賣以供祖先

胭脂染

鮮縉嘗侍上側上命賦鷄冠花詩縉曰鷄冠本是胭脂染上忽從袖中出白鷄冠云是白者縉應聲曰今日如何淺淡粧只爲五更貪報曉至今戴却滿頭霜

榴花類　房多子

北史齊安德王延宗納趙郡李祖收女爲妃毋特爲薦二石榴於帝莫知其意輕之帝問魏收收荅以石榴房多子王新婚妃妃毋欲子孫衆多帝大喜

一點紅

直方詩話王荆公作内相翰苑有石榴一叢枝葉甚茂只發一花特王荆公有詩云萬緑叢中紅一點動人春色不須多

合歡類　觸忌

本艸晉稽康種之舍前嘗曰合歡花此花欲觸人之忿贈以青棠合歡也

菖蒲類　九花

燕子由盆中菖蒲忽生九花

金錢類　雙陸賭

雜俎梁豫州椽屬以雙陸賭金錢錢盡以金錢花補足魚洪謂得花勝得錢

花史左編卷十七　　槜李　仲遵　王路　纂修

花之人　種花接花護花賞花有其花不可無其人

花師　花媒　花醫

花妾　花　花翁

花主　二花　宗測

陳英　林逋　陶潛

司花女　解語花　王子猷

張茂卿　陳從龍　陸龜蒙

花師

洛人宋單父字仲孺善吟詩亦能種藝術凡牡丹變易千種紅白鬭色人亦不能知其術上皇召至驪山植花萬本色樣各不同賜金千餘兩內人皆呼爲花師亦幻世之絕藝也

花媒

李冠卿家有杏花一窠花多不實適一媒姥見之笑曰來春與嫁此杏冬深忽攜一尊酒來云婚家撞門酒索處子裙繫樹上奠酒辭祝再三而去明年結子無數

花醫

穎有善治花瘠者腴之病者安之時人競稱之爲花太醫

花妾

唐李鄴侯公子有二妾綠絲碎桃善種花花經兩人手無不活

花姑

魏夫人弟子善種花號花姑詩春圃祀花姑　按花姑姓黃名令徵

花翁

孫惟信字季蕃任宋光宗時棄官隱西湖工詩文好藝花卉自號花翁家徒壁立彈琴讀書晏如也

花主

太祖一日幸後苑賞牡丹召宮嬪將置酒得幸者以疾辭再召復不至上乃親折一枝過其舍而簪于髻上上還輒取花而還上顧之曰我辛勤得天下乃欲以一婦人敗之耶即引佩刀截其腕而去

二花

阮文姬插髻用杏花陶溥公呼曰二花

宗測

宗測春遊山谷間見奇花異艸則係于帶上歸而圖其形狀名聚芳圖百花帶人多效之

陳英

陳英隱居江南種梅千株每至花時落英繽紛恍如積雪

林逋

林逋字君復隱居孤山徵辟不就構巢居閣繞植梅花吟咏自適徜徉湖山或連宵不返

陶潛

陶潛為彭澤令宅邊有叢菊重九日出坐徑邊採菊盈把有江州太守王弘令白衣吏送酒至遂飲醉而歸 按淵明愛菊每對花命酒吟咏後日

司花女

煬帝駕至洛陽進合帝迎輦花命御車女袁寶兒持之號曰司花女命虞世南作詩嘲之曰學畫鵶黃半未成

解語花

解語花劉氏尤長於慢詞廉野雲招盧疎齋趙松雪飲於京城外之萬柳堂劉左手持荷花右手舉杯歌驟雨打新荷曲諸公喜甚趙為賦詩有手把荷花來勸酒步隨芳艸去尋詩之句

王子猷

王子猷學道於終南山嘗出遊山谷披鶴氅服乘白羊車採野花插之於首人欲追之則不見

張茂卿

[illegible]人好事其家西園有一樓四圍植奇花異卉殆遍嘗接牡丹於椿樹之杪花盛開時延賓客推樓玩焉

陳從龍

陳從龍字登雲嘉興人少嗜學每夜讀書至曙能詩環居栽梅倚樹而歌

陸龜蒙

張搏爲蘇州刺史植木蘭花於堂前嘗花盛時燕客命郎席賦之陸龜蒙後至張連酌浮之徑醉强索筆題兩句洞庭波浪渺無津日日征帆送遠人頹然醉倒客欲續之皆莫詳其意旣而龜蒙稍醒續曰幾度木[illegible]船上望不知元是此花身遂爲絶唱

花史左編卷十八

檇李 仲遵 王路 纂修

花之證 花辨以剖晰參徵至考證則按其貢又尋其源矣與辨小異

蘭花 又 蕙花

菊花 又 又

又 又 又

又 又 夏菊

諸菊 菊之字 又

枇杷花 萱花 李花

又 素問一條 桃花 又 爾雅一條

梅花 又 埤雅一條 棣花

楊花 橘花 唐棣

又 竹林一條 常棣 如花

又 本草一條 櫻桃 梧花

桐花 荇花 藻花

龍紅　茶花　荷花
蓮　芙蕖　菡萏
木槿　荊花　芍藥
又　牡丹　麗春
水仙　瑞香　水筆
酴醾　薔薇　凌霄
葵花　又說文一條又左傳一條
合歡　桂花　又

芙蓉　石榴　海棠
又　又　又
又　又　迎春
山茶　月月紅

蘭花

說文曰蘭香艸也離騷曰紉秋蘭以爲佩又曰秋蘭兮蘪蕪楚詞曰疏石蘭兮以爲芳王逸曰石蘭香草疏布也易曰同心之言其臭如蘭芳也禮記曰

貢賜之茝蘭則受獻諸舅姑家語曰芝蘭生於深林不以無人而不芳君子修道立德不爲困窮而改節文子曰日月欲明浮雲蓋之叢蘭欲脩秋風敗之孫卿子曰民之好我芬若椒蘭也

又

艸木疏云蘭爲王者香艸其莖葉皆似澤蘭廣而長節節中赤高四五尺藏之書中辟魚故古有蘭省芸閣芸亦辟蠹淮南子曰男子樹蘭美而不芳說者以

爲蘭女類也故男子樹之不芳夫艸水之性蘭宜女子

蕙花

蕙大抵似蘭花亦春開蘭先而蕙繼之皆柔荑其端作花蘭一荑一花蕙一荑五六花香次於蘭大抵山林中一蘭而十蕙故黃太史曰光風轉蕙氾崇蘭離騷蘭九畹蕙百畝以是知楚人賤蕙而貴蘭矣按離騷滋蘭九畹植蕙百畝畦留夷與揭車雜杜衡與芳

正王逸章句曰十二畞曰畹或曰田之長爲畹二百
四十步爲畞五十畞爲畦然則蘭得一百八畞蕙百
畞留夷揭車合百畞則多少亦不相遠矣若以說文
言之田三十畞曰畹則得二百七十畞多于蕙兩倍
留夷揭車各五十畞多于兩草一倍亦多少之差然
言蘭每及蕙畹蘭而畞蕙也汜蘭而轉蕙也蕙殺蒸
蘭藉也蕙雖不及蘭勝于餘芳遠矣楚辭又有茵閣
蕙樓蓋芝艸幹杪敷華有閣之象而蕙莖亦以幹杪

重重累積有樓之象云

菊花

爾雅云菊治蘠也名山記曰道士朱孺子服菊艸乘
雲升天抱朴子曰日精更生周盈皆一菊也而根莖
花實異名或無効者故由不得真菊又曰菊花與薏
花相似直以甘苦别之耳菊甘而薏苦所謂苦如薏
者也本艸經曰菊有筋菊有白菊黃菊菊花一名節
花一名傅公一名延年一名白花一名日精一名更
生又云陰威一名朱嬴一名花女其菊有兩種者一
種紫莖氣香而味甘美葉可作羹爲真菊一種青莖
而大作蒿艾氣味苦不堪食名薏非真菊也

又

本草圖經有衡州菊花鄧州菊花

又

傳聞新錄云菊花多真假相半難以分别其真菊花
帶子黑而纖若野菊則帶子有白茸而大極苦

又

按本草與千金方皆言菊花有子今觀魏鍾會菊花
賦其中有芳實離離之言必可取信續又見近時馬
伯州菊譜有該金簇頭菊其花長而末銳枝葉可茹
最愈頭風世謂之風藥菊無苗冬收拾而春種之據
此二說則知菊之爲花果有結子者明矣

又

劉蒙譜菊有順聖淺紫之名按　皇朝嘉祐中有油

紫　英宗廟有黑紫　神宗廟色加鮮赤月爲所聖
紫蕊色得其正矣

又

杜甫秋雨歎曰雨中百草秋爛死階下決明顏色鮮
着葉滿枝翠羽蓋開花無數黃金錢說者以爲即本
草決明子此物乃七月作花形如白匾豆葉極稀疎
焉有翠羽蓋與黃金錢也彼蓋不知甘菊一名石決
爲其明目去翳與石決明同功故吳越間呼爲石決

子矣所嘆正此花耳而杜趙二公妄引本草以爲決
明子疎矣哉

又

穎南異物志云南方多溫臘月桃李花盡折他物皆
先時而榮惟菊花十一月開蕊此物須寒乃發寒晚
故發亦遲

又

菊之開也四季渼而有之開于三月者曰春菊[illegible]

有詩云不許秋風常管束競隨春卉鬭芳菲又云似
嫌九月清霜重亦對三春麗日開（春菊花小而微紅者）有開于
四月者張孝祥嘗有詩開于五月者陳子高嘗有詩
開于六月者符離王常有詞（見芳菲集）惟開于秋季
者其品而多開于十月者歐陽公及王龜齡皆有詩
朱希真又有詞以諸公詩詞觀之果見其所謂春菊
夏菊秋菊寒菊者也雖然此當以開于秋冬者爲貴
開于夏者爲次開于春者未必是真菊也若論其色

亦有差等菊當以黃爲尊以白爲正以紅紫爲卑楊
繪詩爛紫妖紅色盡卑漁隱云菊春夏開者終非其
正有異色者亦非其正

又

按陶隱居與陳藏器皆言白菊療疾有功本艸圖經
言今服餌家多用白者又有白菊酒法抱朴子有言
丹法用白菊汁九域志言鄧州以白菊入貢是皆以
白菊爲用也惟沈存中忘懷錄有種甘菊法今所謂

茶菊即甘菊也然甘菊作飲食與入藥多是黃色不曾見白者可食豈予未之見耶

夏菊

殘俗言夏菊初生謂苗之時例自陳根而出至秋遍地沿多者由花稍頭露滴入土却生新根而出故名滴滴金曾與好事者斸地驗其根果無聯屬

諸菊

愚齋云諸菊得名或以色或以香或以形狀其義非一皆明而可知惟九華一古名初莫知其義今按晉宋以前淵明而上漢有九華殿魏有九華臺二者于菊皆不聞有事迹相關惟真誥載吳有趙廣信至魏末買藥鍊九華丹丹成遂乘雲駕龍登天又漢天師家傳云真人入鹿堂山煉九鼎神丹遷平蓋山煉九華大藥註曰服此成仙愚意其菊之得名必比擬于此何則蓋白菊久服則輕身延壽亦至成仙故也土友云恐此菊出于九華山故有是名愚竊謂不然且

池州九華之名始于李白于晉時絕無干涉

菊之字

按諸字書菊之字有五其體雖異而用則同。蘜䕮見說文蘜見爾雅亦見說文鞠見二禮蓻見篇韻今人多從簡用之

枇杷花

相傳枇杷秋而萌冬而花春而子及夏而熟得四時之氣他物無與類者讀顏氏家訓易統卦驗皆曰苦菜生于秋更冬歷春至夏乃成則又未嘗無類也

萱花

說文曰萱忘憂艸也束晳蔱蒙說曰甘棗令人不惑萱艸可以忘憂毛詩曰安得萱艸言樹之背背北堂也

李花

許慎說文曰李果也從木子聲杍古文李爾雅曰休無實李郭璞註曰一名趙李座接慮李今之麥熟李駁赤李桃李醜核孫炎曰李桃類皆核棗李曰疐之疐之去柢也疐音帝西京雜記曰漢

武初修上林苑群臣遠方各獻名果樹有朱李黃李紫李綠李青李綺李青房李車下李顏回李合枝李羌李燕李猴李漢武內傳曰李少君謂武帝溟海棗大如瓜鍾山之李大如瓶臣以食之遂生奇光陸翽鄴中記曰華林園有春李冬華春熟鹽鐵論曰桃李實多者來歲爲之穰本艸曰李根治瘡脹其花令人好顏色凡李熟食之皆好除固熱調中食之不可合雀肉食之又不可臨水上啖之李皮水煎含之可治齒痛

又

有青霄李御黃李李之上品也若紫粉小青皆下品也有麥李紅甚麥熟而實可食矣俱花小而蕃

素問曰李性頗難老老雖枝枯子亦不細其品處桃上故果屬有六桃冣爲下孔子飯黍不以雪桃而詩曰投我以桃報之以李又曰丘中有麻彼留子嗟丘中有麥彼留子國丘中有李彼留之子言麻以衣之麥以食之又布李焉且皆丘中植之則留子之政修矣此人之所以思之呂子曰子產相鄭桃李之垂於街者莫之援也然則丘中有李又能使人不盜也化書曰李接桃而本強者其實毛梅接杏而本強者其實甘此明造化之權有以知巧而移矣

桃花

埤雅云桃有華之盛者其性早華又華於仲春故周南以興女之年時俱冨諺曰白頭種桃又曰桃三李

四梅子十二言桃生三歲便放華果蚤于梅李故首雖已白其華子之利可待也然皮束莖幹頗急四年以上宜以刀劃其皮不然皮急則死故周南復取少桃以興所謂桃之夭夭是也漢武帝故事云海上有蟠桃三千霜乃熟一千年開花一千年結子東方朔嘗三盜此桃矣

又

爾雅曰桃李醜核桃曰膽之（膽擇取其美者）西京雜記曰漢

初修上林苑群臣遠方各獻名果有緗核桃紫文桃霜桃霜下可食金城桃欒中記曰石虎苑中有句鼻桃重二斤半郭氏玄中記曰木子之者有積石之桃焉大如斗斛籠本草云梟桃在樹不落殺百鬼玉桃服之長生不死典術曰又桃者五木之精也故厭伏邪氣制百鬼故今人作桃符着門以厭邪此仙木也

梅花

詩義疏曰梅杏類也樹及葉皆如杏而黑耳西京雜

記曰漢初修上林苑群臣各獻名果有候梅朱梅紫花梅同心梅紫蒂梅麗支梅異物志曰楊梅似彈丸五月熟廣州記曰廬山頂上有湖廣數頃有楊梅山桃止得于上飽噉不得將去廣志曰蜀名梅爲䕬大如鴈子梅䕬皆可以爲油黃梅以熟䕬作之䕬音老

文

埤雅云其實酢于赤者材堅于白者材脆萃在果子華中尤香俗云梅花優于香桃花優于色天下之美有不得兼者若荔枝無好花牡丹無美實亦其類也

記曰嫁其窮與梅先桃李而花女失婚姻之時則感色之不如亦梅花雖先桃李然其著實乃更在後則婚姻之年或未愆也　江湘二浙四五月之間梅欲黃落則水潤土溽礎壁皆汗蒸鬱成雨其霏如霧謂之梅雨沾衣服皆敗黦故自江以南三月雨謂之迎梅五月雨謂之送梅轉淮而北則杏亦梅至北方多變而成杏傳曰五月有落梅風淮以爲信風亦華信

風之類賈思勰曰按梅花早而白杏花晚而白梅實小而酸杏實大而甜梅可以調鼎杏則不任此用世人或以梅杏爲一物矣

槐花

春秋說曰槐者虛星之精槐性暢茂上棘周官外朝之法左九棘孤卿大夫位焉右九棘公侯伯子男位焉面三槐三公位焉蓋槐取黃中外懷又其華黃其成實玄故也棘取赤中外刺又其花白其成實赤故

也蓋聖人取義備博植一物而衆善舉

楊花

爾雅曰楊蒲柳所謂萑澤之蒲是也今有黃白青赤四種白楊葉圓青楊葉長赤楊霜降則葉赤材理亦赤黃楊木性堅緻難長歲長一寸閏年倒長一寸世重黃楊以其無火以水試之沉則無火取此木必于陰晦夜無一星伐之爲枕不裂楊之乎甲早于衆木婚姻失時則會木之不如也故詩曰東門之楊其葉

牂牂牂牂盛也其葉肺肺肺肺衰也以言嫁娶之暮如此

橘花

橘如柚而小白花赤實考工記謂橘踰淮而北爲枳此地氣然也書厥包橘柚錫貢言錫命不常貢也舊説橘宜見屍則多子故類從以爲橘瞻屍而實繁楊得骸而葉茂橙亦橘屬若柚而香物類相感志曰葉有兩刺缺者是也

唐棣

唐棣一名移其華反而後合凡木之華皆先合而後開惟此花先開而後合陸機疏云唐棣郁李也一名雀梅亦曰車下李其華亦赤或白六月中熟大如李子可食蘂譜序云洛陽亦有芍藥緋桃碧桃千葉李紅郁李之類皆不減他出者而洛陽人不甚惜謂之果子花

又

竹林曰邲之戰偏然反何也曰春秋無通辭從變而移今晉變而爲夷狄楚變而爲君子故移在其辭以從其事

常棣

如李而小子如櫻桃正白花萼上承下覆甚相親爾采薇所謂彼爾維何維常之華是也唐棣之華反而後合詩以譬權則此華上承下覆甚相親爾者常而已矣故曰常棣也移从移棣从隶言華萼相承棣棣

相隸也隸仁也移義也兄弟尚恩怡怡仁也故常棣以燕兄弟詩曰常棣之華鄂不韡韡凡今之人莫如兄弟傳曰聞常棣之言爲今也聞常棣之言爲今則管蔡之所以失道者以不聞乎此而已故序曰閔管蔡之失道故作常棣焉蔡子曰作人當如常棣灼然光發

柳花

埤雅云柳柔脆易生之木與楊同類縱橫顛倒植之皆生松栢醜茂桑柳醜菀詩曰菀彼桑柔又曰菀彼柳斯是也蓋凡物發而成暢茂積而成菀結故桑柳醜條而其詩謂之菀也菀柳曰有菀者柳不尚息焉言柳之菀非若松栢之茂未幾而衰矣然人尚庶幾息焉以言幽王之不可朝事曾菀柳之不如也故事云天街兩畔多槐木俗號爲槐衙曲江池畔多柳亦號爲柳衙意謂其成行列如排衙也今言宮腰細瘦謂之柳腰大戴禮曰正月柳稊稊者發孚也

又

神農本草經云柳花一名柳絮入水經宿化爲萍

櫻桃

櫻桃爲水多蔭其果花穀一名荆桃一名含桃許愼曰鶯之所含食故曰含桃也月令仲夏之月天子羞以含桃言薦新也其顆大者或如彈丸小者如珠璣南人語其小者謂之櫻珠說云櫻主實公稱柔澤如嬰者諸生材成就堅久如考者

梧花

梧一名櫬即梧桐也今人以其皮青曰青桐華淨妍雅極爲可愛故多近齋閣種之梧葉鄂皆五焉其子似乳綴其葉鄂生或五六少或二三故飛鳥喜巢其中莊子所謂空閣來風梧乳致巢是也今亦謂之梧子詩曰鳳凰鳴矣于彼高岡梧桐生矣于彼朝陽蓋梧桐以譬才之柔令朝陽以譬德之溫厚莊子曰師曠之枝策也惠云之據梧也此言精太用則竭神太

用毁舜故二子瘦或杖策而立昏或據梧而瞑也

桐花

此即白桐華而不實賈思勰曰白桐無子冬結似子者乃是明年之華房耳爾雅曰榮桐木即此是也桐木華而不實故曰榮桐木也今亦謂之華桐華則以其華而不實賈云桐葉花而不實者曰白梧實而皮青者曰梧桐今炒其實噉之味似菱芡桐有三種青日之外復有岡桐即油桐也生于高岡葢桐性便温

不生于岡故此桐有岡之號毛詩傳曰梧桐不生山岡太平而後生朝陽陶氏云桐有四種青桐葉皮青似梧而無子梧桐色白葉似青桐而有子白桐與岡桐無異惟有華子爾岡桐無子是作琴瑟者皆不足椽按青桐即今梧桐白桐又與岡桐全異白桐無子才中琴瑟岡桐子大有油與陶説亦反詩曰湛湛露斯在彼杞棘愷悌君子莫不令德其桐其椅其實離離愷悌君子莫不令儀杞棘剛木故詩以況令德椅

桐柔木故詩以況令儀蔡邕月令曰桐始華桐木名木之後華者也穉之故曰始易緯曰桐枝濡毳而又空中難成易傷須成氣而後華淮南子曰桐木成雲言其升氣可以造雲云遁甲曰梧桐不生則九州異

鈌 名之曰桐似李于此桐柔木也而虛其心若能同者父喪杖竹母喪杖桐竹有節父道也桐能同母道也毋從子者也舊説梧桐以知日月無閏生十二葉一邊有六葉從下數一葉爲一月有閏則生十三葉

視葉小者則知閏何月不生則九州異君

荇花

爾雅曰莕接余其葉苻葢荇一名接余亦謂之鳧葵叢生水中莖如釵股葉在莖端隨水淺深詩曰參差荇菜左右流之三相参爲参兩相差爲差言出之無類左右言其求之無方王文公曰荽餘詩雖以比淑女然后妃所求皆同德者則荽餘淮后妃可比焉其德行如此可以比妾餘艸矣若蘋蘩藻所謂餘艸微

説藻華曰荇化黄顔氏家訓云今荇菜是水有之黄花似蓴是也夫后妃祭荇夫人祭蘩大夫妻祭蘋藻取至于盛之湘之奠之無所不爲焉亦其位彌高者其事彌畧之證也又后妃言河夫人大夫妻言澗后妃言洲夫人言沼大夫妻言蘋言潦亦言殺也且蘋蘩薀藻溪澗沼沚之毛也而荇則異矣故后妃采荇詩傳以爲夫人執蘩菜以助祭神饗德與信不求備焉沼沚溪澗之艸猶可以薦后妃則荇菜也據此荇菜厚于蘋蘩故曰后妃有關雎之德乃能共荇菜備庶物以事宗廟荇之言行也蘋之言賓藻言澡蘩言盛然則言荇菜言采言芼是亦共之而已故敎成之祭芼用蘋藻以成婦順

藻花

藻水艸之有文者出乎水下而不能出水之上其字从澡言自潔如澡也書曰藻火粉米藻取其淸火取其明也山節藻梲蓋非特爲取其文亦以禳火今屋上覆橑謂之藻井取象于此亦曰綺井又謂之覆海亦或謂之罳頂風俗通曰殿堂宮室象東井形刻作荷菱荷菱水艸也所以厭火與此同類詩魚在在藻有頒其首王在在鎬豈樂飲酒魚在在藻有莘其尾王在在鎬飲酒樂豈蓋魚性食藻王者德至淵泉則藻茂而魚肥故以頒首莘尾爲得其性詩傳曰士卒皃藻言其和睦歡悦如皃之戲于水藻也

龍紅

龍紅艸也爾雅曰紅蘢古其大者蘬一名馬蓼莖大而赤生水澤中高丈餘詩曰山有扶蘇隰有荷花山有喬松隰有游龍蓋山性宜木隰性宜艸而扶蘇荷華喬松游龍皆山隰之所養以自美者也傳曰扶蘇扶胥木也荷華扶渠也其花菡萏是詩先言木扶蘇於上艸扶渠於下後言木喬松于上艸游縱于下則山隰之所養以自美者至矣今忽不見子都乃見狂且不見子充乃見狡童則會是之不如也

荼花

荼苦菜也苦菜生于寒秋經冬歷春至夏乃秀月令孟夏苦菜秀即此是也此艸凌冬不彫故一名游冬凡此則以四時制名也顏氏家訓曰荼葉似苦苣而細斷之有白汁花黃似菊詩曰出其東門有女如雲出其闉闍有女如荼雲蓋言盛荼蓋言繁也傳曰秦網密于秋荼詩曰堇荼如飴堇毒荼苦故言如飴以驪姬之譖國語曰寘鴆于酒寘堇于肉詩曰誰謂荼苦其甘如薺蓋言其事又苦也禮曰婚姻之禮廢則夫婦之道苦而淫僻之罪多矣其此之謂與

荷花

荷總名也華葉等名具衆義故以不知為問謂之荷也昔人亦名百[illegible]亦是此說說文未發為菡萏已發為芙蓉芙蓉花也說者蓋亦通曰芙蕖毛詩傳曰荷芙蕖也其華菡萏許慎以為其華曰芙蓉其秀曰菡萏其實曰蓮蓮之茂者曰華今其的中有青為薏皆生兩牙一成芰荷一藕荷也又生一牙為華藕銜帖水生藕者也芰荷無藕卷荷也與華偶生出乎水上亭亭如織者是亦謂之距荷蓋荷善傾欹蕭無骨幹而柔從字說曰藕藏于水其自處卑無所加焉其所與汙潔自自若中亦空焉不偶不生若此可以偶物矣故無附枝泥不能汙水不能沒挺出而立若此可以然加物矣蓮既有以自白不會而屬焉若此可以連物矣藕荷實若各隨昏曉闔闢焉適假根以立而不如藕之有所偶假莖以出而不如茄之有所加假華以生而不如蓮之有所遮菡萏之有菡也若此可謂遐矣夫角物者終必生連物者終于散偶物者或無之加物亦不可謂常故退在此不在彼也密退藏於無用而可用可見者本焉若此可以容矣合此衆美則可以荷物可以為其可以為濆故曰荷芙蕖也荷以何物為義故通于負荷之字

蓮

手鑑卷十蓮葉之上

芙蕖

爾雅曰荷芙蕖江東呼荷花爲芙蕖其莖茄其葉荷其本蔤音密其葉菡萏其實蓮其根藕其中的的中薏

華山記曰華山頂上有池生千葉蓮花服之者羽化

太清諸艸木方曰七月七日採蓮花七分八月八日採蓮根八分九月九日採蓮實九分陰乾下篩服方寸匕令人不老

菡萏

爾雅曰其華菡萏其實蓮蓋麥曰芙蓉秀曰菡萏暢茂曰華古今註曰芙蓉一名荷華華之最秀異者也大者花至百葉然則華亦謂之芙蓉楚辭所謂搴芙蓉兮木末蓋言此也凡物皆先華而後實獨此花與實齊生故西域之書多言此詩曰有蒲與荷有蒲與蕑有蒲菡萏荷言其質之柔蕑言其氣之芳菡萏言色之美拾遺記曰昆流素蓮一房百子凌冬而茂

文公曰蓮花有色有香得日光乃開敷生卑濕淤泥不生高原陸地雖生於水水不能沒雖生於泥泥不能汙即華時有實然花事始則實隱花事已則實現實始於黃終於玄而莖葉綠葉始生也乃有微赤實既能生根根又能生實實一而已根則無量一與無量互相生起其根曰藕常偶而生其中爲本華實所出藕白有空食之心歉本實有黑然其生起爲綠爲玄爲白爲青爲赤而無有黑無見無用而有見有用皆因拟出其名曰蔤退藏於密故也

木槿

釋艸曰椵木槿櫬木槿似李五月始華月令木槿榮是也華如葵朝生夕隕一名舜蓋瞬之義取諸此詩曰顏如舜華又曰顏如舜英顏如舜華則言不可與久也顏如舜英則愈不可與久矣蓋榮而不實者謂之英人物志曰艸之精秀者爲英獸之將群者爲雄張良是英韓信是雄馬論曰日給之花似奈奈實而

日給扂扂偽之與眞實相似也梨之法帖曰來禽青
李來禽奈屬也言果以美而來禽

蒲花

蒲水艸也似莞而褊有脊生於水厓柔滑而温可以
爲蓆故禮男執蒲璧言有安人之道也詩曰揚之水
不流束蒲言激揚之水宜能浮泛而蒲又輕揚善泛
今反不流如此則以水力更微而不勝故也列子曰
虛則夢揚實則夢溺揚溺之反也　如蒲穀璧禮圖
悉作艸稼之象今人發土[illegible]得蒲璧乃刻文蓬蓬如
蒲花敷時穀璧如粟粒爾則禮圖亦未可爲據

芍藥

韓詩曰芍藥離艸也詩曰伊其相謔贈之以芍藥牛
亨問曰將離相贈以芍藥何也董子荅曰芍藥一名
可離將別故贈之亦猶相招贈之以文無故文無名
當歸其色世傳以黃者爲佳謂此花產于廣陵爲上
待風土之正亦猶牡丹之品洛陽外無傳焉孔常父
又云唐詩人如盧同杜牧張祜之徒皆居廣陵日久
未有一語及芍藥者是花品未有若今日之盛者也

文

芍藥香艸制食之毒者莫良於芍藥故獨得藥之名
所爲芍藥之和具而食之崔豹古今註云芍藥有二
種有艸芍藥有木芍藥木者花大而色深俗呼爲牡
非也安期生服鍊法云芍藥有二種有金芍藥木芍
藥金者色白多脂木者色紫多脉此則驗其根也即
赤芍白芍之分云

牡丹

識餘歐記。

麗春

洛陽論麗春爲罌粟別種也叢生柔幹多葉有刺紅紫
白三種今江浙間多此推金陵最勝

水仙

楊誠齋云世以金盞銀臺爲水仙蓋單葉者其狀酒

盞深黃而金色至千葉水仙其中花片捲皺密蹙一片之中下輕黃而上淡白與酒杯之狀殊不相似此乃眞水仙也

瑞香

格物論瑞香樹高三四尺枝幹婆娑葉厚深綠色有楊梅葉者有枇杷葉者有柯葉者有毬子者有㚒枝者花紫如丁香惟㚒枝者香烈枇杷者能結子本朝始著名瑞香出于廬山

木筆

格物論辛夷木高數尺葉似柿而長初出如筆李衛公手植此花有詩

酴醾

格物論酴醾花藤長身青莖多刺每一穎着三葉品字靑跗紅萼及開變白其香微而清盤曲高架一種色黃似酒故加以酉字

薔薇

格物論薔薇一名牛勒一名牛棘一名刺紅一名薔蘼藤身莖靑多刺其花或白或紫或黃

凌霄

格物叢話本艸云紫葳一名凌霄初作藤蔓生依大木歲久延引至巔而有花黃赤色

葵花

格物叢話葵花之種不一黃如木槿檀心與姚黃或與或紅或紫黃邀葉相類者名蜀葵花之小者名錦葵或名戎葵俗號日一丈紅

文　說文一條

說文黃葵常傾葉向日不令照其根

文　左傳一條

左傳葵猶能衛其足

合歡

格物論夜合亦名合昏按圖經安和五臟和心志令人歡樂人家多植于庭除枝甚柔弱葉似葱槐其葉

暮而合

桂花

格物叢話桂梫木也一名木犀叢生岩嶺間故名岩桂花數品或白或紅或黄或紫黄者能着子不如紅紫者尤佳

文

本艸桂有三種菌桂生交趾桂林正圓如竹有二三重者葉似柹花白蕊黄四月開五月結實離騷雜申椒與菌桂矯菌桂以紉蕙是也

芙蓉

格物叢話芙蓉之名二出于水者謂之艸芙蓉荷花是也出于陸者謂之木芙蓉此花是也八九月有拒霜之名又曰木蓮

石榴

埤蒼曰石榴奈屬也博物志曰張騫使西域還得安石榴胡桃蒲桃繆襲祭儀曰秋嘗果以梨棗奈安石榴沈約宋書曰晉安帝時武陵臨沅獻安石榴一蒂六實鄴中記曰石虎苑中有安石榴子大如碗盞其味不酸周景式廬山記香鑪峯頭有大盤石可坐數百人垂生山石榴三月中作花色似石榴而小淡紅敷紫蕚煒曄可愛格物叢談榴花來自安石國故名若榴亦有從海外新羅者故名山海榴

海棠

棠之稱甚衆若詩有蔽芾甘棠又曰有杕之杜又爾雅釋木曰杜甘棠也郭璞註今之杜梨杜赤棠白者棠又呂氏春秋果之美者棠實又俗説有地棠棠梨沙棠味如李無核較是數説俱非謂海棠也凡今艸木花名中之帶海者悉從海外來故知海棠海椶海柳海石榴海木瓜之類俱無聞於記述豈以多而爲稱耶又非多也誠恐近代得之於海外耳又杜子美海椶行云移栽北辰不可得惟有西域胡僧識若然則贊皇李德裕之言不誣矣海棠雖盛稱于蜀而蜀人不甚重今京

陌江淮尤競植之每一本價不下數十金勝地名圃目爲佳致而出江南者復稱之曰南海棠大抵相類而花差小色尤深耳棠性多類梨核生者長遲逮十數年方有花都下接花工多以嫩枝附梨而贅之則易茂矣種宜墳壤膏沃之地其根色黃而盤勁其木堅而多節其外白而中赤其枝柔密而條暢其葉類杜大者縹綠色而小者淺紫色其紅花五出初極紅如胭脂點點然及開則漸成纈暈至落則若宿粧淡粉矣其蕊長寸餘淡紫色于葉間或三朵至五朵爲叢而生其蕊如金粟蕊中有鬚三如紫絲其香清酷不蘭不麝其實狀如梨大若櫻桃至秋熟可食其味甘而微酸 秋

又

長樂志海棠色紅以木瓜頭接之則色白

又

長春備用云每歲冬至前後正宜移掇窠子隨手便肥水澆以盒過麻屑糞土壅培根柢使之厚密纔到春暖則枝葉自然大發着花亦繁密矣

又

瑣碎錄海棠花欲鮮而盛于冬至日早以糟水澆根下

又

復齋漫錄仁宗朝張冕學士賦蜀中海棠詩沈立取以載海棠記中云山木瓜開千顆顆水林檎發一攢攢注云大約木瓜林檎花初開皆與海棠相類若冕賞江西人正謂棠梨花耳惟紫綿色者始謂之海棠似木瓜林檎六花者非真海棠也晏元獻云已定復搖春水色似紅如白海棠花然則元獻亦與張冕同意

又

黃海棠木性類海棠青葉微圓而色深光滑不相類花半開鵝黃色盛開漸淡紅矣

迎春

每於花放時移栽肥土則茂燖牲水灌之則花蕃

山茶

以單葉接千葉花茂樹久或以冬青接十不活二三也

月月紅

四季開花花開後即去其蔕勿令長大則花發無已

花史左編卷十九

檇李 仲遵 王路 纂修

花之妒 凡忌疵不相容處儘見其着忙

刀斫樹 武陽女

狂風 係因花憎嫉添註泛論諸花

連雨 同前

烈日 同前

隂寒 同前

俗子 同前

鴉鵲 同前

蟲蟻 添入論註

論差除 同前

對花張幔 同前

試粧嗔 唐伯虎詩

刀斫樹

武陽女嫁阮宣武絶忌家有一株桃樹花葉

□□□即便大怒使奴取刀斫碎擢殘其花。

狂風

□有輕風有清風有和風有微風具能與花相洽惟□則爲暴爲逆爲顛倒爲摧折當與花作對矣不爲□呵而爲猖狂花何讐于爾

連雨

□津津雨氣皆爲濡潤宜無不可若連雨則不免于靄矣以輕艷之弱質如淋漓糜爛如泛溺洪波其何能堪故連雨爲妬花之冠。

烈日

和煦氣爲長養萬物之源云何入妬惟烈日爲彼之耳一經播蠋弱態空冷爲垂英爲落英爲殘英爲飛英亦何因至此。

降寒

花中有山茶梅花瑞香月季俱不畏寒色愈艷此乘質之異者也而他花遇寒即萎若降寒幾千或並□

芸

是果寒遍花使避耶抑花畏寒甘退耶此中有兩茶相容之感。

俗子

庸夫俗子與一雙肉眼不識名花爲何物委而去之猶可至有或滋誹議或肆凌鑠不啻如艸如芥若糞若穢具耳目聰明爲人知識如此何異手大而亦奈冠

鴉鵲

萬物皆有祿造化宜一獨靳于爾剝啄反在花叢若花蕊可充爾腸胃繁英可供爾寢處則爾之橫暴當何底止哉倘非陰險狡僞之奸回定是攙秧攻讒之撣婦。

蟲蟻

奕

蜂蝶生來戀花猶情之所鍾正在此類然未開不損晟彼之任既放始來見彼之聖栖迷香粉見彼之逸得趣損身見彼之高而蟲蟻何爲弄滋則耗花之髓

嗜味則侵花之臟托宿則蝕花之根槃息則錮花之葉據彼所爲其慘何異人畿骨醉哉特爲拈出以著其嫉妬之罪

論差除

名花不可輕爲軒輊遇花不賞反論差除欲滅花聲價則花爲無顏欲甞花容姿則花非有口欲嫌花臭味則花非豢穢花原自貴不肯知希彼妄肆憎嫉者意欲何爲

對花張愼

花可賞翫不可侵逼張愼則花無面目矣紫愼能奪花色之紅紅愼能奪花色之紫青愼能奪花色之翠無論有此秖增障礙偏以之對花則不能重花而反以勝花矣善護花者當不如是

試粧嗔

唐伯虎作海棠花詩云昨夜海棠初着雨朶朶輕盈嬌欲語佳人移步出蘭房摘來傍鏡試新粧問郎花好奴顏好郎道不如花窈窕佳人發怒作嬌嗔難道死花勝活人將花揉碎擲郎前請郎今夜伴花眠

花史左編卷二十

檇李　王路　纂修

花之厄風雨摧殘浮惡採碎猶其淺耳厄已述及
根株矣廢爲花木負憤告護花君子當於此用
意焉

剗去 韓弘事

踶蹴 富鄭公事

傳摘 宋叔事

投火 周之翰事

附 花厄難 牡丹志

剗去

唐韓弘罷宣武節制歸長安私第有牡丹雜花命劚去之曰吾豈效兒女輩耶當時爲牡丹包羞之不暇

踶蹴

宋富鄭公留守西京召文潞公等賞牡丹邵康節在坐客曰此花有數乎邵筮之凡若干朵又問此花幾時開盡邵再筮之曰盡來日午時明日鄭公復集會以驗之至日午忽群馬逸出踶蹴花叢花立盡矣

傳摘

宋叔在揚州會客取荷花千朵插圃盆中圍繞坐席命客傳花人摘一葉盡處飲酒

投火

周之翰寒夜擁爐爇火見缾內所插折枝梅花冰凍而枯因取投火中戲作下火文云寒勒銅缾凍未開南枝春斷不歸來這回勿恐梨雲夢卻把芳心作死灰恭惟地爐中處士梅公之靈生自羅浮派分庾嶺形若槁木稜稜山澤之臞膚如凝脂凛凛冰霜之操春魁占百花頭上歲寒居三友圖中玉堂茆舍本無心金鼎商羹期結果不料道人見挽便離有色之根夫何冰氏相凌遽返華胥之國玉骨擁爐烘不醒深魂剪紙竟難招紙帳夜長猶作尋香之夢筠窗月淡尚疑弄影之時雖宋廣平鐵石心腸忘情未得傚蘇

光老丹青手段模索未眞却愁零落一枝春好與茶毘三昧火借花君子還道這一點香魂今在何處嘆烱然不逐東風散只在孤山水月中

附 花屯難

醜婦妬與鄰 傖人愛與嬪 盛開值私忌 主人慳鄙 和園賣與屠沽 三月內霜雹 賞處着棋鬭茶 筵上持七八 盛開債主臨門 篩子進園 露頭跣足對酌 遭權勢人乞接頭 剪時和花眼 正懽賞酗酒 頭戴如厠 聽唱辭傳家宴 酥煎了下麥飯 凋落後苕箒掃 園吏澆濕糞 落村僧道士院觀裏

花史左編卷二十一

檇李 仲遵 王路 纂修

花之藥 取其材味偶於花事及之不爲傳方計也

百花 桃花 秋葵
鳳仙 茱萸 鷄冠
梔子 郁李 枳殼
菊水 石瓜 秋菊
又 又 又
又 又 又
又 白菊 甘菊
蓮花汁 野薔薇 淡竹花
四季花 夜合草 金星草
皺子花 水紅花 龍牙草
金稜藤 蔓荊藤 雙鸞菊
附 白花蛇 苦藥子

百花

鳳岡者漁陽人也常採百花水漬封泥之百日鍛
爲丸卒死者入口即活

桃花

范文正公女孫病狂嘗閉一室窻外有大桃樹一株
花適盛開一夕斷櫺登木食桃花幾盡自是遂愈

秋葵

秋葵花用香油浸之可搽湯炮火燒立効

鳳仙

鳳仙花子可入藥白者尤有用

茱萸

瀘州寶山一名瀘峯山多瘴三四月感之必死五月
上旬則無害土人以茱萸藨茶可避嵐氣

雞冠

雞冠之白者可治婦人淋疾

梔子

梔子其花小而單臺者則結山梔可作藥料

郁李

郁李花其子可入藥

枳殼

枳殼花其種甚賤雖傍植之實可入藥用

菊水

荆州記酈縣北有菊水其涯悉芳菊破岸水甚甘馨
胡廣久患瘋羸飲此疾遂瘳

石瓜

烏撒軍民府土產樹生堅如石善治心痛

秋菊

晉潘尼秋菊賦垂采煒於芙蓉流芳越乎蘭林又曰
旣延期以永壽又蠲疾而弭痾

又

晉傅玄菊賦布護河洛縱橫齊秦掇以纖手承以輕
巾服之者長壽食之者通神

又

本草載神農以[illegible]味爲苦名醫以味爲甘例皆療病意神農取白[illegible]之名醫取黃菊言之。

又

日華子云菊花治四肢遊風利血脉幷頭痛作枕明目葉亦明目生熟並可食菊有兩種花大氣香者爲甘菊花小氣烈者名野菊然雖如此園蔬内種肥沃後同一體。

又

神農本草云菊花味苦主頭風頭眩目淚出惡風濕痺久服利血氣輕身延年

又

名醫別錄云菊花味甘無毒療腰痛去來除胸中煩熱。

又

東坡仇池筆記云菊黃中之色香味和正花葉根莖皆長生藥也北方隨秋早晚大略至菊有黃花乃開嶺南冬至乃盛地暖百卉造作造一作造無時而菊獨後開考其理菊性介烈不與百卉並盛衰須霜降乃發。嶺南常以冬至微霜也僊姿高潔如此宜其通仙靈也。

又

千金方常以九月九日取菊花作枕袋枕頭大能去頭風明眼目陳欽甫九日詩云菊枕堪明眼茱囊可辟邪

白菊

陳藏器云白菊味苦主風眩變白不老益顏色楊損之云甘者入藥苦者不任。

甘菊

玉函方云王子喬變白增年方甘菊三月上寅日採名曰玉英六月上寅日採名曰容成九月上寅日採名曰金精十二月上寅日採名曰長生長生者根莖是也四味並陰乾百日取等分以成日合擣千杵爲

末酒調下一錢七以蜜丸如桐子大酒服七丸一日三服百日身輕潤澤服之一年髮白變黑服之二年齒落再生八十歲老人變爲童兒神效

蓮花汁

抱朴子劉生丹法用白菊汁蓮花汁和丹蒸之服一年壽五百歲

野薔薇

野薔薇有二種雪白粉紅採花採葉瘧病煎服即愈

淡竹花

淡竹花性最凉其葉煎湯飲可治一切熱病

四季花

其枝葉搗汁可治跌打損傷又名接骨草

石合草

施州衛出其苗繞樹作藤能治瘡腫

金星草

施州出其草治發背

皺子花

花開如拳不放頂幔如缸皺式色微藍可觀又可入藥

水紅花

其花葉用以煎汁洗脚瘋瘡絕妙

龍牙草

龍牙草株高二尺春夏採之治赤白痢疾施州出

金稜藤

金稜藤有葉無花可療筋骨痛

蔓葉藤

雲南出葉似葛蔓附於樹可爲醬即漢書所爲蒟醬也實似桑椹皮黑肉白味辛合檳榔食之禦瘴氣

雙鸞菊花

此花根可入藥名曰烏頭

附　白花蛇

南陽府産亦産黃州頂有方勝尾有指甲長尺餘能

治風疾

苦藥子

重慶府忠州出產性寒解一切毒

花史左編卷二十二

檇李　仲遵　王路　纂修

花之毒能傷人者亦宜查驗記憶

凌霄花不宜孕婦其花之露不宜入目

萱花不宜暨食

茉莉花不宜點茶

羊躑躅不宜餇羊

臘梅花不宜嗅

紫荊花不宜投魚羹及飯中

真珠蘭毒在葉

杏花毒在仁

野菊能瀉人

附　瓶花毒在水不宜飲

凌霄花

曼生黃花用以蟠繞大石似亦可觀但其花能墮胎或清晨仰視露滴目令人喪明

萱花

俗名鷺脚花有三種單辦者可食千辦者食之殺人惟色如蜜者香清葉嫩至夜更香可玩于家園金萱最多亦千葉摘以供餽習以爲常經年食之未見有毒應是他種

茉莉花

昔人詩有茉莉異香含異毒之句曰異毒則此花不宜點茶于舊聞欲得其香者取花浸井花水覆之杯

中經宿客至茶杯間分滴井水少許不見花而茉莉之香已盈室矣然老人言飲之得肚飽發虐之病則此花豈應嘗試

羊躑躅

生諸山中花大如杯盞類萱色黃羊食之則躑躅而死或云羊食則生疾若癇

臘梅花

或云臘梅花人多愛其香但可遠聞而不可臭臭之則頭痛試之不爽

紫荊花

或云其花投魚羹及飯中能殺人宜防之

真珠蘭

真珠蘭又名魚子蘭葉能斷腸

杏花

花譜云杏仁有毒須令極熱中心無白爲度

野菊

牧監閒談云蜀人多種菊以苗可入菜花可入藥園圃悉植之郊野人多採野菊供藥肆頗有大損眞菊延齡野菊瀉人

附 瓶花

忌以插花之水入口凡插花水有毒惟梅花秋海棠二種毒甚須防嚴密

花史左編二十三卷

檇李　仲遵　王路　纂修

花之似

此卷取其似花非花，別是一番景色，或庭前籬下，或寓物顯形，均造物之巧

草本

老少年　金燈籠

錦荔枝　翠雲草

天茄子

木本

闌天竹　平地木

虎刺　霸王樹

青珊瑚　鐵樹

羊婆奶

藤本

雪下紅　地珊瑚

野葡萄　茅藤果

物象

燈花　雪花

浪花　墨花

花石　木花

天花　花猫

花紋石　石花魚

桐花鳳　花竹簟

花梨木　花斑石

花斑布　五色花石

食品

蓮花餅　水梭花

雪花菜　蘭花豆

牡丹鲊

草本

老少年

至秋深。脚葉深紫。而頂葉嬌紅。與十樣錦。俱以子種在正月候撒於耩熟肥土上。加毛灰蓋之。恐妨蟻食。

二月中即生亦要加意培植扶持若亂擲在地則蜉蚰傷葉即不生矣譜云純紅者老少年紅黄綠相兼者名錦西風以鷄糞壅之長竹竿扶之可以過墻

金燈籠

艸本結子纍若燈籠薄衣為罩內包紅子大若龍眼去衣看亦甚妙

錦荔枝

艸本蔓種盆成蓋生葉若荔枝少大色金紅肉甜子可入藥秋結實頗亦可觀

翠雲草

性好陰色蒼翠其根遇土便生見日則消栽於虎刺芭蕉秋海棠下極佳

天茄子

艸本狀若茄子差小色青長寸許熟時採以鹽湯焯過可供茶品甚佳

木本

闌天竹

[illegible]山中葉儼似竹生子枝頭成穗紅如丹砂經冬不脫且耐霜雪花在梅雨中開植之庭中可避火災

平地木

高不盈尺葉色深綠子紅甚若棠梨下綴且托根多在甌蘭之傍岩壑幽處似更可佳

虎刺

產杭之蕭山白花紅子而子性堅雖嚴冬厚雪不能敗也虎丘者葉細畏日色經糞即死其枯枝不宜手摘并忌人口熱氣相近宜種陰濕之地春初分栽四月內開細白花花開時子猶未落花落結子細大紅如丹砂百年者止高三四尺想不易長者

霸王樹

產廣中本肥狀如掌色翠綠上多米色點子葉生頂上殆天地間之奇樹也

青珊瑚

產廣中結實如珊瑚鈎色青翠可玩

鉄樹
產廣中色假類鉄其枝丫穿結甚有画意

羊婆奶
木本細葉其子狀若乳頭纍纍而生色帶青紫入口酸甜可食

雪下紅 藤本
生子類珠大若芡實色紅如日纍纍下垂積雪盈顆似更有致故名雪下紅

地珊瑚
產鳳陽諸郡中其子紅亮克肖珊瑚狀若筆尖下懸不畏霜雪初青後紅子可種又名海瘋藤子有毒甚辣不可入口

野葡萄
生諸山中子細如小豆色紫蓓蕾而生狀若葡萄蟠之高樹懸挂可觀

茅藤果
藤本亦可移植盆中結縛成蓋其子紅[illegible]纍纍頗可賞玩

燈花 附錄 此天地間自然之花故不入夾彼屬人巧與天成不同
青燈夜坐凡有喜信者燈先試花其狀若芝亂蕊叢生花大者主喜事三日五日

雪花
花飛六出舞象太空或曰此太陰之精又陰数從六雪花所以得名

浪花
不拘河海浪自成花箪聚予有詩云浪花飛雪晚風顛逆水歸舟着力牽牽過塘灣三尺堰且看此路是誰先浪花亦非無據

墨花
墨亦生花此原易見至辭翰藻繢又深言之非墨花之本色

花木

徐州茫州境諸山皆有隹出固懸者佳

木花

劉朝之子運斤成風木片紛飛薄而[illegible]木花之名

老稚皆知之矣

天花

山西太原府五臺山出

花猫

承天府土產其皮歲貢

花紋石

延平南舁出色青紋素有山水禽鳥狀可爲屏

石花魚

保德出產

桐花鳳

成都小島紅翠碧色相間生桐花中花落遂死

花竹簟

重慶府江津土產

花梨木

黎州安撫司土產

花斑石

大同府蔚州廣陵出

花斑布

南陽宣撫司土產

五色花石

雲南產狀如瑪瑙可作盤

食品

蓮花餅

郭進家有婢能作蓮花餅餡有十五隔者每隔有一

折枝蓮花作十五色

水梭花

僧家以魚爲水梭花

雪花菜

豆經磨腐其屑尚可作蔬持齋者號爲雪花菜

蘭花豆

[illegible]風俗取蚕豆每粒破爲四葉菜油沸之加以香料焙燥狀如蘭花味爲上品

牡丹鮓

吳越有一種玲瓏牡丹鮓以魚葉鬭成牡丹狀既熟出盎中微紅如初開牡丹

花史左編卷二十四

檇李　仲遵　王路　纂修

花之變此卷全非花之本質但亦托花之名肖花之質故嚴之

剪綵花

宮樹　花樣

芙蓉菱藕梅　通草

連理　綵樹

雕刻花

碑鐫　雕瓜

硯刻　鏤金

砌刻　鮫胎盞

菱藕花鳥

珍寶花

羣鈿　臥履

金蓮　神絲被

歌舞臺
錦繡花
唾袖　地蓮
藕覆
圖象花
施帳　桂扇
塗翅　洪梅
賈蓮　華光梅

姚芙蓉
異象花
天花　枕桃
冰花　墨桃
紅雨　蜡香
法雲　瑞木
外花　香瓣
蓮漏　簷蔔　補　芙水溶　二色酒

坦刻牡丹　方冬桃杏
口中芙蕖　白玉蓮杯　補　桃花巾帕

剪綵花

宮樹

隋煬帝築西苑，每宮樹凋落，則剪綵爲花葉，綴于枝條，色渝易以新者，常如陽春。

花樣

京師立秋，蒲街賣秋葉，婦女兒童皆剪成花樣戴之，形製不一。

芙蓉菱藕梅

晉新野君傳家以剪花爲業，染絹爲芙蓉，捻蠟爲菱藕，剪梅若生。

通草

晉惠帝正月百花未開，令宮人剪通草五色咸備

連理

薛瑤英于七夕剪綵作連理花千餘朵，從空颺之，色

如雲霞藉以乞巧

綵樹

武后時立春日內出綵花樹侍臣各賜一枝

雕刻花

碑鐫

李輔國葬父碑石用豆屑一千團磨瑩如紫玉碑字四面鐫葵花三百朵

雕瓜

京師七夕以瓜雕刻成花樣謂之花瓜

硯刻

趙松雪有硯石色如瑪瑙四面悉刻作蓮花瓣名蓮葉硯

鏤金

孟泉時每臘日內官各獻花樹梁守珍獻忘憂花縷金於花上曰獨立仙

砌刻

石崇砌上就苜蓿刻百花飾以金玉曰壺中之景不過如是

鮫胎盞

張寶嘗使子弟巡市乞鴨卵殼以金絲縷海棠花名鮫胎盞

菱藕花鳥

徐婕妤七夕雕鏤菱藕作奇花異鳥以進

珍寶花

翠鈿

帝國妻王氏極姿容因眉間有傷痕常以翠花鈿貼之故後人效焉

臥履

徐月英臥履皆以薄玉花為飾內散以龍腦諸香屑謂之玉香獨見鞋

金蓮

李後主宮嬪窅娘纖麗善舞後主作金蓮高六尺令窅娘素襪舞蓮中回旋有凌雲態

神絲被

同昌公主室中設神絲被。繡三千鴛鴦。間以奇花異葉。

歌舞室

寳曆二年浙東國貢舞女二人。上琢玉芙蓉以爲二女室。

花

唾袖

趙皇后嘗與唾婕妤袖。婕妤曰。姊唾染人絳袖。正似石上花。假令尚方爲之。未必能如此之花。以爲石花廣袖

地蓮

齊東昏鑿金爲蓮。貼地。令潘妃穿寳襪行其上。曰。此步步生蓮花也。

藕覆

太眞着並頭蓮錦袴襪。上戲曰。此眞蓮花也。太眞問故。上笑曰。不然。安得有白藕。由是名袴襪爲藕覆。

圖象花

施帳

北朝婦人端午日圖午時花施帳之上。

桂扇

昔有老子賣雪糕。有道人每日必賖錢一兩文。及百錢。語老子曰。欠汝多。奈何。與青布扇上有桂花一枝。曰以此相酬。每糕熟。以扇扇之。即糕作桂花香。老子驗之果然。明日爭買。數年置田十數頃。一日道人復至。老子曰。人多謂若作菊花香更好。還可作菊花扇否。道人曰。只用舊扇。過明日用扇扇之。作臭氣味亦苦澁不可食。遂無買者。

金翅

後唐宮人網獲蜻蜓。以描金筆塗翅。作小折枝花。養之金籠。後上元賣花者取象爲之。售于遊女。

洪梅

洪覺範能画梅花每用皂子膠画梅于生絹扇上燈月下映之宛然疎影

賈蓮

賈秋壑開閫揚州時有道人求見問其所能曰善画蓮秋壑舘之于小金山放霍亭索絹四幅閉門不容視者逾五六日秋壑自往視之則僅画其一蓮葉傾露珠滴々流下滴于石上復散滴于地秋壑見精妙令了之道人辭去約再來秋壑掛于壁上毎風起則荷葉動露珠傾盡已而復然道人不可復索方知神仙也

華光梅

衢州華光長老寫梅花黄魯直觀之曰如嫩寒春曉行孤山水邊籬落間但欠香耳

姚芙蓉

姚月華嘗画芙蓉匹鳥約畧濃淡生態逼真

異象花

天花

天帝令玉女以天花散居菩薩悉皆墮落惟塵劫未盡者沾身不落

琉桃

蔡君謨水晶枕中有桃一枝宛如新折

冰花

餘杭蔦氏有水盆冬月以水沃之水凝成花人多携酒就觀

墨桃

安期生以醉墨洒石上皆成桃花

紅雨

天寶時宮中下紅雨如桃花太真用染衣裾

暗香

陳郡莊氏女好弄琴每弄梅花曲聞者皆云有暗香

法雲

梁僧講經有法雲四布天花亂墜

瑞木

王綸有女年十四自稱燕華君初不識字而能作詩一日作雪詩中有瑤蓮二字父問何出女曰天上有瑞木花開六出

卻花

向舜能于鏡中以手撥鳴卻成花

香辦

趙王秀以諸品奇香搗為塵末遍篩地上令飛燕行其上笑曰此香蓮落瓣也

蓮漏

遠公居廬山作蓮花漏

簷蔔

杜岐公悰别墅建簷蔔館形亦六出器用之屬皆象之

天水碧

李後主末年宮人競服碧衣取靛花盛天雨水漉而染之號天水碧

二色酒

西州李玄造二色酒白酒中有黑花斟于器中花亦不散

頃刻牡丹

韓文公姪湘落魄不羈嘗命作詩見志云解造逡巡酒能開頃刻花有人能學我同共看仙葩公曰子能奪造化權乎湘曰此事何難因取土以盆覆之俄生碧牡丹二朵花間擁出金字一聯云雲横秦嶺家何在雪擁藍關馬不前日事久可驗後公謫潮州至藍關遇雪乃悟

方冬桃杏

武宗時術士王瓊妙于化物無所不能方冬以藥去培桃杏數株一夕繁英盡發芳蕋濃艷月餘方謝

口中芙蕖

歐公知潁州有官妓盧媚兒姿貌端秀口中常作芙

蕖花香。

白玉蓮杯

嘉祐中有王永年者。諂事竇卞楊繪嘗置宴出其妻間坐妻以左右手掬酒以飲卞繪謂之白玉蓮花杯

桃花巾帕

楊貴妃每至夏月常衣輕綃使侍兒交扇鼓風猶不解其熱每有汗出。紅膩而多香或拭之于巾帕之上其色如桃花也

花史左編卷之二十五

潭陽 宜猷 慰雲子 補

花之友子瞻詩云可使食無肉不可居無竹無肉令人瘦無竹令人俗人瘦尚可肥士俗不可醫傍人笑此言似高還似痴若對此君仍大嚼世間那有揚州鶴讀此事花者亦不可無竹故附竹譜以伺花王可也

竹譜

竹譜曰竹之品類六十有一　志林云竹有雌雄雌者多筍故種竹竿擇雌者物不逃於陰陽可不信歟　凡欲識雌雄當自根上第一枝觀之雙枝是雌卽出筍若獨枝者是雄　冬至前後各半月不可種植蓋天地閉塞而成冬種之必死若遇火日及西南風則不可花木亦然　種竹處當積土令稍高於傍地二三尺則雨潦不侵損錢塘人謂之竹脚　竹有醉日卽五月十三日也齊民要術謂之竹醉日岳州風土

謂之龍生日種竹以五月十三日蓋是日培植尤
佳一云用辰日山谷所謂根須辰日斸筍看醉留成
又一云宜用臘日杜少陵詩東林竹影薄臘月更宜
栽予觀諺云栽竹無時雨過便移多留宿土切記南
枝則二說皆拘也　又法三兩竿作一本移蓋其根
自相持則尤易活也　種竹以竹斫去本止留二三
寸實土硫黃在管內覆轉根反屈上用土覆當季生
筍竹與菊根皆長向上添泥覆之爲佳　竹留三去

四蓋三年留四季者伐去　竹以五月前血忌日三
伏內及臘月斫者不蛀　竹之滋澤春發於枝葉夏
藏於幹冬歸於根如冬伐竹經日一裂自首至尾不
得全盛夏伐之最佳但鞭皆爛然要好竹非盛夏伐
之不可七八月尚可自此滋澤歸根而不中用矣
說文竹節曰約　渭川千畝竹其人與千戶侯等史記
竹得風其體夭屈謂之竹笑　筍陸佃云字從旬
從日包之日爲筍解之日爲竹又曰字從竹從旬旬

爲筍旬外爲竹也　上番下番竹之在上番下番
即今言大番小番也番去聲謂大年生筍多小年生
筍少也杜詩會須上番看成竹蔡夢弼注不知此義
乃云上番音上筤蜀名竹叢曰林筤誤之甚矣既不
識竹又不識詩矣蒸子也何以注爲非萬玉主人不
知此妙　竹復丁曰䈽　山海經曰竹生花其年便
枯竹六十年易根易根必花結實而枯死實落復生
六年而成町子作薰似小變其治法於初米時擇一

竿稍大者截去近根三尺許通其節以糞灌之則止

方竹

澄州產方竹體如削成勁挺堪爲杖亦不讓張騫筇
竹杖也其隔州亦出大者數丈

蘄竹

蘄竹黃州府蘄州出以色瑩者爲簟節疎者爲笛帶
鬚者爲杖唐韓愈詩蘄州笛竹天下知鄭君所寶尤
懷奇攜來當晝不得卧一府爭看黃琉璃

班竹

班竹甚佳即吳地稱湘妃者其斑如淚痕杭產者不如亦有二種出古辣者佳出陶虛山中者次之土人裁爲筯甚妙余携數竿回乃陶虛者故不甚佳

種竹法

以竹斫去本止留二三寸塡土硫黃在管內覆轉扱反居上用土覆當年生笋

花史　木友　四

小引

予花史肇自丙辰夏日歷三季始脱稿左編花之事蹟計二十四卷右編花之辭翰陸續品輯約一十二卷試鏡自驗瘦削見骨者凡再心血不知耗去幾斗遡成此事又念古人一傾一吐皆以嗚心瀟灑風神見于筆墨之外是可爲譚資者未盡也不惜因花僕悴補綴數條復爲花塵其間分耳雖勞頓自私畧足爲花神生色世有人焉寓物寄情以共賞者爲獨賞復以賞心者賞花應不虛耳予落落自負情痴過憐隙駒深懸凉德而鴻駿又不可冀趂此衰邁未過瓠復死心蠹魚食神仙字做得一事是我生之一日也若曰好閒予方欲偸閒未得竊慕古人秉燭夜遊者不勝呼躍也此閒功夫又從何處得來故以我爲閒固非知已以我爲非閒亦非深知予者也

浙人王路書於陳山之萬松臺

花塵　引言　乙

花屋左編卷之首

簪花　醉花　聘花
臥花　浴花　繪花
尊花　惜花　品花
論花　哦花　着花
即花　歎花　懟花
擬花　謚花　飡花
戀花　憶花　辯花
尋香　香豔　香冷
香茸　香含　香發
香滿　香沸　香遠
香落　花光　花神
花影　花聲

花屋

百花主人輯

簪花

東坡云人老簪花不自羞花應羞上老人頭康節云花見白頭人莫笑白頭人見好花多康節壯而東坡怯

醉花

陸放翁因山園艸間菊数枝開席地獨酌有詩曰屋東菊畦蔓草荒瘦枝出艸三尺長碎金狼藉不堪摘歸地爲渠持一觴日斜大醉叫堕幘車花村酒何曾擇君不見詩人跌宕例如此蒼耳林中留太白於此可見放翁愛菊之意

聘花

雲仙散録樊舉常云欲令梅聘海棠棖子臣櫻桃及以芥嫁笋但時不同然牡丹除醾楊梅枇杷盡爲執友

臥花

[illegible]覺隱睡起詩云花下拋書枕石眠起來删漱竹
[illegible]小窓石鼎天猶煖殘爐時颺一縷烟吳陳完跋
其[illegible]詩謂覺隱名文誠字道元浙人也與笑隱訴公天
隱至公皆以詩自豪相頡頏時號三隱

浴花

冷齋夜話前輩作花詩多用美人比其狀如曰若教
解語應傾國任是無情也動人陳俗哉山谷作酴醾

詩曰露濕何郎試湯餅日烘荀令炷爐香乃用美丈
夫比之若出類而吾叔淵材作海棠詩又不然曰
雨過溫泉浴妃子露濃湯餅試何郎意尤工也

繪花

毘陵張敏叔紛十花爲一圖曰十客圖其間菊花曰
壽客錢塘關士容賦詩云莫惜朝衣換酒錢淵明邂
逅此花仙重陽滿滿杯中泛一縷黃金是一年

尊花

蜂採百花俱置翅股間惟蘭花則拱背入房以獻于
王物亦知蘭之貴如此

惜花

姑蘇唐子畏寅嘗過閶門德宿旅邸命人懸畫菊子
畏慨然有感題絕句云黃花無主爲誰容冷落疎籬
曲徑中儘把金錢買脂粉一生顏色付西風蓋自况
云

品花

王荊公云梨花一枝春帶雨桃花亂落如紅雨珠簾
暮捲西山雨然不若院落深沉杏花雨言有盡而意
無窮

說花

古城使人入貢詩其初發云行盡河橋柳色邊片帆
高掛遠朝天未行先識歸心早應是燕山有杜鵑其
揚州對客云三月維陽富風景皆留佳客與同床黃
昏二十四橋月白髮三千[illegible]霜玉句詩聞賢太守

紅蓮書寄好文章欲尋何遜舊東閣落盡梅花欲斷腸其江樓留別云青嶂俯樓樓俯渡遠人送客此經過西風楊子江邊柳落葉不如愁思多又嘗寫蕉之天王堂問葵花何名人紛之以一丈紅花即題云花于木槿渾相似葉比芙蓉只一般五尺欄杆遮不盡獨留一半與人看

哦花

少游在黃州飲于海橋有老書生家海棠叢開少游醉卧宿於此明日題其柱曰喚起一聲人悄衾煖夢寒窗曉瘴雨過海棠開春色又添多少社甕釀成微笑半破癯瓢共舀覺健倒急投床醉鄉廣大人間小

東坡愛之

着花

或云石竹草品纖細而青翠花有五色嫵媚動人杜子美詩云麝香眠石竹又云石竹綉羅衣是也

記花

東坡記菊帖云嶺南地暖而菊獨後開吾以十一月望與客泛菊作重九書此為記

歎花

樂清鶴山趙公廷松以京職出補福州同知暇日登州後龍首山傍麓有巨石平曠可容三二十人公披荊棘視之崖而有刻芙蓉臺三字可覩公即其上開荒建亭自書扁曰芙蓉別院作芙蓉歎有云臺高望寒江秋風淒以哀荊棘迷露華蘭桂生塵埃出水秪為妍歲陰向誰開物情故乃爾世事良悠哉

憇花

花木錄許昌薛能海棠詩叙蜀海棠有聞而詩無聞

擬花

東坡謫居齊安時以文章游戲三昧齊安樂籍中李宜者色藝不下他伎他伎因燕席中有得詩曲者宜以語訥不能有所請人皆咎之坡將移臨汝于飲餞處宜哀鳴力請坡半酣笑謂之曰東坡居士文名久

何事無言及李宜恰似西川杜工部海棠雖好不吟詩

謚花

傒書茱萸爲辟邪翁菊花爲延壽客故假此二物以消陽九之厄耳

餐花

荷曰芙蕖其中的詩義疏曰五日中生生噉脆至秋表皮黑的成可食或可磨以爲飯如粟飯輕身益氣令人强健又可爲糜

戀花

梅妃姓江氏名釆蘋性喜梅所居闌檻悉植數株榜曰梅亭梅開賦賞至夜分尚顧戀花下不能去上以其所好戲名曰梅妃妃有梅花賦

憶花

義山菊詩曰陶令籬邊色羅含宅裏香又云羅

柳惲白蘋門 按羅含字君章耒陽人

辨色

紫菊之名見於孫真人種花法又見於諸譜中此品傳植已久故唐宋詩人稱述亦多蕭穎士菊榮篇紫英黃萼照曜丹墀杜荀鶴詩雨勻紫菊叢叢色趙嘏紫豔半開籬菊靜夏英公詩落盡西風紫菊花韓忠獻公詩紫菊披香碎曉霞則紫花定是佳品

尋香

九峯近畧云竹未嘗香也而杜子美詩云雨洗涓涓淨風吹細細香雪未嘗香也而李太白詩瑶臺雪花數千點片片吹落春風香孑亦謂雨未嘗香也李賀四月詞依微香雨青氛氳

香豔

明皇與貴妃幸華清宮宿酒初醒凭妃肩看牡丹折一枝與妃遞嗅其豔曰此花香豔尤能醒酒

香冷

王龜齡十朋取莊園花卉目爲十八香以菊爲冷香

詩曰佳節逢吹帽黄金染菊叢淵明何處飲三徑倉
香中

香甘

越州圖經菊山在蕭山縣西三里多甘菊

香含

稻花午開暮合開合皆於穀中香甚有至七開七合
者

香發

玄宗嘗宴諸王於木蘭殿時木蘭花發聖情不悅妃
醉中舞霓裳羽衣一曲上始悅

香滿

黄龍寺晦堂老子嘗問黄山谷以吾無隱乎爾之義
黄詮釋再三晦堂不答時暑退涼生秋香滿院晦堂
因問曰聞木樨香乎黄曰聞晦堂曰吾無隱乎爾

香弗

南越女子茉莉花開以綵絲穿花心以爲首飾

香遠

唐依仙祖師學道於白雲山篤戒行夏月偶坐化於
梅樹下數里聞梅花香經旬不息遠近異之

香落

坡詩註昔有梵王從天竺鷲嶺飛來八月十五皆有
桂子落故白樂天詩天香桂子落紛紛

花光

唐元稹爲翰林承旨退朝行廊下初日映九英梅隙

光射檟有氣勃勃然百僚望之日豈勝冒文章映日
可見乎

花神

謝長磊見鳳仙花謂侍兒曰吾愛其名也因命進葉
公金膏以麈尾梢染膏灑之折一枝插倒影三山環
側明年此花金色不去至今有班點大小不同若灑
者名倒影花

花影

或謂張子野曰人皆謂公張三中即心中事眼中淚意中人也公曰何不目之爲張三影客不曉公曰雲破月來花弄影嬌柔懶起簾壓捲花影柳徑無人墮飛絮無影此予平生所得意高齋詩話子野有詩云浮萍斷處見山影又長短句云雲破月來花弄影又云隔墻送過鞦韆影並膾炙人口世謂張三影按苕溪漁隱云細味二說當以前載三影爲勝

花聲

苍雲子寓龍湫山寺後有臺登之時見萬松擁護客有以松聲爲問者曰予所見萬翠飛來色也風吼遠近聲也皆松葉爲之至于松有花繽紛馥郁既擅其美亦有聲乎王子谷因古有聽雪者謂聲在空中摩擊間則松花有聲可知矣然諸花皆有聲元稹連昌宮辭云又有墻頭千葉桃風動落花紅簌簌此亦花聲也又詩咏春曉者曰夜來風雨聲花落知多少此風聲雨聲雜乎花聲者也又雜劇云賣花何處聲隔林啼鳥如相問此又人聲鳥聲與花聲相雜者也蓋萬物之聲聚于空虛成于摩擊留于飛墮故以爲無聲則萬形皆幻既已有形則萬聲皆實而何疑于松花乎遂爲花聲說

無待坊釋義

本坊最敬禮名賢客至求爲標識而不可得請於先生先生曰予有十無待嘗以顏吾廬聯曰逝矣流光[illegible]錯即以命名亦無不可本坊意遂決其釋義具後

無待一 好書 可供閒謌精擇當世誰爲鄭玄

無待二 好花 繁華過眼無異隙駒

無待三 好客 譚論靡所不禁見解靡所不確

無待四 好景 一年好景君須記最是橙黃橘綠時

無待五 好酒 或高雅或佳麗相與沉酣潦倒

無待六 好蔭庇 父母俱存兄弟無故何減南面百城

無待七 好精神 衰老相逼完固時最宜愛惜

無待八 好光陰 最不可使白日無事消磨

無待九 好年歲 風雨調順五穀豐登

無待十 好太平時 試看龍虎紛爭豈容鶯[illegible]語

丁巳年[illegible]冬識

花史左編卷之二十七

潭陽 宣猷 敬雲子 輔

花之器工欲善其事必先利其器器備則何花之不忙也故補之

花針

用以剝虫蠹針去尾釘入竹筋頭上用之

木杓

用以澆水灌花四傍則不損花葉根

花剪

用以剪棕索麻線等比常剪刀小些

棕絲

用以縛花[illegible]梗可買肥粗者收用蔴皮亦可

蚌殼

大小用以搬泥備三五個

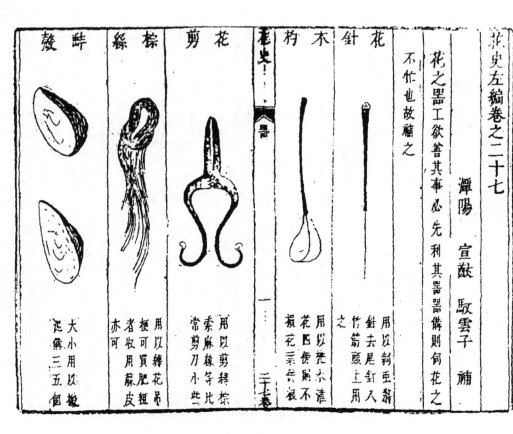

竹剪

用以剪竹枝高起花者其式似桑剪

竹刷

用以掃去缸邊水積起泥

鐵鈎

用以取根下蚕虫如式製一二件

鐵鍬

用以移掘花根去草榎根傍長一尺許闊一寸以木爲柄

竹鍬

用以鍬泥開用鈎取根下蚕虫之類

作刀

用以創竹根尖頭去節以便插入土內

竹棍

用以扶花可買細筋竹去枝葉方可爲之

種刀

用以起根分苗如常式一二把

劈梗刀

用以接藥併蛀梗孔深者以刀尖劃開取虫長五六寸闊五分鋒利爲妙

銅絲鐵線

細 肥

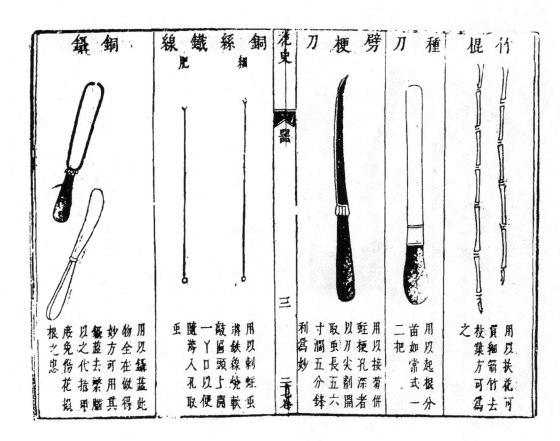

用以刺蛀虫擠鐵線燒軟敲匾頭上開一丫口以便隨灣入孔取虫

銅鑷

用以鑷藍此物全在做得妙方可用其鑷藍去繁腦以之代指甲庶免傷花損根之患

水杓

糞杓亦類此

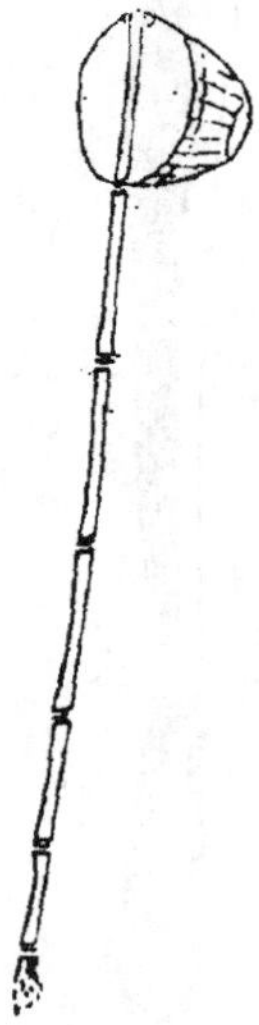

用以洗水缸水缸中用此一杓有則以錫爲之太容一大椀水柄長三二尺以便就根沃之不致傷葉

水桶

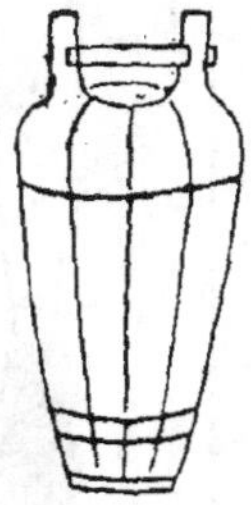

水桶二隻用以挑水

軟棕刷子

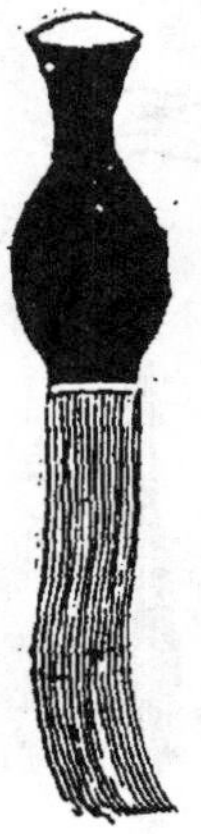

用以刷去頭上莠虫甚便不可用刀截棕頭就用原棕軟頭作刷如式

細土篩

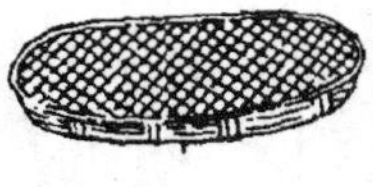

粗土篩

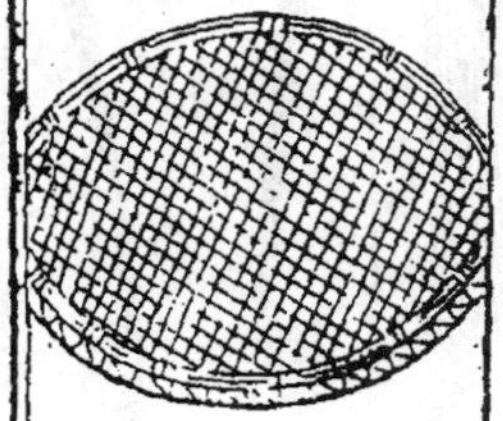

用以篩泥

積糞缸

缸式上之自然但比大者爲最以多日壓于深地之下織糞入內上再用土蓋之到來年五六月間糞皆化于黃水取出和水澆花即欲再者亦能發活其各類用全汁

花籃盆

近用花盆以其易碎撒辨且可多作不費又輕便永乾滋常然不致空存其中多爲之籃外盆當用青時大花盆之不盈又能奏其功匹片二片縛籃一盆

噴壺

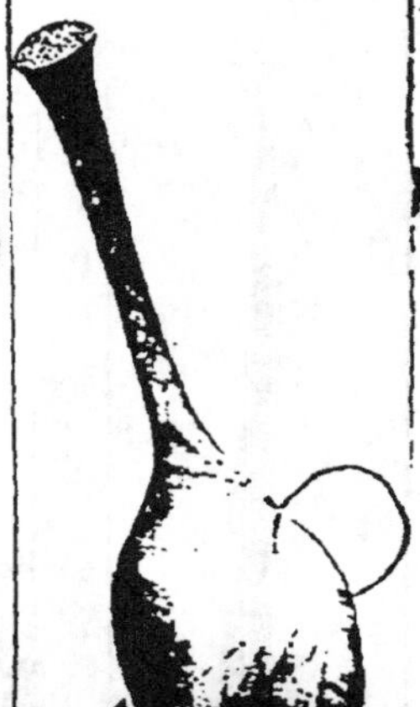

用以注水噴花以錫爲之上安手以流下套棕灌花之高者

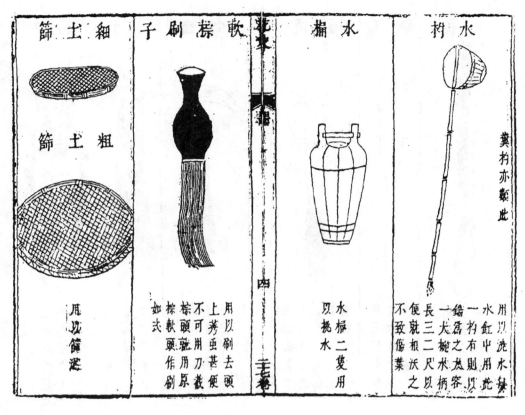

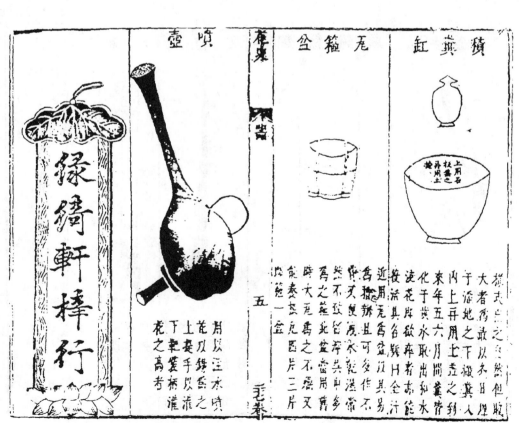

花鏡

(清)陳 淏 撰

《花鏡》六卷，又題《百花栽培秘訣》。（清）陳淏撰。陳淏，一名陳淏子，又名扶摇，自號西湖花隱翁。依據序文可知，作者在明亡之後不願爲官，退守田園，率領家人種植花草並設『文園館課』，召集生徒，以授課爲業。自謂平生無所好，最喜歡書與花，被人稱爲花癡、書癡，精通花卉栽培。此書完成於作者七十七歲高齡之際。

全書六卷，約十一萬字。有些版本有插圖。卷一花曆新裁，即栽花月曆，依次列出分栽、移植、扦插、接換、壓條、下種、收種、澆灌、培壅、整頓十目；卷二課花十八法，即栽培總論。有辨花性情法、種植位置法、接換神奇法、分栽有時法、扦插易生法、移花轉垛法、過貼巧合法、下種及期法、收貯種子法、澆灌得宜法、培壅可否法、治諸蟲蠹法、枯樹活樹法、變花催花法、種盆取景法、養花插瓶法、整頓删科法、花香耐久法，頗具創見，堪稱全書之精華。卷三至卷五分别爲花木類考、藤蔓類考、花草類考，實際爲栽培各論，分述三百五十二種花卉、果木、蔬菜、藥草的生長習性、産地、形態特徵、花期及栽培大略、用途等。卷六附禽、獸、鱗、蟲類考，略述四十五種觀賞動物的飼養管理法。

書中所講是作者畢生的經驗，對於觀賞植物的園林佈置藝術，從植物的群體佈局到景物的巧妙搭配，都提出了設計方案，而這方面的内容恰是歷代農書、植物典籍所欠缺的。

該書文字優美、語言流暢，所載技術精巧且便於實用，被視爲栽花務果的『秘訣』。書名亦變得帶有神秘色彩。後世重刻、翻印時冠以《秘傳花鏡》《園林花鏡》《百花栽培秘訣》《繪圖園林花鏡》《群芳花鏡全書》等美名，影響深遠。據《日本博物學史》載，《花鏡》問世後的幾十年内即有三批、十四部經日本商船自南京運抵長崎，由日本學者加注訓讀、重刻出版。

該書初版於康熙二十七年（一六八八），有善成堂本和金閶書業刻本。此外還有文德堂乾隆年間本、同治四年（一六八五）刻本及幾種石印本、鉛印本。一九六二年農業出版社出版了伊欽恆校注本。今據清康熙二十七年刻本影印。

（惠富平）

花鏡

園林雅課

西湖陳扶摇彙輯

花鏡

一花曆新裁　一課花十八法
一竊生圖譜　一花木備考
一培養秘傳　附鳥獸魚蟲考

文治堂藏板

序

余生無所好惟嗜書與花年來虛度二萬八千日大半沉酣於斷簡殘編半馳情於園林花鳥故貧無長物只贏篆乘書囊枕有秘函所載花經藥譜也多矣余花癖兼號書癡噫嘻讀書乃儒家正務何得云癡至於鋤園藝圃調鶴栽花聊以息心娛老耳淵明

首序　一

有云富貴非吾願帝鄉不可
期余棲息一壥快讀之暇即
以課花爲事而飲食坐卧日
在錦茵香谷中時而梅呈冬
艷柳破金葉海棠紅媚蘭瑞
首序 二
芳誇梨梢月浸柳浪風斜樹
頭蜂抱蕊鬢香逕蝶迷林下
一庭新色遍地繁華則讀騷
縱觀豈非三春樂事乎未幾
榴火燒天葵心傾日荷蓋擎

風揚麥舞雪喬木鬱蓊群葩
斂豔篁清三逕之凉槐蔭兩
堦之契紫萸點波錦鱗躍浪
則高卧北牕聽蛙鼓于艸間
散步朗吟靄薰風于澤畔識
首序 三
避炎之皋土也至於白帝徂
秋金風播爽雲中桂子月下
梧桐離邊叢菊沼呈芙蓉霞
月楓相雪泛荻蘆晚麥尚留
東蝗短砌猶噪寒蟬鴻暝哀

草廬晨書空同人雅集滿園香沁詩脾發秀啣杯隨拈足供聯詠乃清穠佳境也迄乎冬寒司令于卉芳搖落之旹而我圃不謝之花尚有枇杷

自序　四

纍玉蠟瓣舒香茶苞含五色之葩月季逞四時之麗則曝背看書猶藉簷前碧艸登樓遠眺且喜窗外松筠怡情適志樂此忘疲要知焚香煑茗

纂榻澆花不過文園館課之逸事繁劇兼聊之良劑可癡耶癖耶余惟終老於斯矣堪笑世人應二非混跡市廛即縈情圭組味藝植之理雖對

自序　五

名花徒供一朝賞玩轉眼即成槁木可客白唯二既非花癖何不發翁枕秘授我花鏡一書已公海內俾心二盡得種植之方咸謂翁為花仙可

予時

康熙戊辰桂月西湖花隱翁

陳淏子漫題

花鏡敘

昔淵明嗜菊。逸氣如雲。茂叔品蓮。清芬若潏。梅花繞砌。和靖高瞭竹翠盈堦。子猷獨遣。景茲芳韻。適足賞心。緬彼高風。不無遐契。自蛛封燕坧。一室潛虛。迨鶴去猿驚。伊人斯遠。或浮沉金馬。林園之夢未生。或驅策山川。丘壑之情罔爇。任藥欄爛熳。曾戱東皇咲人。歎花幡寂寥。一聽封姨嗣令。幸覩名花。未解品題之雅。縱當奇樹。安知位置之宜。遂

至俗不堪。醫索肢減。興不僅情
難入勝。黯矣消神也。乃有歸來
高士。退老東籬。知止名流。養安
北牖。總其著作。大而經濟。微而
理學。久已懸之國門。遡厥淵源。
遠則皇古。近則來兹。靡不搜其

閫奥。才稱繡虎。屈宋比肩。筆擅
雕龍。潘陸接武。是以太玄經就。
價滿楊子之亭。長門賦成。金艷
文園之席。羣推祭酒。博雅登壇。
競號宗工。典型在望。固應翔步
金華。上備清問。庶或燃藜天祿。

徧校遺文。辨魯魚於汲史。定帝
虎於竹書。武展鴻才。僉曰允矣。
用昭碩學。誰云不然。柰何數奇（漢李廣傳）
不遇。空傳伏叟之經。窮乃益工。
博極虞卿之論。遨遊白下。著書
滿家。終隱西泠。寄懷十畝。淹貫

之餘。頗學老圃。咏歌之暇。竊附
陶朱。因花木而分課。依稀紫媚
紅嬌。借禽魚以娛情。仿佛鱗遊
羽化。更念栽植之法。古人有書
而未備。豢畜之術。時流從事而
弗嘉。爰脩小史。多識草木之名

兼及餘刊。畫・述靈蠢之屬。雖類末技。不減琅函。藉謂若牋。幾同綉谷。如斯清玩。樂我素心。若柀幽標。供客雅況。將見是編一出。習家之池館益奇。金谷之亭園備美。百卉爭暄。別饒花藥。繁葩

競露。倍結英華。勁挺冰雪之姿。芬芳馥郁之質。蓊靄森秀之光。參差掩映之色。從風披拂。弄影飛揚。奚止張公之大谷。梁侯之烏椑。周文之弱枝。房陵之朱仲。珍貴一時。誇耀奕禩而已哉。他

若丹穴之精・錦鋪碧浪。珠樊之翠聲度綠。牕南華園之蝴蝶入夢。半閒堂之蟋蟀吟穐。罔不各遂其性。各適其天。又若魚躍鳶飛。皆入炎風・化日矣。我知花神結袂。競獻奇英。仙鳥連翩。爭相

儀舞。仲長統之樂志。不過如茲。張仲蔚之孤蹤。于焉尚已。以消永日。以享高年。展讀斯篇。恍然得之云。

旹

康熙戊辰花朝同學眷小姪張

國泰頓首拜題

【張國泰印】【寅侯】

序

嘗閱檇李仲遵氏花史所稱花師花醫花妾花姑花翁之類甚夥皆善種藝術得名而又雜列花之名物辨證積有卷帙因思士大夫邸第之外

營別墅植卉木爲休沐宴閒之地者此書故不可少市廛肉食之家更不可無若王芳慶園亭花木記劉杳離騷草木疏猶憾其未詳盡且未及禽魚爲欠事群芳譜詩文極

富而畧種植之方今陳子所纂花鏡一書先花木而次及飛走一切藝植馴飼之法具載是編其亦昔人禽經花譜之遺意歟吾知其事雖細必可傳也李贊皇平泉記有云

鬻吾平泉業者非吾子孫也以一石一樹與人者非佳子弟也贊皇有慨於園囿之興廢雖一木石猶珍重愛護之若此舊傳其奇花異卉老松惟石靡不畢致其經營於園

林之課必已久矣而自昔池
館之盛匪直平泉也當貞觀
開元間公卿貴戚開名園於
洛陽號千有餘邸他如富人
之亭榭隱者之幽居未易更
僕可知竊意其位置木石禽

魚必有方而其經營亦甚勞
也今得是書而神明其法身
其境者林麓脩然魚鳥親人
會心政復不遠一將瘠者腴
病者安實者蚤且多其碩茂
其蕃息必十倍於昔時矣不

事意匠經營而坐享其成是
書眞苑囿之明鑑哉抑聞之
柳柳州嘗爲郭槖駝作傳矣
謂問養樹得養人術傳之以
爲戒夫槖駝數語耳而柳子
謂可移之官理脫或見是書

其旁通觸悟更不知何如若
其種種馴飼之方雖謂與陶
朱養魚浮丘相鶴諸經並傳
可也纂斯集者爲吾友陳扶
搖自稱花隱老人者也
時

康熙戊辰立春後三日蒔園

丁澎題於扶荔堂東軒

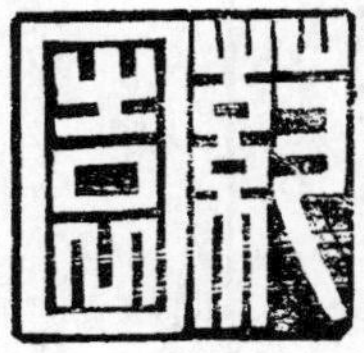

花鏡圖

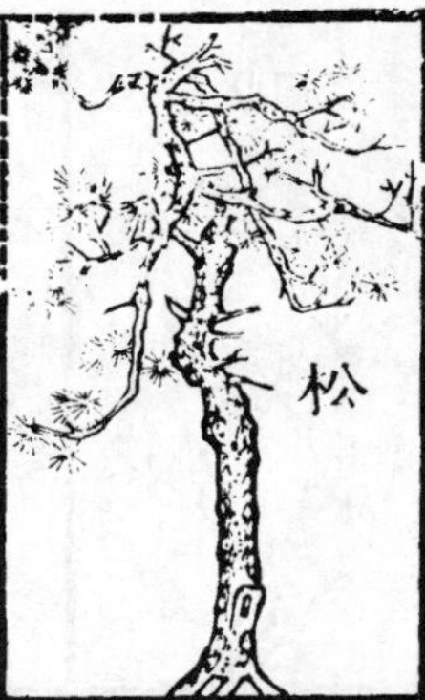

松

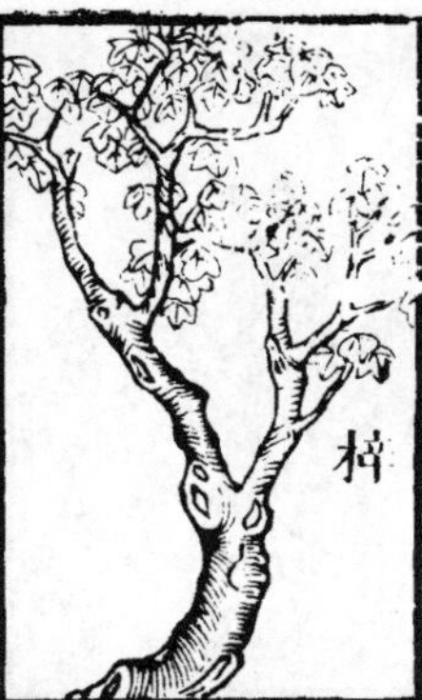

梓

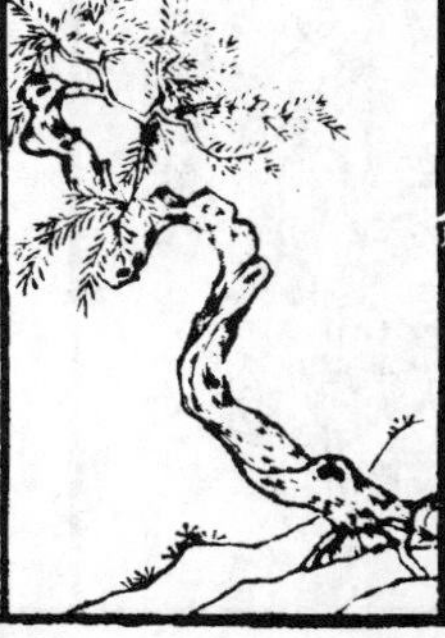

柏

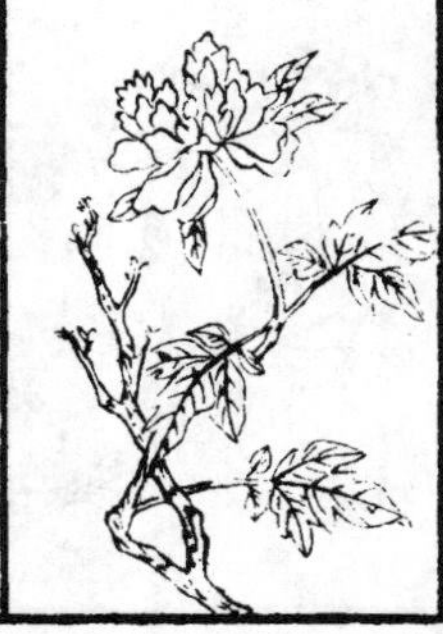

牡丹

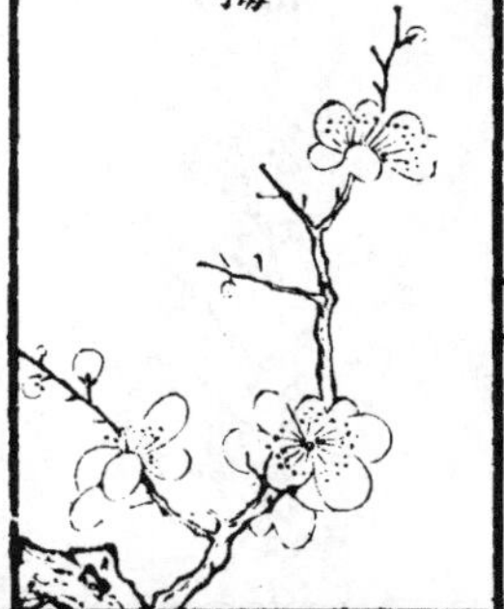

梅

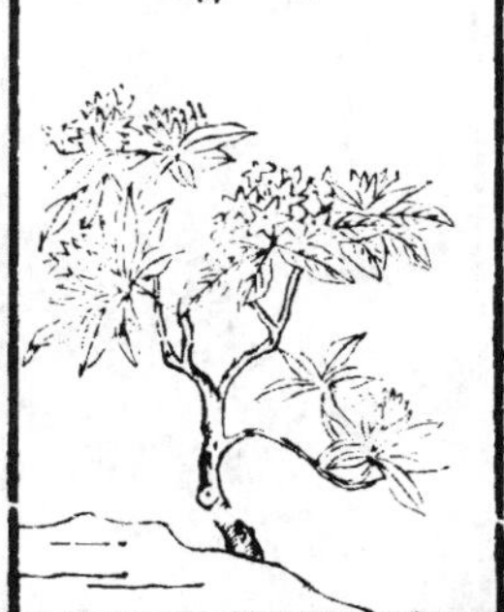

瑞香

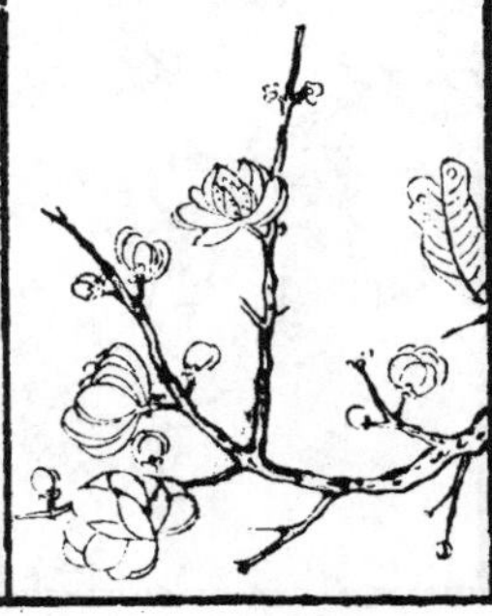

臘梅

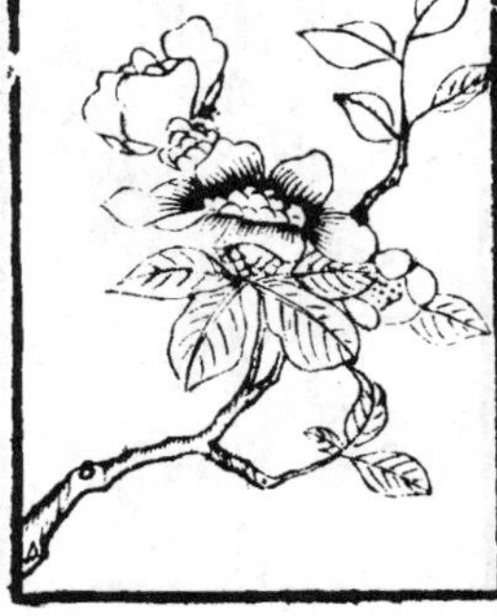

山茶

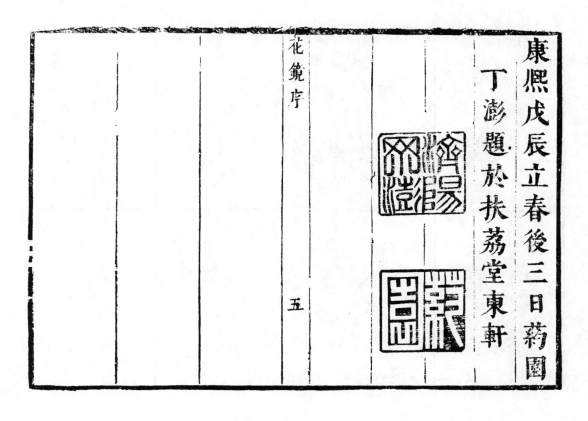

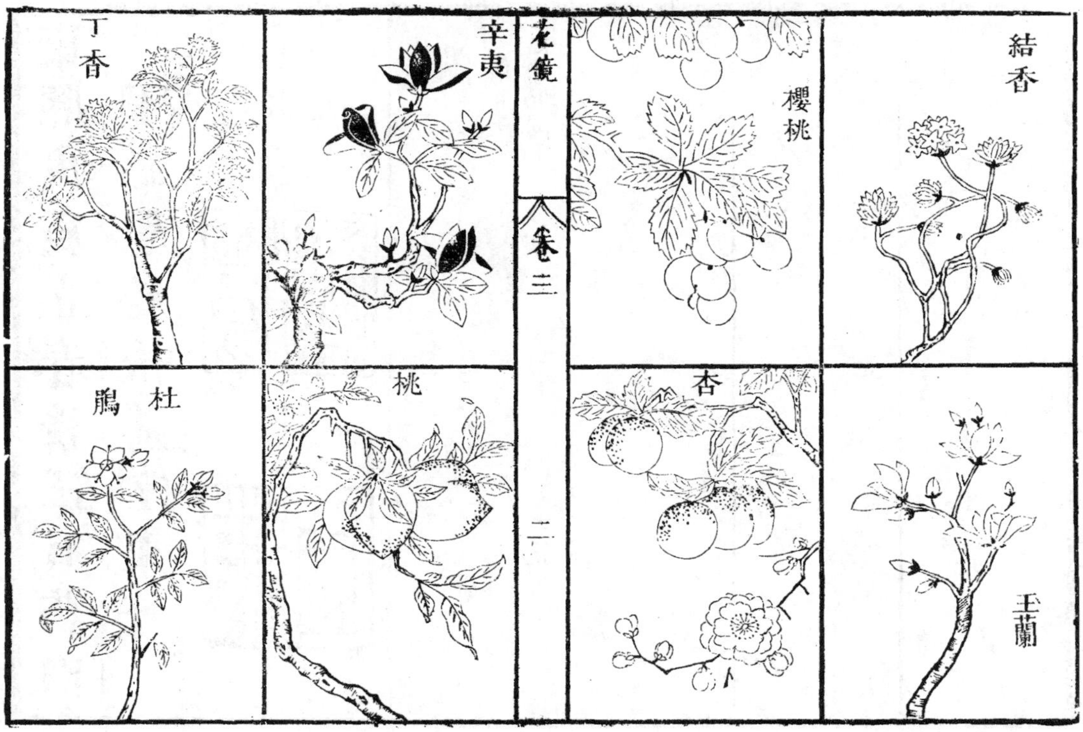
花鏡
卷三
二
結香
櫻桃
辛夷
丁香
玉蘭
杏
桃
杜鵑

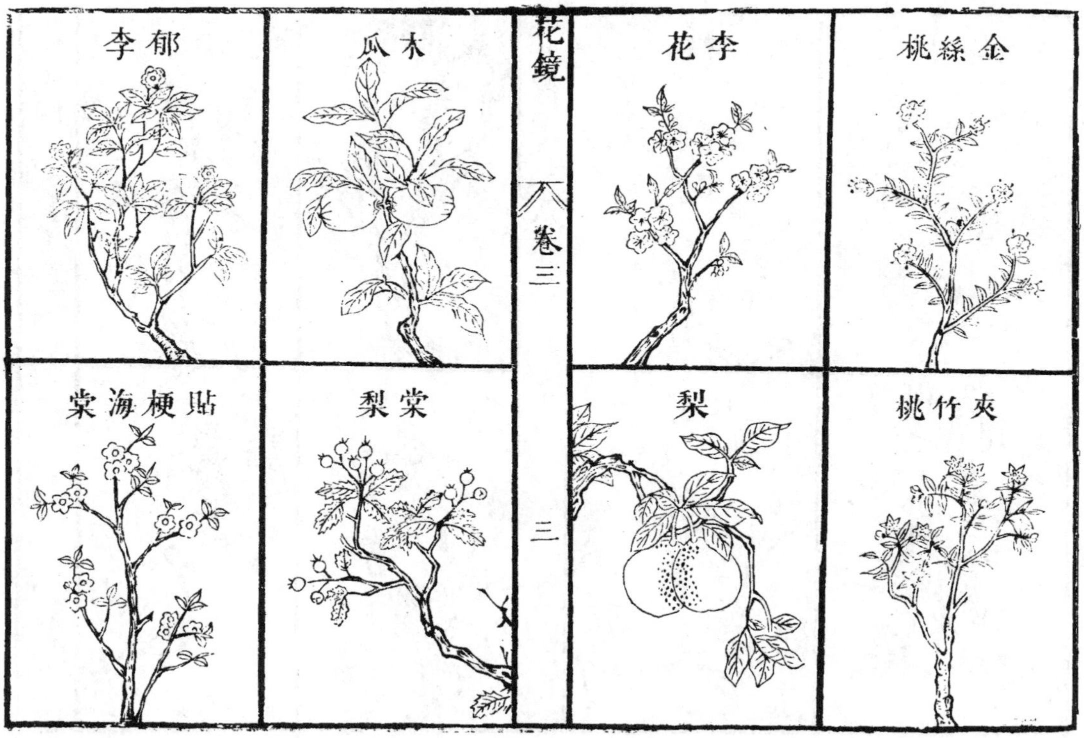
花鏡
卷三
三
金絲桃
李花
木瓜
郁李
夾竹桃
梨
棠梨
貼梗海棠

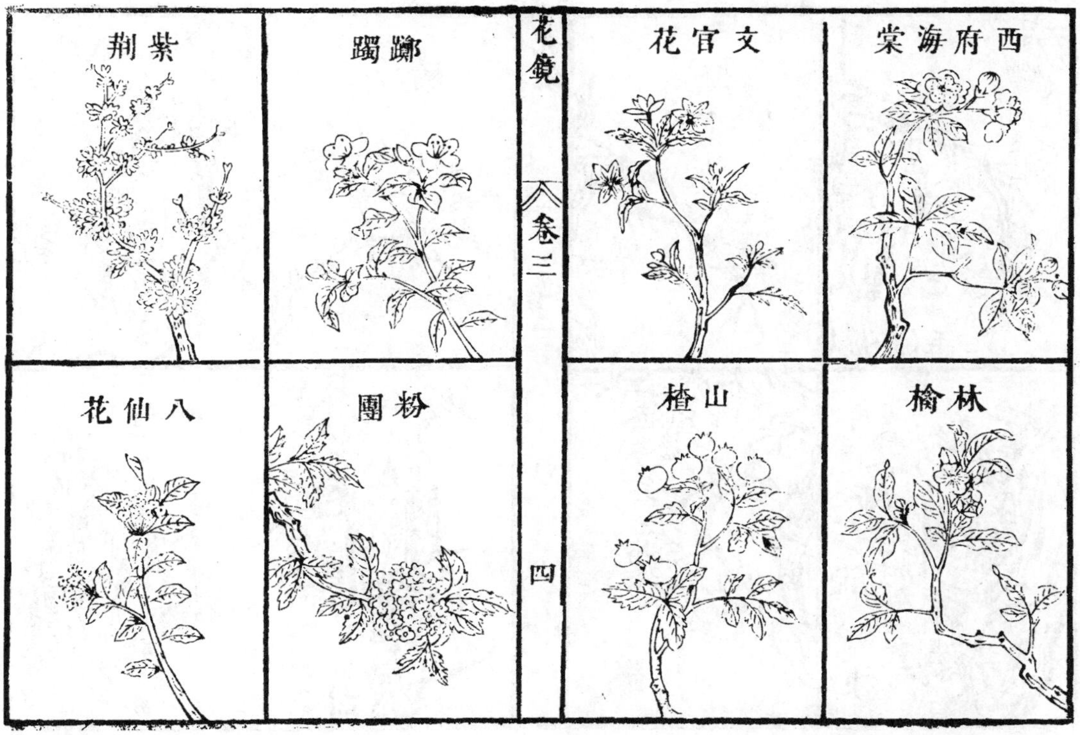
花鏡
卷三
四
西府海棠
文官花
林檎
山楂
紫荊
躑躅
八仙花
粉團

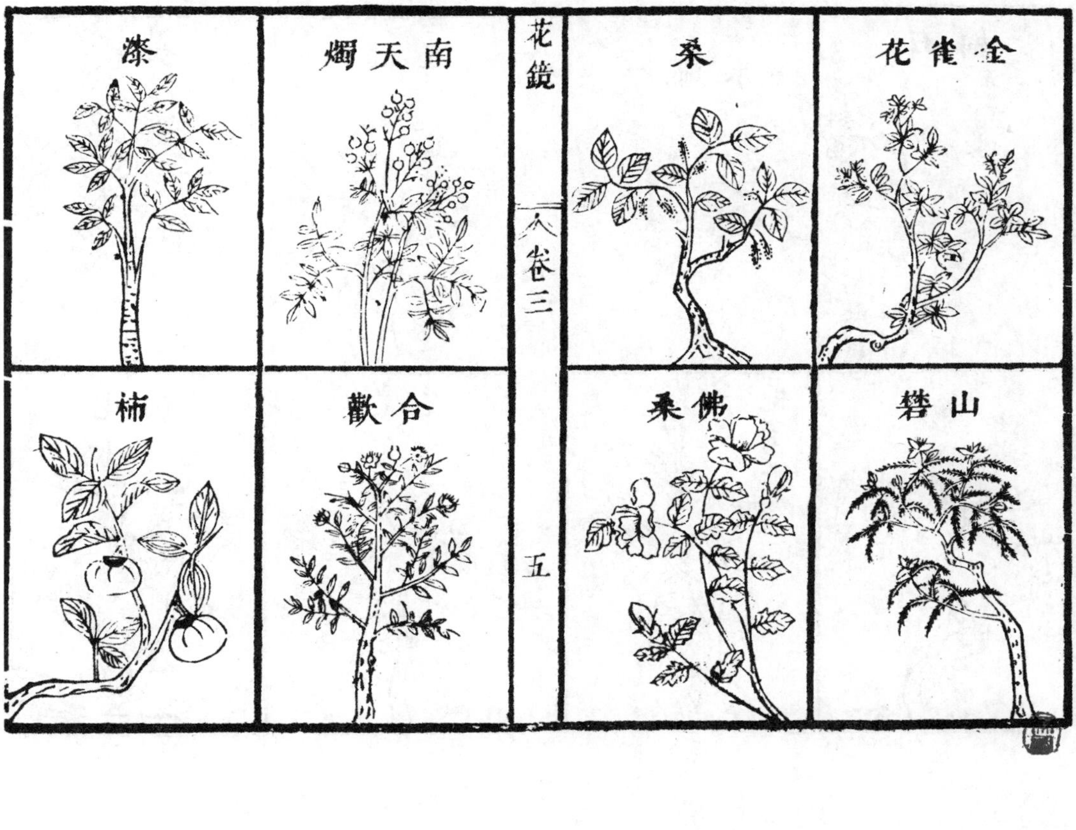
花鏡
卷三
五
金雀花
桑
山茶
佛桑
南天燭
漆
合歡
柿

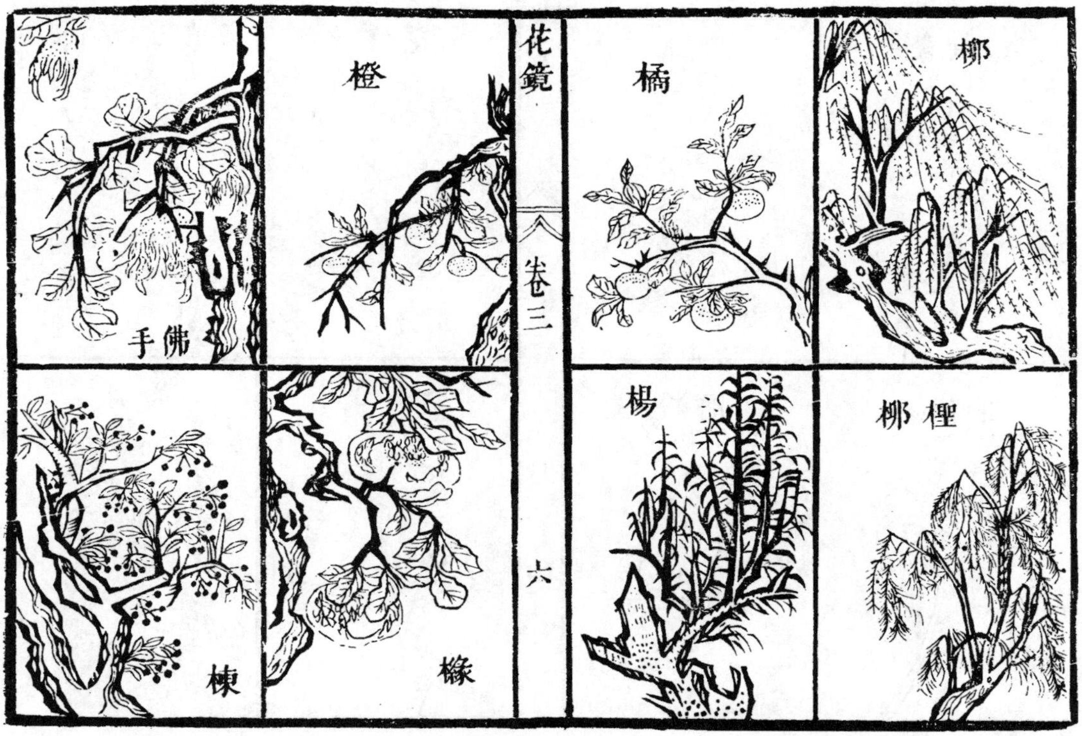

花鏡
卷三
六
佛手
橙
橘
柳
楝
櫞
楊
檉柳

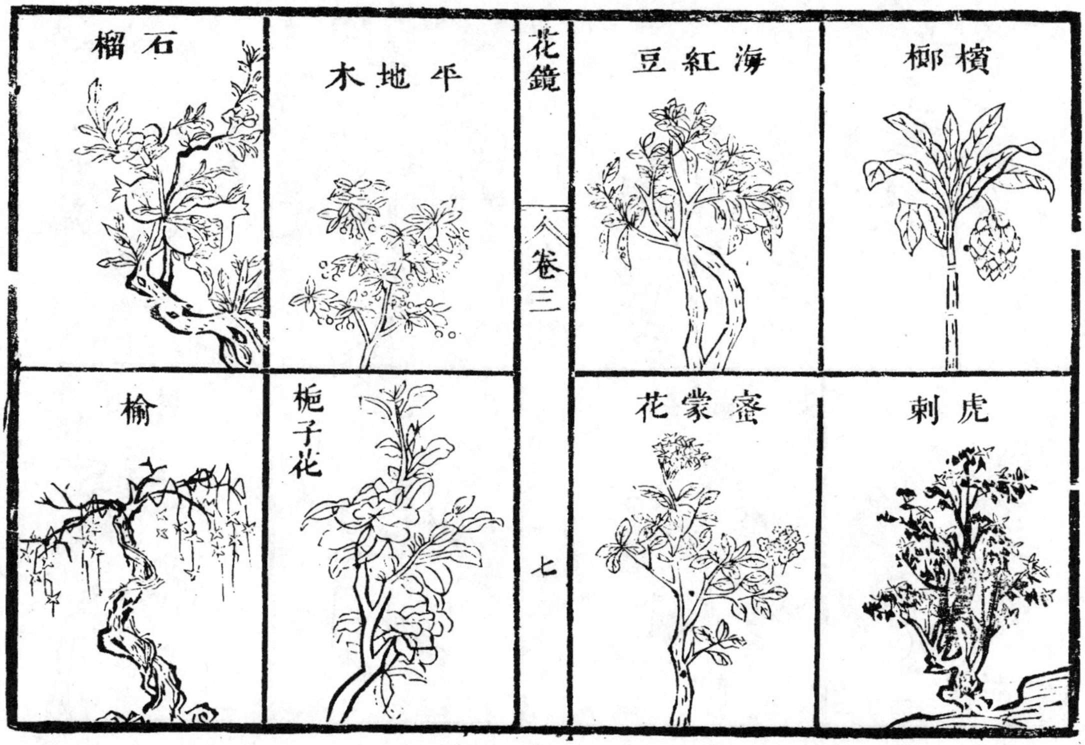

花鏡
卷三
七
石榴
平地木
海紅豆
檳榔
榆
梔子花
蜜蒙花
虎刺

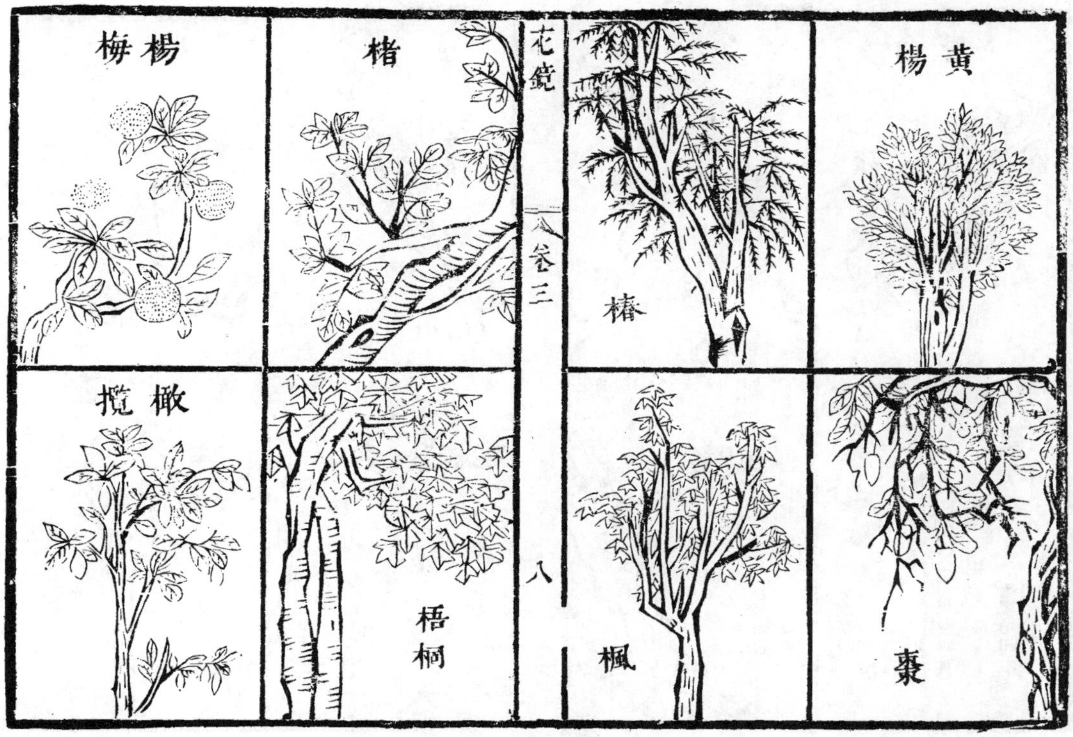
花鏡
卷三
八
黃楊
椿
楓
棗
楊梅
楮
橄欖
梧桐

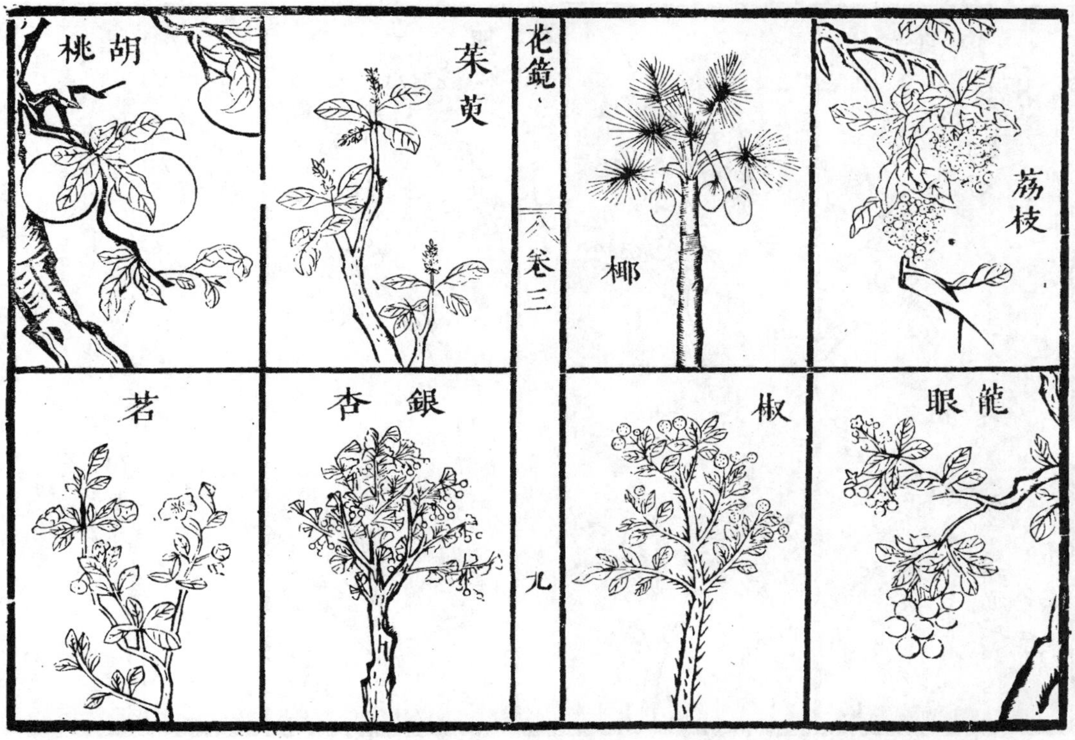
花鏡
卷三
九
荔枝
椰
龍眼
椒
胡桃
茱萸
茗
銀杏

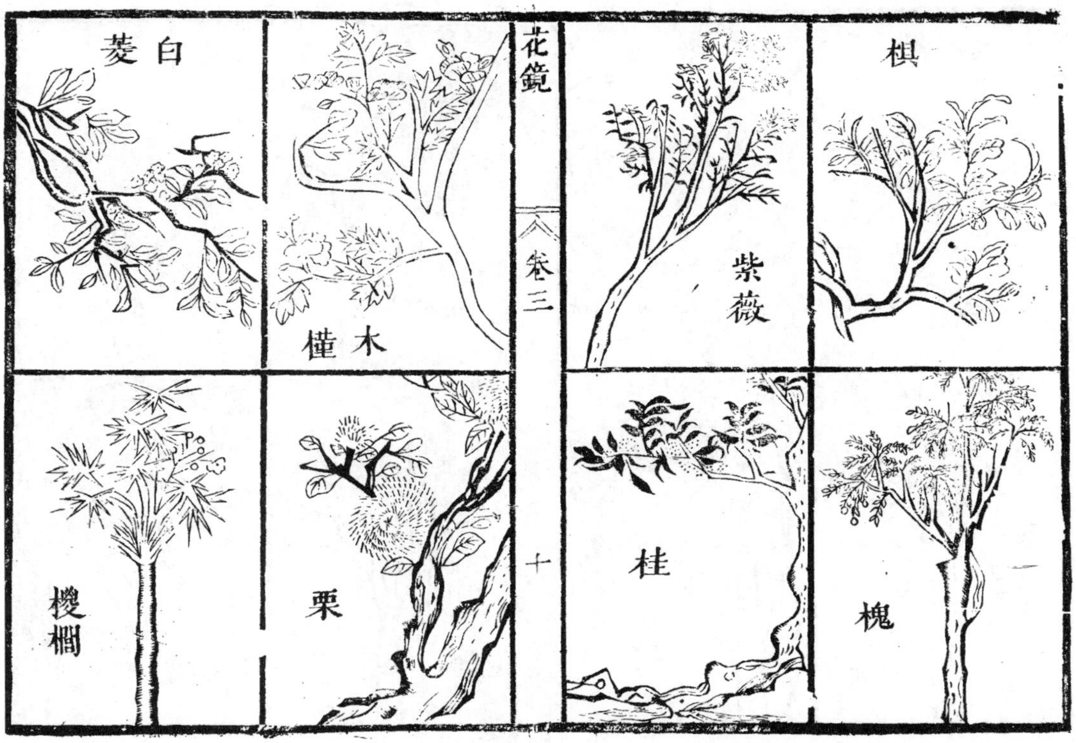
白菱
木槿
花鏡
卷三
十
紫薇
椇
椶櫚
栗
桂
槐

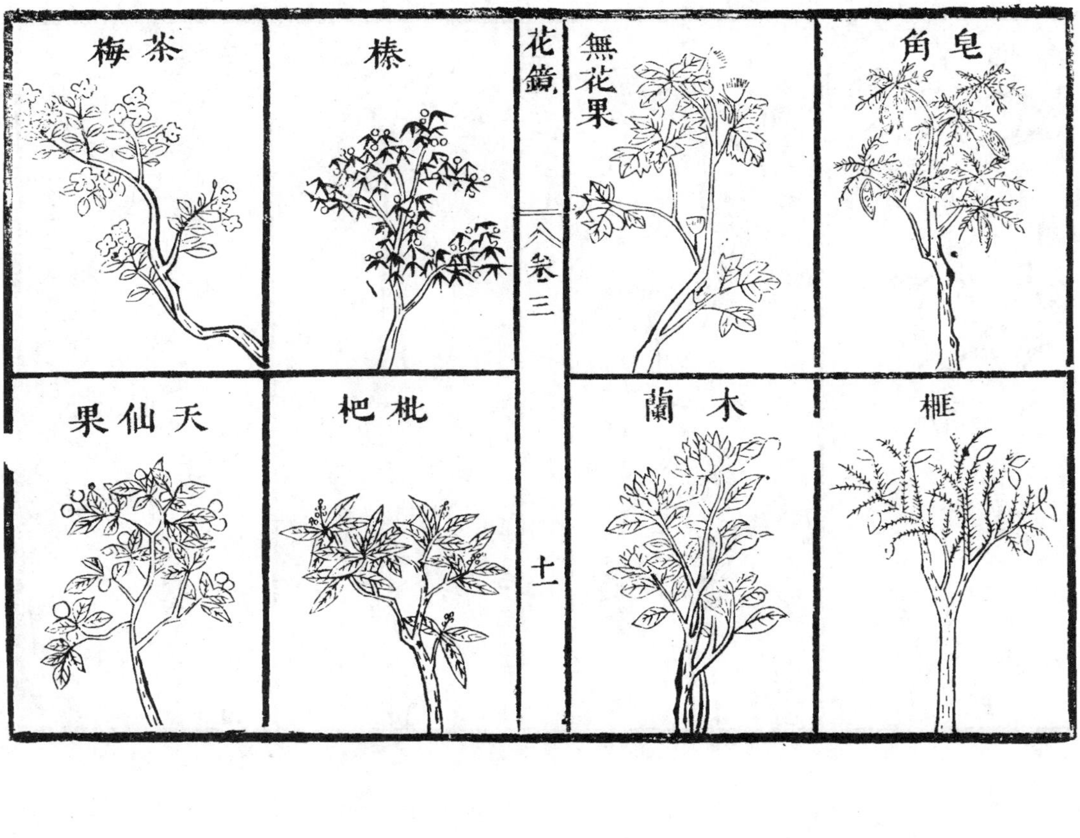
茶梅
榛
花鏡
卷三
十一
無花果
皂角
天仙果
枇杷
木蘭
榧

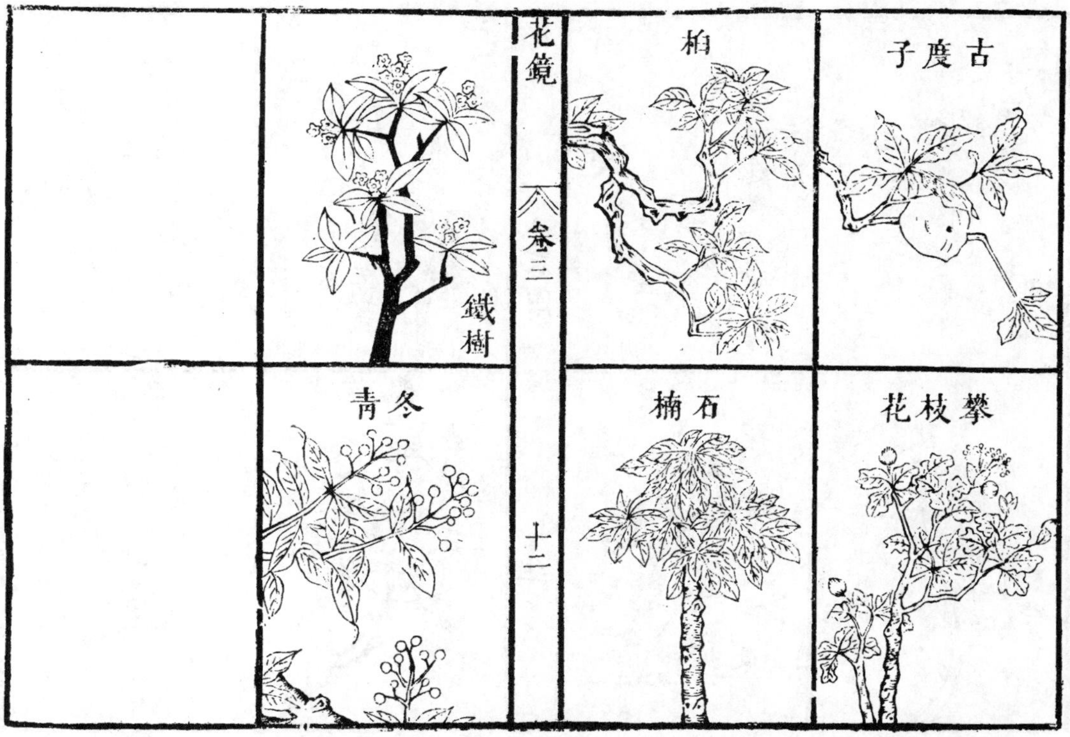
古度子
攀枝花
柏
石楠
花鏡
卷三
十二
鐵樹
冬青

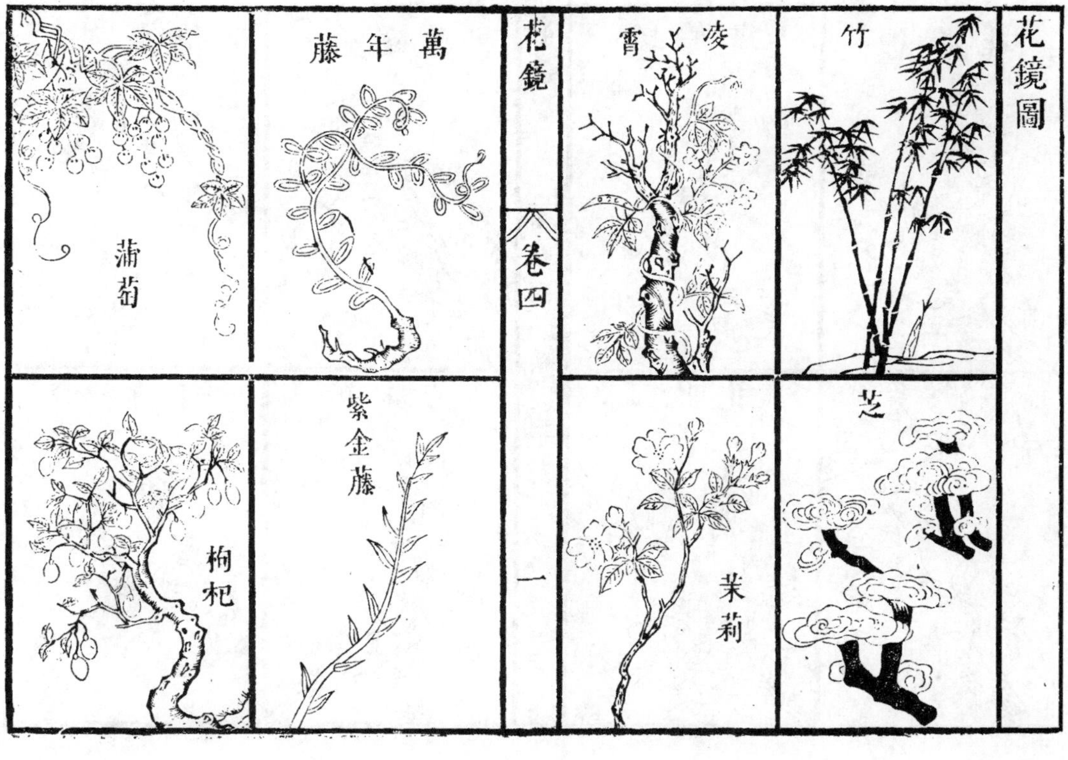
花鏡圖
竹
芝
凌霄
茉莉
花鏡
卷四
一
萬年藤
紫金藤
蒲萄
枸杞

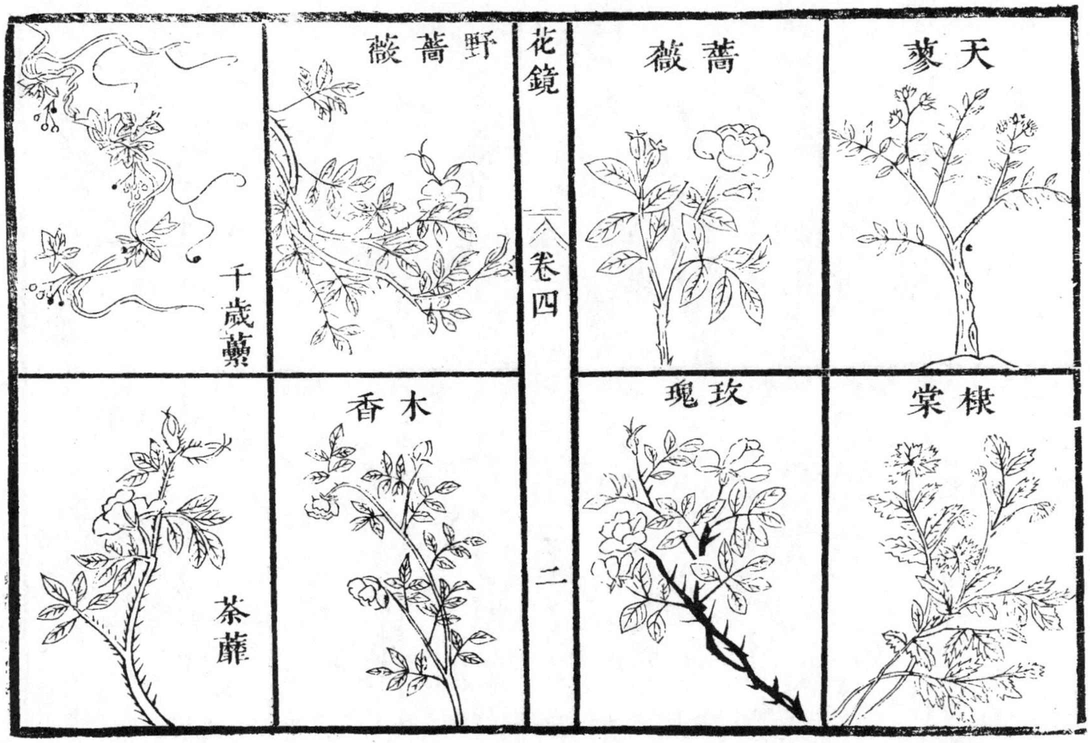
天蓼
薔薇
棣棠
玫瑰
花鏡
卷四
二
野薔薇
千歲藟
木香
荼蘼

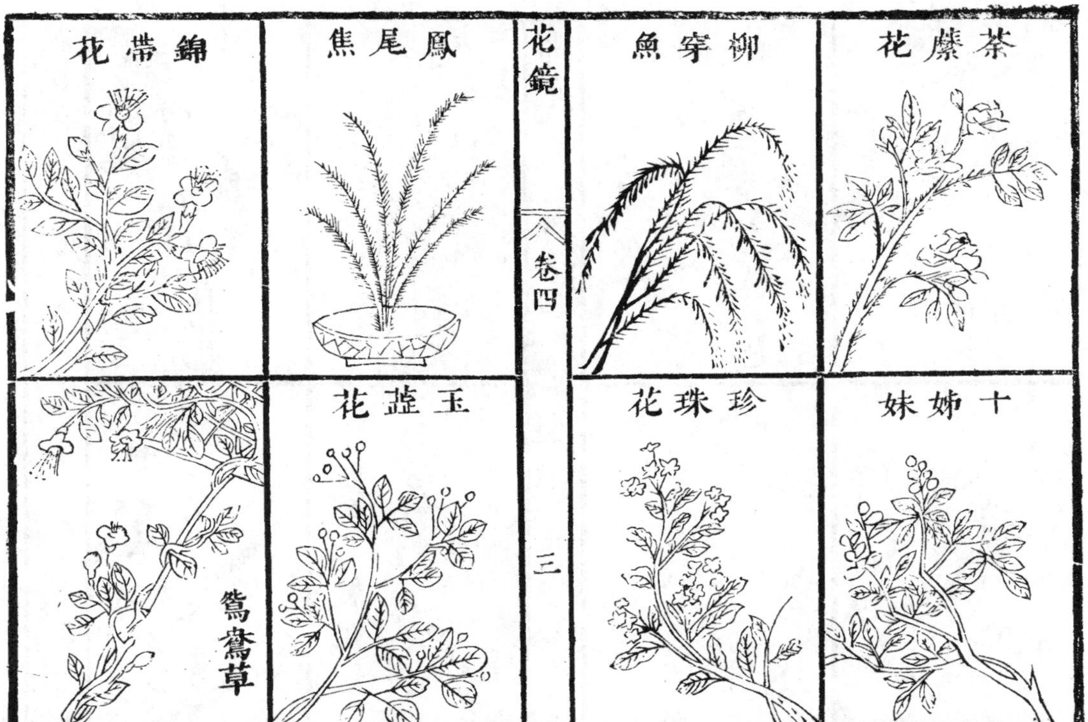
荼蘼花
柳穿魚
十姊妹
珍珠花
花鏡
卷四
三
鳳尾蕉
錦帶花
玉蕋花
鴛鴦草

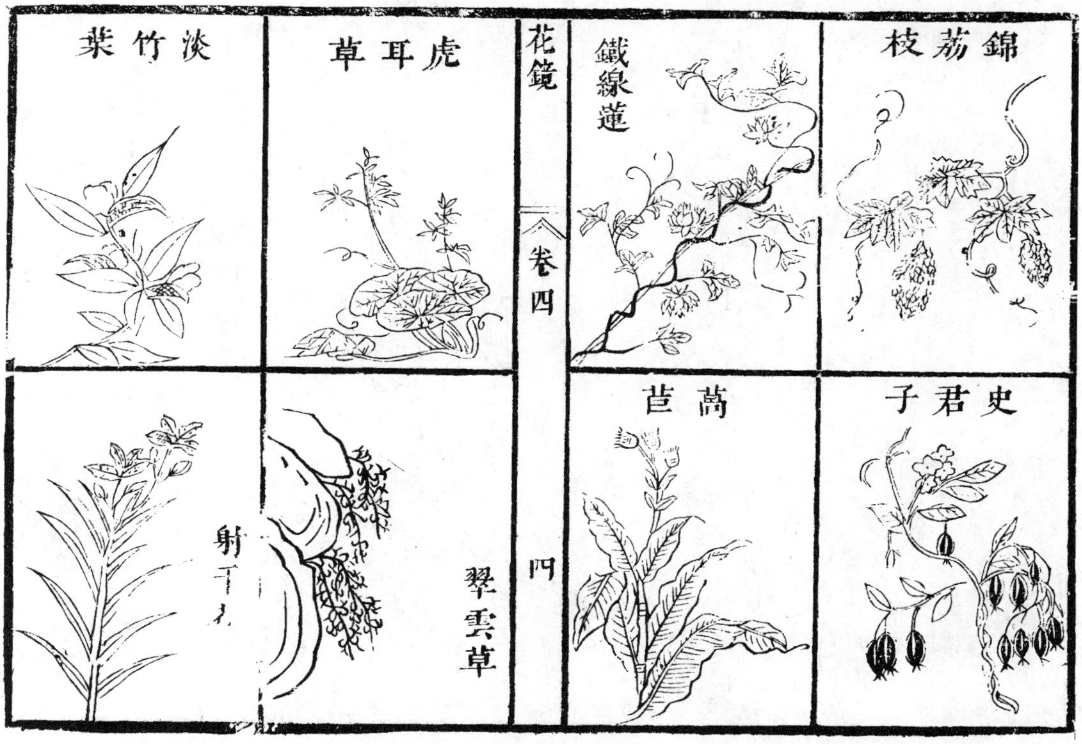
花鏡
卷四
四
錦荔枝
鐵線蓮
史君子
萵苣
虎耳草
淡竹葉
翠雲草
射干

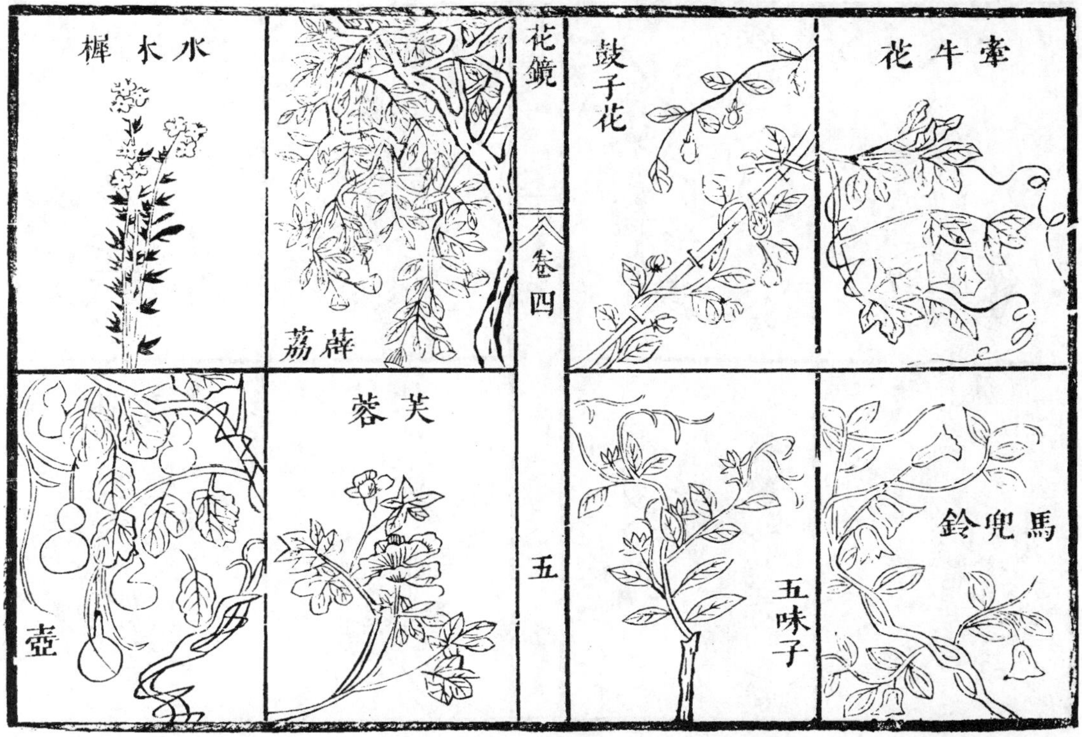
花鏡
卷四
五
牽牛花
鼓子花
馬兜鈴
五味子
薜荔
水木樨
芙蓉
壺

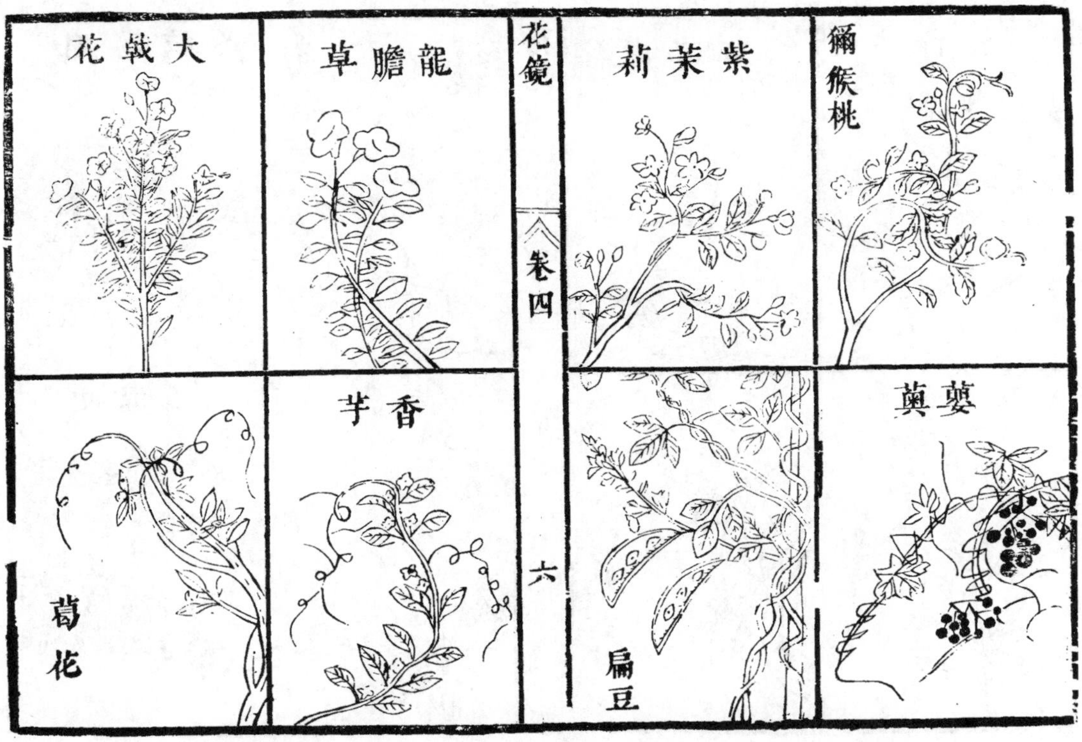
獼猴桃
紫茉莉
蘡薁
扁豆
花鏡
卷四
六
龍膽草
大戟花
香芋
葛花

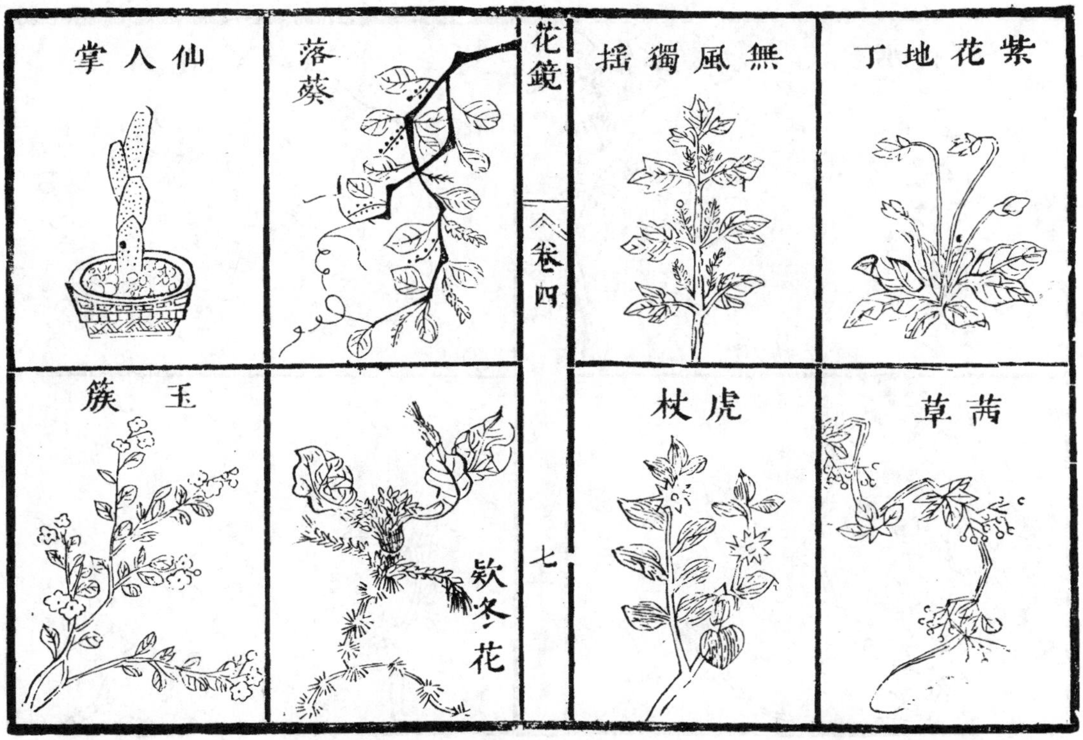
紫花地丁
無風獨搖
茜草
虎杖
花鏡
卷四
七
落葵
仙人掌
款冬花
玉簇

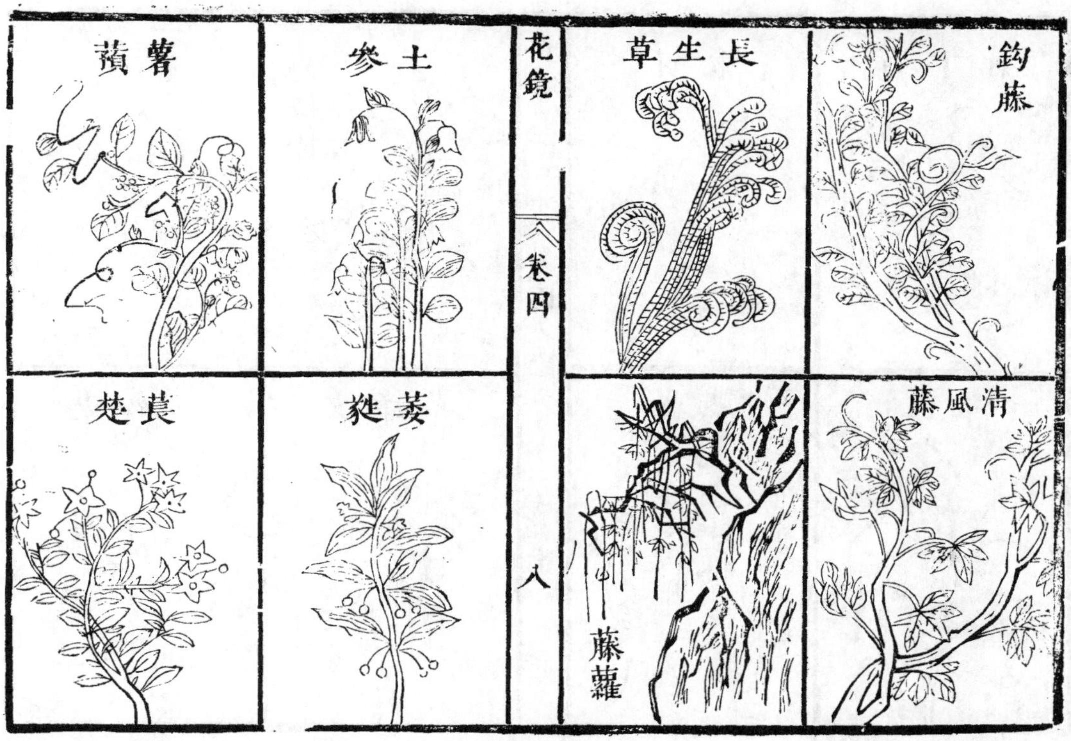
花鏡
卷四
八
鈎藤
長生草
清風藤
藤蘿
土參
薯蕷
萎甤
萇楚

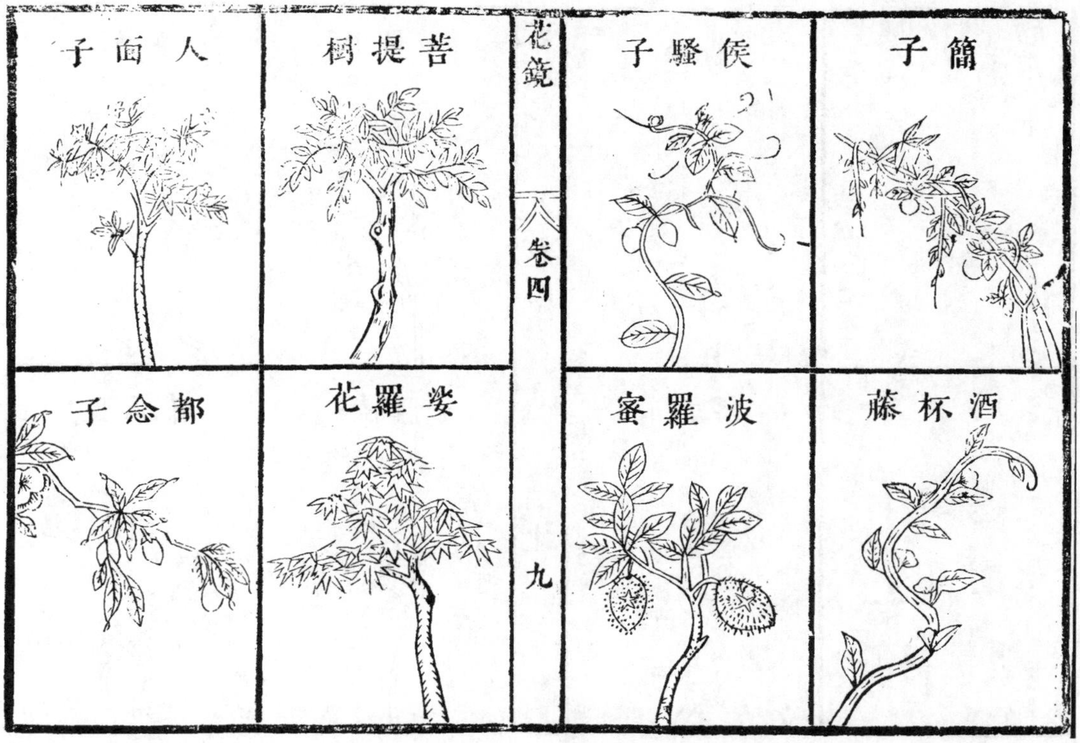
花鏡
卷四
九
簡子
侯騷子
酒杯藤
波羅蜜
菩提樹
人面子
娑羅花
都念子

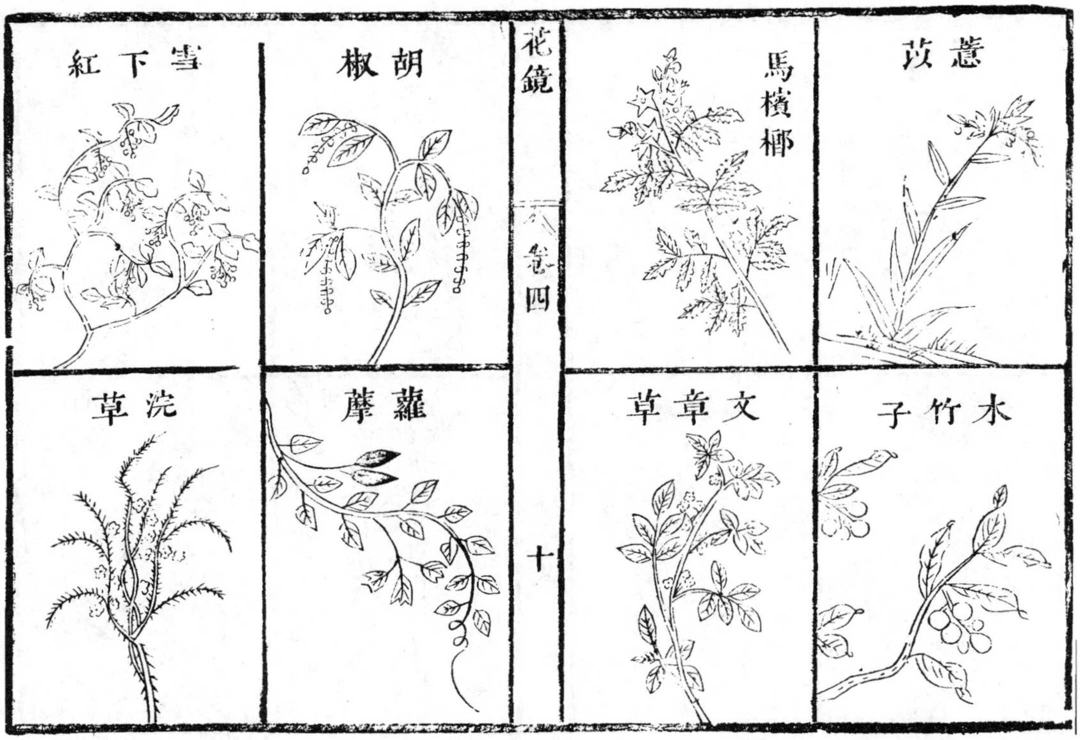
花鏡
卷四
十
薏苡
馬檳榔
胡椒
雪下紅
水竹子
文章草
蘿藦
浣草

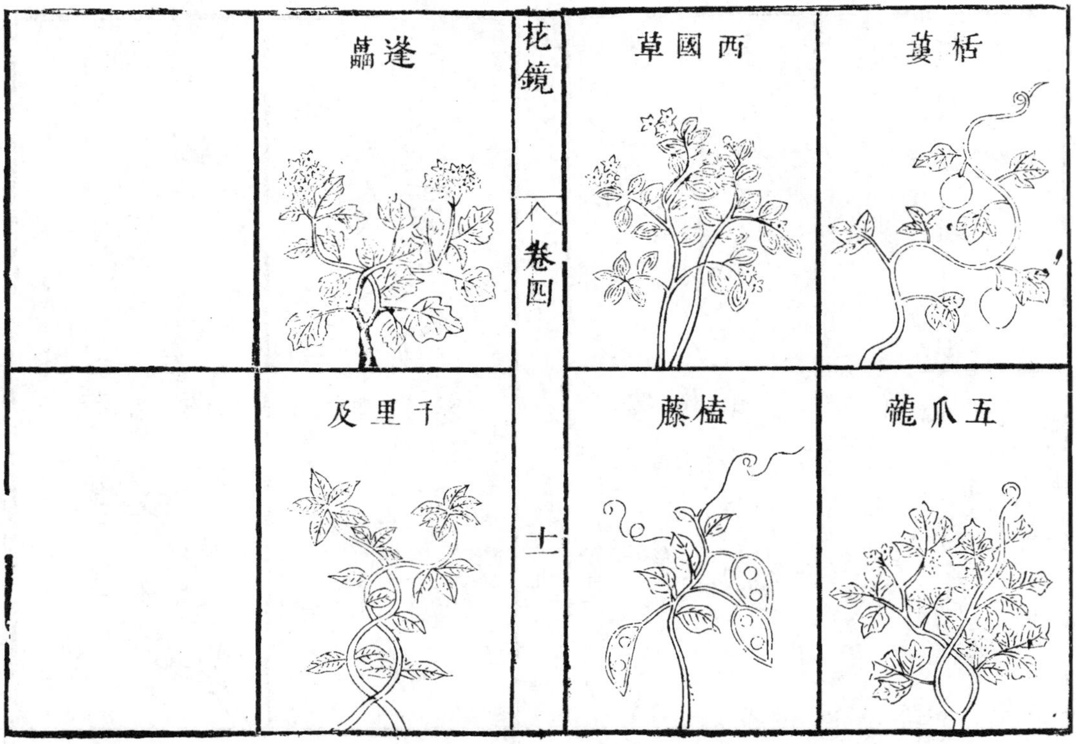
花鏡
卷四
十一
栝蔞
西國草
蓬蘽
五爪龍
榼藤
千里及

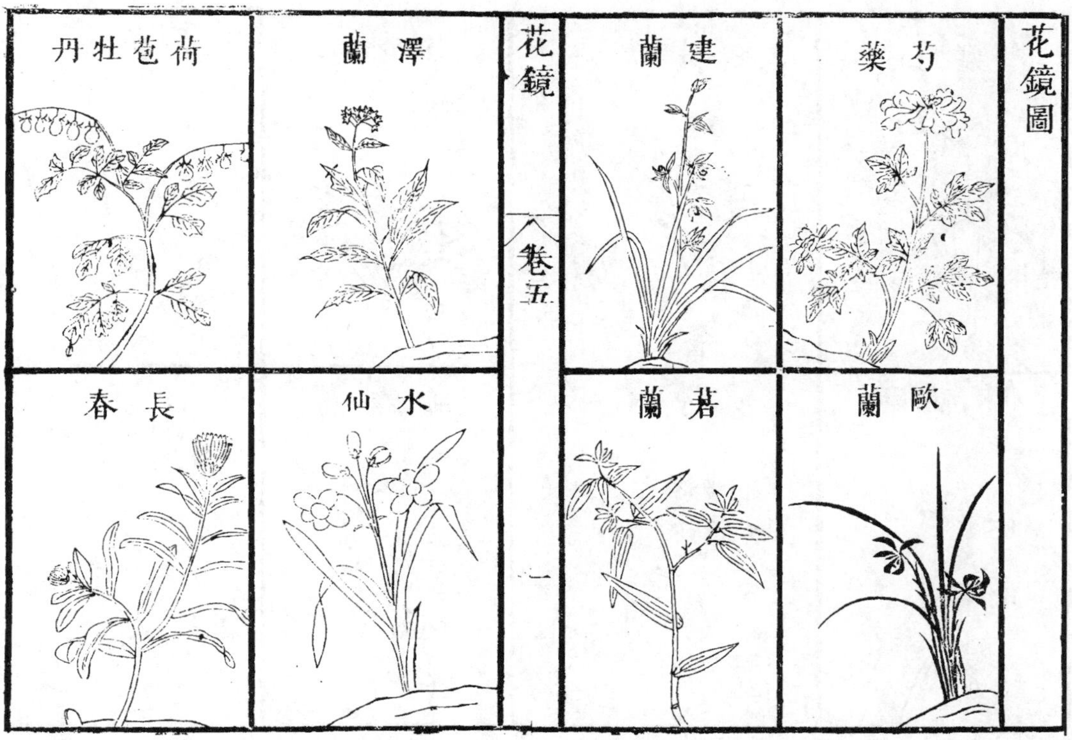
花鏡圖
芍藥
建蘭
歐蘭
箬蘭
花鏡
卷五
一
澤蘭
荷苞牡丹
水仙
長春

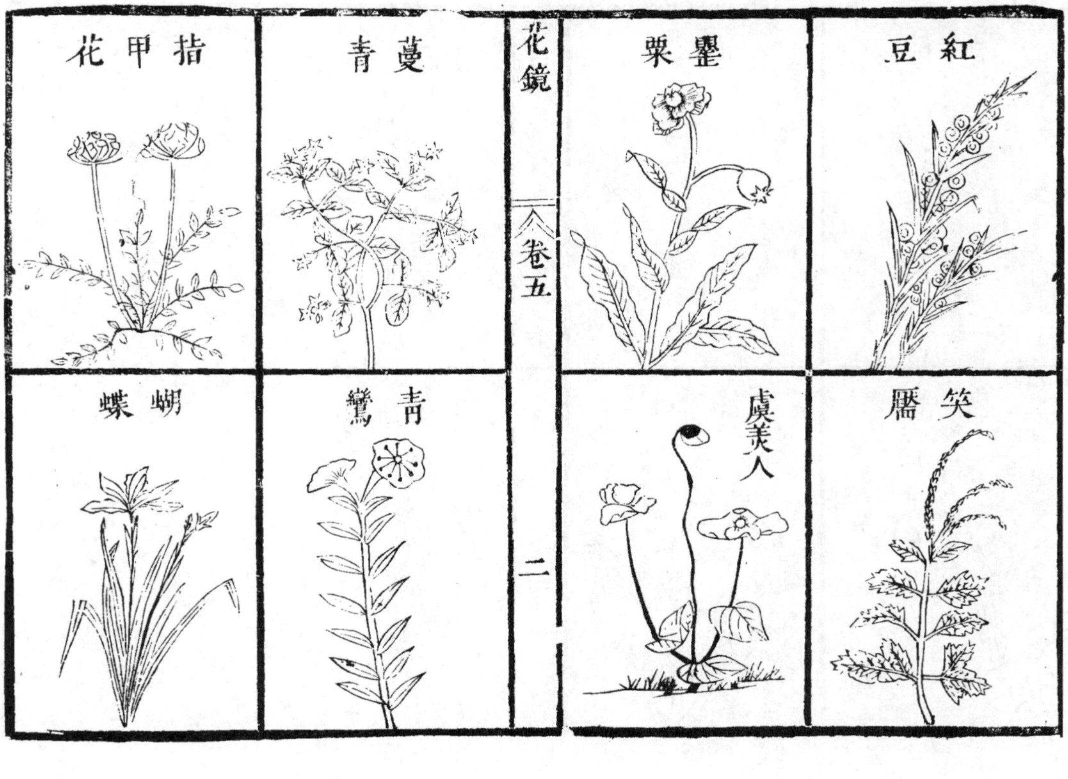
紅豆
罌粟
笑靨
虞美人
花鏡
卷五
二
蔓青
指甲花
青鸞
蝴蝶

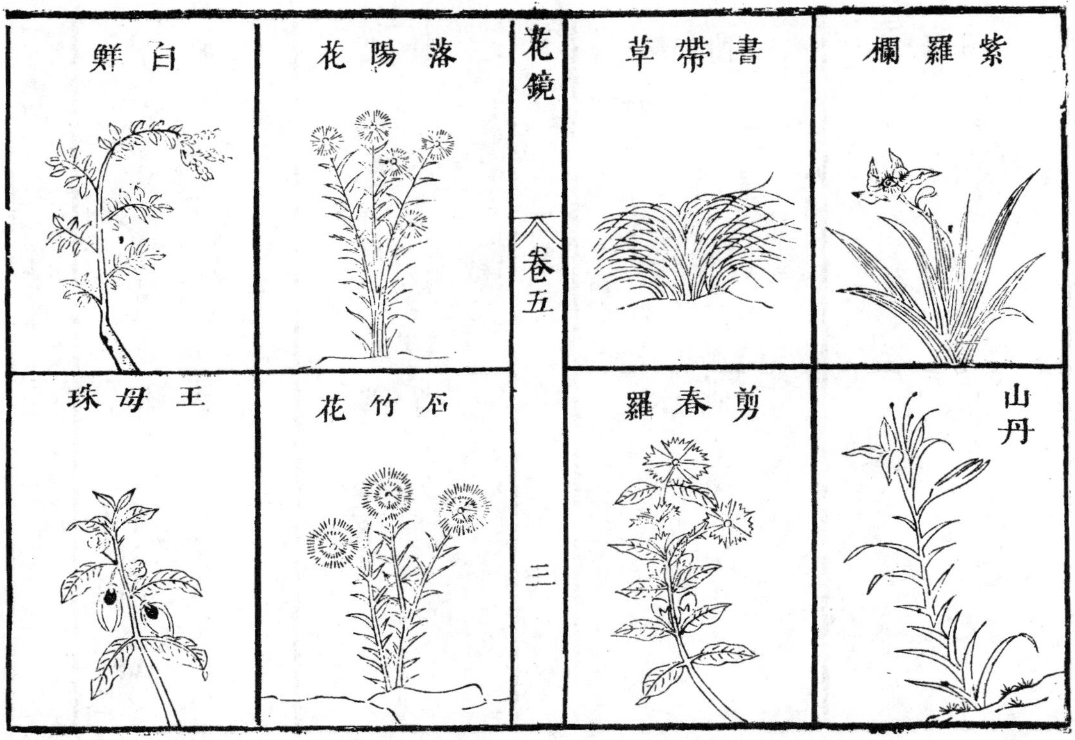

紫羅欄
書帶草
花鏡
卷五
三
落陽花
白鮮
山丹
剪春羅
石竹花
王母珠

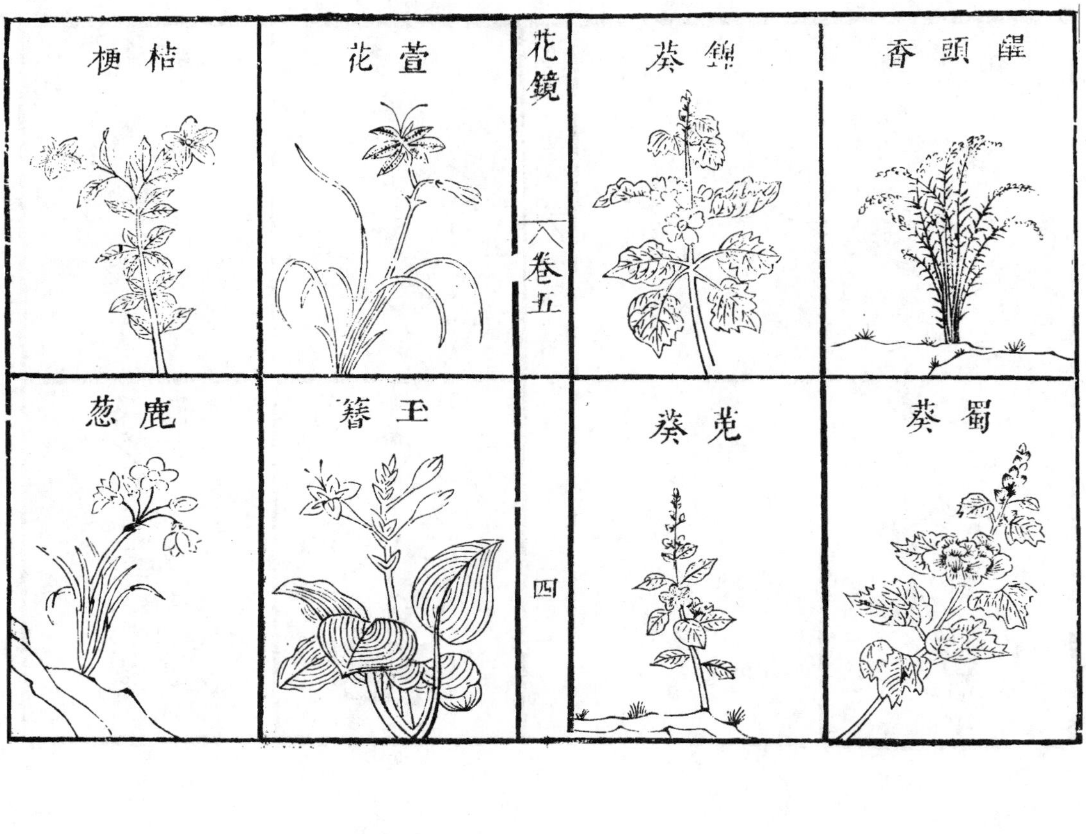

崖頭香
錦葵
花鏡
卷五
四
萱花
桔梗
蜀葵
莵葵
王簪
鹿葱

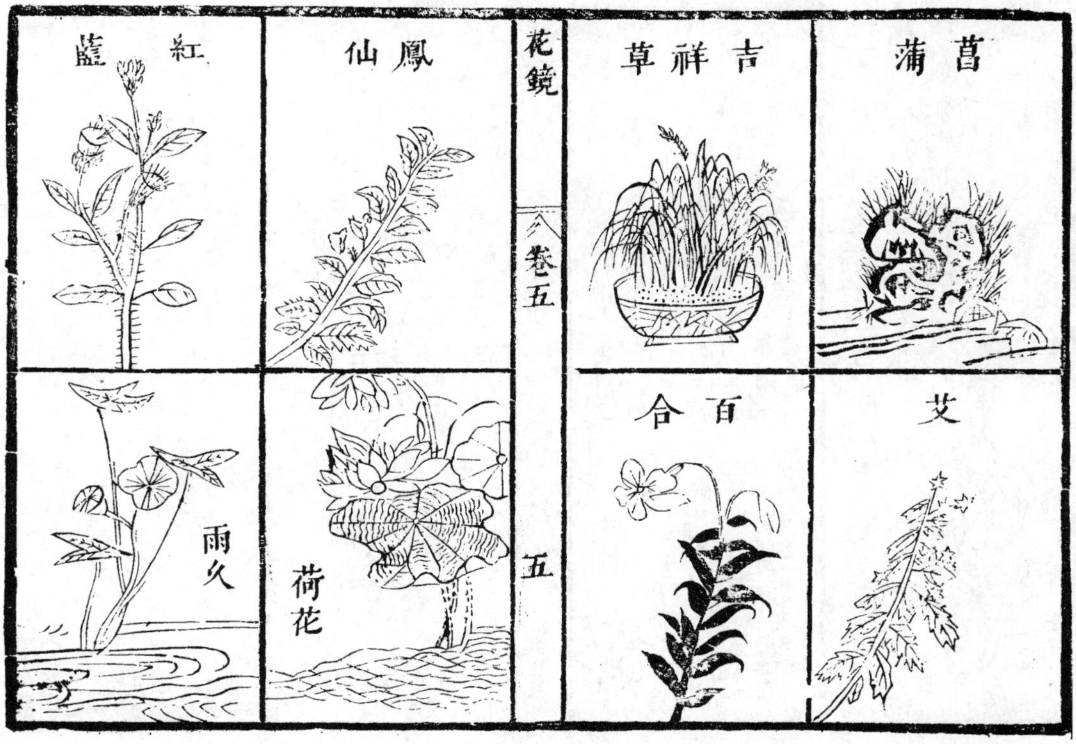
菖蒲
吉祥草
艾
百合
花鏡
卷五
五
鳳仙
紅藍
荷花
雨久

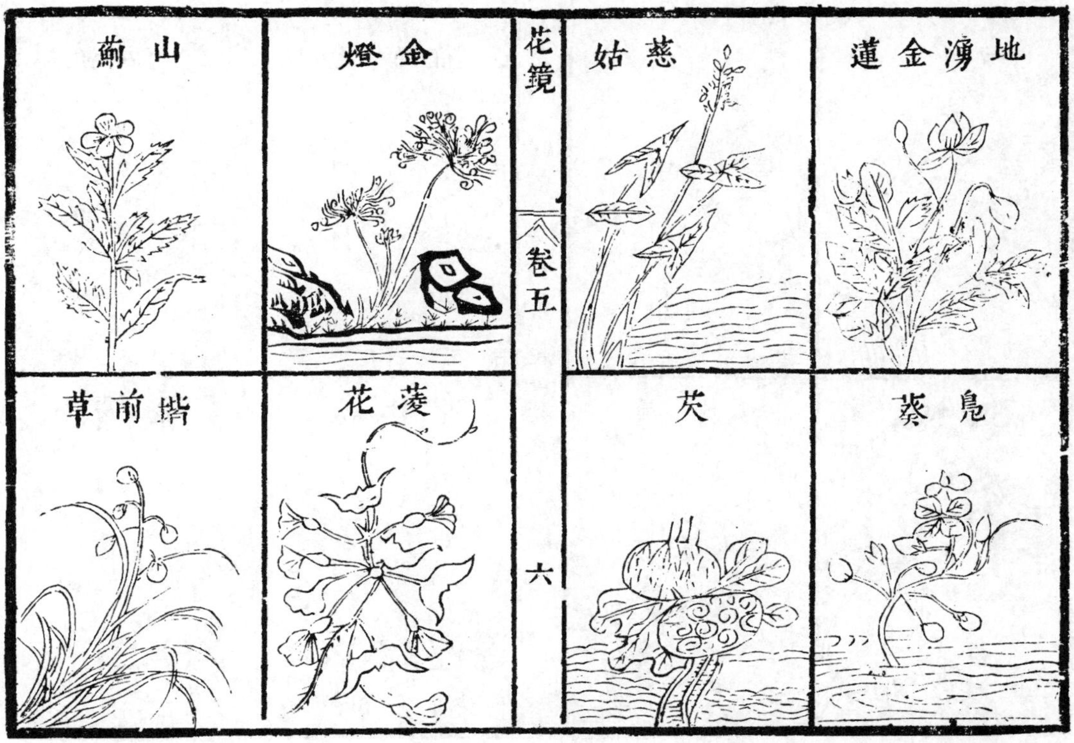
地湧金蓮
慈姑
鳧葵
芡
花鏡
卷五
六
金燈
山薊
菱花
階前草

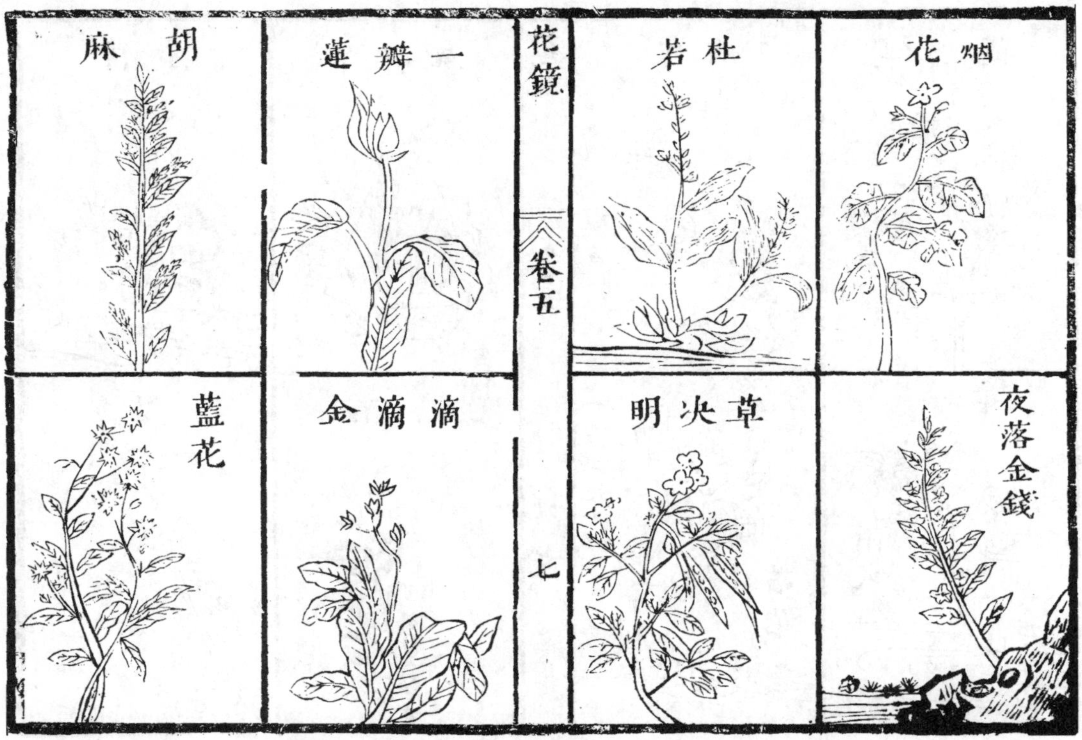
烟花
杜若
花鏡
卷五
七
一瓣蓮
胡麻
夜落金錢
草決明
滴滴金
藍花

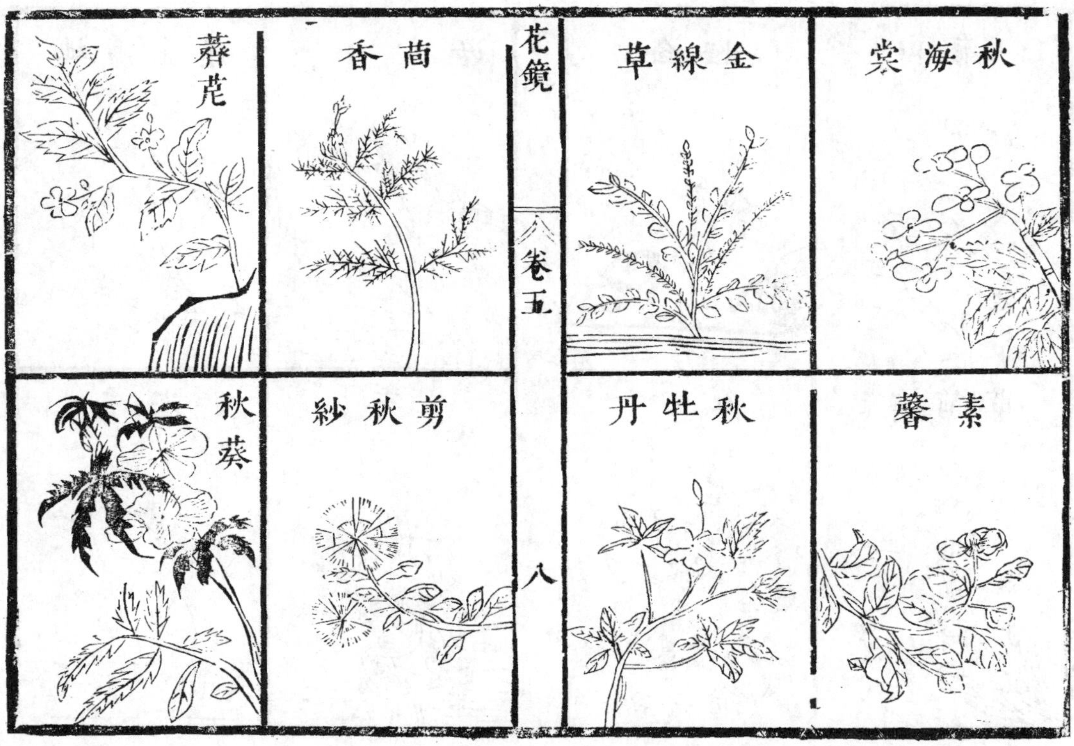
秋海棠
金線草
花鏡
卷五
八
茴香
蘼蕪
素馨
秋牡丹
剪秋紗
秋葵

雞冠

菊

十樣錦

曼陀羅

藍菊

萬壽菊

野菊

老少年

西番菊

雙鸞菊

扶桑菊

孩兒菊

水香

零陵香

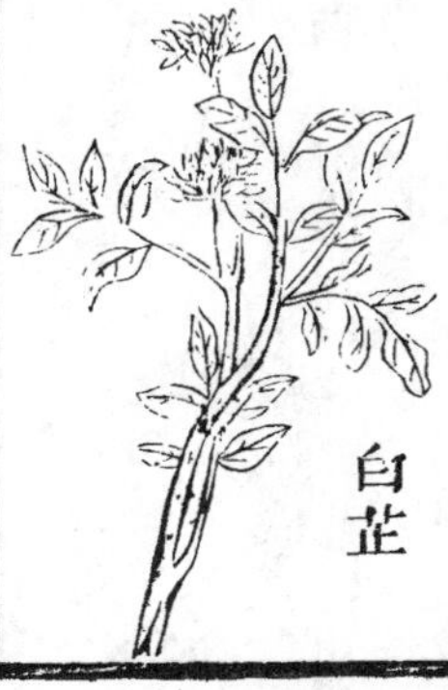
白芷

蘼蕪

芭蕉

千日紅

美人蕉

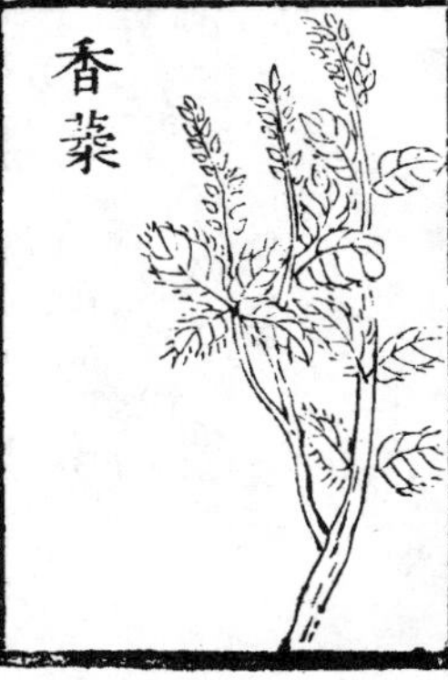
香薷

紫草

蘆花

紅蓼

綿花

禁宮花

細辛花

蓍草

通草

蓖麻

白薇

番椒

商草

萬年青

千兩金

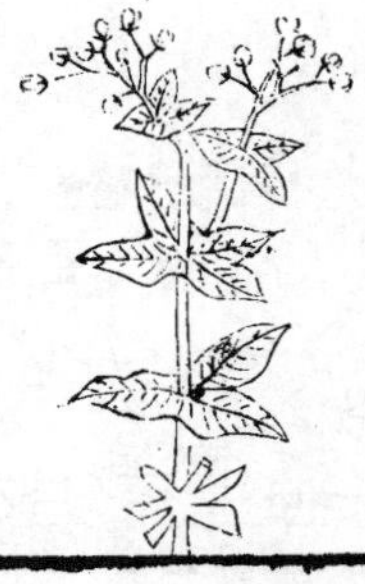

花鏡圖 附禽

仙鶴

鸞

孔雀

鸚鵡

鷺鷥

烏鳳

鴝鵒

鷹

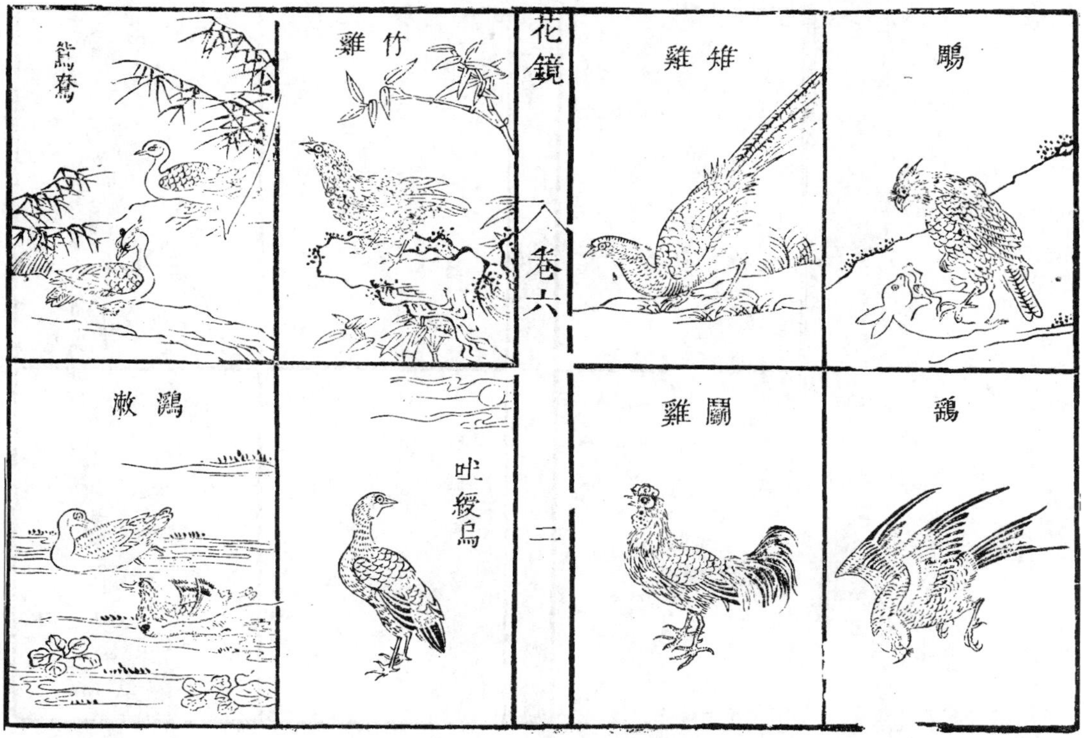
花鏡
卷六
二
鵰
雉雞
鷂
鬬雞
竹雞
鴛鴦
吐綬鳥
鸂漱

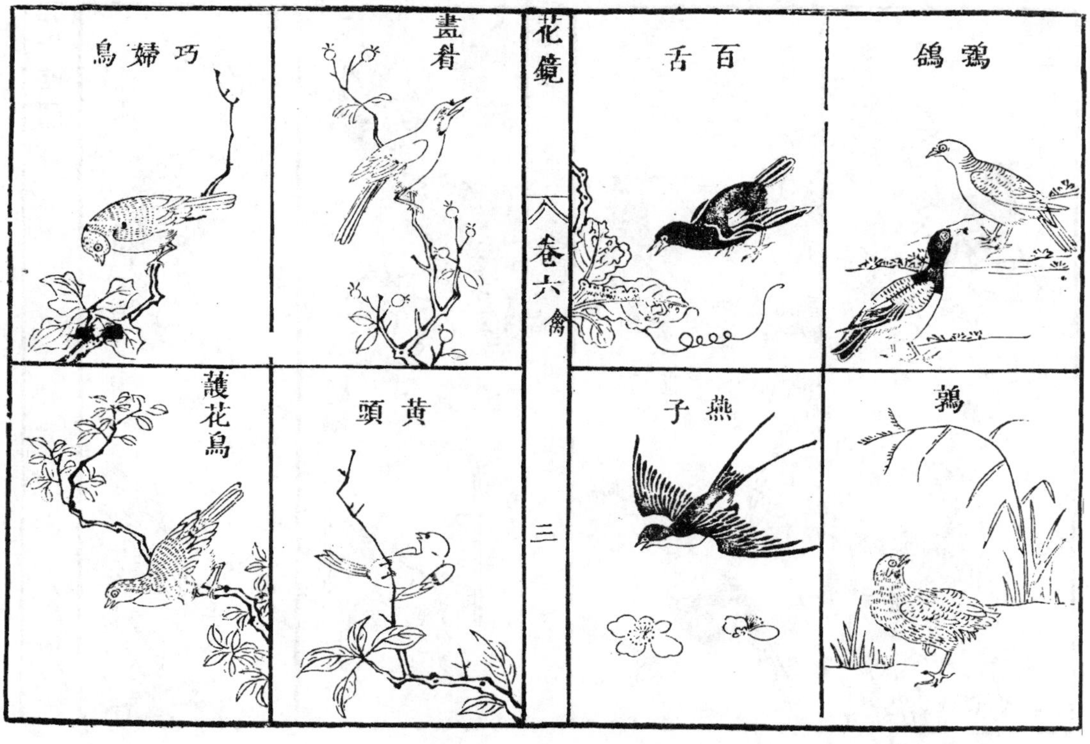
花鏡
卷六
禽
三
鴝鵒
百舌
鶉
燕子
畫眉
巧婦鳥
黃頭
護花鳥

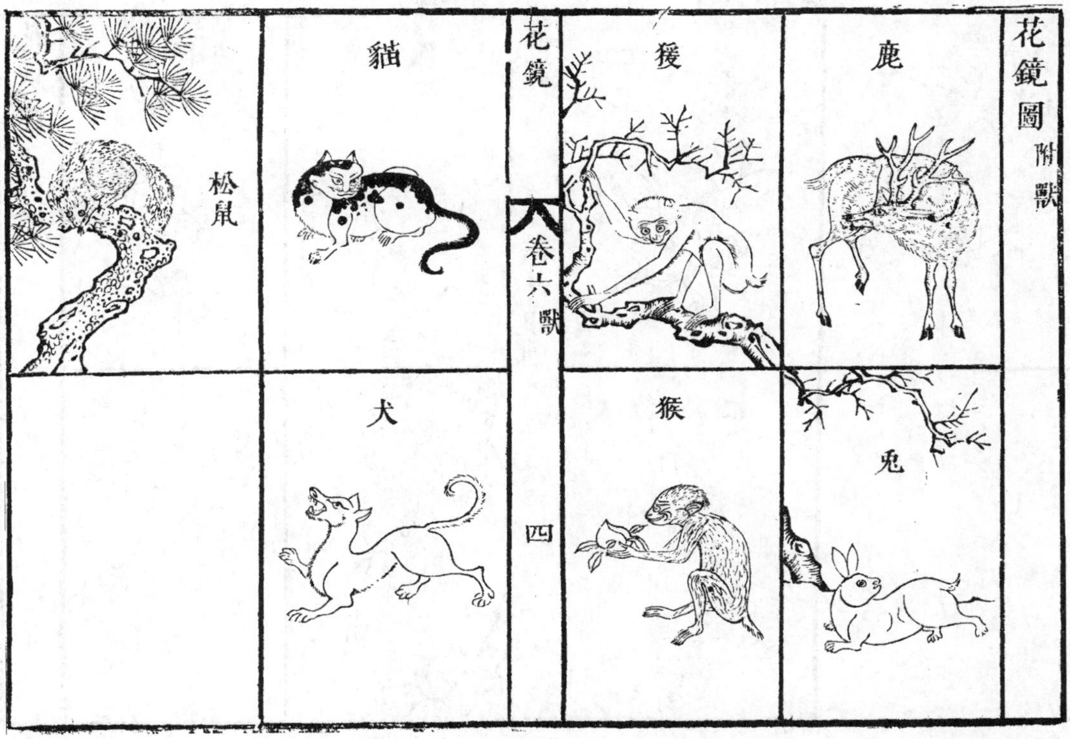
花鏡圖 附獸
鹿
兎
猨
猴
花鏡 卷六 獸 四
貓
犬
松鼠

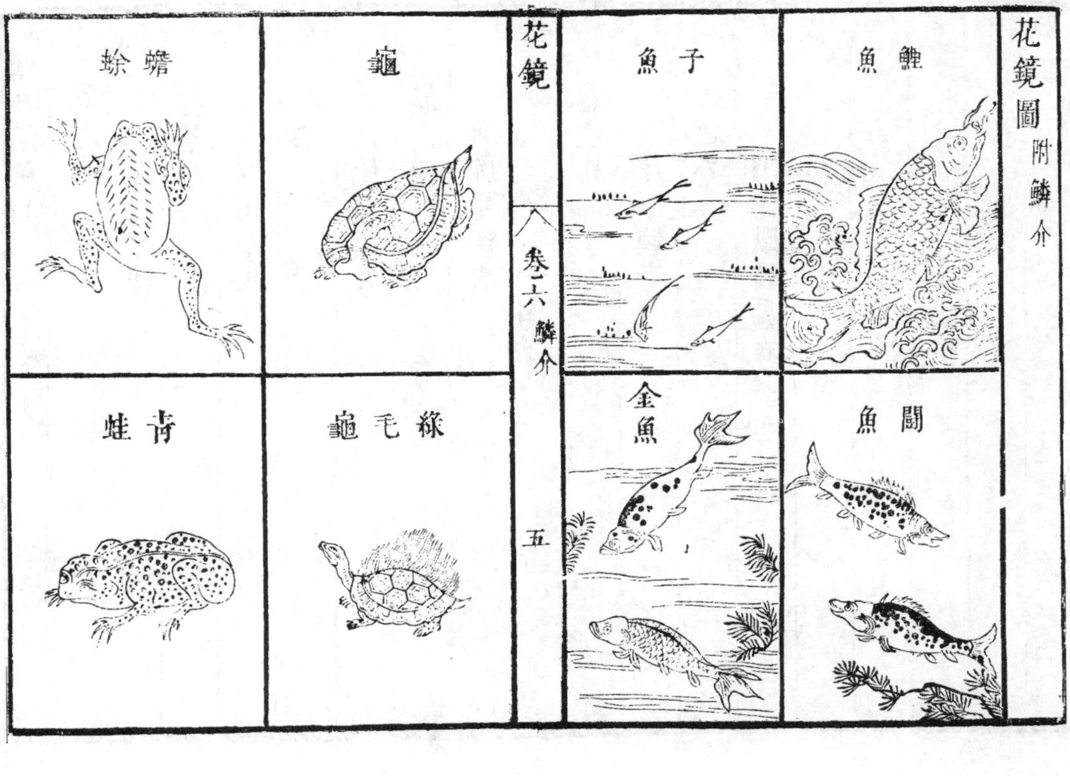
花鏡圖 附鱗介
鯉魚
鬬魚
子魚
金魚
花鏡 卷六 鱗介 五
龜
綠毛龜
蟾蜍
青蛙

花鏡圖 附昆虫

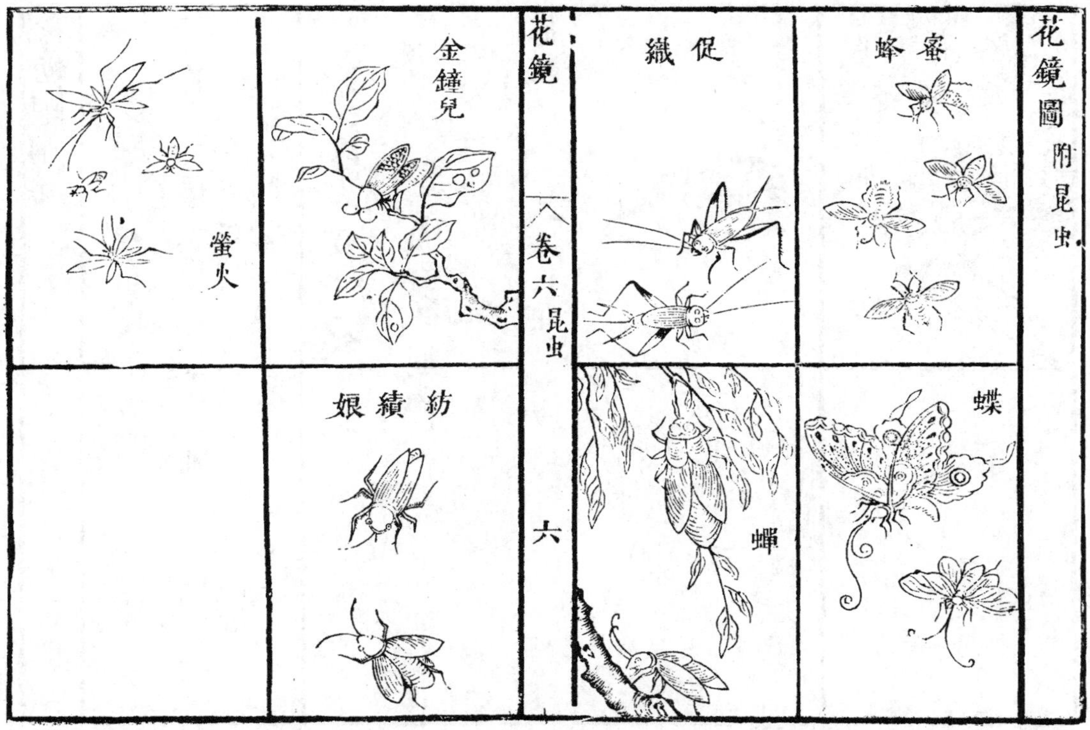

秘傳花鏡總目

秘傳花鏡卷之一目次

花曆新裁

秘傳花鏡卷之一

西湖花隱陳淏子訂輯

花曆新裁

正月占驗

九焦在辰　天火在子　地火在戌　荒蕪在巳（以上四日所當忌者每月須當查看）

立春日晴明少雲，歲熟；陰則蟲傷禾。風從乾來（屬西北方），主暴霜殺物；坎來（西方），主大寒；震來（東方），有暴雷；巽來（東南），多蟲災；離來（南方），旱傷萬物；坤來（西南）；爲逆氣，主寒，六月有大水；無風，人安物倍。赤雲在東方，主春旱；黑雲，春多雨水；赤雲在南方，主夏旱。虹見正東，春多雨，夏有火災，秋多水。下雨，主水。雪，先春一日，年豐。

元旦日值丙，主四月旱；值戌，主春旱四十五日；值巳、癸，多風雨；值辛，主旱。歲朝東北風，主年豐；西北風，大水；四方有黃雲，主熟；青，主蝗；赤，主旱；東井有雲，歲澇。雨，主春旱。虹見，多旱。霞，主蝗蟲，果蔬盛。天有青氣，主蝗；赤氣，旱；黑氣，水。霜，主七月旱。有雷，人多疾。雷鳴，主七月有霜。霧主大水桑賤。大雪年豐主秋水。二日值甲爲上歲。三日得卯主大水。得辰晴雨勻。晴明主上下安。月暈所宿地小熟。風從東南來旱。西北水。四日值甲爲中歲。五日值甲爲下歲。得卯主大水。得辰稔。晴明人安。雨田地有收。蠶不收。霧大傷穀。六日得辰大稔。晴明主大熟。七日得卯春澇。得辰水。得酉中歲。晴明主人安。風雨多草木災。八日得卯春澇主全收。得辰先旱後水。晴暖宜穀高田熟。雲掩月春雨多。是日不見參星

月半看見紅燈。蜀俗以是日踏青。九日得辰主仲夏水災。十日得辰主水。月暈主大旱。十二日得辰主冬大雪。得酉大熟。月暈主飛蟲多死。大冷。

上元日晴主三春少雨。百果熟。風吹上元燈主寒食雨。有霧主水。雨打上元燈主秋無收。一法夜豎一丈竿。候月午影六七尺稔。若八九尺主水。三五尺必旱。

雨水日陰多主水少。高下竝吉。十六夜晴主旱。風起西北最良。雨主歲全收。十七爲秋收日。晴主秋成。百花蕃茂。晦日有風雨歲惡。

凡月內有三亥主大水。日暈丙丁主旱。戊巳水。庚辛兵。壬癸江河決溢。上旬月一暈主樹木生蟲。二暈禾穀蟲。三暈主雷震物。暈多至六七路多死人。廿三廿四日暈。五穀不成。廿五日暈粜貴。

春雪多。應在一百二十日有大水。

正月事宜

辰御勾芒。木道升於初震。歲推更始。履端造於

獻春。繫七十二候之初。二十四番之首。是月也。魚負冰　候雁北　甌蘭芳　瑞香烈　櫻桃將葩　楊柳欲荑　望春先放　百卉發萌。萬花時育。正園主人所當着意之秋也。因輯事宜十條於後。以便園丁從事。豈曰小補之哉。

分栽

木蘭　金雀兒

移植

松　山茶　楊柳　瑞香　迎春　木蘭

牡丹 蜀葵 桃 梅 李 木香
杏 棣棠 紅花
扦插
長春 薔薇 錦帶 梔子 蒲萄 棣棠花
紫薇 白薇 木香 迎春 石榴 佛見笑
金沙 櫻桃 銀杏 楊柳 素馨 西河柳
玫瑰 菊 珍珠珮
接換諸般花果皆可接換
臈梅 瑞香 海棠 梨 繡毬 林檎

柿 木瓜壅糞 狗桃 楂樝 梅 薔薇
杏 李 半枝紅以上並宜雨水後 寶相 月季
荼蘼 木樨以上宜中旬 胡桃 橙 橘
桑以上宜下旬
壓條凡可扦插者皆可壓條
杜鵑 山茶 木樨 桑
下種諸般花子皆可下
松子 杏子 胡桃 榛子 枳殼 山藥
薏苡 橙 橘分栽大年 萵苣 枸橘

收種無
澆灌凡草木花果皆可澆肥
牡丹 芍藥 瑞香 林檎 杏 茉莉暑潤
櫻桃 李 梨 葵
培壅
石榴 梨 海棠 棗 林檎 櫻桃
柿 栗
整頓
稼樹元旦早 修剪諸樹枝條 紥花架 葢草墻

垣 修池塘岸 整理器具 燒荒草 凡屬種
植地澆糞 耕鋤地熟候用

二月占驗　九焦在丑　天火在卯　地火在酉

荒蕪在酉

春分日。天晴煥熱。萬物不成。月無光有災。風從乾來多寒。艮來東南主水暴出。巽來草木生蟲。主四月暴寒。離來主五月先水後旱。坤來多水。兌來北方爲逆氣主春寒。有青雲年豐。有霜主旱。

朔日値春分主歲歉。値驚蟄主蝗災。有風雨。主人災。歲歉。二日見冰主旱。閩俗以是日爲踏青節八日東南風主水。西北風主旱。夜雨。桑柘貴。十二爲花朝。天晴百果實。最忌夜雨。若得是夜晴。一年晴雨調勻。十三爲收花日。亦須晴明。

花朝一云十五又爲勸農之日。晴明主百花有成。風雨主歲歉。　月無光有災異

凡月內値月蝕。粟賤人饑。虹多見於東主秋米貴。見於西主絲貴人災。有霜主旱。

社日立春後五戊爲社社在春分前主年豐。在春分後年惡。社日晴明。草木蕃茂。六畜大旺。畧有微雨不妨。

二月事宜

花明麗日。光浮竇氏之機。鳥弄芳園。韻叶王喬之管。飄香墮笋。擔風吞宿蝶之花。徙影流衣。握月臥聽鸝之酒。是月也。玄鳥至。倉庚鳴。桃始夭。李方白。玉蘭解。紫荊繁。梨花溶。杏花餙其靨。正花之候也。

分栽

紫荊　凌霄　山礬　萱艸　迎春　笑靨兒

玫瑰　杜鵑　石榴　芭蕉　卄菊　映山紅

百合　木瓜　榆　木筆　茴香　珍珠珮

木槿　栗　玉簪　山丹　菊秧　金雀兒

石竹　菖蒲　蜀葵　虎刺　茭蔬　十姊妹

歐蘭　壽李　綿帶　梛　竹秧　甘露子

移植餘同正月

銀杏　桃　海棠　杏　蒲萄　雪梅堆

芙蓉　玉簪　李　蜀葵　棗　山茶花

梧桐　栗　萱草　槐　蔓菁　草麻子

荼蘼　茱萸　桑　漆　椒

扦插

梔子 瑞香 蒲萄 梨 石榴 西河柳
木槿 芙蓉春分日扦妙
接換皆宜春分前後凡可接者亦可過貼
香櫞 橘 香橙 金柑 柚 紫丁香
沙柑 銀杏 桃 梅 楊梅 林檎宜春分日
石榴 李 枇杷 海棠 胡桃 紫荆花
大笑 榅桲 棗 柿春分前 栗 木樨宜春分後
桑秧 梨 山茶
壓條

松 榛 栗 茶 枳 枸杞
榆 槐 椒 楮 桑 蒲萄
梧桐
下種
金錢 鳳仙 黃葵 茶子 山藥 曼陀子
松子 榛子 枳子 楮子 桐子 草决明
槐子 榆莢 茴香 椒核 雞冠 十樣錦
藕秧 花紅 胡麻 銀杏 紫蘋 老少年
麗春 紅花 桑椹 芝麻 皂莢 雁來黃

金雀花 剪春羅 剪秋紗 棉花 千日紅
秋海棠
收種無
澆灌凡可培壅者皆可澆灌
牡丹 芍藥 瑞香 柑 橘 林檎
橙 柚
培壅
木樨 蒲萄皆宜用猪糞土 橘 橙 櫻桃
椒皆宜糞灰及細土和覆根 荷花宜菜餅或麻餅屑壅

整頓
整蒲萄架扶條幹上棚 修溝渠 築墻垣 去樹裏草。遇社日以杵舂百果樹下。結實不落。凡諸草木茂而不實者。以祭餘酒灑之即生。社日若芸草捉蟲。則不生。

三月占驗　九焦在戌　天火在午　地火在申

荒蕪在丑

清明日喜晴。雨則百果損。西南風發損桑。雷鳴主麥虛。朔日值清明草木茂。值穀雨年豐。風雨草木多蟲傷。雷鳴主旱。三日晴主桑葉貴。雨宜蠶。主水旱不時。有雷電小麥貴。見霜大冷。四日雨主澇。六日雨大壞墻屋。七日南風主歲歉。雨主决損堤防。十一麥生日宜晴。

穀雨前一日有霜主歲旱。十六是日爲黃姑浸種日。

不宜起風。若有西南風主大旱。晦日有雨麥不熟。凡月內有三卯宜豆。無則麥不收。值日蝕絲米貴。風不衰主九月霜不降。雲甚厚重主暴雨將至。暴雨至名桃花水。主梅雨必多。須料理畏濕花木。電多歲稔。雪經三日不消主九月霜不降歲荒。

三月事宜

景逼三春。氣臨節變。金谷芳塘。無非繡譜。草茵花綺。盡成香國。繁紅鬧紫相映。踏青之屐。燕蹴鶯翻。亂點玉人之額。是月也。鳴鳩拂其羽。戴勝降於桑。薔薇蔓。棣萼韡。木筆書空。海棠朝睡。柳絮化萍。雪毬解落。花之盛也。

分栽

銀杏　蒲萄　櫻桃　石榴　剪金　南天竺

望仙　梔子　玫瑰　罌粟　粟　孩兒菊

松　枸杞　芙蓉　芭蕉　石竹　剪秋紗

山丹　百合　玉簪　杏　决明　紅鉢盂

菊（清明後）　箬蘭　棗　藕秧　碧蘆

移植（凡可分栽者皆可移植）

石榴　木樨　冬青　薔薇　木槿　夾竹桃

枇杷　槐　菖蒲　檜　梧桐　醒頭香

芍藥　茱萸　橘　梔子　橙　秋海棠

梨　椒　木香　柑　芙蓉　茶（宜向陽之地）

楊梅　木瓜　芡　紫蘇　菱花

扦插

蒲萄　瑞香　薔薇　櫻桃　月季

接換

梅杏接桃不久 杏梅接更宜 柿桃接 桃梅接 李桃接 玉蘭木筆接

栗桐接 橘 橙 香櫞 柑俱柚接 楊梅 枇杷

棗 繡毬 冬青桂接

壓條

石榴 梔子 梧桐 茶條 木綿 夾竹桃

下種

梧桐 梔子 鳳仙 雞冠 紫草 十樣錦

木綿 紅蓼 山茶 皂角 紅花 小茴香

收種

櫻桃 榆莢 金雀花

澆灌

凡木并蔬草之未發萌者。皆可澆肥。如已發萌。則不可著肥。若土燥只宜清水。

培壅 附過貼三種其法詳十八法內

石榴 玉蘭 夾竹桃俱宜過貼 萵苣 苧麻俱宜壅肥土

整頓

建蘭出窖 菖蒲出窖後日添水 橘 橙俱去纍草 水竹 茉莉

虎刺 天棘 鬧山俱方出露天 收蠶沙 開溝渠

四月占驗 九焦在未 天火在酉 地火在辛

荒蕪在中

立夏日天晴主旱。日暈主水。有雨吉。有風主熱。風從乾來主霜。坎來多雨地動。魚蝦廣。艮來山崩地動。離來夏旱。坤來人不安。草木傷。兌來有蝗。南方有雲年豐。虹出正南貫離位主旱。有火災。有露主桑貴。

朔日值立夏主地動。人不安。值小滿草木災。晴明歲豐。晴太燠主旱。日生暈主水。風主熱。有重

種兩禾之患。大風雨主大水。四日稻生日宜晴。八日夜雨果實少。十三有雨麥不收。十四晴主歲稔。東南風吉。

小滿有雨主歲大熟。十六宜雨。如日月對照主秋旱。月上早色紅主大旱。遲而白主水。二十俗名爲小分龍日。晴則分嬾龍主旱。雨則分健龍主水。一云二十八日方是。東南風發謂之鳥兒風。信主熱。

凡月內有三卯宜麻。日暈逢壬癸主江河決濫。

大寒主旱諺云黃梅寒井底乾。

四月事宜

炎氛扇夏草欲迎凉丙日烘天蓮思脫火篁新籜解櫻薦盤登綠暗紅稀群芳歛艷是月也螻蟈鳴　蚯蚓出　牡丹王　芍藥相於堦　罌粟秋　木香升於上　杜鵑啼血　荼蘼香夢花事闌也。

分栽

松　柏　菊　椒　菖蒲　瑞香畏梅

木浸　秋芍藥　麥門冬

移植

梔子帶雨　秋海棠帶子　菖蒲　櫻桃　枇杷　翠雲草

荷秧宜立夏前三日須扶葉出水立

扦插

石榴　芙蓉　荼蘼　梔子　木香　櫻桃須雨天

錦葵　茉莉宜芒種前後

接換無

壓條

木樨　紫笑　繡毬　梔子扦可　薔薇　玉瑚蝶

下種

枇杷　杏子　槐莢　椒核　雞冠　紅豆

芝麻　栗子　柹核　菱　芡俱宜上旬

收種

罌粟子　紅花子　桑椹　芫荽子　諸菜子

澆灌

櫻桃摘實後宜澆肥　諸色草花皆宜澆肥水

培壅無

整頓

茉莉如本長大須換大盆　箬葉包梨　素馨出窖　剪菖蒲宜初八日或十四亦可　斫竹不蛀　埋蠶沙

五月占驗　九焦在卯　天火在子　地火在酉

荒蕪在巳

芒種天晴主歲稔　宜雨（即黃梅雨但須遲）半月內不宜有雷　朔日值芒種六畜災　值夏至冬米貴　晴明主年豐　雨主歉　初旬內大風不雨主大旱　吳楚以芒種後逢丙日進黴　小暑逢未日出黴　閩人又以壬日進黴　辰日出黴　黴雨中冬青花開主旱（俗云冬青花不落濕地故主旱也）　二日雨井泉枯　三日雨主水　端午大晴主水　月無光主旱有火災　雨主絲綿

貴來年熟　霧主大水　雹主禽獸死艸木傷　十一得辰主五穀不收

夏至在端午前主雨水調　在末旬大歉　日暈主大水　是夜天河中星密有雨　星疎雨多　風從乾來大寒　坎來寒暑不時　山水暴發　艮來泉湧山崩　巽來主九月風落艸木　坤來主六月有橫流水　兌來秋有寒霜　夏至雨謂之淋時雨主久雨　後半月名三時　首三日爲頭時　次五日爲中時　後七日爲末時　風發在中時前二日大凶　有雷主久雨　十日後雷名送時雷主久旱　有雲三伏必熱

是日巳時東南有青氣年豐　無則應在十月有災

二十爲大分龍日　占同小分龍　次日有雨年豐

三十不雨主人多疾

凡月內逢月蝕主旱　砲車雲起主暴風拔木　上辰上巳雨主蝗災　夏至後四十六日內虹出西南貫坤位主水及蝗災魚少　雷不鳴主五穀藏半

五月事宜

芙蕖泛水　艷如越女之顋　蘋藻飄風　影亂秦臺之鏡　榴火烘天　葵心傾日　能不畏炎而獨麗者猶賴有此耳　是月也　鹿角解　鵙始鳴　錦葵鮮　山丹頳　簷蔔有香　夜合始交　萱北鄉　花之杰也

分栽

茉莉　素馨　紫蘭　菖蒲　竹（十三爲竹醉日）　香藤

移植

櫻桃　枇杷　棠梂　橙　香櫞　剪春羅

石榴　瑞香　花紅　金橘　山丹　西河柳

扦插

木香　荼蘼　棣棠　石榴　橘　薝蔔

長春　薔薇　錦帶　寶相　月季　珍珠珮

西河柳

接換無

壓條

槐　杏　桃　李　梅　桑

下種

梅核　桃核　杏核　李核　槐子　芝麻

紅花　桑椹

收種

罌粟　木綿　杏　梅　桃　水仙根

林檎　槐　藍澱　百草頭俱宜端午日收

澆灌凡樹木久旱止宜清水澆惟草花宜澆輕肥

櫻桃輕肥　茉莉肥糞　桑　柑橘黃梅內罨用糞清

培壅不宜

整頓

水竹　閙山宜棚護酷日　嫁棗五日午時　脩桑　除草

紕檜栢屏風　端午五鼓以斧斫諸果木數下則結

實多

六月占驗　九焦在子　天火在卯　地火在巳
荒蕪在辰
小暑日東南風兼有白雲成塊主有舶䑲風半月發必大旱
朔日值夏至大荒值小暑大水值大暑人病　得甲饑　西南風主蟲傷百卉　雨主熟　三日晴主旱草枯　霧大熟　六日晴主有收　雨主秋水　晦日值立秋旱稻遲南風主蟲災　不雨人多疾
凡月內逢日月蝕主旱　三伏內有西北風主冬

月有冰堅　天氣凉則五穀不結　虹屢見主米麻貴　電夜見南方主久晴　見北方主即雨七月亦然

六月事宜

螢飛腐草光浮帳裏之書蟬噪凉柯影入機中之鬛葉老花殘蜂愁蝶怨是月也鷹始摯　蟋蟀鳴　桐花馥　菡萏爲蓮　茉莉來賓　麥霄發　鳳仙降於庭　雞冠環戶花皆息也

分栽不宜

移植
茉莉　素馨　蜀葵　林檎

扦插不宜

接換
櫻桃　梨　桃並宜下旬

壓條不宜

下種
梅核　杏核　桃核　李核　蔓菁　葵
水仙取根葡和土日晒半月後任意區種畦種或盆種俱用肥土覆恭酒糟和水澆花必盛

收種
洛陽　桃　林檎　花椒　剪春羅

澆灌月草類可澆輕肥水
牡丹　芍藥　林檎　桃　柑　橘宜清水
茉莉肥水　菊宜輕肥水　堦前草

培壅
橘　橙　香櫞　麥冬

整頓
鋤一切花木地竹地更要緊　紉花屏　是月伐竹不蛀

七月占驗　九焦在酉　天火在午　地火在辰
荒蕪在亥
立秋日晴主萬卉少成實　風凉吉　熱主來年災旱　秋天雲興若無風則無雨　風從乾來暴寒多雨坎來冬多雨雪震來秋多暴雨草木再榮巽來凶離來旱坤來有收成兑來秋多濃霜　西方有雲微雨吉西南黃雲如群羊坤氣至也主五穀果蔬有成黑雲相雜宜桑麻如無此氣主歲多霜赤雲主來年旱西南有赤雲宜粟　秋後四十六

日內虹出正西貫兑位主旱　雷損晚禾
朔日值立秋處暑人多疾　月蝕主旱　虹見主田不收有霜損晚禾三日有霧主年豐草木榮盛
七夕有雨名洗車水吉八日得滿斗主秋成
處暑日雨不通白露枉用功有雨主熟十六月上早熟月上遲秋雨至　有雨主來歲荒是日名爲洗鉢雨僧家四月十五結夏上堂七月十五解夏散堂十六洗鉢有雨便知下年必荒停堂甚驗
凡月內值日月蝕主人災水大　日常無光主蟲災　有三卯主大熟　雨小吉　雨大傷穀

七月事宜
商風警葉滿林疑落木之聲大火西流四壁起素娥之影巧遺仙縷慧乞蛛絲是月也寒蟬鳴鷹祭鳥　玉簪搔頭　紫薇浸月　木槿朝榮梧桐葉墮　蓼花紅　菱乃實　花之暮也

分栽
移植　扦插　壓條　培壅俱不宜

接換
海棠　林檎　春桃　寒毬　棠梨

下種
蜀葵　望仙　苜蓿　臘梅子　水仙猪糞和泥種

收種
蓮子　芡實　松子　柏子　黃葵　紫蘇子
龍眼　胡桃　楮實　茴香　棗子

澆灌
凡草類皆宜輕肥獨橘橙不可澆糞
木樨陰處可澆猪糞和水三分之二陽處添水減糞

整頓
菊叢　剪菖蒲宜十四　刈草是月栅地最能殺草　伐竹木宜辰日

八月占驗　九焦在午　天火在酉　地火在卯

荒蕪在卯

白露日天晴多蝗蟲　雨損草木此日名天收日若納音屬火主蟲多物損

朔日値白露主果穀不登値秋分主物貴　晴主連冬旱　有雨宜種麥　大風雨人不安　南風禾熟十一半晴吉　是日看水淺深可卜來年水旱

中秋晴主來年多水　無月蚌無胎蕎麥無實　月有光主兎多魚少　雨主來年低田熟上元無燈

秋分日天晴主有收　微雨或陰天最吉來年大熟風從乾來主下年陰雨坎來多寒艮來風急主十二月陰寒震來爲逆氣百花虛發巽來主十月多暴氣離來歲惡兌來大熟　酉時西方有白雲主大稔黑雲相雜宜麻豆赤雲主來年旱　秋分後四十六日虹出西北貫乾位多水主虎傷人　有霜主人多病十八爲潮生日前後必有大雨名横港水　凡月內日蝕人多瘡疥　月蝕主饑魚鹽貴人災有三卯三庚低處艸木盛　浮雲不歸二月雷不行　是月不宜聞雷　有雹雪多病八十三至二十三日爲詹家天最忌栽種

八月事宜

擊土鼓以迎寒釣天不耐建慢亭而張晏仙露將傾四時開頭莫過於浮槎問石一年快事端不許嫦娥笑人是月也鴻雁來　玄鳥逸　槐黃榮　桂香飄　斷腸始嬌　金錢夜擲　丁香紫　蘋沼白花盡實也

分栽　俱宜秋分後

牡丹宜秋分前　芍藥　山丹　佛龕　百合　南天竺　木瓜　石竹　木筆　玫瑰　蔓菁　貼梗海棠　水仙　石榴　櫻桃　紫荊　金燈　剪春蘿

移植

牡丹秋分　木樨宜雨　丁香　橘　枇杷　木香　枸杞　橙　木瓜　銀杏　桃　梧桐　李　梔子　杏　柑　梅　剪秋紗

扦插

木香　薔薇　雨中諸色藤本者皆可扦活俱宜秋分前

接換
牡丹　玉蘭　梨　綠萼、桃各種　西府海棠
壓條
玫瑰　木香秋分前
下種
罌粟　洛陽　苜蓿宜中秋夜　菱　芡此二物取堅黑色者撒池內來歲自生　胡荽晦日晚下　長春　麗春　石竹、萵苣　紅花
收種、
梧桐　石榴　秋葵　椒核　藍種　剪春蘿
夜落金錢　鳳仙
澆灌草類宜肥木類忌肥即清水亦不可多、如橙橘柑柚更不宜澆
牡丹　芍藥　瑞香但宜豬糞　剪春蘿宜鷄屎
培壅
竹園宜用大麥糠或稻穩添河泥壅
整頓
牡丹每枝留一二頭餘盡去之　芍藥去舊梗　蘘荷月初踏其苗否則不濕茂
蘭可以換盆亦可分栽宜加菊土　花竹科盆白露後用簾遮

九月占驗　九焦在寅　天火在子　地火在巳
荒蕪在未
朔日值寒露主冬大冷。值霜降多雨。來歲稔。晴明。萬物不成。風雨來年春旱夏多水。微雨吉。大雨傷禾。虹見主麻貴人災。
重陽日晴則冬至元旦上元清明四日皆晴。東北風發主來年豊。西北風則來年歉。此日是雨歸路。有雨宜禾。又主來年熟。十三天晴主一冬晴。月無光主蟲傷草木。

凡月內日蝕主饑疫。月蝕牛馬災。月常無光。主蟲災布帛貴。草木不凋主來年三月傷壞。虹出西方大小豆貴。有雹牛馬不利。無霜來年三月多陰寒草木皆傷。雷鳴主穀大貴。
九月事宜
重陽變序。節景窮秋。霜抱樹而擁柯。風拂林而下葉。金堤翠柳。帶星采以均調。紫塞蒼鴻。追霞光而結陣。是月也。豺祭獸　雀化蛤　菊始英　芙蓉冷　漢宮秋老　芰荷爲衣　橙橘登

山藥乳諸實告成也。

分栽

蠟梅　櫻桃　萱草　桃　楊梅　梛俱宜霜降後

牡丹　芍藥上旬　菊　八仙　玫瑰　貼梗海棠

水仙宜朔日

移植凡可分栽者皆可移

紫荊　枇杷　山茶　玫瑰　橙　橘俱宜霜降後

竹移諸果木俱宜上旬　麗春

扦插不宜

接換　壓條俱不宜

下種

罌粟重陽　柿　水仙　紅花月終

收種

桐子　槐子　茶子　栗子　決明　老少年

金錢、萆麻　雞冠　薔薇　紫草　十樣錦

秋葵　木瓜　石榴　榧子　茱萸　秋海棠

梔子　枸杞　紫蘇　銀杏　梨　剪秋紗

澆灌

牡丹　芍藥　林檎　木樨　梅　杏　桃

李　皆前草

培壅不宜

整頓

建蘭　茉莉俱宜霜降後移暖窖　素馨　水仙俱宜遮蔽置簷下

石榴　芭蕉　蒲萄俱宜用草包　去荷花缸內水

採甘菊　耕肥地　修竇窖　諸果木轉垛者待

來春方可移栽

十月占驗　九焦在亥　天火在卯　地火在丑　荒蕪在寅

立冬天晴主冬暖魚多。　風從乾來歲豐坎來多霜震來深雪酷寒巽來冬溫。來年夏旱離來欠年五月大疫坤來水泛溢　雷震萬物不成　立冬四十日內虹出正北貫坎位冬少雨春多水災　冬三月虹見西方有青雲覆之春雨調和白雲覆之春多狂風黑雲覆之春多雨水　有霧名沐露主來年水大　冬前霜早禾好冬後霜晚禾不收

朔日值立冬有災異值小雪東風米賤西風米貴　天晴主冬晴　風雨來年夏多旱　霜鳴人災　二日雨芝麻不實十五月望爲五風生日此日有風主終年風雨如期謂之五風信　天晴主暖　月蝕主魚貴十六天晴主冬暖　南風三日主有雪雨主寒

凡月內日蝕主冬旱　月蝕秋殺魚鹽貴月無光六畜貴、有三卯米價平又一月無壬子留冥待後春　雷鳴人災、閩俗立冬後十日爲入液至小雪爲出液如液內雨百蟲飲此而蟄謂之定液雨　雷內有霧主來年五月有大水

十月事宜

節屆玄靈鐘應陰律寒雲拂岫帶落葉以飄空朔氣浮川映岑樓而叠迥簷前日暖暄可護花嶺上梅先春堪賭矣是月也雉入水爲蜃　芳草化爲薪　木葉解　苔蘚枯　蘆飛雪　朝菌歇花復胎也

分栽　俱宜月初

長春　錦帶　牡丹　芍藥　笑靨　秋芍藥　櫻桃　木香　荼蘼　寶相　徘徊　棣棠花　海棠　薔薇　郁李　金萱　玫瑰　佛見笑　玉簪　天竺　水仙　木筆

移植　凡可分栽者皆可移

金橘　脆橙　望仙　蜀葵　香櫞　黃柑　梅　菊　蠟梅

扦插　不宜

接換　不宜

壓條　貼梗　西府　垂絲

下種　蔓菁　人參　五味子

收種　石榴　茶子　枸杞　栗子　皂角　薏苡仁

槐子　椒核　决明　梔子　山藥　金燈

澆灌

牡丹　芍藥　水仙　石榴　山茶　楊梅

枇杷　橘　橙　柑　柚　香櫞

栗

培壅

櫻桃肥土　茴香凡畏寒花木根上皆宜壅土　竹

整頓

蘭花　菖蒲俱入窖　夾竹桃　菊秧　虎刺俱宜入室

水仙包泥圍搭棚蓋南向用門日暖開曝　芙蓉斫長尺餘段以稻草蓋向陽土坑內來春

取插肥上　包裹一槩畏寒樹木

十一月占驗　九焦在申　天火在午　地火在子

荒蕪在午

冬至日天晴主年內多雨萬物不成　風寒大吉

風從乾來明年夏旱艮來新正多陰雨震來大雷

雨不止巽來諸蟲害草木離來名賊風人宜避之

吉坤來多水兌來多雨　冬至後四十六日內虹

出東北方貫艮位主來春多旱夏有火災

青雲北起主歲熟人安赤雲主旱黑雲水白雲災

黃雲大熟無雲歲惡　有霧主來年旱　有赤氣

主旱黑氣水白氣人多疾　雪大來年熟少則來

年旱冬至前後有雪主來年水多

朔日值冬至主年荒　有風雨宜麥　大雪主來歲

凶二三日得壬主旱四日壬大熟五日至八日壬

主大水九日壬大熟十日壬少收

凡月內日蝕人畜俱災米魚鹽貴　月蝕米貴

有雷雨來春米貴雨多主年內必晴　冬至後三

辛爲入臘

十一月事宜

日往月來灰移火變鴻入漢而藏形鶴臨橋而送語彤雲垂四野之寒霙雪開六花之瑞是月也鶡鴠不鳴 麋角始解 蕉花紅 枇杷蕋 松柏秀 荔挺出 剪綵時行 花信風至花之終也。

分栽

臘梅 蜀葵 萵苣

移植

松 檜 柏 杉 桑 四時菊

果木 凡轉垜過者冬至後春社前皆可移植

扦插 接換 壓條 下種 俱不宜

收種

橘子 橙子 柑子 香櫞 梨子 埋菊秧

盦芙蓉條

澆灌

牡丹 冬至日澆糟水 海棠 亦宜糟水 諸色花木皆宜澆肥 故不細載

培壅 先用肥灰麻餅壅起根高再以水澆之

牡丹 芍藥 石榴 柑 橘 櫻桃

橙 梨 柚 楊梅 瑞香 芙蓉 木香 栗 棗 柿 椒 諸種竹 桑 堦前草

整頓

薔薇 芟 荼蘼 修 紫笑 避霜 木香 刪細嫩條 瑞香 日晒避霜

伐竹木 罱溝泥 牧牛馬糞

十二月占驗　九焦在巳　天火在酉　地火在亥
荒蕪在戌
小寒日有風雨主損六畜　有風雨
朔日值小寒主白兎見祥值大寒虎傷人
來春主旱　東風主六畜災
大寒日有風雨主損鳥獸除夜東北風主來年大熟
夜犬吠新年無疫　冷雨暴作主來年六七月有
橫水泛溢
凡月内有日月蝕主來年水災　月常無光主五

穀貴　有霧主來年旱酉日起尤驗　虹見主黍
穀貴　雷鳴主來年旱澇不均　雪裏雷鳴主陰
雨百日　雨主冬春連陰兩月　上酉日雪主來
年荒　氷後水長主來年水氷後水退主來年旱
月内萌類不見主來年五穀不實　柳眼青主來
年大熟花果有成　下霧主旱

十二月事宜

時值歲終嚴風迅冷苦霧添寒氷堅漢帝之池
雪積袁安之宅爆竹烘天寒隨除夜去屠蘇荅
地春逐百花來是月也雁北向　鵲始巢　臘
梅坼　茗花發　水仙負氷　梅蘂綻　寶珠山茶
灼　水澤腹堅　歲之終花之始也

分栽
水仙　桑

移植諸般花木俱可移
山茶　玉梅　海棠　楊柳

扦插
月季　薔薇　石榴宜廿五扦　十姊妹　楊柳廿四扦不生毛蟲

佛見笑

接換不宜

壓條凡果樹可壓
木香　薔薇

下種
松子　花紅　橘子　橙子　柑子　榮麻子
楮子

收種無

澆灌　七一切花木天氣晴和皆可澆肥一

牡丹（豬糞亦妙）芍藥（俱宜濃糞）櫻桃

培壅

桑（添泥）牡丹（敷土）芍藥　橘　橙　楊梅（灰糞遶傍壅根）

整頓

嫁李（是月晦日、正月旦日、五更以長竿打李樹梢，則結實多。）伐竹木（不蛀）

石榴（除夜以石塊安榴椏枝間，則結實大。元旦日亦可。）貯雪水　剝桑

刈棘　罱河溝泥（來春用）

秘傳花鏡

二

秘傳花鏡卷之二

西湖花隱陳淏子訂輯

課花大畧

嘗觀天傾西北。地限東南。天地尚不能無缺陷。何况附天地而生之草木乎。牛草木之天地既殊。則草木之性情焉得不異。故北方屬水性冷。産北者自耐嚴寒。南方屬火性燠。産南者不懼炎威。理勢然也。如椰不畏暑。愈煖愈繁。梅不畏寒。愈冷愈發。荔枝龍眼。獨榮於閩粵。榛松棗柏。尤盛於燕齊。橘柚生於南。移之北則無液。蔓菁長於北。植之南則無頭。草木不能易地而生。人豈能強之不變哉。然亦有法焉。在花主園丁。能審其燥濕。避其寒暑。使各順其性。雖遐方異域。南北易地。人力亦可以奪天功。夭喬未嘗不在吾儕掌握中也。余素性嗜花。家園數畝。除書屋講堂月榭茶寮之外。遍地皆花竹藥苗。凡植之而榮者。即紀其何以榮。植之而瘁者。必究其何以瘁。宜陰宜陽。喜燥喜濕。當瘠當肥。無一不順其性情。而朝夕體驗之。即有一二目未之見。法未盡善者。多詢之嗜花友。以花

為事者。或賣花傭以花生活者。多方傳其秘訣。取其新論。復於昔賢花史花譜中。參酌攷正。而後錄之。可稱樹藝經驗良方。非徒採紙上陳言以眩賞鑒者之耳目也。因輯課花十八法於左。以公海內同志云爾

辨花性情法

每見世俗好花。不惜重資購取。有從千里擕歸。未及半載。非焦枯即轉閉。是昧其理而失其性也。苟得其性。萬無不生之木。不艷之花。惟在治圃者亟當詳察耳。如朱草應月而生。日長一葉。月半即落。謂之蓂莢。梧葉隨年而長。每枝十二。立秋解一。謂之知秋。黃楊木遇閏月反短。謂之厄閏。梧桐葉遇閏月獨多。謂之增閏。蔓草皆左旋。順天之左旋也。凡花皆五出。法地之數五也。橘藉尸榮。榴滋骸茂。蕨以猿啼盛發。蕉以

雷振頓長。橄欖畏鹽。納鹽實落。番蕉喜火。釘火愈生。紫薇怕癢。皂角怕篩。茯苓碎瓦。薜荔壓枝。杞版受刀復合。柿木畫皮生紋。建蘭葉喜人擕而綠。水仙葉惡人擕而黃。蘭花向午發香。荷花向午香歛。芡開花向日。菱開花背日。蕪菁生於燕。枳榛死於荆。春分鐵烙梨枝而栽。小雪刀剫芙蓉而窖。五月斫桑枝。六月吊水仙。物各有性。所必然也。大槩早萌者茂於和煦之時。遲發者盛於沍寒之候。古云。畜狐之家不燒穰。種瓜之家不焚漆。避物性之相忤也。苟欲園林璀燦。萬卉爭榮。必分其燥濕高下之性。寒暄肥瘠之宜。則治圃無難事矣。若逆其理而反其性。是抹薜荔於水中。搴芙蓉於木末。何益之有哉

種植位置法

有名園而無佳卉。猶金屋之鮮麗人。有佳卉而無位置。猶玉堂之列牧豎。故草木之宜寒宜煖。宜高宜下者。天地雖能生之。不能使之各得其所。賴種植時位置之有方耳。如園中地廣。多植果木松篁。地隘只宜花草藥苗。設若左有茂林。右必留曠野以疏之。前有芳塘。後須築臺榭以實之。外有曲逕。内當壘奇石以邃之。花之喜陽者。引東旭而納西暉。花之喜陰者。植北囿而領南薰。其中色相配合之巧。又不可不論也。

如牡丹芍藥之姿艷。宜玉砌雕臺。佐以嶙峋怪石。修篁遠映。梅花蠟瓣之標清。宜疏籬竹塢。曲欄暖閣。紅白間植。古幹橫施。水仙甌蘭之品逸。宜磁斗綺石。置之臥室幽窗。可以朝夕領其芳馥。桃花夭冶。宜別墅山隈。小橋溪畔。橫參翠柳。斜映明霞。杏花繁灼。宜屋角牆頭。疏林廣榭。梨之韻。李之潔。宜閑庭曠圃。朝暉夕藹。或泛醇醪。供清茗以延佳客。榴之紅。葵之燦。宜粉壁綠窗。夜月曉風。時聞異香。拂麈尾以消長夏。荷之膚妍。宜水閣南軒。使薰風送麝。曉露擎珠。菊之操介。宜茅舍清齋。使帶露餐英。臨流泛蕊。海棠韻嬌。宜雕墻峻宇。障以碧紗。燒以銀燭。或憑欄。或欹枕其中。木樨香勝。宜崇臺廣廈。挹以涼飔。坐以皓魄。或手談或嘯咏其下。紫荊榮而久。宜竹籬花塢。芙蓉麗而閑。宜寒江秋沼。松柏骨蒼。宜峭壁奇峯。藤蘿掩映。梧竹致清。宜深院孤亭。好鳥間關。至若蘆花舒雪。楓葉飄丹。宜重樓遠眺。棣棠叢金。薔薇障錦。宜雲屏高架。其餘異品奇葩。不能詳述。總由此而推廣之。因其質之高下。隨其花之時候。配其色之淺深。多方巧搭。雖藥

苗野卉。皆可點綴姿容。以補園林之不足。使四時有不謝之花。方不愧名園二字。大為主人生色。

接換神奇法

凡木之必須接換實有至理存焉花小者可大瓣單者可重色紅者可紫實小者可巨酸苦者可甜臭惡者可馥是人力可以回天惟在接換之得其傳耳如樹將發生時或將黄落時皆宜接換大約春分前秋分後是其脫胎換骨之候也凡樹生二三年者易接其接枝亦須擇其佳種已生實一二年有旺氣者過脉乃善接必兩枝俟其活後生葉擇弱者删去其一至於所木須執刀端直不至重傷則易成截樹砧須

用細齒利鋸截斷之又將快刀裁砧處令光使不沁水遂從砧之一傍裁開其皮微連以膜約一小寸先將剪下之枝裁去兩旁於口中含熟連唾插掩是假人涎以助其氣用紙封外再以箬封然後用麻紩縛如乾壞少潤總不宜灌須遮日曝待其成體方可開也七頭須木枝與樹砧各斜裁其半以人唾粘掩之以瓦規土灌使少潤晴陰皆以器覆之木之佳者須側坎而探釘斷其中根止留四散生者立覆側坎而灌之則生子必碩大樹以皮行汁斜斷相交則生用泥泥之或以鈍皮連木者插所斫之木心而泥之倒插而生者析其皮而緒之也凡接須取向南近下枝用之則着子多如以本色樹接本色惟以花之佳果之美者接自不待言矣若以他木接必須其類相似者方可如桃梅李杏互接金柑橙橘互接林檎棠梨互接夫人而知之至於奇妙處又不可不講也白梅接冬青或楝樹上即變墨梅西河柳接海棠極易生長櫻桃接貼梗上則成垂絲貼梗接梨樹上則成西府柿樹接桃則爲金桃梅接桃則脆桃接杏則肥桑接

梨則鬆而美桃接李則紅而甘桑接楊梅則不酸李接桃杏則可久之類亦宜留心圃人接換之法有六一曰身接用細鋸截去原樹枝莖作盤砧高可及肩以利刀際其盤之兩傍微啓小罅深可寸半先以竹片探之測其淺深却以所接條約五寸長一頭削作小篦樣啣口中即納之罅內使皮骨相對插訖用樹皮封固得所再用牛糞和泥斟酌封裹之勿令透風外仍留二眼於上以洩其氣二曰根接如樹小將鋸截去原樹身離地五寸許以所接條削尖插之一

如身接法。即以原土培封、外將棘刺圍護之。三曰皮接。用小快刀於原樹身八字斜劈之、以竹籤測其淺深。將所接枝條皮骨相向揷入。封護如前法。俟接枝發茂。斷其原樹枝莖、使其莖獨茂耳。四曰枝接。如皮接之法、而差近之。一本可發二色或三色花。五曰壓接。只宜小樹先於原樹橫枝上接。截下留一尺許。於所取接條樹上根外、方半寸、尖刀斷皮肉至骨、併帶膜揭皮肉一方片、須帶芽心、揭下口啣少頃、取出印濕痕於橫枝上、以刀尖依痕刻斷原樹壓處大小如之、以接接之上下兩頭。將桑皮紙封繫。緊慢得宜。仍用牛糞泥塗護之、隨樹大小、酌量多少接之。俟芭生根、始斷其半、而後分植焉。六曰搭接。將已種出芽條去地三寸許、上削作馬耳、用所接條併削馬耳相搭接之、封繫糞壅如前法。凡接樹雖活、下有氣條從本身上發者、急宜削去、勿令分其氣力。一概種接、須令接頭向外、則易生。

分栽有時法

一切草木分各按其時、栽能得其法、則長成倍於核種多矣。凡根上發起小條、俱可分、必先就本根相連處斷而不動、以待次年當分時移植、仍記其陰陽、不令轉易、即活。若陰陽易位、則難生矣。大樹須髡、不髡恐風搖則死。故國彖云、榔縱橫顛倒樹之皆生。使千人樹之、一人搖之、則無生榔。至若小樹可以不記、不髡、第栽必量其樹之大小、先掘深坑、納樹其中、以泥水浜之、著土令如薄泥、東西南北搖之、良久、待其泥漿入根內、已足、再加肥土、自無不活。若此時不搖、實則根虛、多死。其根上土、尖宜堅築、惟留上面三寸勿築、取其鬆柔、易受水也。每澆水過、即以燥土覆之、不然恐易乾凋。埋定後、不可再用手捉動搖及六畜觸突。正月爲上時、自朔暨晦可栽大木、如松柏桐梓茶竹之類是也。花果樹必須望前、望後栽者、果必少實。二月爲中時、可栽百卉。三月爲下時、不宜栽者多矣。須査逐月條例、如棗雞口、槐兎目、桑蝦蟆眼、榆負瘤、與鼠耳虻翅等、各有其時、皆從葉生形容之象似。以此時栽種者多生雖云早栽者葉晚出究竟宜早爲妙凡栽樹將大蒜一枚甘草一寸先放根下永無蟲患正月盡至二月可剝樹枝二月盡至三月可掩樹枝埋樹枝土中令生二年已上便可移栽凡栽日宜六儀母倉除滿成收開及甲子己巳戊寅巳卯壬午癸未己丑辛卯戊戌己亥庚子丙午丁未戊申壬子癸丑戊午己未等日忌死炁乙日建破日火日至如栽桃宜密栽李宜稀栽杏宜近人家之法不能枚舉在有園圃者隨地活變之耳凡草木或有不見栽蒔之例者求之此條可也

扦插易生法

草木之有扦插雖賣花傭之取巧捷徑法然亦有至理存焉凡未扦插時先取肥地熟劚細土成畦用水滲定待二三月間樹木芽蘗將出時須揀肥旺發條如拇指大者斷長一尺五寸許每條下削成馬耳狀另以杖刺土成孔約深五六寸然後將花條插入孔中築令土著木每穴相去尺餘稀密相等常澆令潤澤不可使之乾燥夏搭矮棚蔽日至冬則換煖蔭仲春方去候其長成高樹始可移栽每欲扦插必遇天陰方可動手如遇連雨則有十分生機無雨減半梅雨時儘可扦晴亦不宜插須一半入土中一半出土外若扦薔薇木香月季及諸色藤本花條必在驚蟄前後揀嫩枝斫下長二尺許用指甲刮去枝下皮三四分插於背陰之處四旁築實不動其根自生若果木須揀好枝先插於芋頭或蘿蔔上再下土時則易活臘上必須用箬葉裹之若扦各色花枝接頭亦得總之扦插移栽不外乎宜陰忌日四字至於扦盆花捷法取春花半開者用快剪斷下卽插芋頭上或蘿

蔔內立以花盆種之時加澆灌不見日色久久自生根芽矣

移花轉垜法

移花接木在土人以爲韻事於花木實繫生死關頭若移非其時種不得法未有能生者也今述其要爲圃友知之凡木有直根一條謂之命根趂小時栽便盤屈或以磚瓦盛之勿令直下則易於移動若大樹稱春初未芽時或霜降後根旁寬深掘開斜將鑽心釘地根截去惟留四邊亂根轉成圓垜仍覆土築實不但移栽便而結實亦肥大小樹轉垜後一年即可移若大樹必須三年每年輪開一方乃可移種轉垜

時以稻秸紉成草索盤縛定泥土未可移動復以鬆土填滿四圍鋤開處仍用肥水澆實待次年正二月間移起就合種處如種果木宜寬當以丈二爲矩視樹之大小作區安頓端正然後下土半區將木捧斜築根垜下結實土以鬆土壅高過地面三二寸但不露大根足矣若本身高者必須樁木扶縛定勿使風搖動即以肥水澆之如無雨每朝澆水待半月後根實生意漸萌便如隨常澆法可也若遷移遠路必先其稍未能便栽必須蔽日雖遲三五日不妨但若垜

砕日曝則無生理矣。凡種一切果木。望前移植者多實。在南浙蒔花爲業者則不然。無花不種。無日不移。新啓園亭而欲速搆者。雖非其時。亦可以植。皆由轉垛得法。少俟天雨即移。頃刻便成林麓矣。古云。移樹無時。莫教樹知。多留宿土。記取南枝。此正轉垛後之謂也

過貼巧合法

凡花木分栽。壓條。接換。皆不可者。乃以過貼法行之。先將樹相等。葉相類之小木。移於欲貼之木傍。視其可以枝相交合處。以利刀各削其皮一半。相對合之。以竹箬包裹。麻皮纏縛牢固。外以泥封之。如大樹則所合枝傍截半斷。斷小樹所合枝發梢。若欲花果兩般合色。則勿去梢。來年春方可截斷連處。候長定然後移種可也。脫果木生之果。八月間以牛糞和土包其鵝膝。再用紙包裹。麻縛令密。以木撑住。以水頻澆。任其發花結實。次年夏秋間。始開包視之。其根已生。則斫斷埋土中。其花實自能晏然不動。一如巨木所結。又一法。選嫩樹枝長尺餘者。刮去皮寸許。用有節竹筩劈作兩開。合着樹枝。用篾縛住。內以土築實。其根自生。二年後方可剪開。凡鸞藟前後并八月中皆可過貼

下種及期法

凡下諸色花卉種時，亦有至理存焉。地不厭高，土肥爲上。鋤不厭數，土鬆爲良。至於下之早晚，已載於月令條下，兹不再贅。但種之之法，不可不知。臨下時，核宜排，子宜撒，必於日中燥爆潔淨，然後合浸者浸之，不浸者看其子粗則揞入土內，細則均撒土面。下訖，即以糞沃其上，暖日區種者亦然。下之日必須天晴，雨則不出。下後三五日必須得雨，旱則不生。遇旱須頻澆亦若。佳果欲種，須候肉爛和核排種之，以尖朝

上。將肥土蓋之。否則所生之實，便不類其佳，亦且難生。細子下後，必蓋以灰，恐不蓋必爲蟲蟻所食，則無生種矣。

收種貯子法

凡名花結實，須擇其肥老者收子。佳果須候其熟爛者收核，則種後發生必茂。其法在收子時，取苞之無病而壯滿者，與果之長足而不蛀者，摘下日曬極乾，懸於通風處，或以瓶收貯，各號名色，庶臨期取用，不致差錯。將瓶懸於高處，勿近地氣。不生白醭，如隔年陳者，亦多不生。核種者，當於墻南向陽處，鋤一深坑，以牛馬糞和土平鋪其底，將核尖向上排定，復以糞土覆之，令厚尺許，至春生芽，萬不失一。但忌水浸風

吹，皆能腐仁。又一法，以泥包核，圓如彈大，就日曬乾，方投糞土坑中，尤妙。凡果實未全熟時，不可便摘，恐抽過筋脉，來歲不盛。摘必兩手齊摘，則年年結實。自繫若孝服人摘之，來年不生。故治圃者能隨時而收，按時而下，遲早不踰，斯得之矣。

澆灌得宜法

灌溉之於花木，猶人之需飲食也。不可太饑，亦不可太飽。燥則潤之，瘠則肥之，全賴治圃者不時權衡之耳。大凡人心喜香艷而惡枯寂，春夏萬卉爭榮，則澆灌之力勤；秋冬草木零落，則澆灌之念弛。孰知來年之馥郁，正在秋冬行根發芽時之肥沃也。及至交春萌櫱一生，便不宜澆肥，肥能萌蘗。即有一二喜肥者，亦須停久宿糞。熱糞只可臘月用，餘月用之有害。若用撏猪毛湯，或退雞鵝翎湯，不宜親木跗，恐生蛀蟲。

湯內若投以荔枝圓眼核，則翎易腐而蟲不生，亦是善貯肥之一法。當果實時宜澆，摘實後并臘前通宜澆。若宿糞和以塘水，勝於諸水，以其煖而壯也。究竟以黃梅水爲最，當多蓄聽用。但澆肥之法，草與木不同。草之行根淺而受土薄，隨時皆有凋謝，逐月皆可澆肥。惟在輕重之間爾。如正月則七分糞三分水，二月六糞四水，三月對和，四月四糞六水，五月三糞七水，八月四糞六水，九月對和，十月六糞四水，十一月七糞三水，十二月八糞而止。即十一二月、正月亦有

宜輕肥者，并不宜者，俱載花曆條下，茲不再贅。若遇天旱，每日要澆，只宜清水。肥須隔數日一用，然亦須分早晚：早宜肥水澆根，晚宜清水洒葉。若果木則不然，二月至十月澆肥，各有宜忌。如二月樹已發嫩條，必生新根，澆肥則梢反枯，倘有萌未發者，澆之不礙。三月亦然。凡花開時不宜澆糞，恐墮其花。夏至梅雨時澆肥，根必腐爛。八月尤忌澆肥，白露雨至，必長嫩根，一澆即死。六七月花木發生已定，皆可輕輕用肥，至小春時便能發旺。若柑橘之類，又不宜肥，肥則皮

破脂流，臘冬必死。杜鵑、虎茨尤不可肥。至如石榴、茉莉，雖烈日之下，儘肥澆不害。一云社酒澆果根，則實繁。冬至日糟水澆牡丹、芍藥、海棠，則花艷。皂角無實，根旁鑿一孔，入生鐵屑三五斤，泥封之，即結角。如菖蒲無力萎黃，水和鼠糞澆之，即盛。此補澆灌之所不及也。每月九焦日，不但忌種，抑且忌澆。

培壅可否法

地有高下。土有肥瘠。糞有不同。若無人力之滋培。各得其宜。安能使草木盡欣欣以向榮哉。在植物莫不以土爲生。以肥爲養。故培壅之法。必先貯土。取好土糞澆。草火煨過。再以糞澆復煨。如此數次。曝乾搗碎。篩淨揀去瓦石草根。收藏缸內。置之日照雨飄處。聽用。或取黃泥。浸驟糞中年餘。亦有用處。至於各花各有宜壅之糞土。必須預爲料理。如合用灰糞。或麻餅豆餅屑和土者。或貯二蠶沙靴鼓皮屑和土者。鼓皮取其無硝。或以牛馬糞。或以猪羊糞。或以雞鴨糞等和土。當令發熱過。方爲肥土。又人之櫛髮垢膩。壅花最佳。然不能多得。只可盆花取用耳。壅根宜高三五寸。澆水實定。不可太過。如竹木桑菊。根皆上長。每年必添泥覆方盛。各種肥土用法。已詳花曆條下。茲不贅。凡生果花盛時。逢霜則無實。當預於園中多貯敗草牛馬乾糞。逢天雨新晴。北風寒切。是夜必霜。此時放火作煴。令花少得烟氣。可免霜威。則實可保。至若盆花受氣有限。全賴良土培壅。更不可怠忽。所貯花盆先須

炭屑及瓦片浸糞窖中經月。爲鋪盆之用。不可臨時取辦。使不如法。

治諸蟲蠹法

凡木有蠹葉有蟊果有螬莖有蚄穀有螟螣蟊蠈皆
由陰陽不時濕熱之氣所生雖有佳木奇葩一經侵
蝕便無生理矣今特錄其可以驅除之法爲治圃者
知之凡樹內蛀蟲入春頭俱向上難於鈎取必用烟
熏逢冬頭向下只須鐵綫一撩立盡初春去蠹蝎蛀
蛃者以杉木爲鍼閉塞其氣則自死或以硫黃末塞
之如蛀穴深曲以焰硝硫黃雄黃作紙藥綫維穴中
焚之走其烟臭則皆死或以芫花或百部葉納穴中

亦能殺蟲若在外蠹蟲蛃蟲則以魚腥血水澆其葉
上不久自消能飛之蟲取江橘皮以膠之或畜蟻以
食柑蟲若順風燒油籠可以驅松蟲若用多年竹燈
架挂果樹上可以去青蟲或將桐油紙撚條塞蛀眼
亦良桐油脚入糞澆蔬葉亦能去蟲樹有蠹孔彈竹
簽於孔邊如蒲蟲聲其蠹自出即此可悟啄木鳥取
蟲之理矣桃生蛀煮猪頭湯冷澆之橘生蟲用修馬
蹄屑塞之林檎梨樹生毛蟲埋蠶蛾於下或用海魚
腥水澆之槐生蟲擂鼓於樹下則盡落芝麻梗挂樹

上則無蓑衣蟲西風久雨亦能殺毛蟲桑樹蟲多用
鐵綫鈎取凡樹生癩以甘草削釘鍼之自消凡栽花
草根下置白蘞末最能辟蟲患土坑中先置甘草一
寸大蒜一枚後種樹上則不生蟲蓋木實之蠹者必
不沙爛沙爛者必不蠹亦性使然也一法清明子時
於諸樹上縛稻草一根則不生蟲清明前一二日多
取螺螄浸水中至清明日以此水洒墻壁甃砌能去
蜒蚰盆內有蟻穴以香油或羊骨引出之有蚓穴以
鴨糞壅之或灰水澆之如用灰水當即以清水解之

又云以生人髮挂樹上鳥雀不敢偷啄其實

枯樹活樹法

天生地長草木之榮枯豈人得而主之然人爲萬物之靈能殺之復能生之挽回造化亦在掌握之間如木以肉桂作釘釘之即死用甘草水灌之復榮烏賊魚骨釘之則鬆以狗膽解之仍茂或曰鱗魚乾樹即墨魚也一名海螵蛸 又云河豚骨若以邵陽魚刺日西時樹陰即死一云桂斫木上則茂斫木下則枯大榕樹以藕木作釘釘其根則死蒲萄樹以甘草鍼針之即槁柚樹一抹阿魏入其肉則立枯以肉桂屑布地則草不

生人溺燽麻即萎豆汁澆鼠莽根即爛韮汁滴野葛上即枯枇杷梔子瑞香杜若秋海棠澆糞即萎凡樹離根三尺斫其皮納巴豆數粒則汁瀉而枯穴果樹以鍾乳粉納之則實多味美納於老樹根皮內則瘁者復茂白斂末置花根下辟蟲易活又騙樹法凡木發芽時根旁掘土搜其直下命根截去則結果肥大易長

變花催花法

天然香艷何假人爲然而好奇之士偏於紅白反常遲早易時處顯技遂借此以作美觀如白牡丹欲其變色沃以紫草汁則變魏紫紅花汁則變緋紅黃則取白花初放時用新筆蘸白礬水描過待乾再以臙黃和粉調淡黃色描上即成姚黃恐爲雨淋復描淸礬水一次色自不落牡丹根下置白术末諸種花色皆起腰金白菊蕊以龍眼殼罩住上開一小孔每早以澱青水或胭脂水滴入花心放時即成藍紫色海

棠用糟水澆開花更鮮艷而紅凡花紅者欲其白以硫黃燒烟熏蓋花在內少頃即白芙蓉欲其異色將白花含苞用水調各色於紙蘸花蕊上仍裹其尖開時即成五采昔馬塍藝花如藝粟橐駝之技名於世往往能發非時之花誠足以侔造化而通仙靈凡花之早放者名堂花其法以紙糊密室鑿地作坎緶竹置花其上糞土以牛溲馬尿硫黃盡培溉之功然後置沸湯於坎中少候湯氣熏蒸則扇之以微風花得盎然融淑之氣不數朝而自放矣若牡丹梅花之

類無不皆然。獨桂花則反是。蓋桂稟金氣而生，須清涼而後放。法當置之石洞岩竇間，暑氣不到之所，鼓以涼颸，養以清露，自能先時而舒矣。凡花欲催其早放，以硫黃水灌其根，便隔宿即開。或用馬糞浸水澆根，亦易開。若欲其緩放，以雞子清塗蕋上，便可遲三兩日。此雖揠苗助長之舉，然亦須適其寒溫之性，而後能臻其神奇也。

種盆取景法

山林原墅，地曠風疎，任意栽培，自生佳景。至若城市狹隘之所，安能比戶皆園？高人韻士，惟多種盆花小景，庶幾免俗。然而盆中之保護灌溉，更難於園圃。花木之燥濕冷煖，更煩於喬林。盆中土薄，力量無多，故才有樹先須製下肥土。全賴冬月取陽溝汙泥，晒乾篩去瓦礫，將糞潑濕，復晒，如此數次，用乾草柴一皮肥土一皮，取火燒過收貯。至來春，隨便栽諸色花木可也。栽後宜肥者，每日用雞鵞毛水與糞水相和而

澆。如花已發萌，不宜澆糞。若嫩條已長，花頭已發，正好澆肥。至花開時，又不可澆。每日早晚，只須清水。果實時亦不可澆，澆則實落。凡植花三四月間，方可上盆，則根不長而花多。若根多，則花少矣。或用鷺鷥沙灌水澆之，亦良。草子之宜盆者甚多，不必細陳。果木之宜盆者甚少，惟松、柏、榆、檜、楓、橘、桃、梅、茶、桂、榴、槿、鳳竹、虎刺、瑞香、金雀、海棠、黃楊、杜鵑、月季、茉莉、火蕉、素馨、枸杞、丁香、牡丹、平地木、六月雪等樹，皆可盆栽。但須剪裁有致。近日吳下出一種，仿雲林、山樹畫意，用長

大白石盆或紫沙宜興盆將最小柏檜或楓榆六月雪或虎刺黃楊梅椿等擇取十餘株細視其體態參差高下倚山靠石而栽之或用昆山白石或用廣東英石隨意叠成山林佳景置數盆於高軒書室之前誠雅人清供也如樹服盆已久枝幹長野必須修枝盤幹其法宜穴幹納巴豆則枝節柔軟可結若欲委曲折枝則微破其皮以金汁一點便可任意轉摺須以極細棕索縛吊歲久性定自饒古致矣凡盆花拳石上最宜苔蘚若一時不可得以菱泥馬糞和勻塗

潤濕處及椏枝間不久即生儼如古木華林

養花插瓶法

家無園圃枯坐一廛則眼前之生趣何來即有芳華一遭風雨則經年之灌溉皆虛不若採千林於半畝萃四序於一甎古人瓶花之設良有以也貯之金屋玉人之賞鑑猶存聊借一枝貧士之餘芬可挹但養不得其法不特花即失神亦且色不耐久今略舉各花養法而言之凡花滋雨露以生雖瓶養亦當用天落水每日添換其開庶久若三四日不換花必零落蕋必乾枯每夜宜擇無風有露處置之猶可多延一

二日之鮮麗此乃天與人參之力也折花之法不可亂攀須擇其木之叢雜處取初放有致之枝或一二種比枝配色不冗不孤稍有畫意者方剪而燔其折處插之則滋不下洩花可耐久蓋有不宜清水養者又不可不察焉如梅花水仙宜鹽水養而梅更宜醃豬肉汁去油俟冷插花且瓶不結凍雖細蕋皆開若貯古瓶中常刺以湯還能結子生葉海棠花須束薄荷葉於折處再以薄荷水浸養細蕋盡開梔子花折處須搥碎以鹽入瓶中乾插自能放花抽葉花謝後

鹽仍可用牡丹初折即燃其枝不用水養當以蜜浸自榮謝後蜜仍可用芍藥燒枝後即插水瓶中夜間另浸大水缸內早復歸瓶則葉綠花鮮蓮花先用泥塞其折孔內再以髮纏之先插入瓶後方灌水夜置無風有露處則菡萏皆開芙蓉竹枝金鳳花皆當以沸湯養之乘熱即塞瓶口則花易開而葉不損若蜀葵秋葵芍藥萱花等類宜燒枝插餘皆不可燒凡貯瓶中水須燒紅瓦片投之則水不臭冬月將濃灰汁和酒灌瓶內則不凍鮮肉凍汁養山茶臘梅則開耐

久如瓶口大者內置錫管冬月貯水不碎瓶若小口膽瓶等投硫黃末數錢亦可免凍之患夫花之配搭既善則花之意態自佳而貯花之瓶彝并供花之位置亦不可不講也瓶之最忌者兩對一律有珥環成行列以繩束縛以多為貴若銅瓶雖不能得出土舊脈青綠入骨砂斑垤起者亦宜擇其款製精良者一二磁瓶雖不能皆哥窯象窯定窯柴窯亦須選細潤光潔好窯瓶二三方不辱名花而虛此一番攀折也大抵書齋清供宜矮小為佳喜銅瓶必花觚銅觶尊罍方漢壺素溫壺匾壺之類瓷器必紙捶鵞頸茄袋花尊花囊蓍草蒲槌壁瓶之類方不與家堂香火前五事件內瓶同至若廳堂大廈所用大瓶不在此例也如插牡丹芍藥玉蘭粉團蓮花等則花之本質既大瓶自宜大又不在此例嘗聞古銅窯器入土久則得氣深以此養花其色必鮮且能結實雖無濟於事無園者亦可眩奇吁寒士處此名花猶可假乞若器從何而致若有宣德成化或龍泉窯者一二便可脫俗矣

整頓刪科法

諸般花木若聽其發幹抽條未免有礙生趣宜修者修之宜去者去之庶得條達暢茂有致凡樹有瀝水條是枝向下垂者當剪去之有刺身條是枝向裏生者當斷去之有駢枝條兩相交互者當留一去一有枯朽條最能引蛀當速去之有冗雜條最能礙花當擇細弱者去之但不可用手折手折恐一時不斷傷皮損幹粗則用鋸細則用剪裁痕須向下則雨水不能沁其心木本無枯爛之病矣至伐木之期必須四

月七月則無蟲蠹之患而木更堅肕耐用若非時斫伐者必須水漚一月或火偏極乾亦不生蟲

花香耐久法

昔人云種花一歲看花不過十日香艷不久殊爲恨事今特載一二耐久之法以補惜花主人之不逮爾冬月用竹刀取梅蕊之將開者蘸以蠟投蜜缶中夏月取出以沸湯就盞泡之蕊即鮮綻香亦不減搗女貞實汁（即冬青子）拌巖桂半開者入細磁瓶中以厚紙蓋之至無花時密室取置一盤其香襲襲可以久留或以甘滷浸桂花藏至來年色香俱在玫瑰同醎梅白糖拌收瓶內經年花之色香如故又一法取梅或茉

或玫瑰茉莉珍珠蘭皆摘其半開之蕊四停茶葉一停花以罐甕收之內一層茶一層花間投至滿用紙箬紮固入鍋內以重湯煮之取出待冷另用紙封固裹置火上焙極乾收用炮茶其香可愛又香櫞佛手若扦芋於其蒂上以濕紙圍護之經久不癟或擣蒜罨其蒂則香更充溢

花間日課四則

春

晨起點梅花湯課奚奴洒掃曲房花徑閲花曆護階苔禺中取薔薇露浣手薰玉蕤香讀赤文綠字晌午採笋蕨供胡麻汲泉試新茗午後乘款馬執剪水鞭携斗酒雙柑往聽黃鸝日晡坐柳風前裂五色箋任意吟咏薄暮遶徑指園丁理花飼鶴種魚

夏

晨起芰荷爲衣傍花枝吸露潤肺教鸚鵡詩詞禺中

陰意閲老莊數頁或展法帖臨池晌午脫巾石壁據匡床與忘形友談齊諧山海倦則取左宮桃欄遊華胥國午後刺柳子盃浮瓜沉李搗蓮花飲碧芳酒日晡浴罷蘭湯掉小舟垂釣於古藤曲水邊薄暮籜冠蒲扇立高阜看園丁抱甕澆花

秋

晨起下帷撿牙籤挹花露研硃點校禺中操琴調鶴玩金石鼎彝晌午用蓮房洗硯理茶具拭梧竹午後戴白接籬冠着隱士衫望霜葉紅飄得句即題其上

日晡持蟹螯鱸鱠酌海川螺試新釀醉聽四野蒭吟及樵歌牧唱薄暮焚畔月香壅菊觀鴻理琴數調

冬

晨起飲醇醪負暄盥櫛禺中置氈褥燒烏薪會名士作黑金社晌午挾筴理舊稿看樹影移皆熱水濯足午後攜都統籠向古松懸崖間敲冰煮建茗日晡羔裘貂帽裝嘶風蹬策蹇驢問寒梅消息薄暮圍爐促膝煨芋魁說無上妙偈剪燈閲劍俠列仙諸傳嘆劍術之無傳

花園欵設八則

堂室坐几

堂前設長大天然几一或花梨或楠木上懸古畫一几上置英石一座東坡椅六或水磨或黑漆室中設天然几一安左邊東向不可迫近牕檻以逼風日几上置舊端研一筆筒一或紫檀或花梨或速香筆規一古窯水中丞一或古銅研山一或英石或水晶或香樹根古人置研俱在左以其墨光不閃眼且於燈下更宜清烟徽墨一畫冊鎮紙各一好磨瓶一又小

香几一上置古銅爐一座香盒一非雕漆即紫檀白銅匙柱一副匙柱餅一並出土古銅即紫檀或老樹根左壁懸古琴一右壁挂劒一拂塵帚一園中切不可用金銀器具懸下艷稱富尚高士目爲俗陳

書齋椅榻

書齋僅可置四椅二櫈一床一榻夏月宜湘竹冬月加以古錦製縟或設皐比俱可他如古須彌座短榻矮几壁几禪椅之類不妨高設最忌靠壁平設數椅屏風僅可置一座書架書廚俱宜列於向明處以貯圖史然亦不可太雜如書肆樣其中界尺裁紙刀錐錐各一

敞室置具

敞室宜近水長夏所居盡去牕檻前梧後竹荷池繞於外水閣踏其旁不漏日影惟透香風列木几極長大者於正中兩旁置長榻無屏者各一不必挂畫夏日易於燥裂且後壁洞開亦無處可懸挂也北牕設竹床蘄簟於其中以便長日高臥几上設大硯一青綠水盆一尊彝之屬俱取陽大者置建蘭珍珠蘭

茉莉數盆於几案上風之所兼之奇峯古樹水閣蓮亭不妨多列湘簾四垂牕牖人望之如入清凉福地

臥室備物

臥室之用地屏天花板雖俗然臥處取乾燥用亦無妨第不可彩畫及油漆耳面南設臥榻一榻後別留半室或耳房人所不至處以置薰籠衣架盥匜廂奩書燈手巾香皂罐之屬榻前僅置一小几不設一物小方杌二小櫥一以貯香藥玩器則室中精潔雅素一涉絢麗便頻闤闠氣非林下幽人眠雲夢月所宜

須更須穴壁一貼爲壁床以供契友高人連牀夜話下穴抽替以藏履襪庭中不可多植賤木第取異種當秘惜者置數本於內以文石伴之如英石崑山石之類盆景則設倣雲林或大癡畫意者二三盆以補客室之不逮

亭榭點綴

大凡亭榭不蔽風雨故不可用佳器俗者又不可耐須得舊漆方面粗足古朴自然者置之露坐宜湖石平矮者散置四傍其石墩瓦墩之屬俱置不用尤不

可用朱架架官磚於上楹聯須板刻庶不致風雨摧殘若堂柱館閣則名箋重金夾硃砂皆可

迴廊曲檻

廊有二種繞屋環轉粉壁朱欄者多堦砌宜植吉祥繡墩草中懸紗燈十餘步一盞以佐黑夜行吟花香興到用別構一種竹椽無瓦者名曰花廊以木槿山茶槐栢等樹爲墻木香薔薇月季棣棠荼蘼葡萄等類爲棚下置石墩磁鼓以息玩賞之足

客室飛閣

几榻俱不宜多置但取古製狹邊書几一置於其中上設筆硯香盒薰爐之屬俱宜小而雅別設石小几一以置茗甌茶具置小榻一以供偃卧趺坐不必挂畫或置古奇石或供檀香呂祖像或以佛龕供鎏金大士像於上亦可

層樓器具

樓開四面置官桌四張圈椅十餘以供四時宴會遠流平山領畧眺玩設棋枰一壺矢骰盆之類以供人戲具筆墨硯箋以備人題咏琉璃畫紗燈數架以供

長夜之飲古琴一張簫一以發客之天籟不尚伶人俗韻

懸設字畫

古畫之懸宜高齋中僅可置一軸於上若懸兩壁及左右對列最俗須不時更換長畫可挂高壁不可用挨畫竹曲挂畫桌上可置奇石或時花盆景之屬忌設朱紅漆等架堂中宜挂大幅橫披齋中密室宜小景花鳥若單條扇面斗方挂屏之類俱不雅觀有云畫不對景其言亦謬但不必拘挨畫几須離畫一分

不致汙畫

香鑪花缾

每日坐几上置矮香几方大者一上設鑪一香盒大者一置生熟香小者二置沉香龍涎餅之類筯瓶一每地不可用二鑪更不可置於挨畫桌上及瓶盒對列夏月宜用磁冬月用銅必須古舊之物不可用時鑪被薰凡插花隨缾製置大小矮几之上春冬銅缾若磁者必須加以錫膽或水中置硫黃末秋夏用磁堂屋高樓宜巨書室曲房宜小貴銅瓦賤金銀忌有

環耳成對花宜瘦巧不取煩雜每採一枝須擇枝柯奇古若二枝須高下合宜亦止可一二種過多便如酒肆招牌矣惟藥苗草本插膽缾或壁缾內者不論凡供花不可閉牕戶恐焚香烟觸即萎水仙尤甚亦不可供於畫桌上恐有傾潑損畫

仙壇佛室

募長生者供青牛老子一軸或純陽負劍圖一必須宋元名筆方妙如信輪廻者供烏絲藏佛一尊以金鏒甚厚慈容端整妙相具足者爲上或宋元脫紗大士像俱可若香像唐像接引諸天等像號曰一堂并朱紅銷金雕刻等概道家三清梓童關帝等神皆僧寮羽客所奉非居士所宜也此室位置得花長松石洞有石佛石几處更佳案頭須以舊磁淨缾獻花淨碗酌水石鼎爇香中點石琉璃燈左旁置古倭漆經厨以盛釋典或仙籙右邊設一架懸靈壁石磬并幡幢如意蒲團几榻之類隨便款設但忌纖巧庭中列施食臺臺下用古石座石幢一幢下植香艶名花

花園自供　五則

天然具

斫柏成屏，牽蘿就幕，屈竹爲籬，椅松作座，山

林眞率，自覺天然。

桃核盃　古藤杖　木筆　蒲劍　松拂　君箭

花壺蘆　書帶草　蕉扇　棕索　金燈　荷珠

芰荷衣　柏子香　錦帶　柳線　玉簪　茗茵

榆莢錢　椰實瓢　竹杖　瘦盂　蓮房　秋針

珊瑚珠　御馬鞭　蘭佩　楓香　蘿帶

自來音

柝鳴承巷角奏邊陲，擊缾敲寒，總不入高人

之夢，惟是一頭白雲，橫當衾枕，數聲天籟，惠

我好音。

松濤　竹笑　鶴鳴皐　燕呢南　砧聲夜擣

蛙鼓　蚓笛　魚吹浪　蛩啾卿　鐵馬驟風

雁警　石溜　呦鹿鳴　鵲驚枝　犬聲如豹

雞唱　泉涓　蟬吧露　風度曉鐘　沙鷗振羽

百禽言

鼎沸笙歌，不若枝頭嬌鳥，俟調鸚鵡，何如燕

語，鶯鳴，能言之禽儘多，若不羅其群，毀其卵，

毋煩飲啄，而自集長鳴也。

行不得也哥哥　鳳凰不如我　都護從事　姑姑

得過且過　鉤輈格磔　不如歸去　春去了

婆餅煎　泥滑滑　上山看火（盤上山結重，便有血聲）

莫損花　鵓果果　脫布衫　提壺蘆　哎喲

百花釀

市醞村醪，豈宜名勝？况園中自有芳香，皆堪

採釀，既具百般美麴，何難一效杜康。

椒柏酒　梅花酒　松液酒　柏葉酒　天門冬酒

茯苓酒　桑椹酒　竹葉酒　茴香酒　百靈藤酒

菖蒲酒　南藤酒　五加酒　荔枝酒　薏苡仁酒

枸杞酒　菊花酒　女貞酒　桂花酒　枸杞子酒

碧芳酒　蒲萄酒　豆淋酒　歸圓酒　生地黃酒

縮砂酒　玫瑰酒　巨勝酒（即炒芝麻，同薏苡仁各二斤，生地八兩，袋浸酒）

酒庫須近廚房左右，夏日合麴，冬日釀酒，隨意取麴

造成，每甕上號明某種，則開飲不差。

天然牋

憑樓遠眺，花底豪吟，園中四時自有天然牋簡，可供筆墨，何煩楮造色成。

紅葉牋　蕉葉牋　梧桐牋　柿葉牋　楸葉牋

貝葉牋　黎雲牋　散花牋　苔牋　蒲牋

秘傳花鏡卷之三目次

花木類攷

秘傳花鏡卷之三

西湖花隱陳淏子訂輯

花木類攷

是編乃綠墅名園所必需主人好花而不善植者所當細閱也然詳圃而略農非棄本以趨末五穀簡而草木繁若不細審其性情分辨其宜忌則萬卉千葩安望其色之妍香之濃葉之肥實之美耶今以不傳之秘公之同人則世無不生之花矣

松

松爲百木之長諸山中皆有之兩鬣三鬣爾細者常松也五鬣六鬣爲一朶葉者剔牙栝子松也獅鱗厚葉者羅漢松也其質磥砢修聳多節永年皮粗如龍鱗葉細如馬鬣遇霜雪而不凋歷千年而不殞其花色黃而多香但有粉而無瓣實似猪心叠成鱗砌秋老則子長鱗裂味最甘香可口滇南子色黑遼東子色黃千歲松產於天目武功黃山高不滿二三尺性喜燥背陰生深巖石罅上永不見肥故歲久不大可作天然盆玩又有赤松白松鹿尾松之異惟剔牙松皮青而嫩稍傷其皮則脂易溜須以火鐵烫止用糞泥密封方不洩氣凡欲松偃蓋必截去松之大根惟留四旁根鬚則無不偃蓋矣種法於春分前烫子十日治畦下糞漫撒畦內如種菜法其苗自生一切花木皆貴少壯獨松柏梅等世人多貴蒼老古勁歲久松能化石脂能成珀如上有兔絲則根下有伏苓爲仙家服食之藥其花亦可作粉食

柏

柏一名蒼官一名掬與松齊壽有扁柏檜柏黃柏瓔咯柏之異惟扁柏爲貴故園林多植之因其葉側向而生又名側柏其味微澁而甘香道人多採作服食用點茶湯諸木向陽柏獨西指其性堅緻有脂而香故古人破爲暢白用以擣鬱三月開細瑣花不甚可觀結實成球狀如小鈴霜後四裂中含數子大如麥粒芬自芬香仁亦道家所服食者檜柏體堅難長亦難養黃木聳直而皮薄肌細葉至冬更青翠瓔珞柏枝葉俱垂下宜栽庭際皆無花有子峨嵋山有竹葉

柏身者名竹柏稟堅凝之質不與群卉同凋其小者止一二尺可作盆玩又乾陵有柏木之文理大者多為菩薩雲氣人物鳥獸狀態分明徑尺一株可值萬錢柏性喜陑每年中用晒過糞水澆三四次則色鮮潤秋時剪小枝二三尺者插肥地亦活或收子至二三月間用水淘取沉者着濕地隔兩日再淘候芽出將剷熟地成畦以子勻撒其中覆以細土二三日一澆苗出土後須圍以短籬防蝦蟇所食

梓 梓ヒサギ武藏作アヅサ者誤之

梓一名木王林中有梓樹諸木皆內拱葉似梧桐差小而無岐春開紫白花如帽極其爛熳生莢細如箸長尺許冬間葉落莢猶在樹種法秋末冬初取莢曝乾播種一年竢之二年方可移植或交春斷其根瘞於土亦能發條其葉飼豕最肥

牡丹

牡丹為花中之王北地最多花有五色千葉重樓之異以黃紫者為最自歐陽修作記後人皆烘傳其名遂有牡丹譜今取其一百三十一種詳釋於後其性宜凉畏熱喜燥惡濕根窠樂得新土則茂懼烈風酷日須栽高敞向陽之所則花大而色妍移植在八月社前或秋分後皆可根下宿土少留切勿掘斷細根每種過先將白歛末一斤拌勻新土內（因其根甜多引土蠶蠐螬蟲故用白歛殺之）再以小麥數十粒撒下然後坐花於上以土覆滿復將牡丹提與地平使其根直則易活不可踹實隨以天落水或河水灌之子類母丁香而黑六月收置向風處晾一日以瓦盆拌濕土盛之至八月中取其下水即沉者而畦種之待其春芽長大五六

月以葦箔遮日夜則露之至次年便可移種矣然結子畦種不若根上生苗分植之便其接換亦在秋社前後將種活五年以上小牡丹去地留一二寸將利刀斜削去一半再以佳種旺條截一段斜削去一半上留二三眼貼於小樹上合如一木以麻縛定用濕泥抹其縛處兩瓦合之內塡細土待來春驚蟄後出瓦與土隨以草薦圍之未有不活者其花愈接愈盛昔張茂卿接牡丹於椿樹之上每開則登樓宴賞至今稱之夏月灌溉必清晨或初更必候地凉方可澆

八九月五七日一澆，十月十一月三四日一澆，十二月地凍止，可用猪糞壅之。春分後便不可澆肥，直至花放後，暑用輕肥。六月尤忌澆，澆則損根，來年無花。花未放時，去其瘦蕊，謂之打剝。花將放，必用高幕遮日，則花耐久。開殘即剪，勿令結子，留子則來年不盛。冬至日以鐘乳粉和硫黃少許置根下，有益。如枝便蟲蛀，當尋其蛀眼，用硫黃或塞或熏，或用杉木作針釘之。白蘞性畏麝香、桐油、生漆氣，旁宜植逼麝草。如無，即種大蒜、葱、韭亦可。不使亂草侵土，并熱手撫摩若折枝插瓶，先燒斷處，鎔蠟封之，可貯數日不萎。或用蜜養更妙（花糊少蜜仍可用，養芍藥亦然）。如將萎者，剪去下截，用竹架起，投水缸中浸一宿，復鮮。一法以白术末放根下，諸般花色悉帶腰金。若北方地厚，雖無肥糞，即油麻肥壅之亦盛，不可一例論也。但忌犬糞。八月十五是牡丹生日，洛下名園有牡丹數千本者，每歲盛開，主人輒置酒延賞。若遇風日晴和，花忽盤旋翔舞，香馥異常。此乃花神至也。主人必起具酒脯，羅拜花前。移時始定，歲以為常。

附牡丹釋名共一百三十一種

正黃色計十一品

御衣黃（千葉，似黃葵）　姚黃（千葉樓子，產姚崇家）　淡鵞黃（平頭，初黃後漸白）
禁院黃（千葉起樓子）　甘草黃（單葉，深黃色）　愛雲黃（大瓣平頭，宜重肥）
黃氣毬（瓣圓轉，淡黃）　金帶腰（腰間色深黃）　女眞黃（千葉而香濃，喜陰）
太平樓閣（千葉高樓）　蜜嬌（本如樗葉，尖長，花五瓣，蜜蠟色，中有蕊根檀心）

大紅色計十八品

錦袍紅（即潛溪緋，千葉）　狀元紅（千葉樓子，喜陰）　朱砂紅（日照如猩血，喜陰）
舞青猊（中出五青瓣）　石榴紅（千葉樓子，喜陽）　九蕊珍珠（紅葉上有白點如珠）
醉胭脂（千葉莖長頭垂）　西瓜穰（內深紅，邊漸淡）　錦繡球（葉微小，千瓣圓轉）
羊血紅（千葉平頭，易開）　碎剪絨（葉尖多缺如剪）　金絲紅（平頭瓣上有金線）
七寶冠（千葉樓子，難開）　映日紅（千葉細瓣，喜陽）　石家紅（平頭千葉，不甚緊）
鶴頂紅（千葉中心更紅）　王家紅（千葉樓尖微曲）　小葉大紅（頭小葉多，難開）

桃紅色計二十七品

達蕊紅（有青趺，三重）　西番頭（千葉，難開，宜陰）　壽安紅（平頭細葉，黃心，宜陽）
添色紅（初白漸紅，後深）　鳳頭紅（花高大，中特起）　大葉桃紅（闊瓣樓子，宜陰）
梅紅（千葉平頭，深紅色）　西子紅（千葉圓花，宜陰）　舞青霓（千葉，心吐五青瓣）
西瓜紅（胎紅而長，宜陽）　美人紅（千葉軟條，樓子）　嬌紅樓臺（千葉重樓，宜陰）

海天霞千頭花大如盤 輕羅紅千葉而薄 皺葉紅葉面皺紋宜陰

陳州紅千葉以地得名 殿春芳晚開有樓子 花紅綉毬細瓣而圓花

四面鏡有旋瓣四面花 醉仙桃外白內紅宜陰 出莖桃紅莖長有尺許

翠紅妝起樓難開宜陰 嬌紅似魏紅而不甚大 鞓紅單葉紅花楷白即青州紅

罌粟紅單葉皆倒暈 魏家紅千葉肉紅略有粉梢開最大以姓得名

粉紅色計二十四品

觀音面千葉花緊宜陽 粉西施淡中微有紅暈 玉兔天香中二瓣如兔耳

玉樓春千葉多雨盛開 素鸞嬌千葉樓子宜陰 醉楊妃千葉平頭最畏烈日

粉霞紅千葉大平頭 倒暈檀心外紅心白 水紅毬千葉外白內紅如毬

三學士係三頭聚萼 合歡嬌一蒂雙頭者 醉春容似醉西施開久露頂

紅玉盤平頭邊白心紅 玉芙蓉成樹則開宜陰 鶴翎紅千葉細長本紅末白

西天香開早初嬌後淡 回回粉細瓣外紅內白 瑪瑙盤千葉淡紅白胱檀心

雲葉紅瓣層大如雲 滿園春清明時即開 瑞露蟬花中抽碧心如合蟬

疊羅中心瑣碎如羅紋 一捻紅昔日貴妃勻面脂在手偶印花上來年花生皆有指甲紅痕至今猶以爲異

紫色計二十六品

朝天紫金紫如夫人服 腰金紫腰間圍有黃鬚 金花狀元微紫葉有黃鬚

紫重樓千葉樓最難開 葛巾紫圓正富麗如巾 紫雲芳千葉花中包有黃蕊

紫羅袍千葉瓣薄宜陽 丁香紫千葉小樓子 茄花紫千葉樓深紫即藕絲

瑞香紫淺紫大瓣而香 舞青猊千葉有五青瓣 駝褐紫大瓣色似褐衣宜陰

紫姑仙大瓣樓子淺紫 烟籠紫千葉淺淡交映 潛溪緋叢中特出緋者一二

紫金盤千葉深紫宜陽 紫繡毬即魏紫也千瓣樓子葉肥大而圓轉可愛

檀心紫中有深檀心 葉底紫似墨紫花在叢中旁必生一枝引葉覆上即軍容紫

潑墨紫深紫色類墨葵 鹿胎紫千葉紫瓣上有白點儼若鹿皮紋宜陽

魏家紫千葉大花產魏相家 平頭紫即左紫也千葉花大徑尺而齊如截宜陽

乾道紫色稍淡而暈紅 紫玉千葉白瓣中有深紫色絲紋宜陰

錦團緣其幹亂生成叢葉齊小而短厚花千瓣粉紫色合紺如撮瓣細紋

白色計二十二品

玉天仙多葉白瓣檀心 慶天香千葉粉白色 玉重樓千葉高樓子宜陰

綠邊白每瓣邊有綠暈 蜜嬌姿初開微蜜後白 萬卷書即玉玲瓏千瓣細長

銀妝點千葉樓子宜陰 水晶毬瓣圓俱垂下 玉剪裁千頭葉邊如鋸齒

白青猊中有青瓣 蓮香白平頭花香如蓮 伏家白以姓得名猶如姚黃

鳳尾白中有長瓣特出 玉盤盂多葉大瓣開早 玉版白單葉細長如拍板

鶴翎白多葉而長瓣檀心 金絲白瓣上有淡黃絲 羊脂玉千葉樓子大白瓣

青心白千葉青色心 玉碗白單葉大圓花 平頭白花大尺許難開宜陰

一百五瓣長多葉黃蕊檀心花最大此品當在一百五日先開

青色 計三品

佛頭青一名歐碧，群花謝後，此種始開。

綠蝴蝶一名萼綠華，千瓣，色微帶綠。

鴨蛋青花色如蛋殼，宜陰。

牡丹花之五色燦爛，其形其色其態度變幻，原莫可名狀。後之命名亦隨人之喜好，約數百種。然而雷同者亦不少。茲存一百三十種，尚有疑似處，望博雅裁之。

梅

梅一名柟，一名條。葉實花俱似杏，差小，而花獨優於

香。昔范石湖有梅譜，約九十餘種。大底一花二三名者多，今特取其山林常有而人所常植者二十種，詳釋於後。梅本出於羅浮、庾嶺，喜暖故也。而古梅多著於吳下，吳興、西湖、會稽、四明等處，每多百年老幹。其枝樛曲萬狀，蒼蘚鱗皴，封滿花身，且有苔鬚垂於枝間，長寸許，風至綠絲飄動。其樹枝四蔭，週遭可羅坐數十人。好事者多載酒賞之。蓋梅為天下尤物，無論智愚賢不肖，莫不慕其香韻而稱其清高，故名園古剎，取橫斜疏瘦與老幹枯株，以為點綴。早梅冬至前即開，晚梅春分前始放，如多植則相繼而開，最久。性潔，喜曬，澆以塘水則茂，肥多生蛀，但結實微酸。而酸之功用甚廣，人多取焉。食若畏酸，同部粉嚼則味不酸，而牙不軟。或以胡桃肉解齼音楚。

附梅花釋名 共二十一種

諸色梅

綠萼梅凡梅跗蒂皆絳紫，此獨純綠。重葉梅花頭甚豐，千葉，開如小白蓮。

玉蝶梅花頭大而微紅，色甚妍可愛。冠城梅單葉者實大，五月熟；千葉者實少。

消梅即江梅花，與冠城相似，實微甘而脆。照水梅花開朵朵向下，而香濃，亦梅中奇品。

鴛鴦梅重葉數層，紅艷輕盈，一蒂雙實。黃香梅一名湘梅，花小而心繁，微黃，香尤烈。

品字梅一花結三實，但其實小，不堪啖。紅梅千葉，實少，來自閩湘，有福州紅、潭州紅名。

杏梅花色淡紅，實扁而斑，其味似杏。墨梅此係楝樹所接江梅，而花成淡墨色者。

罨枝梅花繁而蒂紫，但結實不甚大。冰梅實生葉萼而不花，色如冰玉，無核，合自融。

鶴頂梅花如常梅，惟實大而紅。冬梅結實且小，十月可用，不能熟。

九英梅此花為白樂天、杜子美所賞鑒。朱梅較之千葉紅梅，色更深而艷。

江梅白花，蠟心紫蒂，王荊公稱為花御史。臺閣梅一花開後，心中復有一小蕊再放出。

椰梅出均州太和山，相傳真武折梅枝插榔樹上，誓曰：吾道若成，花開果結。後榔果開梅結實，至今尚在五龍宮北。

蠟梅 ナンキンウメ

蠟梅（俗作臘）一名黃梅。本非梅類，因其與梅同放，其香又相近，色似蜜蠟，且臘月開，故有是名。樹不甚大而枝叢，葉如桃，濶而厚。有磬口、荷花、狗英三種，惟圓瓣深黃，形似白梅，雖盛開如半含者，名磬口，最為世珍。若瓶供一枝，香可盈室。狗英亦香，而形色不及。近日圓瓣者，皆如荷花而微有尖，僅免狗英者，皆由用狗英接換故也。若以子出不經接過者，花小而香淡，其品最下。實如垂鈴，夏熟採取，試水沉者種之，多生。產荆襄者為上，今南浙亦盛。其本宜過枝，不宜接換。

山茶 ツバキ

山茶一名曼陀羅。樹高者一二丈，低者二三尺，枝幹交加，葉似木樨，濶厚而尖長，面深綠光滑，背淺綠，經冬不凋。以葉類茶，故得茶名。花之名色甚多，姑列於後。其開最久，自十月開至二月方歇。性喜陰燥，不宜大肥。春間、臘月皆可移栽。四季花寄枝宜用本體，黃花香寄枝宜用茶體，若用山茶體，花仍紅色。白花寄枝同上。磬口花、鬯口花宜子種，以單葉接千葉，則花盛而樹久。以冬青接，十不活一二。

附山茶釋名（共十九種）

諸色茶花

瑪瑙茶（產溫州，紅黃白粉為心，大紅盤） 鶴頂紅（大紅蓮瓣，中心塞滿如鶴頂，出雲南）

寶珠茶（千葉攢簇，殷紅若丹砂，出蘇杭） 焦萼白寶珠（似寶珠，蕊白，九月開，甚香）

楊妃茶（單葉，花開最早，桃紅色） 正宮粉 賽宮粉（花皆粉紅色）

石榴茶（中有碎花） 梅榴茶（青蒂而小花） 真珠茶（淡紅色）

菜榴茶（有類山躑躅） 躑躅茶（色深紅，如杜鵑） 串珠茶（亦粉紅）

磬口茶（花瓣皆圓轉） 茉莉茶（色純白，一名白菱，開久而繁，亦畏寒）

一捻紅（白瓣有紅點） 照殿紅（葉大而且紅） 晚山茶（二月方開）

南山茶（出廣州，葉薄有毛，實大如拳）

瑞香 ジンチヤウゲ

瑞香一名蓬萊花。有紫、白、紅三色。本不甚高，而枝幹極婆娑。隔年發蕊，蓓蘽於葉頂，立春後即開。花紫如丁香者，其香更濃；葉邊有黃暈者，名金邊瑞香；又有似楊梅葉者，或球子者、孿枝者。其性喜陰，耐寒，然又惡濕。婦女多喜扦帶。不宜糞澆，惟用浣衣垢水，或燖猪湯澆，或壅人頭垢，則茂。芒種時，剪取嫩條，破開放大麥一粒，用亂髮纏之，挿入土中根旁，壅好，勿令見日，以垢水澆之。一云：左手折花，隨即扦挿，勿換手種，無有不活。其根甚甜，多藏蚯蚓，必須以法去之。又名麝囊，能損花，宜另植。

結香 ミツマタ

結香，俗名黃瑞香，幹葉皆似瑞香，而枝甚柔韌，可綰結。花色鵞黃，比瑞香差長，亦與瑞香同時放，但花落後始生葉，而香大不如。

迎春花 ワウバイ

迎春花，一名腰金帶，蘩生，高數尺，方莖厚葉。開最早，交春即放淡黃花，形如瑞香，不結實。對節生小枝，一枝三葉，候花放時移栽，肥土或巖石上或盆中，而柔條散垂，花綴枝頭，實繁且韻。分栽宜於二月中旬，須用焊牲水澆，方茂。

櫻桃 ユスラウメ

櫻桃，一名楔，又有荆桃、含桃（謂鳥雀含）、崖蜜、蠟櫻（色黃）、紫櫻（色紫）、朱英（色赤）、麥英數名。此木得正陽之氣，故實先諸果而熟，禮薦宗廟，亦取其先出也。本不甚高，而多蘗，春初開白花，繁英如雪，其香如蜜。葉圓，有尖邊，如細齒。結子一枝數十顆，有朱、紫、蠟三色，又有千葉者，其實少。但果紅熟時，必須守護，否則為鳥雀白頭公所食無遺也。枝節間有根鬚垂下者，二月間取栽於肥土中，常以糞澆之，即活。若陽地種者，還種陽地；陰地種者，還種陰地，則樹易盛而實多。又性宜堅實，陰地不可用糞。實熟時，當張葦箔，以護風雨，一經雨打，則蟲自內生，人莫之見。須用水浸良久，候蟲出，方可食。

玉蘭 モクレン

玉蘭，古名木蘭，出於馬跡山紫府觀者佳，今南浙亦廣有。樹高大而堅，花開九瓣，碧白色，如蓮，心紫綠而香，絕無柔條。隆冬結蕾，一幹一花，皆着木末，必俟花落後，葉從蒂中抽出。在未放時，多澆糞水，則花大而香濃，但忌水浸。與木筆並植，秋後接換，甚便。其瓣擇洗精潔，拖麵麻油煎食極佳，或蜜浸亦可。其製法與牡丹瓣同。

杏花

杏花有二種，單瓣與千瓣。劒州山有千葉杏花，先紅後白但嬌艷而不香。樹高大而根生最淺。須以大石壓根。則花易盛而結實始繁。其核可種。而仁不堪食。其可食者係關西巴旦杏。一云八丹 實小而肉薄。核內仁獨甘美。點茶上品。梅杏黃而帶酢。沙杏甘而有沙。木杏扁而青黃。奈杏青而微黃。又一種金杏。圓大如梨。深黃若金橘。每種將核帶肉埋於糞土中。任其長大。來年須移栽。若不移過則實小味苦。又不可栽密。密則難長少實。昔李冠卿家有杏。花多不實。一媒姥見而笑曰。來春與嫁此杏。冬至忽攜一樽酒過云。婚家

撞門酒也。索處子紅裙繫樹。祝曰。青陽司令。庶彙惟新。木德屬仁。更旺於春。森森柯幹。簇簇繁陰。我今嫁汝。萬億子孫。明年結子果多。相傳爲韻事。

丁香

丁香一名百結。葉似茉莉。花有紫白二種。初春開花。細小似丁香。蓓蕾而生於枝抄。其瓣柔色紫。清香襲人。接分俱可。但畏濕而不宜大肥。

辛夷

辛夷一名木筆。一名望春。較玉蘭樹差小。葉類柿而長。隔年發蕊。有毛。儼若筆尖。花開似蓮。外紫內白。花落葉出而無實。別名侯桃。俗呼猪心花。又有紅似杜鵑者。俗呼爲石蕎。其本可接玉蘭。亦宜斫條扦插。可同玉蘭並植。至秋後過枝。即生。皆可變爲玉蘭。多澆糞水則花大而香濃。人多取蕊合香。

杜鵑 サツキツツジ

杜鵑一名紅躑躅。樹不高大。重瓣紅花。極其爛縵。每於杜鵑啼時盛開。故有是名。先花後葉。出自蜀中者佳。花有十數層。紅艷比他處者更甚。性最喜陰而惡

肥。每早以河水澆。置之樹陰之下。則葉青翠可觀。亦有黃白二色者。春鵑亦有長丈餘者。須種以山黃泥。澆以羊糞水方茂。若用映山紅接者。花不甚佳。切忌糞水。宜豆汁澆。

桃

桃爲五木之精。能制百鬼。乃仙品也。隨處有之。枝幹扶疎。葉狹而長。二月開花。有紅白粉紅深紅之殊。他如單瓣大紅。千瓣粉紅。千瓣白之變。爛縵芳菲。其色甚媚。花最易植。木少則花盛。實甘子繁。性早實。三年

便結子，六七年即老，結子便細，十年後多枯。其皮最緊，若四年後用刀自樹本豎劙其皮，至生枝處，使膠盡出，則皮不脹不死，多有數年之活。傳云千歲桃，豈尋常之物，惟仙家稱之。究竟桃無久壽，而種類甚多，詳載於後。種法：取佳種熟桃，連肉埋糞地中，尖頭向上，覆熟肥土尺餘，至春發生。帶土移栽別地則旺，若仍在糞地則實小而苦。凡種桃淺則出，深則不生，故其根淺不耐久。近得所傳云：於初結實次年，斫去其樹，復生又斫，又生但覺生虱即斫，令復長，則其根入

地深而盤結，自固百年，猶結實如初。又桃實太繁則多墜，於社日舂根下土，石壓其枝，則不落。桃子若生蟲，以煮猪首淡汁冷澆之，自無。如生蚜蟲，以多年竹燈挂懸樹稍間，則蟲自落。

附桃花釋名　共二十四品

諸色桃

日月桃　其種一枝有二花，或紅或白。

崑崙桃　一名王母桃，出洛中，表裡皆赤，冬熟。

巨核桃　霜下始花，大者方熟，出常山。

瑞仙桃　花最稠密，其色則深紅。

人面桃　花粉紅，千葉，少實，又名美人桃。

毛桃　爾雅名褫桃，小而多毛，核粘，味劣不堪。

緋桃　即蘇桃，花如剪絨，比諸種開遲，色艷。

金桃　出太原，形長色黃，以柿接之，遂成金色。

鴛鴦桃　千葉深紅，開最後，結實必雙。

銀桃　單葉，實圓，色青白，肉不粘核，六月中熟。

李桃　單葉深紅花，實圓，色青，肉不粘核。

雪桃　即十月桃，花紅，形圓，色青，肉粘核，味甘酸。

水蜜桃　出上海顧氏家，其味甜如蜜。

油桃　出汴中，花深紅，實小，有赤斑點，光如塗油。

新羅桃　單葉紅花，其子可食，性獨熱。

扁桃　出波斯國，形扁而肉濇，核如盒，味甘在仁。

雷震紅　雷雨過，輒見一紅暈，更爲難得。

鷹嘴桃　花紅，實在六月熟，有尖如鷹嘴狀。

餅子桃　單葉紅花，實狀如香餅，味甘。

墨桃　花色紫黑似墨，葉亦異種，難得者。

白碧桃　單葉、千葉二種，惟單葉結實繁。

胭脂桃　單葉紅花，結實至熟時，其色如胭脂。

壽星桃　樹矮而花千葉，實大，可作盆玩。

（附錄）羊桃　出自福州，其實五瓣，色青黃。

金絲桃

金絲桃，一名桃金孃，出桂林郡。花似桃而大，其色更頳。中莖純紫，心吐黃鬚，鋪散花外，儼若金絲。八九月實熟，青紺若牛乳狀。其味甘，可入藥用。如分種，當從根下劈開，仍以土覆之，至來年移植便活。

夾竹桃　通名

夾竹桃本名枸那。自嶺南來，夏間開淡紅花，五瓣長筒微尖，一朵約數十萼，至秋深猶有之。因其花似桃，葉似竹，故得是名，非真桃也。性惡濕而畏寒。十月中

節宜置向陽處以避霜雪最喜者肥不可缺壅冬幾和暖日微以水潤之但水多則恐氷凍而死分法在季春以大竹管韜於枝節間用肥土填貯朝夕不失水久之根生截下另植遂可得種矣今人於五六月間以此花配茉莉婦女簪髻嬌裊可挹

李花 スモモ

李樹大者有一二丈性較桃則耐久可活三十餘年老枝雖枯子亦不細花白小而藥多開如雪其實名不一有木李青脃御黃均亭夫人(皮青肉紅)皆李之上品

也紫粉小青白李杏李馬肝牛心扁縱鼠精朱李餻李(肥黏似餻)乃李之下品也又麥李紅而甜(麥秀即可食)至結實有離核合核無核之異俗傳種桃宜密種李宜稀其分根種接之法皆與桃同故不贅但培壅宜豬穢不可用糞如少實於元旦五更將火把四面照看謂之稼李當年便生若以挑接則生子紅而甘

梨花

梨一名果宗一名玉乳處處有之其木堅實高有二三丈枝葉扶疎似杏而微厚大二月開花六出似李花稍大有紅白二色香不香之別上巳日無風則結實必佳其果名不一有紫花梨細葉梨芳梨(實小)青梨(實大)胸山梨大谷梨張公梨(夏熟)禦兒梨韓梨甘棠梨鵝梨(皮薄漿多而香)秋白梨紅消梨(出蕭縣)太師梨乳梨(出宣城皮厚而肉實)稻稍梨捲羅梨捧搥梨(因其形似)香水梨(出北地為上品)壓沙梨榲桲梨鳳棲梨綿梨水梨(最小)赤梨鹿梨(葉如茶而實小出山西信州)紫梨(花以秋日開紅色)以上諸品或形色或香味種種不同每顆生十餘子種之惟一二生梨餘皆生杜植法用最熟大梨全埋經年至來春生芽次年分

栽之多著肥水及冬葉落附地刈殺之以炭火燒頭二年即開花接法在春秋二分時用桑木或棠梨或杜接過其實必大史記云淮北滎南河濟之間家植千樹梨其人與千戶侯等又夷陵山中多紅梨花且有千葉者時司馬溫公曾作詩贊之昔梁緒於花開時折花簪多壓損帽簷至頭不能舉人為美談

木瓜 カラボケ

木瓜一名楙一名鐵腳梨獨蘭亭宣城者為最樹高丈餘葉厚而光狀如海棠及奈春深未發葉先有花

其色深紅微帶白䓁大如瓜小者如拳皮黃似著粉香最幽甜而津潤有鼻者木瓜無鼻而澁者木李比木瓜小而酢澁者木桃惟木瓜香而可食。宣州人種滿山谷。每實將成。好事者鏤紙花粘瓜上夜露日照。漸變紅花色矣其文如生本州用充土貢。名爲花木瓜樹可以子種、亦可接壓在秋社前後移栽者、較春栽更盛耳、畏日喜肥。更宜大糞。其直枝可作杖、謂老人策之利筋脈、實可浸酒。或蜜漬爲果亦佳蜜漬法先切去皮煮令極熱多換水浸使拔去酸澁之味然後用蜜熬成煎將木瓜晾乾投於蜜瓶中藏之經久不壞而香馥猶存昔天台山石罅有木瓜一株花時一巨蛇盤其上至實落供大士後乃去、號爲護聖瓜

棠梨 コリンゴ

棠一名棠毬即棠梨也。樹如梨而小、葉似蒼朮亦有圓者。三叉者。邊有鋸齒。色黲白。二月開小白花。實如小楝子生青熟紅。亦有黃白者。土人呼爲山查果味酸而澁。採之入藥。兼可製爲糖食。取花日乾。瀹之亦可充蔬茹若以此接樹梨或林檎與西府海棠氣質在其相宜 其当作甚

郁李

郁李一名棠棣、又名夫移。喜梅。俗呼爲壽李。樹高不過五六尺。枝葉似李而小、實若櫻桃而赤、味酸甜可食。其花反而後合、有赤白粉紅三色。單葉者子多。千葉者花如紙剪簇成、色最嬌艷而上承下覆、繁縟可觀。似有親愛之義。故以喻兄弟。周公昔賦棠棣即此。性潔喜暖。春開宜栽高燥處。澆以清水、不用大肥。仁可入藥。

貼梗海棠

海棠有數種。貼梗其一也、叢生單葉。綴枝作花。磬口深紅。無香、不結子新正即開但取其花早而艷、不及西府之嬌媚動人。二月間于根傍開一小溝。攀花着地。以肥土壅之、自能生根。來冬截斷、春半便可移栽。其樹最難大。故人多植作盆玩。近法皆不用壓、直於根上分栽、而分必須正月中。此性不喜肥、頗畏寒、宜避霜雪。亦有四季花者。

西府海棠

西府海棠、一名海紅、樹高一二丈、其木堅而多節、枝密而條暢、葉有類杜、二月開花、五出、初如胭脂點點然、及開則漸成纈暈明霞、落則有若宿粧淡粉。蒂長寸餘、淡紫色、或三萼五萼成叢、心中有紫鬚。其香甚清烈。至秋實大如櫻桃而微酸、宜種壚壤膏沃之地、如花謝後結子、即當剪去、則來年花盛而葉遲可愛。若以棠梨接之即活。又一種黃海棠、葉微圓而色青。初放鵞黃色、盛開便淺紅矣、

垂絲海棠

海棠之有垂絲。非異類也。蓋由櫻桃樹接之而成者。故花梗細長似櫻桃、其瓣叢密而色嬌媚、重英向下。有若小蓮。微遜西府一籌耳、世謂海棠無香、而蜀之潼川、昌州海棠獨香。不可一例論也、接法詳十八法內

林檎

林檎一名來禽、因其能來衆鳥於林、一名冷金丹、即柰之類也。二月開粉紅花、似西府、但花六出、實則圓而味甘。非若柰之實長而味稍苦。果之香甜可口。五月中熟者。密林檎爲第一、金林檎以花爲重、唐高宗時、李謹得五色林檎以貢、有金紅水蜜黑五色之異、帝悅、賜謹爲文林郎、因名爲文林郎果。但此木非接不結、多以柰樹搏接之。其法與接梨同、臘月可將嫩條移栽、若樹生毛蟲。埋蠶蛾於樹下、或澆魚腥水可除。好事者以枝頭向陽好實。於未熟時剪紙爲花、貼於其上、待紅熟時、猶若花木瓜樣。入盤飣可愛。又四月收林檎一百。內取二十枚槌碎、入水同煎。候冷。納甕中浸之、密封其口、久留愈佳。

柰

柰。一名頻婆、係梵音猶言端好也、江南雖有、而北地最多。與林檎同類、有白、赤、青三色、白爲素柰、凉州有大如兎頭者、赤爲丹柰、青爲綠柰。皆夏熟。凉州又有一種冬柰、十月方熟、子帶碧色。又上林苑有紫柰大如升、核紫花青、其汁如漆。著衣便不可浣。名脂衣柰、此皆異種也、西土柰多、家家收切、曝乾爲脯、數十百斛。以爲蓄積。謂之頻婆糧。

文官果

文官果產於北地。樹高丈餘。皮粗多磥砢。木理甚細。葉似榆而尖長。周圍鋸齒紋深。春開小白花。成穗。每瓣中微凹。有細紅筋貫之。蒂下有小青托。花落結實。大者如拳。一實中數隔。間以白膜。仁與馬檳榔無二。裝以白軟皮。大如指頂。去皮而食。其仁甚清美。如每日常澆。或雨水多。則實成者多。若遇旱年。則實秕小而無成矣。

山楂

山楂一名茅楂。樹高數尺。葉似香薷。二月開白花。結實有赤黃白三色。肥者如小林檎。小者如指頂。九月乃熟。味似樝子而微酢。多生於山原茅林中。猴鼠喜食。小兒以此為戲果。

山躑躅

山躑躅俗名映山紅。類杜鵑花而稍大。單瓣色淡。若生滿山頭。其年必豐稔。人競採之。亦有紅紫二色。紅者取汁可染物。以羊糞為肥。若欲移植家園。須以本山土壅始活。

粉團花

粉團一名繡球。樹皮體皴。葉青而微黑。有大小二種。麻葉小花。一蒂而衆花攢聚。圓白如流蘇。初青後白。儼然一毬。其花邊有紫暈者為最。俗以大者為粉團。小者為繡毬。閩中有一種紅繡球。但與粉團之名不相侔耳。蕨毬、海桐俱可接繡毬。

八仙花

八仙花即繡球之類也。因其一蒂八蕊。簇成一朵。故名八仙。其花白瓣薄而不香。蜀中紫繡球即八仙花。如欲過貼。將八仙移就粉團樹畔。經年性定。離根七八寸許。如法貼縛。水澆至十月。候皮生截斷。次年開花必然。揚州瓊花至元時已朽。後人遂將八仙花補之。亦八仙之幸也。

紫荊花

紫荊花一名滿條紅。花叢生。深紫色。一簇數朵。細碎而無瓣。發無常處。或生本身。或附根枝。二月盡即開。柔條相繫。故枝動朵朵嬌顫。若不勝。花謝後葉出。光緊微圓。根旁生枝。可以分種。性喜肥。畏濕。若與棣棠並植。金紫相映而開。更覺可人。冬取其莢。種肥地。次

詩郎生昔臨潼田眞兄弟分居復合荆枯再榮勿謂草木無情也

金雀花 コトリトマラズ

金雀花。枝柯似迎春。葉如槐而有小刺。仲春開黃花。其形尖而旁開兩瓣。勢如飛雀可愛。乘花放時。取根上有鬚者。栽陰處卽活。用鹽湯焯乾。可作茶供

山礬花

山礬花一名芸香。一名鄭花。多生江浙諸山。葉如冬青。生不對節。凌冬不凋。三月着白花。細小而繁。不甚

可觀。而香馥最遠。故俗名七里香。北人呼爲瑒花。其子熟則可食。土人採其葉以染黃。不借礬力而自成色。故名山礬。二月中可以壓條分栽。採實髮中。久而益香。放床席下。去蚤虱。置書帙間。辟蠹魚。

桑 クハ

桑之功用甚大。原非玩好之木。此獨不遺者。以存圖中之本務也。其種類稍異。白桑葉大如掌而厚。雞桑葉細而薄。子桑先椹後葉。山桑葉尖而長。女桑樹小而條長。壓桑材中弓弩。絲中琴瑟。桋桑似赤棘。以子種者。不若壓條之易大。若以構接則葉大根下埋龜甲則茂盛不蛀。又桑生黃衣。謂之金桑。其木必槁。葉專飼蠶。一歲三採更盛。一云蝗之所至無葉不食。獨不食桑。亦造物之靈也。壓桑條宜燥土。則根易生

佛桑花 フソウクハ

佛桑一名扶桑。枝葉類桑。與槿花色殷紅。似芍藥差小而輕柔過之。開當春末秋初。五色婀娜可愛。有深紅粉紅黃白青色數種。幷單葉重葉之異。今北地亦有之。皆自南方移植者。但易凍死。逢冬須窖藏之

南天竹 ナンテン

南天竹一作竺一名大椿。吳楚山中甚多。樹高三五尺。歲久亦有長至丈者。但不易得耳。糯者矮而多子。粳者高不結實。葉似苦楝而小。經冬不凋。實幹數枝。三四月間開細白花。結子成簇。至冬漸紅如丹砂。雪中甚是可愛。亦可製食。其性喜陰而惡濕。用山黃泥種背陰處自茂。不宜澆糞。但用肥土。或鞋底泥壅之。若澆只宜冷茶。或臭酒糟水。退雞鵞毛水最妙。人多植庭除間。不特供玩好。尤能辟火災。若秋後髡其幹留

取孤根。俟春生後。遂長條肆而結子。則本低矮而實紅。可作盆中冬景。

合歡花 ネム

合歡。一名蠲忿。生益州。及近京雍洛間。樹似梧桐。枝甚柔弱。葉類槐莢。細而繁。每夜枝必互相交結。來朝一遇風吹。即自解散。了不牽綴。故稱夜合。又名合昏。五月開紅白花。瓣上多有絲茸。實至秋作莢。子極薄細。人家第宅園池間。皆宜植之。能令人消忿。冬月可以分栽。取葉擣爛。絞汁。浣衣最能去垢。

花鏡　卷三　合歡　椋　二十九

椋 ウルシ

椋。一作漆。生蜀漢江浙等處。木高二三丈。皮白。葉似椿。花似槐。子若牛李。木心黃。可作杖。夏至後。以剛斧斫其皮。將竹筒承取其汁。用漆器具。甚妙。液若不取多自斃

柿 カキ

柿。朱果也。葉似山茶而厚大。四月開黃白小花。結實青綠。九月微黃。即摘少藏數日。即便紅熟。甜美可啖。但未熟時最澀。將木瓜三兩枚。雜於生柿籃中數日或以滇樝置其中。亦能去澀。產青州者更佳。古云。柿有七絕。一樹多壽。二葉多陰。三無鳥巢。四少蟲蠹。五霜葉可玩。六嘉實可餐。但不可與蟹同食 七落葉肥厚。可以臨書。如冬間核種。待長移栽。不若春後用椑柿接。或取好枝於輭棗根上接更妙。大凡柿接三次過。則核全無矣。蓋柿之種類不一。有紅柿。烏柿。黃柿。牛奶蓋餅。八稜。方蒂。圓蓋。塔柿等名色。木有文而根最固。俗謂之柿盤。別有一種椑柿。葉上有毛。實皆青黑。最不堪食。止可收作柿漆。八月間用椑柿擣碎。每柿一升。用水半升。釀四五時。搾取漆令乾。添水再取。傘扇全賴此漆糊成也。

花鏡　卷三　柿　柳　三十

柳 シダリヤナギ

柳。一名宮柳。一名垂柳。本性柔脆。北土最多。枝條長軟。葉青而狹長。初春生柔荑。粗如筋。長寸許。開黃花鱗次荑上。甚細碎。以漸生葉。至暮春葉長成。花中結細子。如粟米大。扁小而黑。上帶白絮如絨。俗名柳絮。隨風飛舞。凡着毛衣。即生蛀蟲。入池沼。即化浮萍。此乃宮柳也。若叢葉成陰。長條數尺。或至丈餘。嬝嬝下垂者。此爲垂柳。雖無香艷。而微風搖蕩。每爲黃鸝嬌

語之鄉吟螺托息之所人皆取以悦耳娛目乃園林中必需之木也種法在臘月砍大幹埋其下焦而扦之如欲開其皮夾甘草一片入土則不生蟲壅土宜實種後若不動搖雖縱橫顛倒插之盡活乃最易生之物也昔人因其花似絮故有飛綿飛絮塞無用如雪如霜暖不消之咏

楊

楊有二種白楊葉芽時便有白毛及盡展似梨葉長而厚面淡青而背白蒂長兩兩相對遇風則簌簌有

聲人多植之墳墓間高可十餘丈又青楊樹比白楊較小葉似杏葉而稍長大色青綠本亦聳直大槩柳枝長脆葉狹長楊枝短硬葉圓潤柳性耐水楊性宜旱二木迥不相侔何可因其並稱而遂認爲一木耶特表而出之赤者近水生根須可劄以護壖堤

檉柳

檉柳一名觀音柳一名西河柳幹不甚大赤莖弱枝葉細如絲縷婀娜可愛一年作三次花花穗長二三寸其色粉紅形如蓼花故又名三春柳其花遇雨卽開宜植之水邊池畔若天將雨檉先起以應之又名雨師葉經秋盡紅負霜不落春時扦插易活

橘 附枳

橘一名木奴大曰橘小曰柚多生南方暖地木高一二丈刺出莖間葉冬不凋初夏開小白花其香甚觸六七月成實交冬黃熟福橘大而紅爲諸橘之最溫衢者亦佳其類甚多韓彥直有橘譜可考今錄其要有朱橘蜜橘乳橘芳塌橘包橘綿橘沙橘早黃穿心波斯荔枝脫花甜凍橘盧橘等至如油橘則最下之

品也若初取核撒地待長三尺許移栽宜於斥鹵之所忌用猪糞夏時澆以糞水則葉茂而實繁性畏霜雪至冬以河泥犬糞壅其根以爲來年之益稻草裹其幹則不凍死若在閩粤則不然也其木有二病蘚與蠹是也幹生苔蘚須速刮去之見蛀屑飄出必有蟲穴以鈎索之再用杉木釘窒其孔經云橘踰淮而爲枳則枳卽橘之變種也故其木與花葉皆類橘惟所結子不同橘有瓤可食枳則皮粗厚內實而不堪食只可入藥用其樹多刺最宜編籬凡遇旱以米泔

水漉則實不損落。根下埋死鼠則結實加倍。藏橘於綠豆內至春盡不壞。橙柑亦然。若見糯米即爛。

橙

橙。一名蜜橙。一名金毬。樹似橘而有刺。葉長有兩刻缺如兩段者。實似橘而微大。經霜早黃。皮皺厚而甜。香氣馥郁。但瓤稍酸。人多以糖製。或蜜浸。其用甚廣。誠佳果也。一種香橙。似蜜橙小而皮薄。味酸。花皆類橘。葉亦有尖。一種蟹橙。即臭橙。比蜜橙皮鬆。味辣。無所取用。蜀有給客橙。似橘而實非。若柚而獨香。冬夏

花鏡　卷三　橙　柑　三十三

花實相繼。通歲得以食之。亦名盧橘。

金柑

金柑。一名金橘。一名瑞金奴。生江浙川廣間。其樹不甚大。而葉細婆娑。如黃楊。夏開小白花。秋冬實熟。則金黃色。大如指頭。或如彈丸。更有小如豆者。皆皮薄而堅。肌理瑩細。其味酸甜。而芳香可口。一種牛奶柑。形長如牛乳。但香味稍劣。又一種名金豆者。樹只尺許。結實如櫻桃大。皮光而味甜。植於盆內。冬月可觀。多產於江南太倉。與浙之寧波。又一種蜜羅柑。其大

似香櫞。而皮皺。味更香美。生於浙之金衢。皆以四月前接。

香櫞 マルブシュカン

香櫞。俗作圓。一名枸櫞。本似橘而葉畧尖長。枝間有刺。花之色與香亦類橘。其實正黃色。有大小二種。皮光細而小者為香櫞。皮粗而大者為朱欒。香味不佳。惟香櫞清芬襲人。能為案頭數月清供。瓤可作湯。皮可作糖片。糖丁。葉可治病。其樹必待小鳥作巢後。方得開花結實。亦物類之感召也。下子亦易出。

佛手柑 テブシュカン

花鏡　卷三　香櫞　佛手　檳榔　三十四

佛手柑。一名飛穰。產閩廣間。樹似柑而葉尖長。枝間有刺。植之近水乃生。結實形如人手。指長有五六寸者。其皮生綠熟黃。色若橙而光澤。內肉白而無子。雖味短而香馥最久。置之室內笥中。其香不散。南人以此雕鏤花鳥。作蜜煎果食甚佳。

檳榔

檳榔。一名馬金南。生南海。今嶺外皆有。木大如桄榔。高五七丈。初生若竹竿積硬。引莖直上。有節而無旁枝柯。條從心生。端頂有葉。似芭蕉。條脈開破。風至則

如羽扇三月葉中㿺起一房因自折裂出穗凡數百實其大如李皆有皮殼又生刺重累於下以護其實五月成熟剝去其皮煮肉曝乾交廣人邂逅設此代茶食必以扶留藤牡蠣灰同咀嚼之吐去紅水一口則柔滑甘美不澀又大腹子即豬檳榔形扁而味澀必須蔞葉蚌蛤粉卷和而食

虎刺 アリトウシ

虎刺一名壽庭木生於蘇杭蕭山葉深綠而光上有一小刺夏開小白花花開時子猶未落花落後復結子紅如珊瑚其子性堅雖嚴冬厚雪不能敗性畏日喜陰本不易大百年者止高二三尺春初分栽亦多不活用山泥忌糞水并人口中熱氣相冲宜澆梅水及冷茶吳中每栽盆內紅子纍纍以補冬景之不足

蜜蒙花

蜜蒙花生益州及蜀之州郡木高丈餘葉似冬青而厚背白色有細毛花微紫色二三月採花暴乾則味甘甜如蜜其花一朵有數十房蒙蒙然細碎故有是名

平地木 ヤフコウシ

平地木高不盈尺葉似桂深綠色夏初開粉紅細花結實似南天竹子至冬大紅子下綴可觀其托根多在甌蘭之傍虎茨之下及巖壑幽深處二三月分栽乃點綴盆景必需之物也

梔子花 クチナシ

梔子花一名越桃一名林蘭釋號薝蔔小木也有三種單葉小花者結子多千葉大花者不結子色白而香烈又有四季花者亦不生山梔徽州產一種矮樹梔子高不盈尺盆玩清香動人夏花潔白而六出秋實丹黃有稜可染黃色亦可入藥昔孟昶十月宴芳林園賞紅梔子花清香如梅近日罕見此種冬初取子晒乾來春畦種覆以灰土如種茄法次年三月移栽至四年即開花結實矣又梅雨時隨花剪扦肥地亦活若千葉者宜土壓旁生小枝久則根生分栽自活性不喜糞惟以輕肥沃之自茂若太肥又恐生白蝨一法芒種時穴一腐板泥塗剪枝種其上浮置水面候其根生後移而植之

石榴

石榴、一名丹若。一名金罌。又一種味最甜者名天漿。
其種自安石國。張騫帶歸。今隨在有之。樹高一二丈。
梗紅葉緑而狹長。其花單葉者結實。千葉者不結實。
性宜沙石。枝柯附幹。自地便生作叢。孫枝甚多。種極
易息。惟山種者實大而甘。千房同膜。千子如一。花有
數色。千葉大紅。千葉白。或黄或粉紅。又有並蒂花者。
南中一種四季花者。春開夏實之後。深秋忽又大放。
花與子並生枝頭。碩果罅裂。而其傍紅英燦爛。併花

折插瓶中。豈非清供乎。又一種中心花瓣如起樓臺。
謂之重臺榴。花頭最大而色更紅艷。海榴花跗萼皆
大紅。心内鬚黄如粟密。又有紅花白緣。白花紅緣者。
亦異品也。其實可禦饑渴。釀酒漿。解醒療病。栽以三
月初。取嫩枝如拇指大者。斫令長一尺半。八九枝共
爲一窠。燒下頭二寸許。不燒恐漏汁難活。掘圓坑深
一尺七寸。口徑尺。竪於坑畔。環布枝令匀正。置枯骨
礓石於枝間（骨石乃樹所宜也）。下肥土築之。一重土間一重
骨石。至平坎乃止。其土令没枝頭過一寸許。水澆常
令潤澤。若已生芽。又將骨石布其根下。則柯圓枝茂。
可愛。其孤根獨立者。雖生亦不佳。十月終。以蒲藁裹
其本而縛之。不致凍壞。至二月初解放。若以大石壓
其根上。則實繁而不落。性喜暖。雖酷暑烈日中亦可
澆以水糞。

火石榴

火石榴。以其花赤如火而得名。究不外乎榴也。樹高
不過一二尺。自能開花結實。以供盆玩。亦有粉紅純
白者。皆可人目。若嫌其葉多花少。嘗摘去嫩頭。偏於

烈日中以肥水澆之。則花更茂。亦物性使然也。大抵
盆種土少力薄。更不耐寒。逢冬必須收藏房簷之下。
庶不凍壞。養盆榴法。無間寒暑。以肥爲上。盛夏置之
架上。或屋上。使不近地氣。則枝不大長。若蟻蚓作穴。
用米泔水沉没花盆。浸約半時。取出日曬。如土乾又
復浸之。則無患。倘發蕋太密。須掐去其半。則花開始
有精神。結實不至半大便落。又有一種細葉柔條者。
更佳。多産揚州。

楝

楝樹有二種青皮楝堅紉可爲器具其皮肉俱青色火楝性質輕脆其皮肉皆紅樹高一二丈葉密如槐而尖夏開花紅紫色一蓓數朶芬香滿庭實如小鈴生青熟黄又名金鈴子鳥雀專喜食之故有鵷鶵非楝實不食之語江南自春至夏有二十四番花信風梅花爲首楝花爲終實熟鳥不食者俗名苦楝子也木有雌雄雄者根赤無子

棗 ナツメ

棗一名木蜜樹堅直而高大身多刺而少橫枝葉細

而有尖四五月開小淡黄花香味甚濃北地最廣而青晉絳州者更佳今實之鮮者通謂之白蒲棗乾者率自河南山東北直諸處產而青州樂氏棗爲最浙之金衢紹出南棗獨浦江者甘膩似蜜雲棗而形長大蜜雲雖小而核細肉甜羊棗實圓而紫黑色江寧窩坊棗與膠棗無皮核而人多重之又東海有棗五年一實棗類甚多不能詳載其實未熟雖擊不落已熟不擊自落凡種擇鮮棗之味美者交春種下候葉一生即便移栽三步植一株行欲相當地不必耕也每歲入蔟時以杖擊其枝間使振去狂花則結實繁而且大又於白露日根下遍堆草焚之以辟露氣使不至於乾落至正月初一早以斧背斑駮槌之名曰嫁棗本年必花盛而實繁俗云移棗樹三年不發不算死亦有久而復生者又東海之中有木赤棗華而不實

椿 附樗

椿俗名香椿樹高聳而枝葉疎無花而不結莢者是也其根上孫枝春秋二分日移植即活其嫩葉初放

時土人摘以佐庖點茶香美絶倫一種似椿而葉臭有花而結莢者俗呼爲臭椿是樗非椿也江東人呼爲虎目葉脱處有痕相似也

楓

楓一名欇香木也其樹最高大似白楊而堅可作棟梁之材葉小有三尖角枝弱善搖二月開白花旋即着實圓如龍眼上有芒刺不但不可食且不中看惟焚作香其脂名白膠香一經霜後葉盡皆赤故名丹楓秋色之最佳者漢時殿前皆植楓故人號帝居爲

楓宸一云楓脂入地千年即成琥珀又有一種小楓樹高止尺許老幹可作盆玩

楮

楮一名穀樹有二種一雄皮斑而葉無椏叉三月開花即成長穗似柳花而無實一雌皮白中有白汁如乳葉有椏叉似蒲萄開碎花結實紅似楊梅但無核而不堪食皮可作紙汁可克膠十二月内將子淘晒過種即生亦可佐服食

梧桐

梧桐一名青桐一名櫬木無節而直生理細而性緊皮青如翠葉缺如花妍雅華淨新發時賞心悅目人家軒齋多植之四月開花嫩黃小如棗花墜下如䌫五六月結子莢長三寸許五稜合成老則開裂如箕名曰橐鄂子綴其上多者五六少者二三大如黃豆雲南者更大皮乾則皺而黃其仁肥嫩而香可生啖亦可炒食點茶此木能知歲時清明後桐始華桐不華歲必大寒立秋是何時至期一葉先墜故有梧桐一葉落天下盡知秋之句每枝生十二葉一邊六葉從下數一葉為一月有閏則十三葉視葉小處即知閏何月也二三月畦種如種葵法稍長移種背陰處方盛地喜實不喜鬆凡生岩石上或寺旁時聞鐘磬聲者採東南大枝為琴瑟音極清麗別有白桐油桐海桐刺桐赬桐紫桐之異惟梧桐世人皆尚之又一種最小者因取其婆娑暢茂堪充盆玩

楊梅 ヤマモモ

楊梅一名杭音求為吳越佳果樹若荔枝而小葉細陰厚至冬不凋隔年開花結實如穀樹子而有核與仁生青熟紅如鶴鶉狀亦有紫白色者肉在核上無皮殼而有仁可食以柿漆拌核暴之則自裂仁出大畧生太湖杭紹諸山者實大肉鬆核小而味甘美餘雖有實小而酢止堪鹽淹蜜漬火薰而已種法六月間將子於糞坑内浸過收盦待來年二月以青石屑拌黃土鋤地種之待長尺許於次年三月移栽澆以羊糞水自盛四年後取別樹生子好枝接之復栽山黃泥地移時根下須多留宿土臘月開溝於根旁高處離四五尺以灰糞壅之不可着根每遇雨肥水滲下則結實必大而

甜若以桑樹接楊梅則不酸如樹生癩以甘草削釘釘之即愈春分前海桐可接

橄欖

橄欖一名南威一名味諫俗呼青果生嶺南及閩廣諸州郡有五種丁香欖故欖蠻欖絲欖新婦欖樹似木槵聳直而枝高其大有數圍者春開花似樗其香甚甜美實長寸許其形如梭而兩頭銳核內無仁而有三竅深秋方熟入口雖酢後漸清芬勝於雞舌香凡實先生者向下後生者漸高有樹大不可梯者將

熟時以木釘釘之或於根旁刻一方寸坎納鹽其中一夕後實皆自落木亦無損其尖而香者名丁香橄欖最爲珍品圓而大者俗名柴橄欖初食之甚澁咍咀嚼久之隨飲以水回味自甘煮食可解酒毒置湯中可以代茶鹽淹蜜漬皆宜又廣西出方欖有三角邕州者色類相似但核作兩瓣之異耳

荔枝

荔枝一名丹荔一名離枝爲南方珍果嶺南蜀中俱產惟閩中爲第一樹有高至五六丈者其形團圞如帷蓋葉似冬青花如橘枳又若冠之緌綏殼如蒲萄結實多雙核類枇杷而尖長殼如紅繒膜如紫綃肉如白肪甘如醴酪花於春末實於夏中其木堅久其根多浮須常加糞壤以培之但性不耐寒最難培植纔經繁霜枝葉立萎必待三春再發初種五六年交冬便須覆蓋直至四五十年始開花結實有四百餘年老幹猶能結實亦異品也每逢夏至將中其實會然俱赤採食味甘多汁而香大樹下子可百斛妙在人未採時百蟲不敢食一經染指鳥雀蝙蝠之類俱

來傷殘熟時必趁日中併手採摘此果若離本枝一日色變二日香減三日味變四五日外色香味皆盡矣非惟北地不可得即江浙亦未之見也然其名色荔枝譜載之甚詳茲畧舉蔡君謨之大槩而錄之總由愛其實而摹擬其色香味與地土形狀姓氏而巧爲名之耳多食病熱以蜜解之

附荔枝釋名　共七十五種

諸色荔枝

狀元紅　實圓而小核細即丁香上品也　大將軍　五代時有此因種自將軍府得名

一品紅於荔枝爲極品產福州堂前　玳瑁紅色紅有黑點如玳瑁出城東
陳紫出著作郎陳琦家乃爲果中第一　方紅徑可二寸色味俱美出自興化方臻家
藍家紅泉州第一品出員外藍承家　法石白出法石院色白其大次於藍紅
江綠類陳紫差大而香味次出泉州江姓　周家紅初爲第一今重陳紫方紅而此爲次
大丁香殼厚色紫味微澀出天慶觀中　龍牙長可三四寸彎曲如爪牙無核然不易得
宋公荔枝比陳紫而小甘美如之　十八娘色深紅而細長閩王女年十八好此
珍珠荔枝圓白如珠無核荔之最小　火山荔枝出南越四月熟味甘酸肉薄
蒲萄荔枝每一穗多至二三百顆　粉紅荔枝荔枝本深紅此得色淺爲異
蜜荔枝因其過於甘香故以蜜爲名　圓丁香他種殼下大上銳此獨圓而味更美

水荔枝漿多而味不及出興化軍　大小陳紫一種大過陳紫一種小過陳紫
綠葉香皮色綠而雜以紅點斑駁可愛　虎皮荔枝色紅上有青斑類虎皮
牛心此以狀名長二寸餘皮厚肉澀　釵頭顆顆極小而紅艷可施之頭髻
蚶殼是以狀得名　秋元紅實時最晚因以命名　游家紫出泉州游氏
何家紅漳州何氏　綠核此荔枝皆紫此核獨綠　蕙園每朵數十並蒂雙匯
朱柿色似朱形如柿　硫黃以其色類硫黃出福州　學士緋實色最紅可愛
水晶國肉似水晶　楓亭驛出興化肉厚味甘　焦核因其核最細爲荔中妙品
六月蜜取六月熟　七夕紅因其七月實熟也　中秋綠因其熟太遲也
皺玉肉微有皺紋　星毬紅實圓有似于毬　綠羅袍雖成熟色猶帶綠

天茄子色如茄花　麝香匣其香微有似於麝　松柏壘其形有類於松實
金鐘　金樓　紫璚　蒺藜　延壽紅以上諸名皆取其色
驢蹄　饅頭　蛇皮　雙髻　僧耆頭以上取形相似
脆玉　栗玉　玉英　郎官紅　水母以上取肉色
沉香　壽香　透背　中半熟此種取其塒　百步蘭以上取其香相似
進鳳子　爭龍瓶　犀角子　不憶子
大蠟　小蠟　雞舟引子　佯狗亦取其色得名

龍眼

龍眼、一名益智、一名比目、一名海珠、蔆樹似荔枝、而

葉幹差小。凌冬不凋。其枝蔓延。緣木而生。春末開細白花、結實圓如彈、而殼青黃、核如木梡子、而不堅。肉白有漿。其甘如蜜。一朶四五十顆。作穗若蒲萄然。其性畏寒。白露後方可摘。荔枝有後方熟。故俗呼爲荔奴、又因其色香味。皆不及荔枝。故稱爲奴。在食品、則荔枝肉厚漿多而香、因可人口、特珍異之。若論益人。則龍眼功用艮多。荔枝性熱、而龍眼性最和平。宜與荔枝比肩、烏得而奴隸之耶、

黃楊木

黃楊木樹小而肌極堅細枝叢而葉繁四季長青每歲止長一寸不溢分毫至閏年反縮一寸昔東坡有詩云園中草木春無數惟有黃楊厄閏年因其難大人多以之作盆玩

椰

椰出海南今嶺南亦有之葉如粽櫚樹高六七餘丈亦無枝條葉在木末如東蒲實生葉間一穗數枝大如寒瓜皮中子殼可爲飲器鋸開子中白瓤厚有半寸味似胡桃極肥美有漿飲之輒醉初極清芬久之

則渾濁不堪飲矣人皆取其殼作瓢能解水與酒毒如酒有毒則酒滚沸而起今人反漆其裏是失本旨矣

椒

椒一名蓎藙一名漢椒有秦蜀二種今處處有之惟蜀產者香烈木高四五尺似茱萸而小木有針刺葉堅而滑味亦辛香蜀人取嫩芽作茶其葉對生尖而有刺四五月結子枝葉間如小豆而圓生青熟紅皮皺肉厚內有小黑子突出如人之瞳子故有椒目之稱喜陰惡糞宜壅河泥又一種胡椒生於西戎北人食物中多尚之廣東一種小椒係蔓生其辣味與樹椒同

茱萸

茱萸處處皆生木高丈餘皮青綠色葉似椿而濶厚色青紫莖間有刺三月開紅紫細花其實結於枝梢纍纍成簇而無核嫩時微黃至熟則深紫味辛辣如椒井側河邊宜植此樹葉落其中人飲是水永無瘟疫懸子於屋能辟鬼魅九月九日折茱萸戴首可辟惡氣除鬼魅

銀杏

銀杏一名鴨脚子以其葉似鴨脚也多生南浙木最耐久高十餘丈大可數圍其肌理甚細可爲器具梁棟之用又名公孫樹言公種而孫始得食也緣其子白俗呼爲白果其花夜開即落人罕見之實大如枇杷每枝約有百十顆初青後黃八九月熟後打下堆積空處待其皮自腐爛方取其核洗淨曝乾核形兩頭尖扁而中圓或炒或煮而食俱可春初種肥地週年後方

可移栽。其核有雌雄。雌者兩稜。雄者三稜。須雌雄同種。方肯結實。或將雌樹臨水種之。照影亦結。或將雌樹鑿一孔。以雄木塡入。泥封之。亦結。大約接過易生。實熟時。以竹篾箍樹本。但擊毀。則果自落。雖爲佳果。可以療痔。究竟不可多食。食多動風。惟擧子廷試煮食。能截小水。如食多誤中其毒。一時腹內痛脹。連飲冷白酒幾盃。一吐卽愈。

胡桃

胡桃。一名羌桃。一名萬歲子。樹高數丈。葉翠似梧桐。

兩兩相對。而長且厚。而多陰。三月開花。如栗花。穗蒼黃色。實似靑桃。有二種。殼薄多肉易碎者。名胡桃。產荊襄。殼堅厚。須重搥乃破者。名山核桃。產燕齊。採用先剖去靑皮。乃得核桃。核內有白肉。形如猪腰。外有黃膜微澁。須湯泡去之。可食。然其性熱。只宜少食。下種。必擇其佳者。殼光紋淺。體重之核。平埋土中。卽能發芽。若以尖縫向上。則水浸其仁。壞。多不能活。存硏皮中出汁。婦女承取沐頭。則髮黑。又將核入火中燒半紅。埋灰中作火種。經三四日不動。亦不燼。

六月雪

六月雪。一名悉茗。亦名素馨。六月開細白花。樹最小而枝葉扶疎。大有逸致。可作盆玩。喜淸陰。畏太陽。深山叢木之下多有之。春間分種。或黃梅雨時扦插。宜澆濃茶。

茶

茶。一名荈。音喘早採爲茶。晚採爲茗。其蘗以穀雨前採者爲貴。花色月白而心黃。淸香隱然。瓶之高齋。誠爲雅供。且蕋在枝間者。逐一皆開。性畏水與日。不澆肥

者。茶更香美。其所產之地殊多。但不宜於北。今就最著名者而衡之。松羅。伏龍。天池。陽羨等類。色翠而香遠。岕片產吳興。是茶而實非茶種。皆爲江浙第一。如虎丘。龍井。又爲吳下第一。惜不多產。至於荊溪。武夷。稍下。六安可入藥。而香味不及。天目。徑山次之。此外所產。只可供本土之用。爾藏茶須用錫瓶。則茶之色香。雖經年如故。近日閩茶。以松羅維眞珠蘭焙過。而香更烈者。終不若天然香味之足貴也。但茶性甚淫。梅花。茉莉。玫瑰。木樨。隨拌隨染其香矣。

枳椇

枳椇。一名木蜜。一名雞距子。樹高三四丈。葉圓大如桑柘。枝柯不甚直。子着枝端。夏月開花。實長寸許。紐曲開作二三歧。形若雞之足距。嫩時青色。經霜乃黃。味甘如蜜。嫩葉生噉亦甜。老枝細破。煎汁成蜜。倍甜。能止渴解煩。但敗酒味。若以此木爲柱。則屋中之酒必薄。每實開歧盡處。結一二小子。內有扁核。色赤如酸棗仁。飛鳥喜巢其上。

槐

槐一名櫰。一名盤槐。一名守宮槐。樹高大而質鬆脆。葉細如豆瓣。季春之初。五日如兔目。十日如鼠耳。更旬始規。二旬葉成。扶疏可觀。花淡黃而形彎轉。在秋初時開。故有槐花黃舉子忙之諺。人多庭前植之。一取其蔭。一取三槐吉兆。期許子孫三公之意。花可染色。結實至明年春暮方落。落即自生小槐。櫰槐葉大而色黑。本如棠。盤槐膚理葉色俱與槐同。獨枝從頂生。皆下垂。盤結蒙密如涼傘。性亦難長。歷百年者高不盈丈。或植廳署前。或植高阜處。甚有古致。守宮

幹弱花紫。晝聶夜炕。又俗名猪屎槐者。材不堪用。種法。收子晒乾。夏至前以水浸生芽。和蘇子撒肥地。當年即與蘇齊。刈蘇留槐。別樹竹竿。以繩攔定。來年復種蘇護之。三年後方可移栽。老槐經秋可取火。

紫薇

紫薇。一名百日紅。其花紅紫之外。有白者曰銀薇。又有紫帶藍色者曰翠薇。俗呼爲怕癢樹。其木光滑無皮。人若搔之。則枝幹無風而自動。亦其性使然也。葉對生。一枝數穎。一穎數花。六月始花。其蕋開謝相接。可至九月。約有百日之紅。其性喜陰。宜栽於叢林之間。不蔽雨露處自茂。根旁小本。分種易活。

白菱

白菱葉似梔子。花如千瓣菱花。一枝一花。葉托花朵。七八月間發花。其花垂條色白如玉。綽約可人。亦接種也。

木槿

木槿。一名蕣英。一名王蒸。又名日給。變老。重臺花上花。諸名目。惟千葉白與紫。大紅粉紅者佳。葉繁密如

柔而小花形差小於蜀葵朝榮夕隕遠望可觀若單
葉柔脩五瓣成一花者乃籬槿也止堪編籬花之最
下者南海有朱槿但不易得耳在春初扦插以河泥
壅之即活若欲扦籬須一連插去不可住手如斷續
插生後雖盛亦必斷而不接也其嫩葉可代茶飲

桂

桂一名梫一名木樨一名巖桂葉對生豐厚而硬凌
寒不凋枝條繁密木無直體花甚香甜小而四出或
有重臺亦不易得其種不一白名銀桂黃名金桂能

着子紅名丹桂不甚香又有四季桂月桂閩中最多
葉如鋸齒而紋粗花繁而香濃者俗呼毬子木樨花
時月三放爲桂中第一澆以猪穢則茂壅以二蠶沙
則肥但不宜糞而喜河泥若移栽須擇高阜半日半
陰處以臘雪高擁其根則來年不灌自茂冬月以撏
猪湯澆一次尤妙如木生蛀取芝麻梗懸之樹間能
殺諸蟲一云木樨接於石榴樹上其花即成丹桂花
謝後摘去其蒂亦如鳳仙可發二次用其條壓土中
良久自能生根一年後截斷八月含蕊時移種若以

冬青樹接亦可花以鹽滷浸之經年色香自在以糖
擣作餅點茶香美

皂莢

皂莢一名皂角所在有之樹最高大葉如槐而尖細
枝多刺夏開小黃花結實有三種小而尖者名猪牙
長而肥厚多脂者可用長而瘦薄不粘者劣初生時
嫩芽可茹莢老可入藥二三月宜種如樹大不結莢
當於南北二面去地鑽孔用木釘釘入泥封其孔來
年即結

椶櫚

椶櫚一名鬉葵木高數丈直無旁枝葉如車輪叢生
木杪有棕皮包於木上二旬一剝轉復上生三月間
木端發數黃苞苞中細子成列即花穗亦黃白色結
實大如豆而堅生黃熟黑每一墮地即生小樹宜植
庄園之內性喜鬆土或鳥雀食子遺糞於地亦能生
苗秋分移栽先掘地作坑用狗糞鋪坑底再以肥土
蓋之初種月餘以河水間日一澆後此隨便可也至
其棕之爲用織衣帽褥椅之類甚廣再製爲繩索縛

花枝、紮屏架,雖經雨雪,耐久不爛,園圃中極當多植數本者。

紅豆樹

紅豆樹出嶺南,枝葉似槐,而材可作琵琶槽,秋間發花,一穗十蕊,纍纍下垂,其色妍如桃杏,結實似細皂角。來春三月則莢枯子老,內生小豆,鮮紅堅實,永久不壞,市人取嵌骰子,或貯銀囊,俗皆用以爲吉利之物。又有一種半截紅半截黑者,名相思子,土人多採以爲婦人首飾。

無花果

無花果,一名優曇缽,一名映日果。一名蜜果,樹似胡桃,三月發葉似楮,子生葉間。五月內不花而實,狀如木饅頭。生青熟紫,味如柿而無核。植之其利有七:一味甘可口,老人小兒食之有益無損;二曝乾與柿餅無異;可供籩實;三立秋至霜降,取次成熟,可爲三月之需;四種樹取效最速,桃李亦須三四年後結實。此果截取大枝扦插,本年即可結實,次年便能成樹;五葉爲醫痔勝藥;六霜降後,如有未成熟者,可收作糖

蜜煎果;七得土即活,隨地廣植,多貯其實,以備歉歲。種法:在春分前,取三尺長條,插土中,澆以糞水,若生葉後,惟澆清水。結果後,更不可缺水,常置瓶其側,出以細霤,日夜不絕,實大如甌。

枇杷

枇杷一名盧橘。樹高一二丈。葉似琵琶,又如驢耳,背有淡黃毛,枝葉婆娑,冬不凋。秋發細蕊成毬,冬開白花。來春結子,簇結作毬,微有毛,如鶯黃小李。至夏成熟,滿樹皆金,其味甘美。收核種之,即出,待長移栽,

春月用本色肥枝接過,則實大而核小,若再接一次,則無核矣。性不喜糞,但以淋過淡灰壅之,自能榮茂。果木中獨備四時之氣者,惟枇杷。核能去黴垢。

栗

栗產濮陽、范陽、兗州,而宣州、杭州者更佳。樹似櫟而花色青黃,與他花特異,枝間綴花長二三寸許,有似胡桃人,俟其落時收之,點火風雨不滅。結實如毬,外有芒刺,內有栗房。一包三五枚,熟則罅折子出。如欲乾收,或縣或懸迎風處。若欲生收,藏之潤沙中。至春

三四月尚如新摘者。冬末春初將子埋濕土中種向陽地。待生長六尺餘方可移栽。春分時取櫟樹或本樹生子肥大者接之亦可。栗生數年不可掌近。凡屬新栽樹皆然。而栗尤甚。十月天寒以草包之。二月方解。或云與橄欖同食。能作梅花香味。而橄欖無楂。

榛 ハシバミ

榛生關中鄜坊。山東等處。樹似梓而高丈餘。葉色如牛李。冬發花。春結實。外殼堅內肉香。狀如小栗。其核中悉如李。生則胡桃味。乾則甜美可食。產遼東新羅者更肥美。栽種法與栗同。

榧 カヤ

榧。一名被子。一名玉榧。俗呼赤果。產自永昌。杭州者不及信州玉山之佳。葉似杉而異形。其材文彩而堅。本大連抱。高有數仞。古稱文木。甚爲器用。樹有牝牡。牡者開花而牝者結實。理有相感。不可致詰也。冬月開黃圓花。其實有皮殼。如棗而尖短。去皮殼可以生食。若火焙過。便能久藏。食更香美。大槩以細長而心實者爲佳。一樹可得數十斛。二月下子種。

木蘭

木蘭。一名木蓮。一名杜蘭。生零陵山谷及泰山上。狀如楠樹。高數丈。枝葉扶蘇。皮似桂而香。葉似長生。有三道縱紋。花似辛夷。內白外紫。亦有紅黃白數種。交冬則榮。亦有四季開者。實如小柿。甘美可食。

茶梅花

茶梅。非梅花也。因其開於冬月。正衆芳凋謝之候。若無此花點綴一二。則子月幾虛度矣。其葉似山茶而小。花如鵞眼錢。而色粉紅。心深黃。亦有白花者。開最耐久。望之雅素可人。

天仙果 ナンキンイチジク

天仙果。出自四川。樹高八九尺。葉似荔枝而小。不開花而自實。纍纍枝間。子如櫻桃。六七月中熟。其味最甜美。

古度子 ヒヨンノキ イス 卽蚊子木出拾遺 一名蚊母樹

古度子。出自交廣諸州。本與葉似栗。不開花而實。枝間生子。大如安石榴及楂子而色赤。味酸。煮以爲糭食之。若過數日不煮。則化作飛蟻。穿皮飛去矣。此蓋無情化有情之一驗也。

攀枝花 パンヤ

攀枝花、一名木緜。產於南越。樹類梧桐、高四五丈。葉類枇杷而稍大、花似山茶。開時殷紅如錦。結實大如酒杯、絮吐於口。即攀枝花。土人取其實中絮、鋪褥甚軟美。但不可作綿線、若樹上有取不盡者。猶如柳絮、即飛揚四散矣。

桕 ナンキンハゼ

桕。一名烏桕。一名桕椰。出浙東江西。樹最高大、葉如杏而薄小。淡綠色。可以染皂。花黃白、子黑色、可以取臘爲燭。其子中細核可笮取油、止可燃燈油傘。不可食。食則令人吐瀉。木必接過方結子。不接者雖結不多。秋晚葉紅、可觀。亦秋色之不可少者。

石楠 シヤクナギ 并石楠音韓

石楠。昔楊妃名爲端正木。南北皆有之。樹大而婆娑。其質甚堅。葉如枇杷有小刺。而背無毛。名曰鬼目。春盡開白花成簇。秋結細紅實。冬有二葉爲花苞。苞既開。中有十五餘花。大小如椿花。甚細碎。每一包約彈子大而成毬。一花六葉。一朵有七八毬。淡白綠色。葉本微淡赤色。花既開、蕋滿花。但見葉。不見花。花纔罷。隔年綠葉始落。漸生新葉。綠葉密多蔭。人皆移植庭院間。清明時紅葉陸地。小兒拾爲冠帶嬉戲。蜀中一種最大者。可數十圍。中梁柱之用。小者爲梳最精。

鐵樹

鐵樹葉類石楠。質理細厚。幹葉皆紫黑色。花紫白如瑞香。四瓣較少團。一開累月不凋。嗅之乃有草氣。因憶古人嘗見事或難成。便云除須鐵樹開花。疑無是樹。及至閩粵。象衛般指揮園中。見有此樹。高可三四尺。詢其名。則曰鐵樹。每遇丁卯年便放花。其年果花。移置堂上。治酒歡飲。作詩稱賀。若非到此目睹。則安知眞有是木耶。及閩海南人言。此樹黎州極多。有一二尺長者。葉密而花紅。樹儼類鐵。其枝極穿結。甚有畫意。盆玩最佳。但人所罕見。故稱奇耳。五臺山有鐵樹每年六月開花

冬青 モチノキ

冬青。一名萬年枝。樹似枸骨。枝幹疎勁。葉綠而亮。隆冬不枯。可以染緋。庄園徑路。多排直而種。號曰冬牆。

夏開小白花、而氣味不佳、花含蕊必雨、花落後必晴
結子圓而青。名曰女貞實。可以釀酒。子墜地仰生苗
移植易活。欲其茂盛。須用猪糞壅。再以猪溺澆。雖至
彫瘁復榮。一種細葉冬青。枝條細軟。乘小時種傍籬
邊。用以客編。可蔽籬眼。堅久如壁。又一種（水蠟樹）水冬青。葉
細而嫩。利於養蠟子。取白蠟。宋徽宗試畫院諸生以
萬年枝上太平雀爲題。無一知者。及扣之。冬青也。洪
武時。杭城各街市。比屋植冬青。亦取吉祥之意。

榆

榆類極多、葉皆相似。但皮及木理有異、刺榆如柘有
刺。其葉如榆。嫩時瀹爲蔬羹、滑於白榆、初春先生莢、
名曰榆錢。最可觀。亦可作羹。至冬實老。可釀酒。亦可
作醬。蕪荑其皮磨爲粉。可食。亦可和香。和作糊。榆麵
如膠。用粘瓦石。極有力。

秘傳花鏡 三

叟 花草

秘傳花鏡卷之四目次

藤蔓類攷

秘傳花鏡卷之四

西湖花隱陳淏子訂輯

藤蔓類攷

竹

天壤間似木非木。似草非草者。竹與芝是也。茲特冠竹芝於藤蔓之首者。因其秀雅靈奇。而尊之也。至若遐方異品。亦間附於後。誌怪也

竹乃植物也。隨在有之。但質與草木異。其形色大小不同。竹根曰菊。旁引曰鞭。鞭上挺生者名筍。筍外包者名籜。過母則籜解名竿。竿之節名約。初發梢葉名篁。梢葉開盡名篧。竿上之膚名筠。古人取義獨詳。按竹之妙。虛心密節。性體堅剛。值霜雪而不凋。歷四時而常茂。頗無夭艷。雅俗共賞。故戴凱之有竹紀六十一品。今復詳載於後。其性喜向東南。移種須從西北角。方能滿林。語云。種竹無時。遇雨便移。多留宿土。記取南枝。又五月十三日爲竹醉日。是日種者易活。移時必須連根鞭埋下。覆土後勿以脚踏。只用搥擊數

下壅以馬糞礱糠。次年便可出筍。竹初出時。看根下第一節生單枝者是雄竹宜去。生雙枝者是雌竹。善生筍。最忌火日移栽。每至冬月。當以田泥或河泥壅根。若瘞以死貓能引他人之竹過墻。如不欲其過墻。須掘一溝便止。長至四五年者即宜代去。庶不礙新筍。如竹生花結實似稗。謂之竹米。不久滿林皆枯。治法在初花時。擇一二大竿截去。止留下三尺。打通其節。以糞塡實之。則花自止。竹亦不敗矣。種竹有四字訣。疎密淺深。則盡之矣。疎者。謂三四尺方種一顆。欲其土虛。易於行鞭也。密者。大其根盤。每顆須三四竿一堆。使其根密。自相維持也。淺者。入土不甚深也。深者。種時雖淺。每用河泥厚壅之。則深也。又移須多帶宿土。勿踏以足。則易活。一云。八月初八。及每月二十。若遇雨皆可移。又竹滿六十年一易根。必結實枯死。其實落地復生。六年遂成町矣。江南餘干有竹實大若雞卵葉包裹味甘

附竹釋名共三十九種

諸異竹

十二時竹產蘄州繞節而生子丑寅卯等十二字安福周俊叔家得此種亦造物之奇也

慈竹出新州一枝百葉皮利可爲礪甲用久微滑以酸漿漬過宿復快利如初多作箏笛

人面竹出剡山竹徑幾寸近本逮二尺節促四面參差竹皮有如魚鱗面凸頰似人之面

棕竹有三種上曰筋頭梗短葉垂可作書几次曰短柄可列庭階再次榛竹節稀葉硬但可削作扇骨細微之用其幹似竹非竹黑色有皮心實肉內有白鬃紋

桃絲竹葉如棕身如竹密節而實心厚理瘦骨天然柱杖出巴渝間產豫者細紋一節四尺

四季竹四季生筍幹節長而圓取爲樂器聲中管籥若生山石者音更清亮可人

湘妃竹產於古辣其幹光潤上有黃黑斑點紋旋轉而細如淚痕狀竹之最貴重者

金鑲碧筱竹產自成都近日浙杭亦有與常竹無異但幹上每節兩青兩黃相間

孝順竹幹細而長作大叢夏則筍從中發涼護母竹冬則筍從外護母竹內包故稱慈孝

方竹產於澄州桃源杭州今江南俱有體方有如削成而勁挺堪爲柱杖亦異品也

鳳尾竹紫幹高不過二三尺葉細小而猗那類鳳毛盆種可作清玩

猫竹一作毛竹浙閩最多幹大而厚葉細而小異於他竹人取編牌作舟或造屋皆可

蘄竹出楚郡蘄州土人取其色之瑩潤者爲簟節疎者爲簫笛

雙竹生浙之武林西山其妙在修篁嫩篠對抽並徧色最可愛

龍公竹產自羅浮山其徑大七尺許節長丈二葉若芭蕉

紫竹出南海普陀山其幹細而色深紫段之可爲簫管今浙中皆有

弓竹產於東方木長百尋其曲如藤狀必得大木乃倚而上質有文理

柯亭竹產在雲夢之南其幹俟期年之後伐爲樂器音最清亮

桂竹出自南康府幹高四五丈圍約二尺許狀似甘草皮而赤色

思摩竹奇在筍自節生竹成竿之後其節中復又生筍出海外

月竹產於江南嘉定每月抽筍其形幹短而叢生有如箭桿

榜絲竹其幹似湘妃而細瘦無旋紋色赤闊而大不如人多取為扇骨

斑竹產於吳越諸山其斑紋雖不及古辣湘妃然作器具所用最廣

墨竹其狀如古藤長有一丈八九尺而色理之黑如鐵

大夫竹以其修長幹直凌雲圍有三尺許故得是名出鄜延

龍鬚竹生辰州及浙之山谷間高不盈尺而枝幹細僅如絲可作盆玩但遇冬不可見霜雪

臨賀竹其幹之大至有十抱較之龍公竹更奇出臨賀

慈竹其幹內實而節疎性弱而形緊其細韌可代藤用

龜文竹產於寶陀岩昔年僅一本以之製扇甚奇今不可得矣

相思竹出自廣東似雙竹而差大皆兩兩相對而生

疎節竹其幹最高每一節差一丈許出自黎母山陽

丹青竹出自然耳山其葉有三色黃青丹相間而生

通節竹產於溱州其幹直上無節而中心空洞無隔亦與僅也

凝波竹其枝葉皆似常竹但有紅紋閒似安石榴亦奇種也

沛竹昔傳是竹長百丈出自南荒之域附此以誌異耳

扁竹其幹極扁出匡廬山　**船竹**出員丘其大如澡盆

邛竹漢武帝遣人開牂牁致邛竹杖　**徑尺竹**產湖湘可為甑用

觀音竹出占城國

靈芝

靈芝一名三秀王者德仁則生非市食之菌乃瑞草也種類不同惟黃紫二色者山中常有其形如鹿角或如繖蓋皆堅實芳香叩之有聲服食家多採歸以籠盛置飯甑上蒸熟曬乾藏久不壞備作道糧又芝草一年三花食之令人長生然芝雖稟山川靈異而生亦可種植道家植芝法每以糯米飯搗爛加雄黃

鹿頭血包曝乾冬筍候冬至日埋於土中自出或灌藥入老樹腐爛處來年雷雨後即可得各色靈芝矣雅人取置盆松之下蘭蕙之中甚有逸致且能耐久不壞

附靈芝釋名 共計四十一品

五色芝 五品

赤芝一名丹芝色如珊瑚其艷麗異常生於衡山食之輕身延年

黃芝一名金芝色如紫金光明洞徹多產於嵩山之上食之不老

黑芝一名玄芝色如澤漆其光潤可愛生於常山

青芝一名龍芝。色若翡翠之柯。多産於泰山

白芝一名素芝。色如截肪。生華山。唐時延英殿御座上生玉芝。一莖有三花

木芝十一品

千歲芝生於枯木下。根如坐人。刻之有血。取血塗二足。可行水隱形。延年却疾者

木威喜芝松脂淪地。化爲伏苓。歲久上生小木。狀似蓮花。夜視有光。燒之不焦。服之得仙

飛節芝生千年老松上。皮中有脂。其狀如飛舞。服之可以長生

木渠芝寄生大木上。狀似蓮花。而一叢有九莖。味則甘而帶辛

黃蘗芝生於千年黃蘗根下。另有細根如絲縷。服之可得地仙

參成芝赤色有光。扣其枝葉。如金石之音

建木芝生都廣。皮如纓。實如鸞

五德芝其形如車馬。食之者壽可得千歲

樊桃芝木如籠。花如丹蘿。實如飛鳥

九光芝形如盤槎。生臨水之高山頂

九莖芝一幹九葉。其色紅黃可愛。漢元封中。生於甘泉殿齋房

草芝十三品

龍仙芝形似昇龍相負。食之可以長生

白雲芝生名山白石之陰。有白雲時覆其上

青雲芝青盖三重。其理則赤。食之主壽

獨搖芝根大如斗。莖粗如指。能無風自動

牛角芝生虎壽山。形似葱。而特出類角

紫珠芝莖黃葉赤。實如李而紫色。生藍田

火芝葉赤而莖青。昔爲赤松子之所服

九曲芝九曲。每曲三葉。實生葉間。其莖如針

白符芝似梅。大雪開花。至季冬始實

夜光芝生華陽洞山陰。有五色光浮其上

鳳腦芝其苗如匏。而結實若桃

雲母芝生山陰。時有雲護。秋採食。令人身輕

金芝漢元康中。金芝九莖。連葉生於函德殿銅池。又唐上元二年。含暉院産金芝

石芝七品

玉脂芝生於有玉之山。狀似鳥獸。色無常彩。多似山水蒼玉。亦有如鮮明之水晶者

七明芝生臨水石崖間。葉有七孔。實堅如石。夜見其光。若食至七枚。則七孔洞然矣

石蜜芝生少室石戶中。乃不易得者

桂芝生石穴中。似桂樹。乃石也。色光明。味辛

石腦芝出自石中而色黃

金蘭芝冬生於山陰金石之間。食之多壽

月精芝秋生山陽石上。莖青上赤。味辛

肉芝五品

人掌芝蘭陵蕭靜之掘地。得一物類人掌。烹食之後。遇一道人。見其神氣不凡。語曰子得食肉芝。自此壽可等乎龜鶴矣

蝙蝠芝明成化間。長洲産肉芝。其形類蝙蝠。人皆以爲異。而特誌之

千歲龜　**千歲蟾蜍**　**燕胎芝**因其形似。皆肉芝也

芝原仙品。其形色變幻。莫可端倪。故有靈芝之稱。惟有緣者得遇之耳。據採芝圖所載名目。有數百種。茲止錄其十分之三。以備山林高隱之士。爲服食參攷之一助也。

凌霄花

凌霄。一名紫葳。又名陵苕。鬼目。蔓生。必附木之南枝而上。高可數丈。蔓間有鬚如蝎虎足。着樹最堅牢。久則本大如盃。春初生枝。一枝數葉。尖長有齒。深青色。開花每枝十餘朶。大若牽牛。花頭開五瓣。上有數點黃色。夏中乃盈。深秋更赤。八月結莢如豆角。長三寸許。子輕薄如榆仁。用以蟠綉石。自是可觀。但花香劣。開太久則傷腦。婦人聞之能墮胎。不可不慎。昔洛陽富韓公家植一本。初無所依附而能特立。歲久遂成大樹。亭亭可愛。亦草木之出乎其類者也。

花鏡　卷四　凌霄　眞珠蘭　八

眞珠蘭

眞珠蘭。一名魚子蘭。枝葉有似茉莉。但軟弱須用細竹幹扶之。花即長條細蕊。蕊大便是花開。其色淡紫。而蓓蕾如珠。性宜陰濕。又最畏寒。霜降後須同建蘭茉莉一樣入窖收藏。若在閩粤。則又當別論矣。三月初方可出窖。當以魚腥水。五日一澆。雖喜肥。却忌澆糞。花與建蘭同時。其香相似。而濃郁尤過之。好清者每取其蕊以焙茶葉甚妙。但其性毒。止可取其香氣。故不入藥。

茉莉

茉莉。一名抹利。東坡名曰暗麝。釋名鬘華。原出波斯國。今多生於南方暖地。北土名柰木。本者出閩廣。幹粗莖勁。高僅三四尺。藤本者出江西。弱莖叢生。有長至丈者。葉似茶而微大。花有單瓣重瓣之異。一種寶珠茉莉。花似小荷而品最貴。初蕊時如珠。每至暮始放。則香滿一室。清麗可人。摘去嫩枝。使之再發。則枝繁花密。以米泔水澆。則花開不絕。或浸皮屑。不經鹼者可用或黃豆汁并糞水皆可。性喜暖。雖烈日不懼。但五六月間每日一澆。宜於午後。至冬即當加土壅根。霜降後須藏煖處。清明後方可出。尤怕春之東南風。故藏宜以漸而出。亦宜以漸而敞。如土藏太乾。日暖時略澆冷茶。直待芽發後。方可澆肥。梅雨時。從節間摘斷[illegible]折處劈開。嵌大麥一粒。以亂髮纏之。扦插肥陰地內即活。若根下生蟻。灌以烏頭冷湯即無。如換盆過須易新土更妙。六月六日宜用魚腥水一澆。或鹿糞或雞尿壅最盛。又聞閩廣有一種紅黃二色茉莉。余實未之見。想亦不易得之物也。

花鏡　卷四　茉莉　九

萬年藤

萬年藤一名天棘生於金陵牛首山及浙之東天目係晉魏至今者其本大如桶葉如綠綵古致不同誠神物也春間根旁嫩苗可以分植

紫藤 フジ

紫藤喜附喬木而茂凡藤皮著樹從心重重有皮其葉如綠綵四月間發花色深紫重條綽約可愛長安人家多種飾庭院以助喬木之所不及春間取根上小枝分種自活

蒲萄 ブドウ

蒲萄俗名李桃張騫從大宛移來近日隨地俱有然味終不如北地所產之大而甘蔓梗柔條葉盛枝繁極其長大延蔓可數十丈必依架附木若蟠之高樹其實纍纍懸挂可觀三月開黃白小花成穗實圓如櫻桃有紫白黃三色白名水晶紫名馬乳蜀中又有純綠者夏中坐臥其下葉密陰厚納凉最宜富室取其實搾汁作酒甚美春分剪其枝插肥地即活結子後即宜剪去繁葉使受雨露之滋則實易肥大而甜每日灌以冷茶間兩日澆水或用米泔水和黑豆皮或以煮肉淡汁澆之不宜用糞若以此藤穿棗木而生者味更甘美入麝香於其皮內則蒲萄熟時盡帶香味可口十月終葉落後去根一步許掘一大坑收捲其枝條悉埋之細枝莖嫩恐傷雜襯以黍穰更佳如無黍穰竟以土蓋亦無礙因其性不耐寒不埋恐凍死耳待二月中還出舒於架上若歷歲久而幹老者只須穰草覆之南方則不必坑矣凡扦插在正月下旬取肥枝長四五尺者捲爲小圈令緊先治地極肥鬆種之止留二節在外俟春氣發動衆萌盡吐而土中之節不能條達則英華盡萃於出土之二節不二年而成棚矣又波斯國蒲萄有大如雞卵者土魯國蒲萄有小如胡椒者名瑣瑣蒲萄無核而味更甜美物之不齊地土使然也

枸杞 クコ

枸杞一名枸檵一名羊乳南北山中及丘陵墻阪間皆有之以其棘如枸之刺葉如杞之條故兼二木而名之生於西地者高而肥生於南方者矮而瘠歲久

本老虬曲多致結子紅點若綴頗堪盆玩春生苗葉微苦滹過可食秋生小紅紫花結實雖小而味甘澆水必清晨則子不落壅以牛糞則肥多取陜西甘州者因其子少而肉厚入藥最良其莖大而堅直者可作杖故俗呼仙人杖

天蓼 是即本草綱目李時珍所說小天蓼也 和名マタタビ

天蓼一名木蓼非草也產於天目四明二山本與梔子相類其葉冬月不凋花開黃白色結實如棗但未審蓼之名何來子可為燭

棣棠花 山ブキ

棣棠花藤本叢生葉如荼蘼多尖而小邊如鋸齒三月開花金黃色圓若小球一葉一蕋但繁而不香其枝比薔薇更弱必延蔓屏樹間與薔薇同架可助一色春分剪嫩枝扦於肥地即活其本妙在不生蟲蟻

薔薇

薔薇一名買笑又名刺紅玉雞苗藤本青莖多刺宜結屏種花有五色達春接夏而開葉尖小而繁經冬不大落一枝開五六朵深紅薔薇大花粗葉最先開荷花薔薇千葉淺紅似蓮刺梅堆千葉大紅花如刺綉所成開最後又有淡黃鵝黃金黃之異為薔薇中之上品但易盛而難久白者類玫瑰而無香若寶相亦有大紅粉紅二色其朵甚大而千瓣塞心可為佳品又有紫者黑者出白馬寺正月初剪肥嫩枝長尺餘者插於陰肥之處即活但不可多肥太肥則腦生蟒虫如有虫以煎銀舖中爐灰撒之則虫自死夏間長嫩枝時有黑翅黃腹小飛虫名鑽花娘子以臀入枝梢生子三五日後出細青虫而嘴黑者食葉傷枝

殆盡大則又變前蟲專在玫瑰薔薇月季十姊妹等樹上生活見則速宜捉去以免食葉之患又薔薇露產瓜哇國以一滴置盆湯內滿盆皆香沐面盥手可以竟日受用

玫瑰 ハマナス

玫瑰一名徘徊花處處有之惟江南獨盛其本多刺花類薔薇而色紫香膩馥郁愈乾愈烈每抽新條則老本易枯須速將根旁嫩條移種別所則老本仍茂故俗呼為離娘草高山深處有碧色者燕中有黃色

者花差小於紫玫瑰。每年正月盡二月初分根種易活。若十月後移。恐地脉冷。多不能生。凡種難於久遠者、皆緣人溺澆殺之也。惟喜穢汚澆壅。但本太肥則易悴。不可不察。此花之用最廣。因其香美。或作扇墜香囊。或以糖霜同烏梅搗爛。名爲玫瑰醬。收於磁瓶內曝過。經年色香不變。任用可也

月季 チヤウシユン

月季一名鬭雪紅。一名勝春。俗名月月紅。藤本叢生。枝幹多刺而不甚長。四季開紅花。有深淺白之異。與

薔薇相類。而香尤過之。須植不見日處。見日則白者變而紅矣。分栽扦插俱可。但多蟲莠。須以魚腥水澆。人多以盆植爲清玩

木香花 通名 本邦傳栽者原琉産

木香一名錦棚兒。藤蔓附木。葉比薔薇更細小而繁。四月初開花。每穎三蕋。極其香甜可愛者。是紫心小白花。若黃花則不香。即青心大白花者。香味亦不及。至若高架萬條。望如香雪。亦不下於薔薇。剪條扦種亦可。但不易活。惟攀條入土。壅泥壓護。待其根長自

本生枝外剪斷移栽。即活。臘中糞之。二年大盛。

野薔薇

野薔薇一名雪客。葉細而花小。其本多刺。蔓生籬落間。花有純白粉紅二色。皆單瓣。不甚可觀。但香最甜。似玫瑰。多取蒸作露。採含蘂拌茶亦佳。患瘧者烹飲即愈。若花卸時摘去其蒂。猶如鳳仙花。開之無已。此種甚賤。編籬最宜。

十姊妹

十姊妹又名七姊妹。花似薔薇而小。千葉磬口。一蓓

十花。或七花。故有此二名。色有紅白紫淡紫四樣。正月移栽。或八九月扦插。未有不活者。

纏絲花 ロウサイバラ

纏絲花一名刺蘼。葉圓細而青。花儼如玫瑰。色淺紫而無香。枝萼皆有刺針。每逢煮繭繅絲時。花始開放。故有此名。二月中根可分栽。

荼蘼花 トキンイバラ

荼蘼花一名佛見笑。又名獨步春。百宜枝。雪梅墩。數名。蔓生多刺。綠葉青條。須承之以架則繁。花有三種

大朶千瓣。色白而香。每一穎著三蕚。如品字。青跗紅蕚。及大放。則純白。有蜜色者。不及黃薔薇。枝梗多刺而香。又有紅青。俗呼番茶蘼。亦不香。詩云。開到荼蘼花事了。爲當春盡時開也。種則攀條入土。壅之以肥泥。俟其枝長。剪斷移栽自活。

千歲蘽

千歲蘽生太山深谷間。藤蔓如葡萄。實似桃而多綠。木上汁白而味甘。子赤可食。但酢而不甚美。在土人亦不棄也。

椰穿魚

椰穿魚一名二至花。葩甚細而色微紺。謂之椰穿魚者。以其枝柔葉細似椰。而花似魚也。其花發於夏至。歛於冬至。故名二至花。又名如意花。性喜陰燥。而惡肥糞。宜用豆餅浸水澆。或熟豆壅根亦可。吳門花市。多結成樓臺鳥獸形以售。

珍珠花

珍珠花一名玉屑。葉如金雀而枝幹長大。三四月開細白花。皆綴於枝上。繁密如孛婁狀。俗名孛婁花。非

春初發萌時。可以分栽。

鳳尾蕉

鳳尾蕉一名番蕉。產於鐵山。江西福建皆有。葉長二三尺。每葉出細尖瓣。如鳳毛之狀。色深青。冬亦不凋。如少萎黃。即以鐵燒紅。釘其本上。則依然生活。平常不澆壅。惟以生鐵屑和泥壅之。自茂。且能生子。分種易活。極能辟火患。人多盆種庭前。以爲奇玩。

玉蘂花

玉蘂花向爲唐人所重。故唐昌觀有之。集賢院有之。

今自招隱寺得一本。蔓若荼蘼。冬凋春榮。葉似柘。莖微紫。花苞初甚細。經月漸大。暮春方八出。鬚如冰絲。上綴金粟。花心復有碧筩。狀類膽瓶。其中別抽一英。出衆鬚上。散爲十餘蘂。猶刻玉然。世多未之見。亦猶瓊花之難得也。

錦帶花

錦帶花一名鬚邊嬌。三月開。開蓓蕾可愛。形如小鈴。色內白而外粉紅。長枝密花。如曳錦帶。但艷而不香。無子。亦有深紅者。一樹常開二色。有類海棠。植於屏

籬之間頗堪點綴種法於秋分後剪五寸長枝插鬆
土中每日澆清糞水良久自活

鷺鷥藤 スヒカツラ

鷺鷥草一名忍冬隨處有之延蔓多附樹莖微紫色
有薄皮膜之其嫩莖色青有毛葉生對節似薜荔三
四月間開花不絕長寸許一蒂兩花二瓣一大一小
長蕋初開則蕋瓣俱白經二三日則變黃新舊相參
黃白相映如飛鳥對翔又名金銀藤氣甚清芬而莖
葉花皆可入藥用因其藤左纏俗名左纏藤

錦荔枝 レイシ

錦荔枝一名紅姑娘一名癩葡萄四月下子抽苗延
蔓附木而生葉似天蘿有微刺七八月開黃花五瓣
如椀形結實似荔枝而大初青色後金紅內瓤裏子
如血塊味甜可食懸掛可觀若種盆玩須結縛成蓋
子似西瓜子而邊缺可入藥用

鐵線蓮 テツセン

鐵線蓮一名番蓮或云即威靈仙以其本細似鐵線
也苗出後即當用竹架扶持之使盤旋其上葉類木

香每枝三葉對節生一朶千瓣先有包葉六瓣似蓮
先開內花以漸而舒有似鵞毛菊性喜燥宜鷄鵞毛
水澆其瓣最緊而多每開不能到心即謝亦一悶事
春間壓土移栽

史君子 通杜

史君子一名留求子藤生手指大如葛苗繞樹而上
葉青似五加葉三月開花五出一簇一二十葩初淡
紅久則深紅色輕盈若海棠作架植之蔓延似錦實
長寸許五瓣相合有稜初時半黃熟則紫黑其中仁

白上有薄黑皮如榧子仁而嫩其味如栗治五疳殺
蟲小兒宜食

萵苣 チサ

萵苣一名千金菜俗名金盞花隨在有之葉似白苣
而尖色稍青折之有白汁粘手而花色金黃細瓣攢
簇肖盞四月始開無甚風味聊備員耳冬澆濃肥水
則春發始茂梗葉皆可作蔬

虎耳草 ユキノシタ

虎耳一名石荷葉俗名金絲草其葉類荷錢而有紅

白絲纏繞其上。三四月間開小白花。春初栽於花砌石罅背陰高處。常以河水澆之。則有紅絲延蔓遍地。絲末生苗最易繁茂。但見日失水便無生理矣。以糞坑邊瓦礫敲碎堆壅其側。則易長。小兒耳病。取汁滴入即愈。

翠雲草

翠雲草無直梗。宜倒懸及平鋪在地。因其葉青綠蒼翠。重重碎蹙。儼若翠鈿雲翹。故名。但有色而無花香。非芸也。其根遇土即生。見日則萎。性最喜陰濕。栽於

背陰石罅。或虎茨芭蕉秋海棠下。極有雅趣。種法用舊草鞋浸糞坑一日夜。取起晒乾。再浸再晒。凡數次。將石壓平安放翠雲草之側。待其蔓自上生根。移栽別地。無有不活者。

淡竹葉

淡竹葉一名小青。一名鴨跖草。多生南浙。隨在有之。三月生苗高數寸。蔓延於地。紫莖竹葉。其花儼似蛾形。只二瓣。下有綠萼承之。色最青翠可愛。土人用綿收其青汁。貨作畫燈。夜色更青。畫家用以破綠等用。

秋末抽莖結小長穗。如麥冬而更堅硬。性喜陰濕。

射干

射干。一名扁竹。一名秋蝴蝶。生南陽。今所在有之。仲春引蔓。布地苗似瞿麥。葉似薑而狹長。葉中抽莖。似萱莖而硬。六月開花黃紅色。亦有紫碧者。瓣上有細紋。秋結實作房。一房四隔。一隔數子。咬之不破。根可入藥。分根下子種俱可。

牽牛花

牽牛一名草金鈴。一名天茄兒。有黑白二種。三月生

苗。即作藤蔓。或遶籬墻。或附木上。長二三丈許。葉有三尖。如楓葉。七月生花。不作瓣。白者紫花。黑者碧色花。結實外有白皮裹作毬。毬內有子四五粒。狀若茄子。差小色青。長寸許。採嫩實鹽焯。或蜜浸。可供茶食。近又有異種。一本上開二色者。俗因名之曰黑白江南花。

馬兜鈴

馬兜鈴。一名青木香。春生苗作蔓。附木而上。葉如山蕷而厚大。背白。六月開黃紫花。似枸杞。結實如大棗。

作四五瓣葉脫後，其實尚垂，狀如馬項之鈴。

鼓子花

鼓子花，一名旋葍，又名纒枝牡丹。蔓延川澤間。葉似薯蕷，小而狹長。花開如拳不放，頂幔如缸鼓式，色粉紅，有千葉者。人多植以爲屏籬之玩。根無毛節，蒸煮味甘可啖。花不結子，取根寸截，置土灌溉，即活生苗。昔有一絶對云：風吹不響鈴兒草，雨打無聲鼓子花。

五味花

五味花，產高麗者第一，今南北俱有。葉似杏而尖圓。

花鏡　卷四　鼓子　五味　薜荔　二十二

花若小蓮而黃白，蔓赤而長，非架不能引上，或附木亦可。結實如梧桐子大，叢綴枝間，生青熟紅，不異櫻珠。分根種當年即旺，若子種者，次年始盛。出江北者入藥最良。

薜荔 イタビカツラ

薜荔，一名巴山虎，無根，可以緣木而生，藤蔓葉厚實而圓勁如木，四時不凋。在石曰石綾，在地曰地錦，在木曰長春藤。好敷岩石與墻上。紫花發後結實，上銳而下平，微似小蓮蓬，外青而內有瓤，滿腹皆細子。霜

降後瓤紅而甘，鳥雀喜啄，兒童亦常採食之，謂之木饅頭。但多食發瘴。夏月毒蛇喜聚其叢中，如或納凉其下，不可不慎。

芙蓉 モクフヨウ

芙蓉，一名木蓮，又名文官拒霜。葉似梧桐，大而有尖。花有數種，單葉者多，千葉者有大紅、粉紅、白，惟大紅者花大，而四面有心。一種早開純白，向午桃紅，晚變深紅者，名醉芙蓉。另有一種黃芙蓉，亦異品，不可多得者。此花獨耐寒，但不結實，亦不必分根。惟在十一

花鏡　卷四　芙蓉　水木樨　二十三

月中，將好種肥條，剪下俱段，作一尺許長，於向陽地上掘坑橫埋之，仍以土掩。至二月初，將條於水邊籬側遍插之。插必先將木針釘一穴，填泥漿並糞令滿，然後插條，上露二寸許，再遮以爛草，無不全活。且當年即能發花，清姿雅質，獨殿群芳，乃秋色之最佳者。昔蜀後主城上盡種芙蓉，名曰錦城。俗傳葉能爛獅毛，故池塘有芙蓉，則獺不敢來。其皮可漚麻作線，織爲綱衣，暑月衣之，最凉且無汗氣。

水木樨 ハマモツコク

水木樨一名指甲。枝軟葉細。五六月開細黃花。頗類木樨。中多鬚蕊。香亦微似。其本叢生。仲春分種。

壺蘆

壺蘆一名瓠瓜。（俗作葫蘆非）正二月下種。生苗引蔓而上。葉似冬瓜而稍團。有柔毛。五六月開白花。結實初白。霜降後老而色黃。一種圓而大者曰匏。亦名瓢。因其可以浮水如泡如漂也。亦可作藏酒之器。一種下大上小。腰細口細者。曰壺蘆。可盛丹藥。大可爲甕盎。小可爲冠樽。小兒用以浮水。樂人用以作笙。膚瓤養豕。犀瓣澆燭。實初結時。剖藤附押巴豆。二三日後。柔弱可紐。暗去豆即活。以筆蘸芥辣。界瓢上。其界處永不長。欲去內瓤。開瓠頂。納巴豆水。餲之瓤出即空。

獼猴桃

獼猴桃一名陽桃。生山谷中。藤着樹而生。枝條柔弱。高二三丈。葉圓有毛。花小而淡紅。實形似雞卵。十月爛熟。色綠而甘。獼猴喜食之。皮堪作紙。今陝西永興軍南山甚多。

蘡薁

蘡薁（音嬰郁）多生林墅間。四散延蔓。其葉並花實。皆與葡萄無異。但實小而圓。色不甚紫。而味亦佳。毛詩云。六月食薁。即此也。

紫茉莉

紫茉莉一名狀元紅。本不甚高。但婆娑而蔓衍易生。葉似蔓菁。秋深開花。似茉莉而色紅紫。清晨放花。午後即斂。其艷不久。而香亦不及茉莉。故不爲世重。結實頗繁。春間下子即生。

白藊豆

藊豆一名蛾眉豆。一名籬豆。其蔓最長。須搭高棚引上。夏月可以乘凉。不可使沿樹上。樹若繞蔓即枯。葉大如盃。一枝三葉。其花狀似小蛾。有翅尾之形。莢生花下。纍纍成枝。花有紫白二色。實亦有紫白二種。清明下種。以灰覆之。不宜土蓋。太肥生蟒。

龍膽草

龍膽草一名陵游。產齊朐及南浙。葉如龍葵。味苦如膽。直上生苗。高尺餘。秋開花如牽牛。青碧色。

落花生

落花生一名香芋，引藤蔓而生，葉椏開小白花，花落於地，根即生實，連綴牽引，土中壘壘不斷。冬盡掘取煮食，香甜可口，南浙多產之。

大戟 トウダイグサ タカトウダイ

大戟，俗名下馬仙，春生紅芽，長作叢，高一二尺，葉似初生楊柳小團，又似芍藥。夏開黃紫花，團圓似杏花，又類蕪荑。根似苦參，多戟人咽喉。

葛 クズ

葛一名鹿藿，產南方，春初生苗，引藤蔓，長一二丈，葉類楸，青而小。七月開花，紅紫色，結莢纍纍，似豌豆形，但不結實。根形大如手臂，紫黑色，端午採根曝乾，以入土深者爲佳。其藤皮可作絺綌，惟廣中出者爲最。根可作粉，能解酒病。

紫花地丁 スミレ

紫花地丁一名獨行虎，隨在有之。葉青而肥，根直如釘，仲夏開紫色花，結細角，平地生者起莖，可以不扶，溝壑邊生者起蔓，必待竿扶。又一種白花者，不入藥用。

茜草 アカネ

茜一作蒨草，又名茅蒐、茹藘，多生喬山上，染絳之草。葉青背綠，頭尖下闊，似棗，其莖方，葉澀，四五葉對生節間，蔓延於木上。至秋開花結實，如小椒，中有細子，根亦紫赤色，今所在有之。說文云：人血所生，故俗名地血。齊人謂之蒨草。貨殖傳曰：千畝卮茜，其人皆與千戶侯等，則誠嘉草也。

獨摇草

獨摇草一名獨活，多生於嶺南及蜀漢川谷中。春生苗葉，夏開小黃花，一莖直上，有風不動，無風自摇。其頭如彈子，尾若烏尾，而兩片關合間，每見人輒自動摇。俗傳佩之者能令夫婦相愛，雖非異卉，亦自有一種風致，可取根入藥用。

虎杖 イタドリ

虎杖生下濕地，隨在有之。春盡發苗，莖如紅蓼，葉圓如杏，夏末開花，四出，如菊色紅，如桃夭，第開落至九月中方已。陝西山麓水湄甚廣，人於暑月取根和甘草同煎爲飲，色如琥珀，甘美可愛，瓶置井中，令冷如

冰呼爲冷飲子可以代茗極能解暑其汁染米粉作糕更佳

落葵 ツルムラサキ

落葵一名承露春初下種仲夏始蔓延籬落間其葉似杏而肥厚至秋開細紫花結實纍纍大如五味子熟則紫黑色士人取揉其汁紅如胭脂婦女以之漬粉傅面最佳或用點唇亦可故又名染絳子但暫用則色不變若染布帛等物不能常久

欵冬花 フキノトウ

欵冬花一名欵凍出常山及關中叢生水傍葉似葵而大開花黃瓣青紫萼出自根下偏於十一二月霜雪中發花獨茂又有紅花者葉如荷而斗直俗呼爲蜂斗葉亦花中之異品也

仙人掌 サボテン

仙人掌出自閩粵非草非木亦非果蔬無枝無葉又并無花土中突發一片與手掌無異其膚色青綠光潤可觀掌上生米色細點每年只生一葉於頂今歲長在左來歲則長在右層纍而上植之家中可鎮火災如欲傳種取其一片切作三四塊以肥土植之自生全掌矣近今南浙亦間或有之錄此以見草木之異云爾

玉簇

玉簇花產於閩中花發於秋冬之交性最畏寒遇冰則花葉俱萎植之者必十月中藏向陽室內如土乾將殘茶略潤至二月中方可取出

鈎藤 カギカヅラ

鈎藤產自梁州今秦楚江南江西皆有葉細長而青

其莖間有刺儼若釣鈎對節而生其色紫赤卷曲而堅利長一二丈大如指中空用致酒甕封口插入取酒以氣吸之涓涓不絕

清風藤

清風藤一名青藤出浙東台州天台山其苗多蔓延喬木之上四時常青風吹飄揚有致亦不可得者

長生草 イハヒバ

長生草一名豹足一名萬年松究竟即卷柏也產自常山之陰今出近道其宿根紫黑色而多鬚春時生苗似柏葉而細碎拳攣如雞爪色青有黃綠高三四

寸無花實多生石上雖極枯槁得水則蒼翠如故或懸於梁不用滋培彌歲長青或藏之巾箱中復取砂水植之不數日即活可爲盆玩

蔦蘿

蔦蘿一名女蘿在木上者一名兎絲在草上者但其枝蔓軟弱必須附物而長其花黃赤如金結實細而繁冬則萎落

零餘子

零餘子一名山藥生苗蔓延籬落之間夏開細白花

結實在葉下長圓不一皮黃肉白大者如雀子小者如蠶豆煮食勝於芋子霜後收子亦最易落墜地即能生根其根肥白而長蔬中上品宜壅牛糞

土參

土參一名神草一名土精一名血參產於南浙四月開花細小如粟蕊如絲白色秋後結實生青熟紅性最喜燥春間分種

萎蕤

萎蕤處處山中皆有其根橫生莖幹強直似竹箭幹而有節葉狹而長表白裏青亦類黃精而多鬚大如指長一二尺三月中開青花結圓實亦可分根種極易繁衍者

揚搖子

揚搖子產自閩粵其子生樹皮內身體有脊而形甚異味甘無核長五寸而色青

蒟子

蒟子出自合浦及交趾藤蔓緣樹木而生正二月開花四五月實熟如梨赤如雞冠之色核如魚鱗其味

甚甘美

酒杯藤

酒杯藤出自西域昔張騫得其種而歸藤大如臂其花堅硬可以酌酒文章映澈實大如指味香如豆蔻食之能解酒

侯騷子

侯騷子蔓延而生子如雞卵既甘且冷王大僕曾獻之能消酒除淫輕身延年

千歲子

千歲子出粤西交趾蔓延而生子在根下有鬚絲色一苞多至二百餘顆狀似李而皮殼青黃殼中有肉如栗味亦如之乾則殼肉相離撼之而有聲極能解酒消暑

波羅蜜

波羅蜜產自海南樹如荔枝差大皮厚葉圓有橫紋小枝附樹本而生一枝含數實花落實出其大如斗皮亦似荔枝有刺類佛首螺髻之狀肉若蜂房近子處可食與熟瓜無異而丰韻過之子如肥皂核大亦

可爚（音炒）食味似豆春生秋熟粤人珍之其甘如蜜

菩提樹

菩提樹一名無患子產自南海今武當山亦有之花如冠蕤葉似冬青而稍尖長實似枇杷稍長大味甘色青而香核堅黑可爚食亦可作念珠俗名鬼見愁以其能辟邪惡也前朝皇太后曾種二株於內宮

娑蘿花

娑蘿樹產雅州瓦屋山今江淮古寺內及浙之昌化山中皆有之其本高數丈葉大似楠夏月多蔭而冬不凋初夏開花頗香實大如核桃栗殼色可治心痛病又聞瓦屋山者五色燦然若移他處則閣而多槁故不可多得

人面子

人面子出自粤中樹似梅李春花秋熟子如桃實而少味須蜜漬可食其核兩邊如人面耳目口鼻無不其足人皆取以為玩

都念子

都念生嶺南樹高丈餘株柯長而細葉如苦李花紫

赤如蜀葵心金色南中婦女多用染色子如小軟柿外紫內赤無核頭上有四葉如柿蒂食必捻其蒂故又名倒捻子味甚甘美

薏苡

薏苡一名芑實隨在有之若留有宿根二三月自生葉如初生芭蕉五六月抽莖開細黃花結實青白色上尖下圓其殼薄仁粘者即薏苡也一種殼厚堅硬者俗名菩提珠小兒多穿作念佛數珠為戲

木竹子

木竹子出自廣西皮色形狀全似大枇杷而肉味甘美過之但實熟在秋冬

韶子

韶子生嶺南葉如栗赤色子亦如栗苞有棘刺破其苞內有肉如猪肪着核不離味甘而酢核如荔枝又有山韶子夏熟色正紅肉如荔枝一種藤韶子至秋方熟其大如鳧卵

馬檳榔

馬檳榔產自滇南金齒沅江延蔓而生結實大如葡

萄色紫而味甘內有核頗似大楓子但殼稍薄其形圓而斜扁不等核內有仁亦甜

長楚

長楚一名業楚一名羊桃葉如桃而光尖長而狹花紫赤色其枝莖最弱過一尺即引蔓於草上多生平澤中子細如棗核亦似桃而味苦不堪食

蔓椒 ツルサンシヤウ

蔓椒出上黨山野處處亦有之生林箐間枝軟覆地延蔓花作小朵色紫白子葉皆似椒形小而味微辛因舊莖而生土人取以烹肉食香美不減花椒但不多耳

文章草 ウコギ

文章草一名五加生漢中及宛句今近道皆有春生苗作叢赤莖青葉又似藤蔓高四五尺上有黑刺一枝五葉三四月開白花香氣如橄欖結實如豆北方者長丈餘類木

蘿藦 カヽイモ

蘿藦一名斫合子人家多種之三月生苗蔓延籬垣

間極易繁衍其根白軟其葉長而後大前尖根與莖葉摘之皆有白汁六七月開小長花如鈴狀紫白色結實長二三寸大如馬兜鈴一頭尖其殼青軟中有白絨及漿霜後枯裂則子飛其子輕薄亦如兜鈴子土人取其絨作坐褥以代綿亦輕煖

雪下紅 即白英 マルバヒヨドリジヤウゴ

雪下紅一名珊瑚珠葉似山茶小而色嫩藤本蔓延莖生白毛夏末開小白花結子秋青冬熟若珊瑚珠纍纍下垂其色紅亮照耀如日至於積雪盈顆似更

有致但防白頭鳥啄食則不能久留。

胡椒

胡椒。一名昧履支。南番諸國及交南海南皆有之。其苗蔓生。必附樹或作棚引之。葉如山藥。有細條與葉齊。條條結子。兩兩相對。其葉晨開暮合。合則裹其子於葉中。正月開黄白花。結椒纍纍。生青熟紅。五月采收。曝乾乃皺。食品中用之。最能殺腥。

浣草

浣草。一名虋音門冬。一名天門冬。處處有之。春生藤蔓。

大如釵股。高至丈餘。葉如茴香。極尖細而疎滑。有逆刺。亦有無刺者。夏開小白花。亦有黄紫色者。入伏後無花。暗結黑子。在其根枝旁。根長一二寸。一科一二十枚。以大者爲勝。藥苗須沃地種栽。子種者但晚成耳。

栝樓

栝樓。一名瓜蔞。一名澤姑。所在有之。三四月生苗。引藤而上。葉如甜瓜而窄。作叉。有細毛。秋開花。似壺盧花。淺黄色。結實在花下。大如拳。形有正圓。有尖長者。

生青熟赤。黄纍纍。垂於莖間。亦稍可觀。

五爪龍

五爪龍。一名五葉莓。蔓生籬落間。其藤柔而有稜。一枝一鬚。凡五葉。長而光。有疎齒。面青背淡。七八月結苞成簇。青白色。花如粟。黄色。四出。實大如龍葵。生青熟紫。內有細子。

西國草

西國草。一名堇音全。一名覆盆子。隨處有之。秦地尤多。三月開白花。四五月實熟。狀如荔枝。大如櫻桃。軟紅

可愛。味頗甘美。失時則就枝生蛆。土人在六七分熟即采取矣。

榼藤

榼藤。一名象豆。生廣南山中。作藤着樹。有如通草藤。其實三年方熟。結角如弓袋。紫黑色而光。大一二寸。圓而褊。仁若雞卵。土人多剔去其肉。作瓢。垂於腰間。若貯丹藥。經年不壞。

蓬虆

蓬虆。一名寒莓。音茂生來藤蔓繁衍。莖有倒刺。逐節生

葉葉大如掌類小葵。青背白厚有毛。六七月開小白花。就蒂結實數十成簇。生則青黃。熟則紫黯。微有黑毛。如椹而扁。冬葉不凋。俗名劉田藨。

千里及

千里及。生宣湖與天台山中。春生苗。蔓延於籬落間。葉似菊。細長而厚。背有毛。枝幹圓而青。秋開黃花。不結實。

秘傳花鏡卷之五目次

花草類攷

西湖花隱陳淏子訂輯

花草類攷

喬木非百年不能蒼古。草花不兩月便可敷榮。是編所載。非取香濃。即取色麗。各有所長。可佐園林之不逮。大槩色香俱無者不錄。

芍藥

芍藥。古名將離。因人將離別則贈之也一名餘容。又名婪尾春。惟廣陵者爲天下最。近日四方競尚。俱有美種佳花。夏開花。有紅紫黃白數色。但巧立名目約百種。今特細釋其十分之八。以附於後。其本有二種。草芍藥木芍藥。木者花大而色深。俗呼爲牡丹非也。安期生服鍊法云。金芍藥色白多脉。木芍藥多紫瘦多脉。園林中苟植得宜。則花之盛更過於牡丹。大抵花初發時。人多愛惜。勤於澆灌之外。多扶以竹條。使不傾側。遮以葦箔。令其耐久。及花萎之後。遂多棄而不論。孰知其來年之盛衰。全在乎此時。須亟剪去其子。屈盤其枝條。使不離散。則生氣不上行。而皆歸於根。明春苗發。必肥花色更麗。至若分栽在八九月間。開土悉出其根。滌以甘泉。細摘其老梗朽敗之處。採調豬糞和泥易其故土而另植之。從此灌溉不失其時。來年之花未有不大茂者也。其本無論好醜。必三年一分。不分恐舊根侵蝕其新芽。苗遂不肥。獨芍藥不宜春分。移者諺云。春分分芍藥。到老不開花。如欲擕根窠致遠。須取本土貯之竹器內。雖數千里可負而至矣。大暑單瓣者。其根可入藥。在賞鑑家多不取焉。

附芍藥釋名

共計八十八種

黃色計十八品 [illegible]

御袍黃 色初深後淡葉疎而端肥碧

黃都勝 葉肥綠花正黃千瓣有樓子

金帶圍 上下葉紅中則間以數十黃瓣

峽石黃 如金線冠子其色深似鮑黃

鮑家黃 與大旋心同而葉差不齊

御愛黃 色淡黃花似牡丹而大

怨春粧 淡黃色千葉平頭

袁黃冠子 宛如髻子間以金線出自袁姓

道粧成 大瓣中有深黃小瓣上又展出大瓣

縷金囊 大瓣中於細瓣上抽金線細細雜條

妒鵞黃 大小瓣間又中出以金線高條葉柔

黃樓子 盛者葉五七層間以金線其香尤甚

二色黃 一蔕生二花兩相背而開但難得

青苗黃 千葉樓子淡黃色內係青心

黃金鼎 色深黃而瓣最緊
蘸金香 千葉樓子花黃色而多香味
楊家黃 似楊花冠子而色深黃
尹家黃 同上，因人之姓得名

深紅色 計二十五品

冠羣芳 大旋心冠子，深紅堆葉，頂分四五旋，其英密簇，廣及半尺，高可六寸，艷色絕倫
盡天工 大葉中小葉密，直心柳青色
賽羣芳 小旋心冠子，漸漸添紅而花緊密
醉嬌紅 小旋心中抽出大葉，下有金線
簇紅絲 大葉中有一簇紅絲，細細而出者
黽池紅 花似軟條，開皆並蔕，或二頭
擬繡韉 兩邊垂下，如所乘鞍子狀，喜大肥
積嬌紅 千葉如紫樓子，色初淡而後紅
楊花冠子 心白色，黃紅至葉端則又深紅
紅纈子 淺紅纈中，又有深紅點
試濃粧 緋葉五七重，平頭，條赤，綠葉硬背紫

花鏡 卷五 芍藥 三

赤城標 千葉大紅花，有高樓子
湖纈子 紅色深淺相間，雜而開，喜肥
蓮花紅 平頭，瓣尖，似蓮花
會三英 一蕚中有三花，並出，最喜肥
紅都勝 多葉冠子，最喜肥
點粧紅 色紅而小，與白纈子同，綠葉微瘦長
綴蕊紅 蕊初深紅，開後漸淡
髻子紅 花頭圓滿而高起，有如髻子
緋子紅 花絳色，平頭而大
駢枝紅 一蔕上有兩花並出
宮錦紅 紅黃白色相間者
椰滿紅 千葉冠子，因產之地得名
硃砂紅 色正紅，花不甚大
海棠紅 重葉黃心，出蜀中

粉紅色 計十七品

醉西施 大瓣旋心，枝條軟細，須以杖扶
淡粧勻 似紅纈子，而粉紅無點纈，花之中品

慾春紅 色最淡，而葉堆起，似金線冠子
妬嬌紅 起樓，但心中抽葉，不堆上，無大瓣
合歡芳 雙頭並蔕，二花相背而齊開
素粧殘 初開粉紅，以漸退白，心青，淡雅有致
取次粧 平頭而多葉，其色最淡
效殷紅 矮小而多葉，若十肥則易變
倚欄嬌 條軟而色媚
紅寶相 似寶相薔薇
瑞蓮紅 頭微垂下，似蓮花
霓裳紅 多葉大花
龜地紅 平頭多葉
芳山紅 以地得名者
汚池紅 花類軟條，須扶
紅旋心 花緊密而心紅
觀音面 似寶相而嬌艷

紫色 計十四品

寶粧成 色微紫，有十二大葉，中密生曲葉，回環圓抱，高八寸，廣半尺，小葉上有金線，備香
凝香英 有樓，心中細葉上不堆大瓣
宿粧殷 平頭而枝瓣絕高，大類緋多葉而整

花鏡 卷五 芍藥 四

聚香絲 大葉中一叢紫絲，細細而高出
蘸金香 大葉中生小葉，而小葉尖蘸一金線
墨紫樓 其色深紫，而有似乎墨
疊英香 大葉中細葉廿重，上又聳大葉起臺
包金紫 蕊金色而花紫
紫都勝 多葉有樓子
紫鮹盤 平頭而花大
金繫腰 即紫袍金帶
紫雲裁 葉疎而花大
小紫毬 短葉圓花如毬
多葉鞍子 瓣兩垂，似馬鞍

白色 計十四品

曉粧新 花如小旋心，頂上四向，葉端有殷紅小點，每朵上或三五點，像衣中點纈，白花上品
銀含稜 花銀緣，葉端有一稜，純白色
菊香瓊 青心玉板冠子，白英團欒堅密，平頭
試梅粧 白纈中無點纈者，即白冠子
蓮香白 多葉，潤瓣，香有似乎蓮花，喜肥

玉冠子（千葉而高起）　玉版（纈中有紫纈有點）　玉逍遥（花瓣不大宜肥）
覆玉瑕（葉紫而有點）　玉盤盂（單葉而長瓣）　壽州青苗（色帶微青）
粉緣子（微有紅暈在心）　鎮淮南（大葉冠子）　軟條冠子（多葉而枝柔）
以上共八十八種名色皆昔人譜中所載多有雷同已皆刪去然或有耳目所不及辨者以待後之博雅自別之可也

甌蘭

甌蘭一名報春先多生南浙陰地山谷間葉細而長四時常青秋發蕊冬盡春初開花有紫莖玉蕊青莖

者一莖一花其紫花黃心白花紫心者醜似建蘭而香尤甚盆種之清芬可供一月故江南以蘭為香祖若欲移植必須帶土厚墩方能常盛種宜黃砂土用羊鹿屎和水澆若遇暑月須每早澆以冷茶常移盆四面晒則四面有花冬月當藏暖處經霜雪恐凍傷其蕊然較建蘭入窖則不必也又一種葉較蘭稍濶而柔花開紫白者名蓀凡花開久香盡即當連莖剪去勿令結子恐耗氣奪力則來年花不繁也

蕙蘭

蕙蘭一名九節蘭葉同甌蘭稍長而勁一莖發八九花其形似甌蘭而瘦即香味亦不及焉但後甌蘭而開猶可繼武甌蘭先建蘭而放又堪接續建蘭則一歲芳香半屬清供可以綿綿不絕矣其澆壅之法亦同甌蘭

建蘭

建蘭產自福建而花之名目甚多或以形色或以地里或以姓氏得名俱詳後譜內其花五六月放一幹九花香馥幽異葉似甌蘭而濶大勁直凡蘭皆有一

滴露珠在花蕊間謂之蘭膏雖美不可多取恐損本花若年久苗盛盈盆至秋分後可分種泥須黃土預用椹藤艸火將泥煨過方用分時勿惜小費必擊碎其盆將竹刀先剔去其旁土緩緩解折其交結之根毋使有拔斷之失然後逐篼菉取出積年腐蘆頭方用新盆先將瓦片填底後以煉過土覆上即將三篼裒之互相枕藉作三方向而壅之上覆瘦沙泥少許澆清水一勺以定其根蘭根香甜蟻最喜食多做窠其下以至根傷葉瘁須置一淺盆坐水使蟻不能渡

若葉上生黃白斑點謂之蘭虱用魚腥水洒之或研大蒜和水或蚌水以白筆蘸之拂洗葉上數次則虱自無矣若梅雨連朝則水太多一遇烈日蒸熱則根必爛須移陰處養蘭訣云春不出無霜雪冷風之患夏不日最忌炎蒸烈日秋不乾多澆肥水或豆汁冬不溼宜藏煖室或土坑內其法盡之矣

附蘭花釋名 共計三十五品

紫花 計十七品

金稜邊 花豐腴而嬌媚每幹十二蕚色同吳蘭妙在葉自尖上生一黃線直下如金絲喜肥

陳夢良 每幹十二蕚花頭極大為紫花之冠不喜肥惟用清水或冷茶澆此種最難養

吳蘭 深紫色有多至十五蕚者葉亦高勁若善養時則岐生竟有二十蕚花頭差大不喜肥

潘花 十五蕚幹紫而整疎密得宜葉差小而花中近心處色如吳紫更精彩種須赤砂泥妙

何蘭 十四蕚紫色中紅花頭倒壓不甚綠 仙霞 花似潘種因產自仙霞嶺故名

大張青 葉青花大肥宜半月一澆 趙師博 十五蕚初萌甚紅大放若晚霞燦日

蒲統領 花之中品也喜肥宜半月一澆 都梁 紫莖綠花產自都梁縣西小山因地名

淳監糧 宜粗赤沙土種 許景初 花不過九蕚 何首座 平常不過八九蕚

林仲孔 皆蘭之常品也 莊觀成 名因其人傳之 蕭仲初 皆花之下品宜沙土

又朱蘭 花莖俱紅短葉婀娜一幹九蕚乃粵種也

白花 計十八品

濟老 一幹十二蕚標致不凡葉似大施而更高三五寸善養多岐生又名一線紅最喜肥澆

碧玉幹 花雖白微帶黃有十五蕚合并幹而生竟有二十五蕚其葉細最肥厚而深綠

惠知客 十五蕚花英淡紫片尾凝黃葉雖綠茂而柔弱種用粗砂和泥夾糞則盛

馬大同 色碧而綠有十二蕚花頭微大間有向上者中多紅暈而葉高聳一名五暈綠

綠衣郎 一名龜山色如碧玉十五蕚每生並蔕花幹亦碧葉綠而瘦薄如苦蕒菜之葉

魚魫 十二蕚花片澄澈宛如魚魫採沉水中無影可指葉頗勁綠須山下流沙和糞種

玉整花 葉修長而瘦色甚瑩白可愛白花之最能生者用糞壤泥及河沙種之蓋以紅土良

黃八兒 似鄭花十二蕚善于抽幹葉綠而直惜幹弱不能支持耳須當以肥澆杖扶之

周染 有十二蕚狀同黃花但其幹短弱用溝中黑沙泥和糞種之則茂亦中品也

名弟 花只有五六蕚葉最柔軟如新長葉後則舊葉隨換人多不取重者

李通判 花類鄭蘭有十五蕚宜輕肥 大施 花起劍脊最長用糞和泥晒艸鞋屑圍種

玉小娘 花只六蕚葉亦瘦弱乃下品也 觀堂主 七蕚花聚如一簇葉短可供時妝

又夕陽紅 八蕚花色凝紅如夕陽返照 青蒲 六蕚亦非佳品

四季蘭 葉長勁蒼翠幹青微紫花白質紫紋自夏至秋相繼而發冬亦偶開但不如夏蘭盛

箬蘭 附風蘭

箬蘭亦名朱蘭實非蘭也因其花形似蘭葉短闊似箬色如渥丹故有是名毫無香氣徒冒芳名乃粵種

也今杭紹亦有之後歐蘭而發盆玩中亦不可無此點綴分種即在花開春雨時性喜陰濕又一種風蘭產自浙之溫台懸根而生本小而葉最短勁有類瓦松不用砂土種植惟取小竹籃以婦人頭髮及鉛鐵絲襯之貯其大窠懸於有露無日處每日洒水或冷茶澆或取下水中浸溼再挂夏初開小白花將萎時其色轉黃而香頗類乎蘭亦一小景中之奇者也但怕烟爐所觸

澤蘭

澤蘭生大澤旁以其葉似蘭故名澤蘭二月生苗長二三尺根紫黑色莖幹青紫色作四稜葉生相對如薄荷而微香七月開花帶紫白色萼亦色紫可入藥用

水仙

水仙一名金盞銀臺因其性喜水故名水仙冬季於葉中抽出一莖莖頂上有數蕋兩兩循次而開白瓣中有黃心如盞葉如萱草而短其根似蒜頭外有赤皮裹之有單葉千葉二種單葉者名水仙其清香經月

不散千葉者名玉玲瓏其花皺下輕黃而上淡白不作盃狀因其難得人多重之但種不得法徒葉無花昔人種訣云五月不在土（掘起以童尿浸一宿晒乾）六月不在房（懸近竈房煖處）栽向東籬下（八九月間復種以猪尿拌土壅）花開久且芳凡種須沃壤日以肥水澆則花自盛其葉止生三四片者無花至五片者方有花如五六月不掘起浸尿宿根在肥土內亦旺但葉長花短不甚可觀若於十一月間用木盆密排其根少着沙石實其罅時以微水潤之日晒夜藏使不見土則花頭高出於葉如不起土冬月必須遮護使不見霜雪遇日即開晒之凡起種須用竹扦若犯鐵器則永不開花一槩花木最畏鹹水惟梅花與水仙挿瓶宜鹹水養拂林國有紅水仙花開六出亦異品也又拘樓國有水仙樹其樹腹中有甜水謂之仙漿其人飲之者一醉可以七日皆異聞也

長春花

長春花一名金盞草江浙頗多蔓生籬落間葉似柳而厚抱莖對生莖上開花金黃色狀如盞子有白無

香。但喜其四時不絕。結實如雞豆子。其中細子每粒如尺蠖蟠曲形。子落地隨出。不煩分栽。但肥多。易長花。罷若結實即摘去。則花不間斷。性不喜溼。近亦有白花種。若冬能保護。霜雪不侵。其葉不壞。則老幹來春仍開不絕。

荷包牡丹

荷包牡丹。一名魚兒牡丹。以其葉類牡丹。花似荷包。亦以二月開。因是得名。一幹十餘朵。纍纍相比。枝不能勝。壓而下垂。若俛首然。以次而開。色最嬌艷。根可分栽。若肥多則花更茂而鮮。黃梅雨時。亦可扦活。

紅豆蔻

紅豆蔻。嶺南多有之。其苗似蘆。葉類山薑。二三月發花。作穗房生於莖下。嫩葉卷之而生。初如芙蓉花。微紅。穗頭色累深。其葉漸廣。則其花漸出漸淡。亦有黃白色者。子若紅豆而圓

笑靨花

笑靨。一名御馬鞭。叢生一條。千花。其細如豆。茂者數十條。望若堆雪。不結實。將原根劈作數墩。二月中旬分種易活。宜糞。

罌粟花

罌粟。一名御米。一名賽牡丹。一名錦被花。種具數色。有深紅。粉紅。白。紫者。有白質而絳唇者。丹衣而素純者。殷如染茜者。紫如茄色者。多植數百本。則五彩雜陳。錦繡奪目。葉似筒蒿。其邊屈曲多尖。二三月抽臺。結一青苞。花發則苞脫。罌在花中。鬚蘂裹之。結實如小蓮房。一囊千粒。下種須中秋午時。或重陽日。赤體持種。兩手交換撒子。則花生重臺。再以竹箒掃勻。花開多千葉。未種前須糞地極肥鬆。後以釜底烟煤拌撒。用細泥蓋之。可免蟻食。待苗出後。始澆清糞。芟其繁密者食之。長則以竹篠扶之。若土瘠種遲。多變爲單葉矣。如春間移栽。必不能茂。單葉者子必滿。千葉者罌多空。故蒔花者貴千葉。作蔬入藥者不論。收鴉片者。於青苞時午後以針刺十數眼。次早其苞上精液自眼中出。用竹刀收貯甆器內。將紙封固。曝二七日。即成鴉片矣。入藥用以濇精。昔蘇子由廣植作蔬。詩云。畦夫告予。罌粟可儲。罌小如罌。粟細如粟。苗堪

者菜等比秋穀研作牛乳烹爲佛粥老人氣衰食以當肉。則其功用如此。

虞美人 ヒナゲシ

虞美人原名麗春。一名百般嬌。一名蝴蝶滿園春。皆美其名而贊之也江浙最多叢生花葉類罌粟而小一本有數十花莖細而有毛一葉在莖端兩葉在莖之半相對而生發蕊頭垂下花開始直單瓣叢心五色俱備姿態葱秀嘗因風飛舞儼如蝶翅扇動亦花中之妙品人多有題咏種法在八月望前下子于肥

土內上用灰蓋冬月糞澆若肥壅得法則來年開出千葉異色者更佳少留子則花發多花時忌糞花後再糞又開但千葉不易多得。

蔓菁 カブ

蔓菁一名葑。一名九英松。又名諸葛菜。莖粗葉大而厚濶夏初起臺開紫花四出而繁結莢如芥子勻圓亦似芥子紫赤根長而白形似蘿蔔在北地則有之四時皆可食春食苗夏食心秋食莖冬食根秋間撒子於高壟沙土中或故墟壞墻上再澇以一指厚土五六日一澆性御嚴霜交春即發苗連地上生春初種亦可但欲移植俟苗長五六寸擇其大者而移之子用殺魚汁浸之復曝乾種可無蟲患昔諸葛孔明行軍所止處令士卒隨地栽之人馬皆得食焉

青鸞花

青鸞一名紫鸞。春分種。至秋開青紫色花似牽牛冬須藏向日之所若土燥則以冷茶稍潤其根來春自茂

指甲花 ハマモツコク

指甲花杭州諸山中多有之花如木樨蜜色而香甚中多鬚菂可染指甲而紅過於鳳仙用山土移栽盆內方活亦有紅紫黃白數色者而花之千態萬狀四時不絶

蝴蝶花 シャガ

蝴蝶花類射干一名烏霎音設葉如蒲而短濶其花六出儼若蝶狀黃瓣上有赤色細點白瓣上有黃赤細點中抽一心心外黃鬚三莖繞之春末開花多不結實。至秋分種高處易活壅以雞糞則肥。

紫羅欄 イチハツ花

紫羅欄俗名墻頭草一名高良姜葉似蝴蝶草而更潤嫩四月中發花青蓮色其瓣亦類蝴蝶花大而起臺紫翠奪目可愛秋分後分栽性喜高阜墻頭種則易茂

山丹花 ヒメユリ

山丹一名渥丹一名重邁根葉似夜合而細小花色朱紅諸卉莫及茂者一幹三四花不但不香而且更夕即謝相繼只數日性與百合同又有黃白二色世

稱奇種須在春時分種亦結小子極喜澆肥雞糞更妙又有一種番山丹根葉類百合紅花黑斑根味苦易生乃賤品也

書帶草

書帶草一名秀墩草叢生一團葉如韭而更細長性柔韌色翠綠鮮潤出山東淄川鄭康成讀書處近今江浙皆有植之庭砌蓬蓬四垂頗堪清玩若以細泥常加其中則層次生高眞如秀墩可愛

剪春羅 マツモトセンノウ

剪春羅一名剪紅羅一名碎剪羅二月生苗高一二尺葉如冬青而小攢枝而上入夏每一莖開一花六出緋紅色周廻茸茸類剪刀痕但有色無香不若剪秋紗之鮮麗更可愛也結實如豆大內有細子可種宿根亦可分栽

洛陽花 ナデシコ

洛陽花一名蘧麥葉似石竹叢生有節高一二尺花出枝杪本柔而繁五色俱備又有紅紫斑斕者植令苗頭無長短諸色間之開成片錦饒有雅趣將開如

卷旗以漸舒展皆以正午開至晚則卷明日復舒頗摘去子則花開不絕有小黑子可種根亦可分大約土肥根潤則變色背開但枝蔓柔脆須用細竹扦扶之

石竹花 今亦俗呼石竹

石竹一名石菊又名繡竹枝葉如苕纖細而青翠夏開花紅赤深紫數色千葉如剪茸結子細黑向陽喜肥每年起根分種方茂但枝條柔弱易至散漫須以小竹枝扶之花開亦耐久而惜不香若能使霜雪不

侵其幹若漸老亦可作盆景分枝扦插皆活

白鮮花 今傳栽漢種

白鮮一名白羶一名金雀兒椒生上谷及江南苗高尺餘莖青葉梢白似茱萸夏月開花淡紫色類小蜀葵根如蔓青皮黃白而心實嫩苗可爲菜茹

王母珠

王母珠一名酸漿一名苦蕆俗名燈籠草所在有之苗似水茄而小根長二三尺五月開小白花於葉椏結子外有青殼薄衣爲囊熟則深紅儼若燈籠㵽秋殼內子紅老若珊瑚珠去衣看子更佳分根栽亦可

醒頭香

醒頭香一名辟汗草出自江浙開細小黃花有似魚子蘭而香劣不及夏月汗氣婦女取置髮中則次日香燥可梳且能助梳上幽香

蜀葵

蜀葵陽艸也一名戎葵一名衛足葵言其傾葉向日不令照其根也來自西蜀今皆有之葉似桐大而尖花似木槿而大從根至頂次第開出單瓣者多若千

葉五心重臺剪絨鋸口者雖有而難得若栽於向陽肥地不時澆灌則花生奇態而色有大紅粉紅深紫淺紫純白墨色之異好事者多雜種於園林開如繡錦奪目八月下種十月移栽宿根亦發嫩苗可食當年下子者無花其楷漚水中一二日取皮作綫可以爲布枯梗燒作灰藏火耐久不滅

錦葵

錦葵一名錢葵一名荍叢生葉如葵而莖長六七尺花綴於枝單瓣小如錢色粉紅上有紫縷紋開最繁而久綠肥紅瘦之際不可無此麗質點染也下子分栽俱與葵同

向日葵 附菟葵

向日葵一名西番葵高一二丈葉大於蜀葵尖狹多刻缺六月開花每幹頂上只一花黃瓣大心其形如盤隨太陽回轉如日東昇則花朝東日中天則花直朝上日西沉則花朝西結子最繁狀如草蔴子而扁只堪備員無大意味但取其隨日之異耳又一種名菟葵一名天葵多生於下澤苗如石龍芮而葉綠如

黄葵花似拒霜白而雅其形至小如初開單葉蜀葵有檀心色如牡丹之姚黄可愛人多採莖葉灼之可食

萱花（クハンリウ）

萱花通作蘐一名宜男一名忘憂種宜下濕地長苞叢生莖無附枝繁蔓攢連葉弱四垂花初發如黄鵠嘴開則六出色黄微帶紅暈朝放暮蔫有三種一千葉夏開其枝柔不結子一單葉後開其枝勁結子子圓而黑俗名石蘭又一種色如蜜者花差小而香清

葉細可作高齋清供但不易開須用肥土加意培植之此艸地廣者不可不多種春苗可食夏花亦可葅惟千葉紅花者不可用食之殺人婦人懷娠若佩此花多生男見雨中分勾萌種之初稀排一年後自然稠密或用根向上葉向下種之則出苗最盛亦有秋開者但不可多得今東人採其花跗乾而貨之名爲黄花菜

鹿葱（ナツスイセン欤）

鹿葱色頗類萱但無香耳因鹿喜食故名但萱葉尖長鹿葱葉團而翠綠萱葉與花同茂鹿葱葉枯死而後花萱一莖實心而花五六朶從節開鹿葱一莖虚心而五六朶並開於頂萱六瓣而鹿葱七八瓣多以肥澆則其花逐苗皆盛

玉簪花（タマノカンザシ）

玉簪花一名白萼二月生苗成叢葉大如小團扇七月初抽莖莖有細葉十餘每葉出花一朶花未開時其形如玉搔頭簪潔白如玉開時微綻四出中吐黄蕊七鬚環列一鬚獨長香甜襲人朝開暮卷間或結

黑子根連如射干春初須去其老根移種肥地則花多而茂分時忌鐵器性好水盆石中尤宜其花瓣入少糖霜煎食香美可口又法取將開玉簪裝鉛粉在内以線縛其口令乾婦人用以傅面經宿尚香根不可入口最能爛牙齒

紫玉簪（ギボシ）

紫玉簪葉上黄絲間道而生比白者差小花亦小而無香先白玉簪一月而開性亦喜水宜肥盆栽皆可但不及玉簪之香甜可愛根亦最毒

桔梗

桔梗生嵩山宛句。春生苗葉高尺餘。邊有齒似棣棠。相對而生。夏開花青紫色有似牽牛。秋後結實根可入藥用

菖蒲

菖蒲一名菖歜。一名堯韭。生于池澤者泥菖也。生于溪澗者水菖也。生水石之間者石菖也。葉青長如蒲蘭。有高至二三尺者葉中有脊其狀如劍。又名水劍。其根盤曲多節。亦有一寸十二節至二十四節者仙家所珍。惟石菖蒲入藥品之佳者有六。金錢。牛頂。虎鬚。劍脊。香苗。臺蒲。凡盆種作清供者。多用金錢虎鬚香苗三種性喜陰濕。總之用沙石植者葉細。泥土植者葉粗。其法在夏初以竹剪修淨取細沙或瓦屑密種。深水蓄之。勿令見日。秋初再剪。不染塵垢及犯油膩。并猶喫水則葉青翠細軟如絲。尤畏熱手撫摩。宜作一綿捲小杖。時抿其葉。霜降後須收藏窖窖。或以缸蓋之至春後始出。不見風雪歲久不分便細密可愛。若石上種者。尤宜洗淨。常澆雨水。勿見風烟。夜移

就露日出即收。如患葉黃壅以鼠糞或蝙蝠屎用水洒之。若欲苗直。以綿裹筋頭。每朝捋之。又一種生下濕而葉無脊根粗大如指者。名昌陽。肥則開花結子。候子老收之。至梅雨時用米飯同子嚼碎噴於大炭上則子自然生。苗必細極不煩剪。昔人種訣云。春遲出（春分方出）夏不惜（四月十四菖蒲生日用竹剪去淨自生不愛惜）秋水深（深水養之）冬藏密（須藏密室）又忌訣云。添水不換水（添者慮其乾不換存元氣）見天不見日（見天沾雨露見日恐焦枯）宜剪不宜分（頻剪則細或逐葉摘剔更妙分多則葉粗）浸根不浸葉（浸根則潤浸葉則爛）其法盡之矣。此皆爲盆玩而言。若入藥用。不必如此調護也。燈前置一盆。可收燈烟使不薰眼。蒲花人食之。可以長年。然不易得。昔蘇子由盆中菖蒲忽開九花。人以爲瑞。蒲之根白節疏者可作菹。俗於端陽午時和雄黃搗碎下酒飲謂之蒲節酒。

艾

艾一名冰臺。一名醫艸。隨在有之。以蘄州者爲佳。二月宿根生苗成叢。其莖直生白色高四五尺。其葉四布。狀如蒿。分五尖。椏上復有小尖。面青背白有茸而

菜厚七八月葉間出穗如車前穗細花結實盈枝中
有細子霜後始枯人多於五月五日連莖刈取暴乾
收葉陳久炙疾或採作印色胎

夜合花

夜合一名摩羅春一名百合苗高二三尺葉細而長
四面攢枝而上至杪始著花四五月開蜜色紫心花
之香味最濃日舒夜斂花大頭重常傾側連莖如玉
手爐狀又名天香根如山丹而肥大倍之百瓣緊裹
而合儼似白菡萏味甘可餐一種名麝香花類天香

短而葉繁開於四月天香開於六月之不同又一種
如萱花紅質黑點似虎斑而瓣俱反捲一葉極生一
子俗名回頭見子茂者一幹兩三花無香賤品其根
與百合同但味苦不堪食百合一年一起其大者剝
取外瓣煮食留內小心仍用肥土排種則春發如故
壅以鷄糞則盛亦須頻澆肥水

鳳仙花

鳳仙花一名小桃紅一名海納一名旱珍珠又名菊
婢葉似桃而有鉅齒莖大如指中空而脆花形宛如
飛鳳頭翅尾足俱全故名金鳳有重葉單葉大紅粉
紅深紫淺紫白碧之異又有白質紅點色如凝血俗
名洒金諸色相間而植開時亦稍可觀有一枝開五
色者但不可多得每花開一落即去其蒂則開之不
已與月季同法其子老微動即裂俗名急性子庖人
煮肉物著二三粒即爛苗可爲笔根可入藥白花可
浸酒飲可調經紅花同根着明礬少許搗爛能糟骨
角變絳色染指甲鮮紅取紅花搗爛煮犀盃色如蠟
可克舊犀但初煮出忌見風見風即裂二月下種五

月開花子落地復生又能作花即冬月嚴寒種之火
炕亦生乃賤品也

紅藍

紅藍一名黃藍以其葉似藍也生於西域張騫帶歸
今處處有之春種時必候雨或漫撒或行壟用灰與
雞糞蓋之後澆以清糞水四月花開蕚出梂上花下
作梂彙多刺侵晨須多人採摘採已復摘微搗去黃
汁用青蒿蓋一宿捻成薄餅晒乾收用五月收子再
種晚花至八月及臘月又可種但花園中或種一二

不過取其備員而已。

雨久花

雨久花。苗生水中。葉似茈菰。夏月開花。似牽牛而色深藍。亦水藻中之不可少者。

荷花

荷花總名芙蕖。一名水芝。其蕋曰菡萏。結實曰蓮房。子曰蓮子。葉曰蕸。其根曰藕。應月而生。遇閏則十三節。每節間一葉一花。花開至午復斂。有花即有實。花謝則房見。房成則實見。蓮子曰菂。菂中名薏。葉圓如蓋而色青。其花名甚多。另譜於後。尋常紅白者。凡有水澤處。皆植之。每有奇種。人家多用缸植。其法驚蟄後。先取地泥築實缸底。再將河泥平鋪其上。候日晒開拆。如雨則蓋之。直至春分。將藕秧疎種。枝頭向南。以豬毛少許安在節間。再用肥泥壅好。勿露。仍如前候晒開拆。方貯河水平缸。則花自盛。一云取酒瓮頭泥種。即開花。最畏桐油。夏不失水。冬不結凍。則來春秧肥花盛。種蓮子法。將老蓮實裝入卵殼中。令雞抱同子抱。候子雞出。取天門冬搗末。和泥安置盆內。將

蓮實磨穿其頭種之。花開如錢大。亦一弄巧之道也。或云春分前種一日。花在葉上。春分後種一日。葉在花下。春分日種。則花葉兩平。昔昭帝時。穿琳池植分枝荷。花食之令人口氣嘗香。六月二十四。荷花生日。

附蓮花釋名

花名 計二十二品

分香蓮 產釣仙池。一歲再結。爲蓮之最　**四面蓮** 色紅。一蒂千瓣。如毬。四面皆吐黃心

低光蓮 生穿林池。一枝四葉。狀如蓋　**並頭蓮** 紅白俱有。一幹兩花。能傷別花。宜獨

重臺蓮 花放後。房中眼內復吐花。無子　**四季蓮** 儋州產。四季開花不絕。冬月尤盛

朝日蓮 紅花。亦如葵花之向太陽也　**睡蓮** 花布葉間。晝開夜縮入水。次日復起。生南海

衣鉢蓮 花盤千葉。蕊分三色。產滇池　**金蓮** 花不甚大。而色深黃。產九疑山澗中

錦邊蓮 白花。每瓣邊上有一線紅暈。或黃暈　**夜舒蓮** 漢時有一莖四蓮。其葉夜舒晝卷

十丈蓮 清源所生。百餘尺。聳出峯頭　**藕合蓮** 千葉大花。紅色中微帶青暈

碧蓮花 千葉叢生。香濃而藕勝　**黃蓮花** 色淡黃而香甚。其種出永州半山

品字蓮 一蒂三花。開如品字。不結實　**百子蓮** 出蘇州府學前。其花極大。房生百子

佛座蓮 花有千瓣。皆短而不甚高。過房　**千葉蓮** 生華山頂池內。人服之羽化

碧臺蓮 白瓣上有翠點。房內復抽綠葉　**紫荷花** 花似辛夷而色紫。亦異種也

地湧金蓮

地湧金蓮葉如芋，旁生平地上，花開如蓮瓣，內有一小黃心，幽香可愛，色狀甚奇，但最難開。

鳧葵

鳧葵一名荇菜，一名金蓮花，處處池澤有之。葉紫赤色，形似蓴而微尖長，徑寸餘，浮於水面。莖白色，根大如釵股，長短隨水淺深。夏月開黃花，亦有白花者。實如棠梨，中有細子，入藥用。

茈菰

茈菰一名剪刀草，葉有兩岐，如燕尾，又似剪。一窠花

挺一枝，上開數十小白花，瓣四出而不香。生陂池中，苗之高大比於荷蒲。一莖有十二實，歲閏則增一實。似芋而小，至冬煮食清香，但味微帶苦，不及鳧茨。性喜肥，或糞或荳餅皆可，下肥則實大。

芡

芡一名雞頭，一名雁喙，一名蔿子。葉似荷而大，上有蹙衄如沸，面青背紫，莖葉皆有芒刺，平鋪水上。五六月開紫花，花下結房，有刺如蝟，上有嘴如雞雁頭狀，實藏其中。去殼，肉圓白如珠。秋間收老子，以蒲包包浸水中，二三月撒淺水中，待芽浮面上，方可移栽深水。芡花小而向日開，同葵之性。種法用麻豆餅屑拌勻河泥植下，則易盛。其實惟蘇杭出者殼軟薄而肉糯且大，味極腴美，他處者止堪收作芡實榛粉食，入藥用。

菱花

菱一名薢茩，與芰本一類，但其實之角有不同。四角三角曰芰，兩角曰菱，又兩角而小曰沙角。其葉似荇，扁而有尖，光面如鏡，一莖一葉，兩兩相差，如蝶翅狀，

叢生成團。花有黃白二色，背日而開，晝舒夜炕，隨月轉移，猶葵花之隨日也。實有紅綠二種，又有早出而鮮嫩者，名水紅菱；遲熟而甘肥者，名餛飩菱。種法：重陽後收最老者烏菱，至二月盡發芽，撒入水中，着泥即生。若有萍荇相雜，須速撈去，則菱出始茂。一種最小而四角有刺者，曰刺菱，野生非人所植，花紫色。人曝其實以為菱米，可以點茶。池塘內若欲澆糞，用粗太毛竹打通其節，貯肥於內，注之水底。若以手種者，能令其實深入泥中，再灌以肥，未有不盛者也。昔漢昆明池

有浮根淩葉没水下淩出上又玄都有雞翔淩碧色狀如雞飛仙人息伯子嘗食之

金燈花

金燈一名山慈菰冬月生葉似車前草三月中枯根即慈菰深秋獨莖直上末分數枝一簇五朶正紅色光焰如金燈又有黃金燈粉紅紫碧五色者銀燈色白禿莖透出即花俗呼為忽地笑花後發葉似水仙皆蒲生須分種性喜陰肥即栽於屋脚墻根無風露處亦活

山薊

山薊一名白朮生鄭山漢中南歙浙杭山谷春抽苗青色無椏莖作蒿幹狀青赤色長二三尺夏開紫碧花或黃白色似刺薊根即白朮春秋可採暴乾入藥

階前草 ヤブラン

階前草一名忍冬即麥門冬所在有之産吳地者勝葉似韭而短又如莎草四時長青其根黃白色似麥而有鬚花如紅蓼實碧圓如珠四月初取根栽肥地自拔每於六七月及十一月宜用糞澆芸鉏俟夏至後便可取根入藥若以數莖植於階砌亦青翠可觀

烟花

烟花一名淡把姑初出海外後傳種漳泉今隨地有之本似春不老而葉大於菜開紫白細花葉老曬乾細切如線後美其名曰金絲烟一名返魂烟一名擔不歸人喜其烟而呼之雖至醉仆不怨可以祛溼散寒辟除瘴氣但久服肺焦非患膈即吐紅或吐黃水而殞抑且有病投藥不效總宜少喫

夜落金錢

夜落金錢一名子午花午間開花子時自落有二色吳人呼紅者為金錢白者為銀錢葉類黃葵花生葉間高僅尺許三月下子苗長三寸即當扶以小竹七月開花結黑子種自外國進來今在處有之昔魚弘以此賭賽謂得花勝得錢可為好之極矣白詩云能買三秋景難供九府輸切當此花

杜若

杜若一名杜蓮一名山薑生武陵川澤今處處有之葉似薑而有文理根似高良薑而細味極辛香又似

旋葍花根者眞杜若也花黃子赤大如棘子中似豆蔻今人以杜蘅亂之非以藍菊名之更非

决明

决明一名馬蹄决明俗名望江南隨處有之二月取子畦種夏初生苗葉似苜蓿大而粗疎根帶紫色七月開淡黃花間有紅白花晝開夜合者結角如細豇豆子青綠而微銳一莢數十粒參差相連狀如馬蹄可作酒藥并眼目藥或云取子一匙挼令淨空心吞之百日後夜可見光一種茳芒决明苗莖似馬蹄但

葉本小末尖似槐葉夜不合開深黃花子如黃葵而扁味甘滑其嫩苗及花角午皆可瀹茹但忌入茶若園圃中四旁多種决明則蛇不敢入

一瓣蓮

一瓣蓮一名旱金蓮又名觀音芋葉大如芋秋間開白花只一大瓣狀如蓮花其大瓣中花蕊遠視之頗類佛像故有觀音之稱

滴滴金

滴滴金一名旋覆花一名金沸草莖青而香葉尖長而無椏高僅二三尺花色金黃千瓣最細凡二三層明黃色心乃深黃中有一點微綠者花小如錢亦有大如折二錢者是所產之地肥瘠不同也自六月開至八月因花稍頭露滴入土即生新根故有滴滴金之名乃賤品也

胡麻

胡麻一名巨勝昔張騫自大宛得來故有胡之稱又云結實作角八稜者名巨勝六稜四稜者爲胡麻一云胡麻即芝麻有遲早二種黑白赤三色秋開白花

亦有帶紫艷者節節結角長有寸許房大者子多若使夫婦同種即生而茂盛本事詩云胡麻好種無人種正是歸時君不歸又種時忌西南風不忌則悉變爲草矣

藍

藍乃染青之草南方俱有三月生苗高二三尺許葉似水蓼花紅白色實亦如蓼子而黑大其種有三大藍葉如萵苣出嶺南可入藥菘藍葉如槐可以爲澱蓼藍但可染碧而不堪作澱下種後每早洒水至苗

長二寸許肥地打溝成行分栽每日必澆水五六次夏至前後看葉上有破紋方可收割凡五十斤用石灰一石缸內浸至次日已變黃色去梗用木耙打轉粉青色變至紫花色然後去水成靛矣

秋海棠

秋海棠一名八月春爲秋色中第一本矮而葉大背多紅絲如胭脂作界紋花四出以漸而開至末朶結鈴子生椏枝花之嬌冶柔媚真同美人倦粧性喜陰濕多見日色即瘁九月收子撒於盆內或牆下明春

自發但老根過冬則花更盛不必澆肥其異種有黃白二色俗傳昔有女子懷人不至涕淚洒地遂生此花故色嬌如女面名爲斷腸花若花謝結子後即剪去來年花發葉稀而盛冬亦畏冷地上須堆以艸蓋之獨昌州定州海棠有香誠異品也

素馨花

素馨花一名那悉茗花俗名玉芙蓉本高二三尺葉大於桑而微臭蟻喜聚其上花似郁李而香艷過之秋花之最美者性畏寒喜肥并殘茶不結實自霜降後即當護其根來年便可分栽黃霉時扦亦可廣州城西彌望皆種素馨僞劉時美人葬此至今花香甚於他處

金線草

金線草俗名重陽柳長不盈尺莖紅葉圓重陽時將發枝條有細紅花纍纍附於枝上別自一種風致一云即蟹殼草葉圓如蟹殼節間有紅線條長尺許生岩石上或井池邊性寒凉能治湯火瘡

秋牡丹 キブネギク

秋牡丹亦名秋芍藥以其葉似二花故美其名也其花單葉似菊紫色黃心先菊而開嗅之其氣不佳故不爲人所重春分後可移栽肥土即活

翦秋紗

翦秋紗一名漢宮秋葉似春羅而微深有尖八九月開花有大紅淺紅白三色花似春羅而瓣分數岐尖峭可愛其色更艷秋盡尤開喜陰不用大肥春分後分栽用肥土種清水澆不可曝於烈日中若下子種在二月中篩細泥鋪平摻子於上將稻草灰密蓋一

澄河水細洒以濕透爲度娩秧防驟雨濺泥極能損
壞苗葉又一種剪金羅金黃色花甚美艷

小茴香

小茴香一名蒔蘿又曰慈謀勒葉細而雅夏月開花
白而小八九月收子陰乾可作香料十月斫去枯稍
隨以糞土壅根則來春自發便可分種若以子種三
月初帶商麻子幾粒和以糞土於向陽地種之用以
避夏日則茴香易茂

薺苨花

薺苨一名利如即桔梗也花有紫白二色春間下子
或分種皆可壅以雞糞則茂

青葙

青葙生田野間本高三四尺苗葉花實與雞冠花無
異但雞冠形狀有團扁尖長之異此則稍間出花穗
長四五寸形如兎尾水紅色亦有黃白色者

秋葵花

秋葵一名黃蜀葵俗呼側金盞花似葵而非葵葉歧
出有五尖缺如龍爪秋月開花色淡黃如蜜心深紫

六瓣側開淡雅堪觀朝開暮落結角如大拇指而尖
長內有六稜子極繁冬收春種以手高撒則梗亦長
大

雞冠花

雞冠花一名波羅奢隨處皆有三月生苗高者五六
尺其矮種只三寸長而花可大如盤有紅紫黃白豆
綠五色又有妃央二色者又紫白粉紅三色者皆宛
如雞冠之狀扇面者惟梢間一花最大層層卷出可
愛若掃帚雞冠宜高而多頭又名纓絡花尖小而雜

亂如帚又有壽星雞冠以矮爲貴者雞冠似花非花
開最耐久經霜始蔫俱收子種撒下即用糞澆可免
蟲食

十樣錦

十樣錦一名錦西風葉似莧而大枝頭亂葉叢生有
紅紫黃綠相兼因其色雜出故名十樣錦春分撒子
於肥土中蓋以毛灰庶無蟻食之患苗生後以雞糞
壅之長竹捍扶之可過于墻夏末即有紅葉矣大凡
秋色其根入土最淺候苗長一二尺即宜土壅雨過

再壅則無風倒之虞矣

老少年

老少年一名雁來紅。初出似莧。其莖葉穗子與雞冠無異。至深秋本高六七尺。則脚葉深紫色。而頂葉大紅。鮮麗可愛。愈久愈妍。如花。秋色之最佳者。又有一種少年老。則頂黃紅。而脚葉綠。之別。收子時須記明色樣。則下子時間雜而種。秋來五色眩目可觀。

雁來黃

雁來黃即老少年之類。每於雁來之時。根下葉仍綠。而頂上葉純黃。其黃更光彩可愛。非若老葉黃落者比。收子下種法。一如老少年。以上數種秋色。全在乎葉。亦須加意培植扶持。若使蚓蝕傷敗其葉。便減風味矣。

曼陀羅

曼陀羅產於北地。春生夏長。綠莖碧葉。高二三尺。八月開白花六瓣。狀似牽牛而大。朝開夜合。結實圓而有丁拐。中有小子。又葉形似茄。一名風茄兒。子紫色亦類乎茄。法華經言。佛說法時。天雨曼陀羅花。蓋梵語也。

菊花 カワラヨモキ

菊（本作蘜）一名節華。又名女華。傅延年。陰成。更生。朱嬴女莖。金蕊。皆菊之總名也。春夏秋冬俱有菊。究竟開於秋冬者為正。以黃為貴。自淵明而後人多暱其事而愛之。如劉蒙泉菊譜。遂有一百六十三品。范至能史正志。馬伯州。王藎臣。皆有譜。其名目至三百餘種要知地土不同。命名隨意。儘有一種而得五名者。如藤菊。一丈黃。枝亭菊。棚菊。朝天菊是也。一種而得四名者。九華菊。一笑菊。枇杷菊。粟葉菊是也。有一種而得三名者。水仙菊。金盞銀臺。金盃玉盤是也。一種而得雙名者。如金鈴菊。亦名塔子菊。若此類者甚多。難以盡錄。今存其舊譜之名一百五十三品於後。已足該菊之形色矣。其中或有重複。賞鑒家請再裁之。至於栽培之難。惟菊為甚。今特詳考其法。以公同志。頗具苦心。凡菊苗俱在清明後穀雨前。將宿本分種。以肥土壅之。則日後枝梗壯茂。初栽不可見日。先乾三日後隔二日一澆。再後六七日澆。其性喜陰燥而多露之所若水多則有蟲傷濕爛之患小滿時每日須看捉剪頭蟲(紅頭黑身在辰巳二時尚剪菊頭)若被菊虎咬過其頭見日即垂視其咬傷處去寸許即掐去無害遲則生蟲為後之患又有細蟻侵蛀菊本須用魚腥水洒其葉或澆土則除若蚯蚓地蠶傷根權以石灰水灌之自死速將河水連澆以解灰毒若黑蛐瘠其枝以麻裂筋頭將之則出若象幹蟲(似蠶青虫與葉一色)食葉須早起以針尋其穴刺殺之蚱蜢亦善食葉皆當捉去苗長至尺許每本用堅直小籬竹近插之以軟草寬寬縛定使其幹正直且無風折之患葉不可沾泥有泥即瘁如雨濺泥汙即將清水洗淨用碎瓦片鋪其根土則葉自根至上長青葉勁而脆不可亂動四月中摘去母頭令其分長子頭每本留三四頭肥大者留五六以防損折接菊亦在此月夏至時用濃糞澆之夏至後止用雞鵞毛湯并繅絲水或鮮肉汁或菜餅屑水澆之三伏天止用河水若澆糞必籠頭初發蕊時每枝止留一二恐蕊多力分則花不大結蕊後須五日一澆肥糞已開又不可澆肥開時或有力不足

者磨硫黃水澆根經夜即發至於美種難得可用扦接法自五月間扦接後不可一日失水并不可見日便易活有花一種單葉紫莖開黃白小花氣味香甘者名茶菊雖不足觀泡茶入藥所必需花殘後即當拔去竹捍折去花幹止留老本寸許善護其苗每本插一小牌上寫花之名色來春分種庶不差失冬月用亂穰艸蓋之不遭霜雪交春芽肥力全此養菊之要訣也菊有五美圓花高懸準天極也純黃不雜后土色也早植晚發君子德也冒霜吐穎象貞質也盃中體輕神仙食也昔陶淵明種菊於東流縣治後因而縣亦名菊

附菊釋名　共一百五十三種

黃色　計五十四品

御袍黃(淡黃葉有五暈)　報君知(霜降前開黃赤)　金鎖口(背深紅面黃瓣展內紅外黃)

金孔雀(千葉深黃赤心)　赤金盤(老黃赤心多葉)　龍腦(外淡內深香烈似龍腦)

繡芙蓉(重疊色淡紅心)　黃都勝(千葉圓厚雙紋)　大金錢(一葉一花自根開起)

剪金黃(深黃千葉如剪)　黃牡丹(千葉疊蕊紅黃)　金紐絲(瓣上起金黃絲亭肥)

黃臘瓣(千葉淡黃瓣肥)　黃羅傘(深黃葉垂莟肥)　荔枝黃(千葉紅黃狀似楊梅)

金鈴菊千葉細花長大　蜜綉毬葉圓如毬　枝亭菊即藤菊一丈黄捆菊

蜜西施多葉嫩黄色　蜜蓮葉長大有似蓮瓣　蠟瓣西施似西施而色老

瓊英黄千葉鵞黄色　棣棠菊多葉而色深黄　冬菊多葉深黄色其開最晚

太眞黄千葉嫩黄長肥　黄鶴領千葉參差多尖　木香黄多葉細花淡黄微卷

鶯乳黄花頭小而色淡　勝金黄焦黄多葉青心　黄佛頭無心中有細瓣高起

黄粉團千葉中心微赤　鄧州黄重黄單葉雙紋　笑靨即御愛黄葉上有雙紋

金芙蓉千葉駢頭喜肥　小金錢類大金錢而心青　蜂鈴多瓣深黄圓小中有鈴葉

繖葢黄金黄柄長而細　鴛鴦金花朵雖小皆並蒂生　波斯菊瓣皆倒垂如髮之鬈

喜容粲色千葉皆高起　添色喜容中心深紅　鵞兒黄花細如毛葉起雙紋

金纓絡千葉小花喜肥　黄疊羅似佛頂差小　甘菊單葉小花香烈而味甘

檀香毬色老黄形圓轉　大金毬深黄色瓣反成毬　五九菊有白鶴黄二色夏秋二度開

金絡索千瓣卷如玲瓏　垂絲菊蕊深黄色枝柔細如垂絲海棠大放則淡黄色

二色瑪瑙金紅淡黄二色千瓣　滿天星雖係下品如春苗發摘去其頭必歧出再摘又歧又摘至秋一幹數千百朵

黄色計三十二品

九華菊此淵明所賞鑒者越人呼爲大笑菊花大心黄白瓣有闊及二寸半者其清香與常

玉毬即粉團與諸菊異初色淺黄微帶青全開純白色形甚圓香尤烈經霜則變紫色近年有

水晶毬初微青後瑩白其瓣細而茸中微有黄蕊先褊薄後瞭泛葉稀而中蕊其幹最長

徘徊菊黄心色帶微綠瓣有四層而初開只放三四片及開至旬日方得全放故名徘徊

白佛頂單葉大黄心喜肥　白鶴領葉小下垂喜肥　玉玲瓏初青黄後白花先仰後垂

青心白千葉有青心　蘸金白每瓣邊有黄色　金盞銀臺外單葉中簡瓣

白牡丹千葉中葷青碧　萬卷書千葉皆卷轉　瓊盆闊瓣黄心有似白佛頂

白木香千葉細花黄心　瑶井欄如銀臺微大　白綉毬花抱蒂而圓大有紋

疊雪羅千葉蓓蕾難開　銀鈴菊千葉中皆細鈴　銀盆菊鈴葉下有闊瓣承之

靈根菊多葉白而疎　酴醾白出相州有態　瓊芍藥千葉花高起難植

試梅粧小白花似梅　玉蝴蝶小白花味甘　碧蕊玲瓏千瓣葉深綠

一傘雪瓣長茸白無心　新羅花葉尖薄長短相次　換新粧千葉圓瓣經霜便紫

樓子菊層層狀如樓子　白剪絨純白如剪鵞毛　劈破玉每瓣有黄紋如線界爲兩

八僊菊花初青白後粉色一花多八蕊葉尖長而青

紅色計四十一品

鶴頂紅粉紅葉大紅心　菡萏紅千葉粉紅黄心　火煉金殷紅色多葉金黄心

紅綉毬葉圓似毬喜肥　紅粉團淡紅瓣短多紋　錦鱗鮮紅花黄邊最晚開

荔枝紅千葉紅黄色　賓州紅以地名重紅色　醉瓊環似楊妃粉有垂英

胭脂紅其紅勝胭脂　狀元紅千葉深紅喜肥　粉西施千葉色最嬌畏糞

大紅袍千葉大紅無心　瓊環千葉粉紅色　垂絲粉淡紅色葉細如茸

勝緋紅多葉淡紅色　銀紅絡索千葉尖瓣　纓金粧深紅瓣中有黄線紋

金絲菊紅瓣上有黄絲　錦荔枝多葉金紅色　賽芙蓉粉紅色花最大喜肥

勝荷花花瓣尖潤似荷 海棠春重紅瓣短多皺 曉香紅千葉粉紅開闊大

嬌容變千葉先淡後深 太真紅千葉嬌紅無心 醉楊妃淡紅色垂英似醉

一捻紅花淡有深紅點 錦雲標紅黃相錯如錦 二喬一幹上開二色者喜肥

川金錢花小而深紅 猩猩紅色鮮紅耐久 襄陽紅垂蒂雙頭出九江

紅羅繖深紅千瓣 海雲紅初殷紅漸金紅後木紅而淡瓣初尖後岐萼黃

紅萬卷深紅千瓣 佛見笑粉紅千瓣 粉鶴翎開則四面支撐後漸白紐綠葉青而稍潤

總繡口外深紅大瓣一二層中筒瓣突起初青後黃筒之中嬌紅而外粉筒口金黃如錦

桃花菊多葉至四五重其色濃淡在桃杏紅梅之間未霜即開最爲妍麗中秋後便可賞也

丁様錦一本開花形色各異或多葉或單葉或大或小或如鈴往往有六七色紅黃白雜様者

紫色計二十七品

腰金紫千葉中有黃紋 紫霞觴葉厚而大如盃 紫芙蓉開極大但葉尖而小

紫絨毬花片細而圓厚 紫蘇桃瓣色中濃外淡 紫袍金帶黃蕊繞於花腰

剪霞綃葉邊如碎剪 瑞香紫淡紫重葉小花 紫羅傘瓣有羅紋細葉宜肥

瑪瑙盤淡紫大花赤心 紫萬卷千葉微卷宜肥 雞冠紫千葉高大而起樓

墨菊千葉紫黑色黃心 早蓮瀾瓣繞頭似蓮葉 夏紫五月即開紫花心黃而大

碧蟬菊色微青宜輕肥 銷金北紫葉小心黃 葡萄紫色深千葉不宜糞

紫牡丹花初開紅黃間雜後粉紫瓣比弍而整齊開遲 紫雀舌初淡紫後粉白色

刺蝟菊花如兎毛朶團瓣如蝟之刺大如雞卵葉長而尖 金絲菊紫花黃心以藍得名

碧江霞紫花青蒂帶角突出花外小花花之異者 荔枝紫花色如荔枝形正而圓

雙飛燕每花有二心瓣斜捲如飛燕之翅 紫芍藥先紅後紫復淡紅變蒼白花瓣鬆

順聖紫一花不過六七葉每葉盤疊三四小葉其花最大可觀

有菊之名而實非菊者另列於後以便祭考

藍菊 ヱゾキク

藍菊產自南浙本不甚高交秋即開花色翠藍黃心似單葉菊花但葉尖長邊如鋸齒不與菊同然菊放時得一二本亦助一色

萬壽菊

萬壽菊不從根發春間下子花開黃金色繁而且久性極喜肥

僧鞋菊

僧鞋菊一名鸚哥菊即西番蓮之類春初發苗如蒿艾長二三尺九月開碧花其色如鸚哥狀若僧鞋因此得名分栽必須用肥土以其性喜肥

西番菊

西番菊葉如菊細而尖花色茶褐雅淡似菊之月下西施自春至秋相繼不絕亦佳品也春間將蔭壓地

自生根隔年絶斷分栽即活

扶桑菊

扶桑菊花似薔薇而色粉紅葉似菊而枝繁

雙鸞菊 トリカブト

雙鸞菊一名烏啄花發最多毎朶頭若尼姑帽圻出此帽内露雙鸞竝首形似無二外分二翼一尾天巧之妙肖生至此春分根種根可入藥

孩兒菊 澤蘭已見于前果重出

孩兒菊一名澤蘭花小而紫不甚美觀惟嫩葉柔軟

花鏡 卷五 扶桑 雙鸞 孩兒 四十五

而香置之髮中或繫諸衣帶間其香可以辟炎蒸汗氣婦女多佩之乃夏月之香艸也其種亦有二紫梗者更香

蕳

蕳一名水香一名都梁香葉與澤蘭相似紫梗赤節高四五尺其葉光潤尖長開白花喜生水旁故人多種於庭池可殺蟲毒除不祥著衣書中能辟白魚蛀

白芷 ヨロヒクサ

白芷一名茝一名莞一名澤芬香草也處處有之吳地尤多枝幹不盈尺根長尺餘粗細不等春生下濕處其葉相對婆娑紫色濶三指許花白而微黄入伏後結子立秋後苗枯採根入藥名香白芷葉可合香煎湯沐浴謂之蘭湯

零陵香

零陵香一名薰草產於全州江淮亦有不及湖嶺者生多生下濕地麻葉而方莖赤花而黑實其臭如蘪蕪七月中旬開花香盛因花倒懸枝間如小鈴俗名鈴鈴香其莖葉曝乾作香其實黑左傳云一薰一蕕

花鏡 卷五 白芷 零陵 蘼蕪 四十六

十年尚猶有臭即此草也土人以編席薦性暖且香最宜於人

蘼蕪 ヨムナカツラ

蘼蕪一名江蘺即芎藭苗乃香草也葉如蛇床而香七八月開白花其根堅瘦黄黑結塊如雀腦者名芎藭以川中產者入藥爲良江浙亦有之

芭蕉 通名

芭蕉一名芭苴一名綠天繫草本高有二三丈許大有一圍葉長及丈濶一二尺舒一葉即蕉一葉而不

落花著莖末大如酒盃形色紅如蓮花者名紅蕉白如蠟色者名水蕉其花大類象牙故名牙蕉自中夏開至中秋方盡子各為房實隨花長每花一闔各有六子先後相次惟産閩粤者花多實名甘露味極甜美子不俱生花不俱落子有三種生時苦澀熟則皆甜味如葡萄可療饑渴羊角蕉子大如拇指長六七寸銳頭黃皮味亦甘美牛乳蕉子類牛乳味微減一種子如蓮子形正方者味最薄只可蜜浸為點茶之用種法將至霜降葉萎黃後即用稻艸裹幹來春芽

發時分取根邊小株用油簪脚横刺二眼令洩其氣終不長大可作盆玩性最喜煖不必肥其莖皮解散如絲績以為布即今蕉葛

美人蕉

美人蕉一名紅蕉種自閩粤中來葉瘦似蘆箬花若蘭狀而色正紅如榴日拆一兩葉其端有一點鮮綠可愛夏開至秋盡猶芳堪作盆玩亦生甘露子可以止渴福州者四時皆花色深紅經月不謝廣西者本不高花瓣尖大紅色如蓮甚美二月下子冬初放向陽處或掘坑埋之如土乾燥則潤以冷茶來春取出則根自發若子種不如分根當年便可有花又一種膽瓶蕉根出土時肥飽狀如膽瓶也

千日紅

千日紅本高二三尺莖淡紫色枝葉婆娑夏開深紫色花千瓣細碎圓整如毬生於枝抄至冬葉雖萎而花不蔫婦女採簪於鬢最能耐久略用淡礬水浸過晒乾藏於盒內來年猶然鮮麗子生瓣內最細而黑春間下種即生喜肥

香葇

香葇即香薷一名蜜蜂草方莖尖葉有刻缺似黃荆葉而小九月開紫花成穗有細子汴洛人三月多作圃種之以為暑月蔬菜生食亦可又暑月要藥

紫艸

紫艸一名紫丹又名茈萸生碭山南陽新野及楚地其苗似蘭香莖赤節青二月開花紫白色結實亦白惟根色紫可以染紫三月內種宜軟沙高地性不喜水糞種悉如治稻法其利倍於藍收時忌人溺及驢

馬糞弁烟氣能令色豔

蓼花タテ

蓼辛草也有朱蓼青蓼紫蓼香蓼木蓼水蓼馬蓼七種惟朱紫者葉狹小而厚花開稽穗而細長約二寸許枝枝下垂色態俱妍可爲池沼水濱之點綴若青蓼香蓼可取爲蔬以備五辛盤之用至於馬蓼水蓼止可爲造酒麯中所需弁入藥用木蓼考見前

蘆花アシ

蘆一名葭生於水澤葉似竹箬而長幹似竹長丈許

有節無枝葉抱莖而生花似茅細白作穗根亦似竹茸而節疎深秋花發時一望如雪春取其勾萌種淺水河濡地卽生

馥草ゴマクサ

馥草卽玄參葉似芝蘇又如槐椰青紫細莖七月開花青碧色隨結黑子亦有白花莖方大紫赤色而有細毛其節若竹高五六尺葉如掌大而尖長邊如鋸齒其根亦尖長生青白乾卽紫黑微香可入藥

番椒トウガラシ

番椒一名海瘋藤俗名辣茄本高一二尺叢生白花秋深結子儼如禿筆頭倒垂初綠後朱紅懸挂可觀其味最辣人多採用研極細冬月取以代胡椒收子待來春再種

綿花トウハタ

綿花一名吉貝葉如槿秋開黃花似秋葵而小値之者稔不貴高而喜繁結實三稜青皮尖頂顆顆如小桃熟則實裂中有白綿綿中有黑子亦偶有紫綿者性喜高坑地以白沙土爲上未種時先耕三遍至穀

雨時下種先將子用水浸片時漉起以灰拌勻每穴種五六粒肥須用糞麻餅待苗出時將太密者芟去止留肥者二三苗長成後不時摘頭使不上長則花多綿厚至於鋤草須勤白露後收綿以天晴爲幸子可打油葉堪飼牛

禁宮花ドウソハシサ

禁宮花一名王不留行又名剪金花生泰山江浙及河近處苗高七八寸根黃色如蕎葉尖如小匙頭亦有似槐葉夏開花黃紫色狀如鐸鈴随莖而生結實

如燈籠草子殼有五稜內包一子如荔子圓似小珠可愛河北生者葉圓花紅與此稍別

蓍草

蓍神草也為百草之長生少室山谷今蔡州上蔡縣白龜祠旁有之其形似蒿作叢高五六尺一本有二十餘莖至多者四五十莖生梗條疏直獨異於蒿秋後有花出於枝端色紅紫如菊結實如艾子一云蓍至百年則百莖共生一根其所生之處獸無虎狼草無毒螫上有青雲覆之下有神龜守之易取五十莖

為卜筮之用揲則其應如响產於文王孔子墓上者更靈取用以末大於本者為佳天子蓍長九尺諸侯七尺大夫五尺士三尺如無蓍草亦可以荊蒿代之

細辛花 ヤマスナハ

細辛花出華山者良一葉五瓣三開花紅狀似牽牛根可入藥

通草花 此條宜移入藤蔓類

通草一名活莌產於江南木高丈許葉如蓖麻作藤蔓大如指其莖大者徑三寸每節有二三枝枝頭出五葉六七月間開紫花或白花莖中有瓤輕白可愛女工取以染色飾物最佳結實如小木瓜核白瓤黑食之甘美或以蜜煎作菓其花上有粉能治諸蟲瘻惡毒

蓖麻 トウゴマ

蓖麻在處有之夏生苗葉似葎草而厚大莖赤有節如甘蔗高丈餘而中空夏秋間椏裏抽出花穗纍纍黃色隨梗結實殼上有刺狀類巴豆青黃斑褐點再去斑殼中有仁嬌白如續隨子仁有油可作印色及

油紙用

吉祥草 キツシヤウサ

吉祥草叢生畏日葉似蘭而柔短四時青綠不凋夏開小花內白外紫成穗結小紅子但花不易發開則主喜凡候雨過分根種易活不拘水土中或石上俱可栽性最喜濕得水即生取伴孤石靈芝清供第一

白薇 クロベンケイサ

白薇一名春草生陝西及滁舒潤遼等處莖與葉俱青頗似柳葉七月開紅花八月結實根似牛膝而短

可以入藥

商草花ハツユリ

商草即貝母也出川中者第一浙次之莖葉俱似百合花類銅鈴淡綠色花心紫白色與蘭心無異根曰貝母入藥治痰疾

萬年青ヲモト

萬年青一名蒀潤葉叢生深綠色冬夏不萎吳中人家多種之以其盛衰占休咎造屋移居行聘治壙小見初生一切喜事無不用之以爲祥瑞口號至於結

姻幣聘雖不取生者亦必翦造綾絹肖其形以代之又與吉祥草葱松四品並列盆中亦俗套也種法於春秋二分時分栽盆内置之背陰處俗云四月十四是神仙生日當删翦舊葉擲之通衢令人踐踏則新葉發生必盛喜壅肥土澆用冷茶

千兩金ホルトガルサウ

千兩金一名續隨子一名菩薩豆生蜀郡處處亦有之苗如大戟初生一莖端生葉葉中復出葉相續而生花亦類大戟而黄自葉中抽幹而開實青有殼人家園亭多種之

秘傳花鏡 四

秘傳花鏡卷之六目次

秘傳花鏡卷之六

西湖花隱陳淏子輯

養禽鳥法

集羣芳而載及鳥獸昆蟲何也枝頭好鳥林下文禽皆足以鼓吹名園針砭俗耳故所錄之禽并取其羽毛豐美即取其音聲嬌好非取其鷙悍善鬬即取其遊泳綠波所以祥如彩鳳惡似鴟梟皆所不載

鶴

鶴一名仙禽羽族之長也有白有黄有玄亦有灰蒼色者但世所尚皆白鶴其形似鸛而大足高三尺軒於前故後趾短喙長四寸尖如鉗故能水食丹頂赤目赤頰青爪修頸凋尾粗膝纖指白羽黑翎行必依洲渚止必集林木雌雄相隨如道士步斗履其跡則孕又雄鳴上風雌鳴下風以聲交而孕嘗以夜半鳴聲唳九霄音聞數里有時雌雄對舞翱翔上下宛轉跳躍可觀若欲使其飛舞固俟其餒寘食於寫遠處拊掌誘之則奮翼而舞調練久之則一聞拊掌必然

起舞性喜啖魚蝦蛇虺養者雖日飼以稻穀亦須間
取魚蝦鮮物喂之方能使毛羽潤而頂紅其糞能化
石生卵多在四月雌若伏卵雄則徃來爲衛見雌起
必啄之見人數窺其卵即啄破而棄之或云鶴生三
子必有一鶴所畜之地須近竹木池沼間方能存久
相鶴經云鶴之上相但取標格奇古隆鼻短口則少
眠高脚疎節則多力露眼赤睛則視遠回翎亞膺則
體輕鳳翼雀尾則善飛龜背鼈腹則善産輕前重後
則善舞洪髀纖指則善步一云鶴生三年則頂赤七

氄耳韻孔勇切与毴鳥細毛也

年羽氄具十年二時鳴三十年鳴中律舞應節又七
年大毛落氄毛生或白如雪黑如漆一百六十年則
變止千六百年則形定飲而不食乃胎化也仙家召
鶴每焚降真香即至又鶴腿骨爲笛聲甚清越音律
更準昔賢林和靖養鶴於西湖孤山名曰鳴臯每呼
之即至有時和靖出遊有客來訪則家童放鶴凌空
和靖見鶴盤旋天表知有客至即歸以此爲常遂爲
千古韻事其詩云臯禽名祇有前聞孤影圓吭夜正
分一唳便驚寥泬破亦無閒意到青雲鶴病莧蛇鼠大麥飼之愈

鸞

鸞乃神鳥也形似鶴而瘦小首有長幘其羽色純青
者則人家常有之惟五彩者不易得鳴中五音即鳳
之屬其畜養之法亦與鶴同但恐其飛去必剪去幾
翎方可久畜又雄鳴於前雌鳴於後故有虞氏之車
曰鸞車亦曰鸞輅取其和而有序也

孔雀

孔雀一名越鳥文禽也出交廣雷羅諸山形亦似鵠
但尾大色美之不同丹口玄目細頸隆背頭戴三毛
長有寸許數十羣飛遊棲於岡陵之上晨則鳴聲相
和其音曰都護雌者尾短無翡翠雄者五年尾便可
長三尺自背至尾末有圓紋五色金翠相繞如錢雖
自愛其尾山棲必先擇置尾之地夏則脫毛至春復
生雨久則尾重不能高飛南人因而往捕之或暗伺
其過於叢篁間急斷其尾以爲方物若使回顧則金

翠頓減土人養其雛爲媒或探得其卵令雞伏出之
飼以猪腸生菜即大富貴家多畜之聞人拍手歌舞
及絲竹管絃聲是鳥亦鳴舞畜之者每俟其屏開取
樂其性最妬見人着彩服必啄之其孕亦不匹以音
影相接或雌鳴下風雄鳴上風或與蛇交亦孕但其
血最毒見血封喉立能殺人愼之可也如病餌以鐵
水

鷺鷥

鷺鷥一名春鋤一名屬玉又名昆明乃水鳥也林棲
而水食以魚爲糧羣飛成序故有鷺序之說其形亦
似鶴而小羽白如雪又有雪客之稱頸細而長脚青
善翹高可尺餘解指短尾喙長類鶴頂有長毛十數
莖毿毿然如絲欲取魚食則弭之好立水中飛亦能
戾天生而喜露視而有胎人多養於池沼間若家禽
之馴擾不去每至白露日如鶴之騫騰而起其性使
然也昔齊威王時有朱鷺合沓而舞於庭下人皆稱
異焉

鸚䳇 通名

鸚䳇。慧鳥也。一名鸚䳇。雛名鸚哥。出自隴西。而滇南交廣近海處尤多。羽有數種。綠乃常色。紅白爲貴。五色者出海外。甚不易得。狀如烏鵲。數百羣飛。俱丹咮鉤吻。長尾紺足。金睛深目。上下目瞼皆能眨動。舌似嬰兒。其趾前後各二。異於衆鳥。其性畏寒。冷即發顫如瘴而死。飼以餘甘蔗可解。凡屬雄雛黑喙。經年即變紅。雌者喙黑不變。故人皆畜其雄者。用二尺高。尺五闊銅架。將細銅索鎖其一足於架上。左右置二銅

罐以貯水穀。任其飲食。若欲教以人言。須雛時每於天微明時。將雛挂於水盆之上。使其照見己影。不道人言。惟知鳴。教其語。人立其傍。隨意教之。不久自肖。但忌手摩。若手摩其背則瘖。昔宋徽宗。隴州貢紅白二鸚䳇。先置之安妃閣中。後放還本土。郭浩按隴聞。侗閣有二鳥。問上皇安否。亦知感恩不忘。近年關西曾獻黃鸚䳇於　清朝。亦難得之物也

桼吉了 廿方 キフクハン

桼吉了。一名了哥。唐書作結遼鳥者。番音也。出嶺南容管廉邕諸州峒中。大於鸚䳇。身紺黑色。夾腦有黃肉冠。如人耳。丹咮黃距。人舌人目。目下連頸有深黃紋。頂尾有分縫。能效人言。笑音頗雄重。亦有白色者。人多誤稱爲白鸚哥。每日須用熟雞子黃和飯飼之。其性最怕烟。切勿置之葷烟處。則耐久。亦可與鸚䳇並畜以供閒玩

鳥鳳

鳥鳳非鳳凰，以其形畧似鳳，土人美其名而稱之也。産於桂海左右兩江峒中。大若喜鵲，其羽紺碧色，項毛似雄雞，頭上有冠，尾垂二弱骨，長一尺四五寸，至杪始有毛。其音聲之妙，清越如笙簫，能度小曲，合宫商，又能爲百鳥之音。凡鳥飛鳴，即隨其音鳴之。人取以爲玩好，誠足快心，但彼處亦自難得耳。

鴝鵒

鴝鵒一名鸜鵒，俗名八哥。身首俱黑，兩翼下各有白點，飛則見。其眼與舌亦如人，但舌微尖。若欲教以人語，必須五月五日或白露日取雛，閉之甕中，旦夕屆天中，用小剪修去舌尖使圓，如是者三次。每日天將曉時，如教鸚鵡法教之，良久自能作人語矣。此鳥不善營巢，多處於鵲窠或樹穴及人家屋脊中。初生口黄，老則口白。頭上有幘者易養，無幘者多不能久活。取雛愛養，切勿養猫。無猫雖無籠罩，任其飛走，亦

不遠去。又可使取火。北方無此鳥，江浙人喜畜之。每日飼以生荳腐及半熟飯。惟忌八月十三大煞日，須密藏不露，方免其死。昔有禪僧堂下畜一八哥，每夜隨僧念阿彌陀佛，老死後，僧憐而埋之，蓮花出自鳥口。因作贊曰：有一飛禽鸜鵒哥，夜隨僧口念彌陀，死埋平地蓮花發，我輩爲人不及他。

鷹タカ

鷹一名隼。一名題肩、一名角鷹、因其頂有毛角微起。又有虎鷹雉鷹兎鷹之稱。北齊人呼爲凌霄君高麗人呼爲決雲兒大槩出遼海者爲上內地者次之其性剛厲不與衆鳥同群。北人多取雛養之。每日調練有法、先將雛餓一二日使之饑腸欲絶。然後兩人離丈許對立、一以韝臂擎鷹、一持肉引之口作聲呼之。引其飛來食肉。久則馴熟。聞呼即至使攫鳥獸甚捷。日以牛豕肉少許飼之、如欲出獵則不與之食。南人

八九月以媒取之其鳥以季夏月習擊、孟秋月祭鳥、雄者身小、雌者體大、二年曰鶬鷹、三年曰蒼鷹。相鷹之法、在乎面平頭圓、頸長臆濶。羽勁翅厚、肉緩體寬身重者、金指重十字尾貴合盧嘴利似鉤、爪剛如鐵、聊等柗荆右視如傾、左視如側、生於窟者好眠、巢於木者常立、雙骹長者起遲、六翮短者飛急。至若虎鷹、翼廣丈許、能搏猛虎、然其鷙悍若此、而反畏燕子、又有所不解也、

鵰ワシ

鵰、一名鷲。似鷹而大、亦能食草、尾長翅短。背曲日深、羽毛土黃色、可作箭翎。出北地者色皂。故名皂鵰。鷲悍多力、六翮乘風輕捷、眼最明亮。盤旋空中、無微不覩。又有青鵰、產於遼東、最俊者謂之海東青。產於西南夷者謂之芜鷲。黃頭赤目、其羽五色俱備。凡鵰若養馴、遇禽能搏鴻鵠鶖鶩、遇獸能擊獐鹿犬豕、遇水能扇魚令出、沸波攫而食之。又名沸河。田獵者每多畜之。又云、鷹產三卵、一鷹。一鵰。一狗。遼有鷹背狗、短

毛灰色。與犬無異。但尾背有羽毛數莖、耳隨母影而走。所逐無不獲者。以禽乳獸、亦異聞也。

鶻 ハヤフサ

鶻。一名鳶。一名隼。狀似鷹而差小。羽青黑色。其尾如舵。飛則轉折最捷。人之造船用舵實昉鶻尾而爲之也。性極喜高翔。專捉雞雀而食。義不擊胎。莊子云。鷂爲鸇。鸇爲布穀。布穀復爲鷂。皆指此鳥之變也。是鳥隆冬。爪冷。每取一鴿。或盈握小鳥等煖其足。至曉即縱之而去。唐太宗得佳鷂。自臂之。望見魏徵來。匿於懷。徵奏事故久。鷂竟死於懷中。誠賢君也

雉雞 キンケイ

雉。一名錦雞。一名鷩雉。介鳥也。產於南越諸山中。湖南湖北亦有之。狀似山雞而差小。色備五彩可觀。背有黃赤文。綠項。紅腹。紅嘴。利距。首上有兩毛特起成角。先鳴而後鼓翼。性最勇健。善鬪。人以家雞引其鬪。即從而獲之。畜於樊中。其尾花長一二尺。不入叢林。恐傷其羽也。每自愛其羽毛。照水即舞。良久自眩。竟有死於水者。雌者文闇而尾短。雪深絕食。亦常餓死。或被人獲。漢武帝大初二年。月氏國貢雙頭雞。四足

二翼。鳴則俱鳴。誠異物也。山海經云。小華山多赤鷩。養之可禦火災。又一種。遠飛雞。夕則還依人。曉則捷飛四海。嘗啣桂實。歸於南土。亦仙禽也。每畜飼以水麥。如或被鷹打傷。以地黃葉搨之即愈。若將卵時。雌必避其雄。潛伏他所。否則雄啄其卵也

雞　カケ

雞、一名德禽。一名燭夜、五方皆產、種類甚多。蜀名鶤雞。楚名傖雞、並高三四尺。遼陽產角雞、廣東產矮雞、至老脚纔寸許。不過鵪大。南越長鳴雞、晝夜長啼。南海石雞、潮至卽鳴。雄能角勝、且能辟邪。其鳴也知時刻、其棲也知陰晴。又具五德。首頂冠、文也。足搏距、武也。見敵卽鬭、勇也。遇食呼群、仁也。守夜有時、信也。另有一種鬭雞、似家雞而高大、勇悍異常。諸雞見之而逃。其相以冠平爪利者爲第一。每鬭雖至死不休。好

事者畜之。於深秋開場賭博。先將兩雞形狀審得大小相當。方放入圍場、聽其角鬭、每以負而叫走者爲敗。養法、鬭後須用長鵞翎一根、插入雞口。絞出喉內惡血。安養五七日再鬭、則無損傷之患。雖全勝者、亦不可使之連朝狠鬭。草雞雖雄、多望風而靡、棄邊切勿挨磨。忌柳柴烟薰、最能損目。雞若有病、當灌以清油。若傳瘟、速磨鐵漿水、染米與食、卽愈。如水眼、以白礬傳之。母雞冬以麻子飼之、則生子後永不討抱。而子多。漢武帝時、有遠飛雞、朝去暮還。嘗啣桂子而歸。又唐明皇好鬭雞、索長安雄雞、金翅鐵距、高冠昂尾者千數。養於雞坊。選六軍小兒五百名教飼之、以賈昌爲五百小兒之長。明皇時臨觀鬭、甚愛幸焉。金帛之賜、日至其家。可爲好之過也。宋處宗畜一雞、嘗籠著牕間。養之甚馴。一日忽作人言。與處宗談論。極有玄致。由是處宗學業日進、亦一異也。又雞母負雛而行。主天將雨。焚其羽。可以致風。

竹雞

竹雞蜀名雞頭鶻。一名山菌子。俗呼泥滑滑。南浙川廣處處有之。喜居竹叢中。形比鷓鴣小而無尾毛。羽褐色多斑。無文采。而性好啼。其聲最響。頭扁似蛇。喙尖眼赤者啼可百聲。見其儔類必鬭。捕者每以媒誘其鬭。因而以網獲之。能去壁虱白蟻之害。古諺云。家有竹雞啼。白蟻化爲泥。人故多畜之。非無益也。性不喜水。籠底多貯以砂。彼則衮臥其中。以當浴。飼以小米或少雜野稗子於內。可經久無病。如出血管二毛。便不活矣。養熟。雖不閉籠。彼至晚自能歸籠宿也。好食蟻。

吐綬鳥

吐綬鳥。一名鸐。出巴峽及閩廣山中。人多畜之以爲玩好。其形大如家雞。小若鴝鵒。頭頰似雉。羽色多黑。雜有黃白圓點。如真珠斑。項有嗉囊。俗謂之錦囊。內藏肉綬。常時不見。鳴則囊見。每遇春夏間。天氣晴明。則此鳥向日擺之。頂上先出兩翠角。約二寸許。乃徐舒其頷下之綬。長闊近尺。紅碧相間。彩色煥然。踰時悉斂而不見矣。昔有好事者。剖而視之。究竟一無所覩。葢其德處土。則能反哺。行則避艸木。亦異鳥也。養之可禳火災。

鴛鴦

鴛鴦一名匹鳥一名文禽雄曰鴛雌曰鴦多產於南方溪澗之中其狀如鶩羽毛杏黃色甚有文彩紅頭翠鬣黑翅黑尾白頭紅掌首有白長毛垂之至尾日則相偶浮遊水上雄左雌右並翅而飛夜則同棲交頸而臥雄翼右掩左雌翼左掩右其交不再失偶不配故人多比之為夫婦若養雛於土穴中能使狐狸衛之昔霍光園中有大蓮池畜鴛鴦三十六對於其中望之燦爛有若披錦

鸂鶒 附鵁鶄

鸂鶒鵁鶄皆水鳥也出南方池澤間形俱類鴨鸂鶒性喜食短狐故有短狐處尤多其所處多在於荷水有此鳥則無復毒氣毛羽黃赤而有五采首有纓尾有毛如船柁形若鵁鶄似鶩而綠羽長喙頂有紅毛如冠翠鬣碧斑丹嘴青脛高脚似雞長目好啄多居芰菰中亦能巢於高樹每以睛交故號鵁鶄生子穴中初出不能飛啣其母翼而下以就飲食土人養之習熟則馴擾不去亦可厭火災

鴿

鴿。一名鵓鴿。隨在有畜之者。鳩之屬也。亦有野鴿。其毛色名號不同。大槩毛羽不過青白皂綠灰斑而已。試鴿之好醜。在持於十餘里之外。放之能認舊巢而回者。方稱珍異。至如相鴿之法。全在看眼。色其眼有大小黃綠硃砂數種。睛特而砂粗者爲最。鴿者合也。因其喜合。故鳩亦與之爲匹。凡鳥皆雄乘雌。鴿獨雌乘雄。性最淫。每月必生二子。年中畧無間斷。哺子朝從上而下。暮從下而上。任其飛走。不必牢籠。但置一

厨。逐倉逐一格。開每格畜二鴿。聽其飲啄。惟防貓咬。每日飼以浮麥。獨夏月須串以菉豆。欲其眼有砂。從雛時以人之舌常舔其眼。亦能生砂。宋末宮中好養鴿。一書生題詩曰。萬鴿盤旋遶帝都。暮收朝放費工工夫。何如養取南來鴈。沙漠能傳二聖書。又張九齡以鴿傳書。名曰飛奴。

鵪鶉 ウシトリ

鵪鶉。一名羅鶉。一名早秋。田澤小鳥也。頭小尾禿。夥多蒼黑色。無斑者爲鵪。有斑者爲鶉。雄足高。雌足卑。又有丹鶉。白鶉。錦鶉之異。每處於畎畝之間。或蘆葦之內。夜則群飛。晝則草伏。有常匹而無常居。隨地而安。故俗又呼鵪鶉。山東最多。人可以聲呼而取之。凡鳥性畏人。惟鶉性喜近人。諸禽鬬則尾竦。獨鶉竦其足而舒其翼。人多畜之使鬬。有雞之雄。頗足戲玩。養法。每日飼以小米。欲其角勝。常持於手。時拉其兩足

使直。置一小布袋。口如荷包。而底平。有線可以收放者納於其中。出入吊於身旁。絕無跳躍悶壞之病。養熟雛任其行走。亦不飛去。但怕冷。嚴寒如不善料理。則易凍死。交州記云。南海有黃魚。九月變爲鶉。一云蝦蟇得瓜化爲鶉。此理未可全信。究竟以卵生爲是。

百舌

百舌一名鶷。一名題鴂。又名反舌。隨在有之。居樹孔及窟穴中。狀如鸜鵒而小。身稍長。羽色灰黑。微有斑點。喙亦黑而尖。行則頭俯。好食蚯蚓。立春後則鳴之不已。其聲多十二轉。且能作諸鳥之音。最悅人耳。此際衆芳生。夏至後則寂然無聲。而衆芳歇。至十月後。亦如龜蛇。皆藏蟄不見。人或取而畜之。過冬多死。必須善養者以護持之。

燕ツバクラ

燕一名玄鳥。又名游波。鷾鴯。有二種。越燕身輕小。胸紫而多聲。胡燕斑黑。臆白而聲大。狀似雀而稍長。籥音猶口豐頷。布翅歧尾。飛鳴一上一下。嘗巢避戊巳日。春社來。秋社去。來多尋舊巢補闕。如無舊巢。方銜泥再壘。紫燕喜巢於門楣上。胡燕喜巢於兩椽間。所啣之泥。必四堆橫一草。其門向上。去必往北。交冬伏氣。蟄於窟穴之中。或枯井內。亦有啣小銀魚作窠而蟄。故有燕窠菜。若有窠戸北向。其尾屈色白者。是數百歲燕也。仙家名爲肉芝。食之可以延年。人見白燕。主生貴女。若胡燕作窠長大過於尋常。主人家富足。喜燕來窠者。以桐木刻雌雄二燕形。投井壓之。即至。如惡其來。當軒中懸一艾人。或硃書鳳凰在此五幡。一挂中棟。餘挂前後四架椽。則燕自去。諸鳥皆傾飼食。獨燕不費一粒。而呢喃之聲。痔語梁間。飛旋之態。每來庭院。亦韻事也。但狐貉之服。不可近燕集處。其毛見燕即脫。昔有姚氏女。欲驗燕尋舊巢之說。固將絲縷繫於燕足。明歲復來。因視其足。縷猶如故。

畫眉

畫眉南方最多。狀類山雀而大。毛色蒼黃。兩頰有白毛如針。雄者善鳴喜鬬。其聲悠揚婉轉。甚可人聽。雌則不鳴不鬬。無所取也。人多畜雄者於廊簷之下。先以高籠籠內繫二水食罐。中用南天竹條一條作梁。冬月使之棲止。則足不冷。日以雞子黃拌米。再和些少細沙與之食。便不時背吽。如天氣漸炎。嘗將籠浸於水盆內。令其自浴。則毛羽更鮮。不死。至深秋各戶之鳥聚集開場相鬬。以决勝負。亦一壯觀。相畫眉古亦有訣云。身似葫蘆尾似琴。頸如削竹嘴如釘。再添一對牛筋脚。一籠打盡九籠麤。

黃頭

黃頭小鳥之鷙者。似麻雀而羽色更黃潤。嘴小而尖利。爪剛而力强。人多以籠畜之。大槩取毛緊眼突者為良。鬬時兩翼相搨。嘴啄脚扯。自有許多相角之態。頗足動人賞鑒。每日以雞子黃拌米粉飼之。則力健。切忌糯米作粉。交夏須覓竹包內小白蟲與之食。更易長。但此鳥較之畫眉。雖易得而難養。片時失與飲食。即便餓死。

巧婦鳥ミソサヽイ

巧婦鳥。一名鷦鷯。一名桃蟲。或謂之巧匠。隨在有之。小於黃雀。在林藪間爲窠。其巢如小袋。取茅葦毛毳爲之。再縈以麻或人亂髮。至爲精密。或一房二房。其形色青灰有斑。長尾利喙。聲如吹噓。好食葦蠹。見童每畜而使之。性馴。教其作戲以取樂。陸機謂鷦鷯微小于黃雀。其雛能化爲鵰。不知何據。

花鏡　卷六　巧婦鳥　護花鳥　二十六

護花鳥

護花鳥。出太華山中。每遇奇花歲發。人若攀折。則此鳥飛來盤旋其上。哀鳴曰。莫損花。莫損花。亦花之知己也。特附記之於末。以見花鳥之靈。其形似燕而小。

養獸畜法

獸之種類甚多。但野性狠心。皆非可馴之物。無足供園林玩好。虎豹犀象。惟有驅而遠之。茲所取者。皆人豢養之獸。錄其二三以點綴焉。非詳於禽而畧於獸也。至若牛馬。自有全經。亦非草茵芳徑之所宜。故不贅。

鹿シカ

鹿。一名斑龍。陽獸也。隨在山林有之。狀如小駒。尾似山羊。頭側而長。脚高而行速。牡者身大有角。無齒。夏至感陰氣則角解。黃質白斑。爾雅名麚。牝者身小。無角無斑。黃白雜毛而有齒。俗稱麀鹿。孕六月而生子。其性最淫。一牡常交數牝。連毋鹿皆辟。故謂之聚麀。能別良草。又喜食龜并紙。食則相呼。行則同旅。居則環角向外。以防害。臥則口朝尾閭。以通督脉。五百歲變白。千歲爲玄。自能樂性。誠仙品也。官署名園多畜之。夏月常飼以菖蒲。即肥。最大者曰麈。群鹿每隨之。視其尾爲準則。凡在二至時。角當解。其茸甚痛。若逢獵人。則伏而不動。遂以繩繫其茸。截之甚易。其尾能

花鏡　卷六　鹿　二十七

辟塵拂氈則不蠹。置茜帛中歲久紅色不顯。昔林和靖家孤山所養之鹿名曰呦呦。每呼呦呦即至其前。有詩云深林摵摵分行響。淺葑茸茸疊浪痕。春雪滿山人起晚。數聲低叫喚籬門。又玄都觀道士養鹿候門客至頗能鳴而迎之病用鹽拌料豆餵之

兎　ウサギ

兎。一名明視。謂目不瞬而能了然隨在山林有之。其狀如貍而毛褐。首形如鼠而尾短。耳大而端上銳。缺而無脾。長鬚而前足短。尻有九孔。趺居而顧首不顧尾。趫捷善走。舐雄毫而孕。五月而吐子。營穴必背立相通。若以馬鬣有潤汗者塞口則須臾自出。可以伺而取之。其性最陰狡。善營三窟。然又易馴。故人多畜以爲玩好。又云。北壯合十八日而即育。極易繁衍。又昆吾山出狡兎。雄色黃。雌色白。能食丹石銅鐵。昔有吳王武庫兵器皆盡。因穴得二兎。一黃一白。腹中腎膽皆鐵。取以鑄劍。切玉如泥。或云兎壽可千歲。至五百歲則色自白。近日常州出一種白兎。乃銀鼠也。非數百年之物。又聞亳州吉祥寺有僧誦華嚴經。忽一紫兎自來馴伏不去。每日隨僧坐起。如聽經狀。惟食葯花日飲清泉而已。其僧每呼以葯道人則兎應聲而至。亦異類之有覺者也

猴サル

猴一名猢猻，一名馬留。好拭面如沐，又謂之沐猴。面無毛似人，眼如愁胡，頰陷有嗛，可以藏食，腹無脾，以行消食。尻無毛而尾亦短，手足與兩耳亦皆類乎人。可以豎行，聲咯咯若欬。孕五月而生子。喜浴於澗中。其性躁動害物，畜之者使索縛其脛，坐於杙上，鞭掊旬月自馴。養馬者多畜之廄中，任其跳躍，可辟馬瘟。丐者畜之，教以戲舞，舉動儼如優人。好事者多般訓練，使之應門，或對客送茶，以此駭觀取樂。然雖養熟，

不可縱其去來，恐攫持人物取氣。又一種小而毛紫黑者，出交趾，畜以捕鼠，勝於貓狸。頗有靈性，能知人意，飼以生米果物，則不大；若飼之熟物，易大可厭。昔唐昭宗有一弄猴，能隨班起居，昭宗賜以緋衣。後朱溫篡位，此猴望見朱溫，忽跳躍奮擊，以致見殺。亦義獸也。如病，喂以蘿蔔。

犬イヌ

犬一名狗，齊人名地羊。其類有三：守犬短喙善吠，畜以司昏；食犬體肥不吠，養以供饌；惟田犬長喙細身，毛短腳高，尾卷無毛，使之登山履險甚捷。胎三月而生。其性比他犬尤烈，豺見之而跪，兔見之而藏。每牽之出獵，以鷹為眼目，鷹之所向，犬即趨而攫之。故好獵者多畜焉。又一種高四尺者名獒。毛多者名尨，狀若獅子。腳矮身短，尾大毛長，色絨細如金絲。亦善吠，兼能捕鼠，至老不過貓大者，俗名金絲狗，最宜於

書室曲房之外，金鈴慢响爾。占驗云：狗喫青草，主天時大晴。犬病，磨烏藥與之飲則愈。昔晉陸機仕洛，有犬名黃耳，能為機寄書，七日而馳至其家。家人見之大驚。犬又索機家回書還洛。機甚愛焉。犬死，葬之，呼為黃耳塚。

貓 ネコ

貓一名蒙貴又名家狸捕鼠小獸也以純黃純黑純白者爲上人多美其名曰青葱曰吒撥曰紫英曰白鳳曰錦帶曰雲圖如肚白背黑者名烏雲蓋雪身白尾黃或尾黑者名雪裡拖鎗四足皆花及尾有花或狸色或虎斑色者謂之纏得過相貓之法必須身似狸面似虎柔毛利齒口旁有剛鬚數莖尾長腰短目若金鈴上齶多稜者爲良俗云貓口中有三坎者捉鼠一季五坎者捉鼠二季七坎者捉鼠三季九坎者

捉鼠四季其睛可以定時子午卯酉如一線寅申巳亥如滿月辰戌丑未如棗核鼻端常冷惟夏至一日則暖性獨畏寒而不畏暑若耳薄者亦不畏寒能以爪畫地卜食隨月旬上下嚙鼠首尾其性皆與虎同此陰類之相符也其孕則兩月而生一乳三四子恒有生出卽自食之者是因屬虎人覩之故也俗傳牝貓無牡交但以竹箒掃背數次則孕或用斗覆貓於竈前以刷箒頭擊斗祝竈神而求之亦有胎相貓訣云露爪能翻瓦腰長會走家面長雞種絕尾大懶如

蛇養之法在初生時日以硫黃少許納於猪腸內或拌飯與之食則過冬不畏冷偷臥竈內如貓有病以烏藥磨水灌之卽愈若人偶踏傷以蘇木煎湯療之貓食薄荷則醉以死貓埋在竹近地則竹自引之而來亦氣類之相感也昔有貓與犬同時而產好事者暗使之易乳而飲以此駭奇凡貓喫青草主天必大雨

松鼠 リス

松鼠一名鼪鼠隨地有之居土穴或樹孔中形似鼠而有青黄長毛頭嘴似兎而尾毛更長善鳴能如人立交前兩足而舞好食粟豆善登木亦能食鼠人多取以爲玩弄之物初時性劣宜以銅索繫之豢養既久可不用索亦不去矣喜投人懷袖中恐其爪尖傷人肌膚常於砂石上拖其爪令不尖銳則無傷也

養鱗介法

江海汪洋鱗介之屬無窮總非芳塘碧沼之美觀姑取一二有色嘉魚任其穿萍戲藻善鳴蛙鼓聽其朝吟暮噪是水鄉中一段活潑之趣園林所不可少者也

金魚 キンギョ

魚之名色極廣園池惟以金魚爲尚青魚白魚次之鯛鰓魚鯽魚善能變化顏色而金鯽更耐久可觀前古無缸畜養至宋始有以缸畜之者今多爲人養玩而魚亦自成一種直號曰金魚矣大抵池沼中所畜有色之魚多鯉鯽青魚之類有名金魚人皆貴重之不褻置於池中惟石城以賣魚爲業者多畜之池內以廣其生息但魚近土則色不紅鮮必須缸畜缸宜底尖口大者爲良凡新缸未畜水時擦以生芋則注水後便生苔而水活夏秋暑熱時須隔日一換水則魚不蒸死而易大俟季春跌子時取大雄蝦數隻蓋之則所生之魚皆三五尾但蝦拑須去其半則魚不傷覗雄魚沿缸趕咬卽雌魚生子之候也跌子草上

取草映日看有子如粟米大色亮如水晶者卽將此草另放於淺瓦盆內止容三五指水置微有樹陰處晒之不見日不生若遇烈日亦不生二三日後便出不可與大魚同處恐爲所食子出後卽用熟雞鴨子黃捻細飼之旬日後隨取河渠穢水內所生小紅蟲飼之但紅蟲必須清水漾過不可着多至百餘日後黑者漸變花白次漸純白若初變淡黃次漸純紅矣其中花色任其所變魚以三尾五尾脊無鱗而有金管銀管者爲貴名色有金盔金鞍錦被及印紅頭褁

頭紅連鰓紅首尾紅鶴頂紅六鱗紅玉帶圍點絳唇若八卦若骰子點者又難得其眼有黑眼雪眼珠眼紫眼瑪瑙眼琥珀眼之異身背有四紅至十二紅十二白及堆金砌玉落花流水隔斷紅塵蓮臺八瓣種種之不一總隨人意命名者也養熟見人不避拍指可呼盡堪寓目至若養法如魚翻白及水泛沫亟換新水恐傷魚將芭蕉根葉搗爛投水中可治魚泛如魚瘦而生白點名爲魚虱急投以楓樹皮或白楊皮卽愈或以新磚入糞桶內浸一宿取出令乾投缸中亦可治虱如水中漚麻或食鴿糞魚必泛死卽以糞圊解之誤食楊花則魚病亦以糞解之吳越市販多金鯉金鯽大有一二尺者畜之池中任其遊泳清波儘堪賞玩又五色文魚生江西信豐縣城內奉眞觀右鳳凰井中浙江西湖之玉泉吳山之北大井中及昌化山之龍潭有身長三四尺五彩斑文金鱗耀目者土人遇旱禱雨多應

鬬魚

鬬魚一名文魚出自閩中三山溪內其大如指長二

三寸許花身紅尾又名丁斑魚性極善鬬好事者以缸畜之每取爲角勝之戲此博雅者所未之見也昔費無學有鬬魚賦叙云仲夏日長育之盆沼作九州朱公製亭午風清閒闕曾戰頗覺快心又先朝有人攜鬬魚數十頭以貽中貴中貴大悅爲之延譽於朝遂得顯擢者皆鬬魚之力也

綠毛龜

龜乃介中靈物也故十朋大龜聖人所取金錢小龜博覧所尚是編原屬耳目玩好之書非適口充腸之集故介類雖多而惟取於龜龜之中又獨許夫綠毛者總因其可供盆玩也

龜蛇頭龍頸外骨内肉腸屬於首卵生無雄相顧而神交或與蛇交而孕龜蛇伏氣背皆向東雖有鼻而息以耳秋冬穴蟄故多壽愈老則愈小至八百年反

大如錢千年生毛是不可得之物也惟綠毛龜出自南陽内鄉及唐縣今以蘄州者爲充方物土人取自溪澗中售之四方多畜水盆以爲清玩每以蝦與蜒蚰飼之交冬除水即藏之匣中自能伏氣不死來春清明後仍放水盆中其背上綠毛依然如舊若眞綠毛龜背毛竟有長至一二寸者中有金線脊骨三稜底甲如象牙之色小似五銖錢者爲貴平常龜久養水中亦能生毛但身大而無金線底板黄黑之不同爾綠毛者且能辟蛇虺之毒非無益於園林者也

蟾蜍 附蛙

蟾蜍一名詹諸一名蚵蚾即蝦蟆之屬也生江湖池澤間今處處有之又喜居人家下濕之地其形大頭銳促眉濁聲背有痱磊行極遲緩不解長鳴者爲蟾蜍抱朴子云蟾蜍千歲則頭上有角頷下有丹書八字三足者難得形小口濶皮多黑斑能跳接百蟲舉動極急者爲蝦蟆又一種名蛙生水中似蝦蟆而背青綠尖嘴細腹亦有背作黄路者謂之金線鼃性好坐而以脰鳴生子最多一鼃鳴百鼃皆鳴其聲甚壯

名鼃鼓至秋則無聲矣三月上巳農夫聽蛙聲上晝叫上鄉熟下晝叫下鄉熟終日叫上下齊熟故章孝標詩云田家無五行水旱卜蛙聲

養昆蟲法

昆蟲至微之物。何煩筆墨。然而花間葉底、若非蝶舞蜂忙、終鮮生趣、至於反舌無聲、秋風蕭瑟之際、若無蟬噪夕陽、蛩吟曉夜、園林寂寞、秋興何來、茲存數種於卷末、良有以也

蜜蜂 ミツハチ

蜂有三種。蜜蜂。土蜂。木蜂。土蜂作房地穴中、形大而黑、木蜂作房樹上、身長腰細而黃、皆螫野蜂、無所取用、惟蜜蜂身短而腳長、尾有鋒螫、衆蜂內有一蜂王、

形獨大。且不螫人、每日羣蜂兩朝。名曰蜂衙。頗有君臣之義、無王則衆蜂皆死、若有二王。其一必分。分出時、老蜂王反遜位而出、衆蜂均挈其半、略無多寡、從王出者、不復回舊房、出則簇擁護其王、不令人見、當採花時、一半守房、一半挨次出採、如掠花少者受罰。但採各花鬚、俱用雙足挾二花珠、惟採蘭花、則必背負一珠、以此頂獻其王、又有蜂將不善往外採花、但能釀蜜、至七八月間、蜂將盡死、若不死、則蜜皆被蜂將食去、衆蜂必饑、故俗諺云。將蜂活過冬、蜂族必皆空、亦一異也、養蜂之家、一年割蜜二次。冬三月天氣閉藏、百花已盡、量留蜜少許。以爲蜂之糧、春三月百卉齊芳、則不必多留矣、若養久蜂繁、必有王分出、每見羣蜂飛擁而去、速隨以行、非歇於高屋簷牙、便停於喬木茂林、收取之法、或用木桶與木匣、兩頭板蓋泥封、下留二三小坎、使通出入、另置一小門、以便開視、如蜂初分無房、即以一開口木桶、緊貼蜂旁。如蜂不進桶。用碎砂土撒上自收。或用阡張紙焚烟薰之、即入桶收歸、再接桶在下、同放養蜂處、其旁宜在

下、並忌火日、小滿前後割蜜、則蜂盛、割法。先將照載蜂樣桶二箇、輕撻起蜂桶、將空桶接上。安置端正、仍令蜂做蜜脾子於空桶內、少停數日、乘夜蜂不動時、用力割取上桶、或用細繩撇斷、仍封蓋其上前、然後將蜜脾子、用新布一塊濾絞淨其蜜。有白有黃、白者鮮而貴、以磁器貯之。再將蜜渣入鍋內、慢火熬煎、候其融化、復絞出渣、用錫鏇或瓦盆、先貯冷水、次傾蠟在內、渣以蠟盡爲度、人家多有畜至一二十房者、北方地燥。且無善養者。蜂多結房於土穴中。故皆土蜜

人近其房。則羣必起而螫之。又不肯取。故蜜少。然其功用甚大。老人服此得以長年。調和藥石。非此不可。浸製果蔬。其用亦廣。又西方有黑蜂。其大如壺器。亦一異也。

蛺蝶テフ

蛺蝶。一名蝴蝶。多從蠹蠋所化。形類蛾而翅大身長。四翅輕薄而有粉。鬚長而美。夾翅而飛。其色有白黑黃。又有翠紺者。赤黃者。黑黃者。五色相間者。最喜臭花之香。以鬚代鼻。其交亦以鼻。交後則粉褪不足觀矣。然其出沒於園林。翩躚於庭畔。暖烟則沉蕙徑。微雨則宿花房。兩兩三三。不招而自至。蘧蘧栩栩。不撲而自親。誠微物之得趣者也。昔唐穆宗禁中牡丹盛開。有黃白蛺蝶萬數。飛集花間。網之。盡得數百。乃金

也。又南海有蛺蝶大如蒲帆。稱肉得八十斤。噉之極肥美。

蟋蟀 コウロギ

蟋蟀一名莎雞俗名趣織一作促又名蛬即蛩感秋氣而生形似蝗而小正黑有光澤如漆有角翅二長鬚其性猛其音商善鳴健鬬色有青黑黃紫數種總以青黑者爲上其相以頭項肥脚腿長身背濶者善角勝凡生於草上者身軟生於磚石者體剛生於淺草瘠土者性和生於亂石深坑向陽之地者性劣每於七八月閭閻巷小兒及游手好閒之輩多荒廢本業提竹筒過籠銅絲罩鐵匙等器具詣蘩草處或頹垣破

壁間或磚瓦土石堆或古塚涸廁之所側耳徐行一聞其聲輕身疾趨聲之所至穴斯得矣或用以鐵撬或插以尖草不出再以筒水灌之則自躍出矣視其躍處而以罩罩之如身小頭尖色白腿細者棄去若紅麻頭白麻頭青項金翅金絲額銀絲額是皆最妙者次則黃麻頭再次則紫金黑色者盡皆收歸每一蟲不論瓦盆泥鉢即時養起候有貴公子富家郎齊開場賭鬬者不論蟲之高低每十每百輸錢買去遂細定其名號曰油利撻蟹殼青金琵琶紅沙青沙紺

色棗核形土蜂形者爲一等長翼飛鈴梅花翅土狗形螳螂形者爲一等牙青紅鈴紫金翅拖肚黃狗蠅黃錦簑衣金束帶紅頭紫者爲一等烏頭金翅油紙燈三段錦月額頭香獅子蝴蝶形者爲一等每日比鬬其中有百戰百勝者是爲大將軍務養其銳以待稠人廣衆之中登場角勝每至白露開場者大書報條於市某處秋興可觀此際不論貴賤老幼咸集初至鬬所凡有持促織而往者各納之於比籠相其身等色等方合而納乎官鬬處兩家親認定己之促織

然後納銀作采多寡隨便更有旁賭者於臺下亦各出采若促織勝主勝促織負主負勝者鼓翅長鳴以報其主即將小紅旗一面插於比籠上負者輸銀其鬬也亦有數般巧處或鬬戶或鬬間鬬戶者勇也鬬間者智也鬬間者俄而鬬口敵弱也鬬戶者俄而鬬間敵強也昔人促織有忌四一曰仰頭二曰捲鬚三曰練牙四曰踢腿皆不可用若過寒露後則無所用之矣養法在先置瓦盆百餘近日有燒成促織盆每盆各致其一內塡泥少許於底用極小蚌殼一枚盛水日以鰻

魚、鰍魚、芡肉、蘆根蟲、斷節蟲、扁擔蟲飼之。如無蟲，以熟栗子、黃米飯爲常食。如促病積食，以水牛紅蟲飼之。冷病嚼牙，以帶血蚊蟲飼之。熱病，以菉豆芽尖葉或棒槌蟲飼之。鬬後糞結，以粉青小青蝦飼之。鬬傷以自然銅浸水點之。牙傷以茶蘆點之。咬傷者以童便調蚯蚓糞點之。氣弱者飼以竹蝶。身瘦者飼以蜜蜂。如此調養，促織之能事畢矣。

鳴蟬 七三

鳴蟬。一名寒蜇。夏曰蟪蛄。秋曰蜩。又楚謂之螈。宋衛謂之螗。陳鄭謂之蜋蜩。又名腹育。雌者謂之疋。不善鳴。乃朽木及蠐螬腹蛸所化。多折裂母背而生。無口而以脇鳴。聲甚清亮而聞遠。鳴則天寒。頭方有緌。兩翼六足。能含氣不食。應候守常。多息於高椰桑枝之上。死惟存一殼。名曰蟬脫。生有五德。饑吸晨風。廉也。渴飲朝露。潔也。應時長鳴。信也。不爲雀啄。智也。首垂玄緌。禮也。取者以膠竿首承焉。則驚飛可得。小兒多稱馬蛰。取爲戲。以小籠盛之。挂於風簷或樹杪。使之朗吟高噪。庶不寂寞園林也。

金鐘兒スズムシ

金鐘兒似促織身黑而長銳前豐後其尾皆岐以躍為飛以翼鼓鳴其聲則磴稜稜如小鐘然更聞以紡績蟲之聲秋夜聞之猶如鼓吹此蟲暗則鳴曉即止缾以琉璃飼以青蒿亦點綴秋園之一助也不因其微而棄之

紡績娘

紡績娘北人呼為聒聒兒似蚱蜢而身肥音似促織而悠長其清越過之有好事者捕養焉以小揩籠盛之挂於簷下風清露冷之際凄聲徹夜酸楚異常夢回枕上俗耳為之一清覺蛙鼓蝸題皆不及也故韻士獨取秋聲良有以也每日以絲瓜花或瓜穰飼之可久若縱之林木之上任其去來遠聆其音更為雅事

螢ホタル

螢一名景天。一名熠燿。又曰夜光。多腐草所化。初生如蛹。似蚊而腳短翼厚。腹下有亮光。日暗夜明。群飛天半。猶若小星。生池塘邊者曰水螢。喜食蚊蟲。好事者每捉一二十置之小紗囊內。夜可代火照耀讀書。名曰宵燭。小兒多以此爲戲。園中若有腐草自能生之不絶。不煩主人之力也。昔車武子家貧夜讀書無燈。以練囊盛螢照讀。一種水螢。多居水中。故唐李鄭有水螢賦。又隋煬帝夜遊。放螢火數斛。光明似月。亦好嬉之過也。

天保六歲在乙未仲冬念又二日手泰涸劭菴大膳亮竹宮氏園桂洲

全讀一過了

信天窩主人範

出版後記

早在二〇一四年十月，我們第一次與南京農業大學農遺室的王思明先生取得聯繫，商量出版一套中國古代農書，一晃居然十年過去了。

十年間，世間事紛紛擾擾，今天終於可以將這套書奉獻給讀者，不勝感慨。

當初確定選題時，經過調查，我們發現，作爲一個有著上萬年農耕文化歷史的農業大國，我們整理的農業古籍叢書只有兩套，且規模較小，一是農業出版社自一九五九年開始陸續出版的《中國古農書叢刊》，收書四十多種；一是農業出版社一九八二年出版的《中國農學珍本叢刊》，收書三種。其他點校整理的單品種農書倒是不少。基於這一點，王思明先生認爲，我們的項目還是很有價值的。

經與王思明先生協商，最後確定，以張芳、王思明主編的《中國農業古籍目錄》爲藍本，精選一百五十二種中國古代最具代表性的農業典籍，影印出版，書名初訂爲『中國古農書集成』。接下來就是正常的流程，先確定編委會，確定選目，再確定底本。看起來很平常，實際工作起來，卻遇到了不少困難。

古籍影印最大的困難就是找底本。本書所選一百五十二種古籍，有不少存藏於南農大等高校圖書館。但由於種種原因，不少原來准備提供給我們使用的南農大農遺室的底本，當時未能順利複製。最後所有底本均由出版社出面徵集，從其他藏書單位獲取。

本書所選古農書的提要撰寫工作，倒是相對順利。書目確定後，由主編王思明先生親自撰寫樣稿，副主編惠富平教授（現就職於南京信息工程大學）、熊帝兵教授（現就職於淮北師範大學）及編委何彦超博士（現就職於江蘇開放大學）及時拿出了初稿，爲本書的順利出版打下了基礎。

本書於二〇二三年獲得國家古籍整理出版資助，二〇二四年五月以『中國古農書集粹』爲書名正式出版。

二〇二二年一月，王思明先生不幸逝世。没能在先生生前出版此書，是我們的遺憾。本書的出版，或可告慰先生在天之靈吧。

是爲出版後記。

鳳凰出版社

二〇二四年三月

《中國古農書集粹》總目

御製耕織圖詩 （清）愛新覺羅・玄燁 撰 （清）焦秉貞 繪
農説 （明）馬一龍 撰 （明）陳繼儒 訂正
梭山農譜 （清）劉應棠 撰
澤農要録 （清）吴邦慶 撰
區田法 （清）王心敬 撰
區種五種 （清）趙夢齡 輯
耕心農話 （清）奚誠 撰
理生玉鏡稻品 （明）黄省曾 撰
江南催耕課稻編 （清）李彦章 撰
金薯傳習録 （清）陳世元 彙刊
御題棉花圖 （清）方觀承 編繪
木棉譜 （清）褚華 撰
授衣廣訓 （清）愛新覺羅・顒琰 定 （清）董誥 等 撰
栽苧麻法略 （清）黄厚裕 撰

九

二如亭群芳譜 （明）王象晋 撰

十

佩文齋廣群芳譜（全三册） （清）汪灝 等 編修

十一

洛陽花木記 （宋）周師厚 撰
桂海花木志 （宋）范成大 撰
花史左編 （明）王路 撰
花鏡 （清）陳淏 撰

十二

洛陽牡丹記 （宋）歐陽修 撰
洛陽牡丹記 （宋）周師厚 撰
亳州牡丹記 （明）薛鳳翔 撰
曹州牡丹譜 （清）余鵬年 撰
菊譜 （宋）劉蒙 撰
菊譜 （宋）史正志 撰

菊譜　（宋）范成大 撰
百菊集譜　（宋）史鑄 撰
菊譜　（明）周履靖、黄省曾 撰
菊譜　（清）葉天培 撰
菊説　（清）計楠 撰
東籬纂要　（清）邵承照 撰

十三

揚州芍藥譜　（宋）王觀 撰
金漳蘭譜　（宋）趙時庚 撰
王氏蘭譜　（宋）王貴學 撰
海棠譜　（宋）陳思 撰
缸荷譜　（清）楊鍾寶 撰
汝南圃史　（明）周文華 撰
北墅抱甕錄　（清）高士奇 撰
種芋法　（明）黄省曾 撰
筍譜　（宋）釋贊寧 撰
菌譜　（宋）陳仁玉 撰

十四

荔枝譜　（宋）蔡襄 撰
記荔枝　（明）吴載鰲 撰
閩中荔支通譜　（明）鄧慶寀 輯
荔譜　（清）陳定國 撰
荔枝譜　（清）陳鼎 撰
荔枝話　（清）林嗣環 撰
嶺南荔支譜　（清）吴應逵 撰
龍眼譜　（清）趙古農 撰
水蜜桃譜　（清）褚華 撰
橘錄　（宋）韓彦直 撰
打棗譜　（元）柳貫 撰
檇李譜　（清）王逢辰 撰

十五

竹譜　（南朝宋）戴凱之 撰
竹譜詳錄　（元）李衎 撰

竹譜　（清）陳鼎　撰
桐譜　（宋）陳翥　撰
茶經　（唐）陸羽　撰
茶録　（宋）蔡襄　撰
東溪試茶録　（宋）宋子安　撰
大觀茶論　（宋）趙佶　撰
品茶要録　（宋）黄儒　撰
宣和北苑貢茶録　（宋）熊蕃　撰
北苑别録　（宋）趙汝礪　撰
茶箋　（明）聞龍　撰
羅岕茶記　（明）熊明遇　撰
茶譜　（明）顧元慶　撰
茶疏　（明）許次紓　撰

十六

治蝗全法　（清）顧彦　撰
捕蝗考　（清）陳芳生　撰
捕蝗彙編　（清）陳僅　撰
捕蝗要訣　（清）錢炘和　撰
安驥集　（唐）李石　撰
元亨療馬集　（明）喻仁、喻傑　撰
牛經切要　（清）佚名　撰　于船、張克家　點校
抱犢集　（清）佚名　撰
哺記　（清）黄百家　撰
鴿經　（明）張萬鍾　撰

十七

蜂衙小記　（清）郝懿行　撰
蠶書　（宋）秦觀　撰
蠶經　（明）黄省曾　撰
西吳蠶略　（清）程岱葊　撰
湖蠶述　（清）汪曰楨　撰
野蠶録　（清）王元綎　撰
柞蠶雜誌　增韞　撰
樗繭譜　（清）鄭珍　撰　（清）莫友芝　注
廣蠶桑説輯補　（清）沈練　撰　（清）仲學輅　輯補
蠶桑輯要　（清）沈秉成　編
豳風廣義　（清）楊屾　撰